たり収量及び収穫量の動向
産～令和4年産）

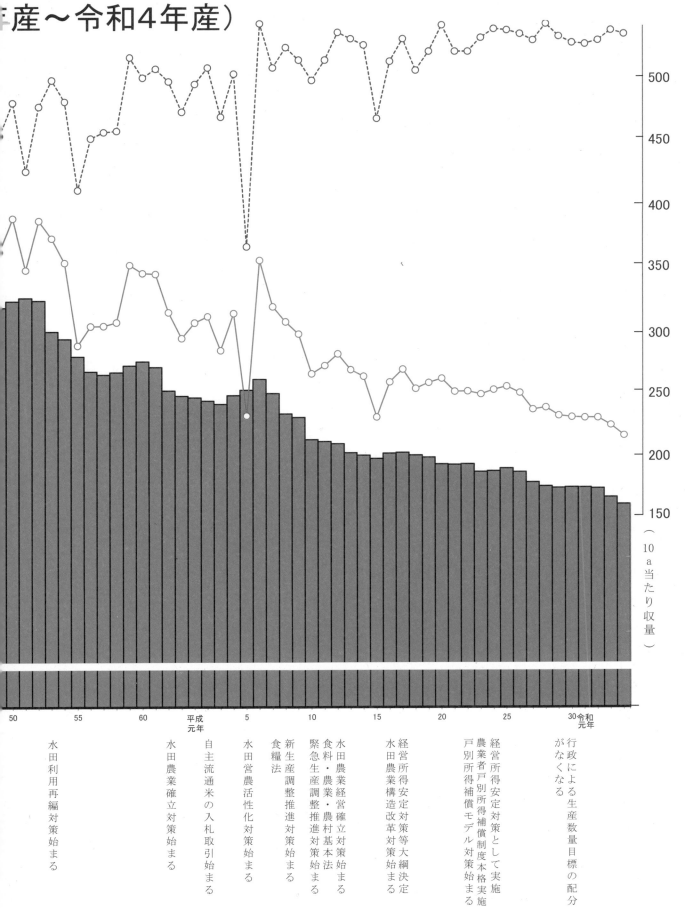

（10a当たり収量）

50　　　55　　　60　　平成　　　5　　　10　　　15　　　20　　　25　　　30令和
　　　　　　　　　　　元年　　　　　　　　　　　　　　　　　　　　　　　　元年

水田利用再編対策始まる

水田農業確立対策始まる

自主流通米の入札取引始まる

水田営農活性化対策始まる

新生産調整推進対策始まる

食糧法

緊急生産調整推進対策始まる

食料・農業・農村基本法

水田農業経営確立対策始まる

経営所得安定対策等大綱決定

水田農業構造改革対策始まる

農業者戸別所得補償制度本格実施

経営所得安定対策として実施

戸別所得補償モデル対策始まる

行政による生産数量目標の配分がなくなる

「令和4年産作物統計」正誤表

下記のとおり誤りがありましたので、お詫びして訂正いたします。

○令和4年産
33ページ
Ⅰ　調査結果の概要
　2　麦類
　（2）　解説

誤	正
イ　二条大麦（子実用） 　（イ）　10a当たり収量 　　10a当たり収量は397kgで、前年産を4％下回った。 　　これは、九州において作柄が<u>前年並み</u>となった一方、関東・東山において登熟期の降雨等により粒肥大が抑制されたためである。 　　なお、10a当たり平均収量対比は118％となった（表2-1、2-2、図2-5、2-6、2-7）。	イ　二条大麦（子実用） 　（イ）　10a当たり収量 　　10a当たり収量は397kgで、前年産を4％下回った。 　　これは、九州において作柄が<u>前年産並み</u>となった一方、関東・東山において登熟期の降雨等により粒肥大が抑制されたためである。 　　なお、10a当たり平均収量対比は118％となった（表2-1、2-2、図2-5、2-6、2-7）。

44ページ
Ⅰ　調査結果の概要
　6　工芸農作物

誤	正
（2）　なたね（子実用） 　ア　作付面積 　　なたねの作付面積は1,740haで、前年産に比べ100ha（6％）増加した。 　　これは、北海道において、他作物<u>への</u>転換等があったためである（表6-3、図6-2）。	（2）　なたね（子実用） 　ア　作付面積 　　なたねの作付面積は1,740haで、前年産に比べ100ha（6％）増加した。 　　これは、北海道において、他作物<u>からの</u>転換等があったためである（表6-3、図6-2）。

48ページ
Ⅰ　調査結果の概要
　6　工芸農作物

誤	正
（6）　い（熊本県） 　ウ　収穫量 　　<u>主産県</u>の収穫量は5,810tで、前年産に比べ550t（9％）減少した（表6-7、図6-6）。	（6）　い（熊本県） 　ウ　収穫量 　　<u>熊本県</u>の収穫量は5,810tで、前年産に比べ550t（9％）減少した（表6-7、図6-6）。

※訂正箇所に下線を付しています。

令和4年産

作 物 統 計

（普通作物・飼料作物・工芸農作物）

大臣官房統計部

令 和 5 年 1 1 月

農林水産省

目　　　次

7 工芸農作物

［付］　調査票

（図表）　令和4年産水稲10a当たり収量分布図（作柄表示地帯別）

利 用 者 の た め に

　本統計表は、令和4年度に実施した作物統計調査における面積調査（作付面積調査）及び作況調査並びに特定作物統計調査における作付面積調査及び収穫量調査の結果を編集したものである。

1　調査の概要

（1）　調査の目的

　　本調査は、調査対象作物の生産に関する実態を明らかにすることにより、食料・農業・農村基本計画における生産努力目標の策定及び達成状況の検証、経営所得安定対策の交付金算定、作物の生産振興に資する各種事業の推進、農業保険法（昭和22年法律第185号）に基づく農業共済事業の適切な運営等のための農政の基礎資料を整備することを目的としている。

（2）　調査の根拠法令

　　作物統計調査は、統計法（平成19年法律第53号）第9条第1項の規定に基づく総務大臣の承認を受けた基幹統計調査として、作物統計調査規則（昭和46年農林省令第40号）に基づき実施した。

　　また、特定作物統計調査は、同法第19条第1項の規定に基づく総務大臣の承認を受けた一般統計調査である。

（3）　調査機構

　　調査は、農林水産省大臣官房統計部及び地方組織（地方農政局、北海道農政事務所、内閣府沖縄総合事務局及び内閣府沖縄総合事務局の農林水産センター。以下同じ。）を通じて行った。

（4）　調査の体系（枠で囲んだ部分が本書に掲載する範囲）

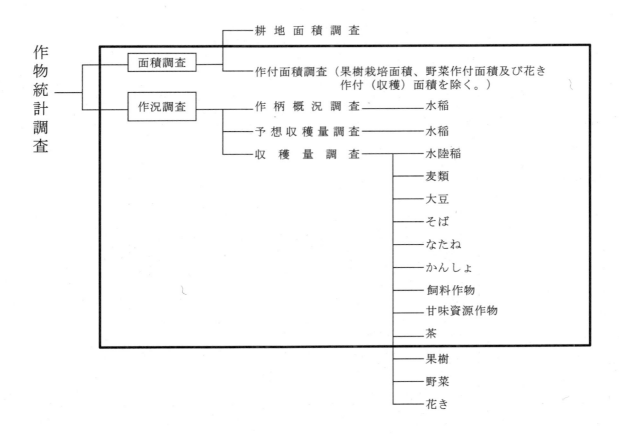

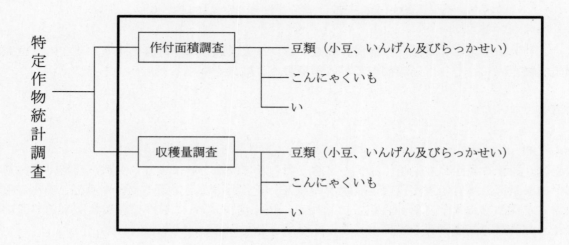

(5) 調査の対象
ア 調査の範囲
次表の左欄に掲げる作物について、それぞれ同表の中欄に掲げる区域のとおりである。
なお、全国の区域を範囲とする調査を作付面積調査は3年ごと、収穫量調査は6年ごとに実施する作物について、当該周期年以外の年において調査の範囲とする都道府県の区域を主産県といい、令和4年産において主産県を調査の範囲として実施したものは同表の右欄に「○」を付した。

作物	区域	主産県調査（令和4年産）	
		作付（栽培）面積	収穫量
水稲、麦類（小麦、二条大麦、六条大麦及びはだか麦）、大豆、そば及びなたね	全国の区域		
陸稲及びかんしょ	主産県の区域（全国作付面積のおおむね8割を占めるまでの上位都道府県の区域。）。ただし、作付面積調査は3年ごと、収穫量調査は6年ごとに全国の区域	○	○
小豆、いんげん及びらっかせい	主産県の区域（全国作付面積のおおむね8割を占めるまでの上位都道府県を調査の範囲とし、その範囲に該当しない都道府県であっても、畑作物共済事業を実施する都道府県の区域。）。ただし、作付面積調査は3年ごと、収穫量調査は6年ごとに全国の区域	○	○
飼料作物（牧草、青刈りとうもろこし及びソルゴー）	主産県の区域（全国作付（栽培）面積のおおむね8割を占めるまでの上位都道府県を調査の範囲とし、その範囲に該当しない都道府県であっても、農業競争力強化基盤整備事業のうち飼料作物に係るものを実施する都道府県の区域。）。ただし、作付面積調査は3年ごと、収穫量調査は6年ごとに全国の区域	○	○
茶	主産県の区域（全国栽培面積のおおむね8割を占めるまでの上位都道府県を調査の範囲とし、その範囲に該当しない都道府県であっても、茶の畑作物共済事業を実施し、半相殺方式を採用している都道府県の区域。）。ただし、6年ごとに全国の区域	○	○
てんさい	北海道の区域		
さとうきび	鹿児島県及び沖縄県の区域		
こんにゃくいも	主産県の区域（群馬県の区域。）。ただし、作付面積調査は3年ごと、収穫量調査は6年ごとに全国の区域	○	○
い,	熊本県の区域		

イ　調査対象の選定
（ア）　作付面積調査
　　a　水稲
　　　水稲の栽培に供された全ての耕地
　　b　てんさい
　　　日本ビート糖業協会
　　c　さとうきび
　　　全ての製糖会社、製糖工場等
　　　なお、製糖会社において所有する複数の製糖工場の実績が把握できる場合には、製糖工場を調査対象とせず、当該製糖会社で一括して調査を実施した。
　　d　陸稲、麦類（小麦、二条大麦、六条大麦及びはだか麦）（以下「麦類」という。）、大豆、そば、なたね、かんしょ、飼料作物（牧草、青刈りとうもろこし及びソルゴー）（以下「飼料作物」という。）、茶、小豆、いんげん、らっかせい、こんにゃくいも及び「い」
　　　調査対象作物を取り扱っている全ての農協等の関係団体
（イ）　作況調査及び収穫量調査
　　a　水稲
　　　水稲が栽培されている耕地
　　b　茶
　　　荒茶工場
　　（a）　荒茶工場母集団の整備・補正
　　　「荒茶工場母集団一覧表」（以下「母集団一覧表」という。）を6年周期で作成し、これを基に中間年については、市町村、普及センター、茶関係団体等関係機関からの情報収集により、荒茶工場の休業・廃止又は新設があった場合には削除又は追加をし、また、茶栽培面積、生葉の移出入等大きな変化があった場合には当該荒茶工場について母集団一覧表を整備・補正した。
　　（b）　階層分け
　　　母集団一覧表の荒茶工場別の年間計荒茶生産量を指標とし、都道府県別の荒茶工場を一定生産量以上を有する全数調査階層と標本調査階層に区分した。
　　　なお、標本調査階層にあっては、最大で3程度の階層に区分した。
　　（c）　調査対象数の算出
　　　都道府県別の調査対象数は、全数調査階層の荒茶工場数と標本調査階層の荒茶工場数を足したものとし、荒茶生産量を指標とした全国の目標精度（2～3％）が確保されるよう、都道府県別の目標精度（5％）を設定し、標本調査階層の調査対象数を算出した。
　　（d）　標本調査階層内の標本配分及び抽出
　　　都道府県別に算出された調査対象数を階層別に比例配分し、系統抽出法により抽出した。
　　c　てんさい
　　　日本ビート糖業協会
　　d　さとうきび
　　　全ての製糖会社、製糖工場等
　　　なお、製糖会社において所有する複数の製糖工場の実績が把握できる場合には、製糖工場を調査対象とせず、当該製糖会社で一括して調査を実施した。
　　e　い
　　　「い」を取り扱っている全ての農協等の関係団体
　　f　陸稲、麦類、大豆、そば、なたね、かんしょ、飼料作物、小豆、いんげん、らっかせい及びこんにゃくいも
　　　調査対象作物を取り扱っている全ての農協等の関係団体
　　　また、都道府県ごとの収穫量に占める関係団体の取扱数量の割合が8割に満たない都道府県については、併せて標本経営体調査を実施することとし（注）、2020年農林業センサスにおい

4

て、調査対象作物を販売目的で作付けし、関係団体以外に出荷した農林業経営体（飼料作物については、飼料作物等を作付けし、関係団体以外に出荷した農林業経営体）の中から作付面積の規模に比例した確率比例抽出や系統抽出により、調査対象経営体を抽出した。

標本の大きさ（標本経営体数）については、全国の10a当たり収量を指標とした目標精度（2〜3％）が確保されるよう、調査対象品目の全国収穫量に占める都道府県ごとのシェアを考慮して設定した10a当たり収量に対する都道府県別の目標精度（3〜20％）を設定し、必要な数を算出した。

なお、都道府県別の標本の大きさについては、抽出率30％を上限とした上で、300を超える場合は300、20を下回る場合は抽出率にかかわらず20とした。

注： ただし、直近の全国調査年において当該作物の作付（収穫）面積が5ha未満（飼料作物については50ha未満）又は母集団の大きさが30戸未満の都道府県は実施しない。

(6) 調査期日
ア 作付面積調査
(ｱ) 水稲及び茶　　　7月15日
(ｲ) 大豆、小豆、いんげん及びらっかせい　　9月1日
(ｳ) 陸稲、麦類、そば、なたね、かんしょ、飼料作物、てんさい、さとうきび、こんにゃくいも及び「い」　　収穫期
イ 作況調査及び収穫量調査
(ｱ) 水稲
a 作柄概況調査：8月15日現在
b 予想収穫量調査：9月25日現在、10月25日現在
c 収穫量調査：収穫期
(参考) 水稲の作柄予測：7月15日現在の作柄の良否（西南暖地における早期栽培等のみ）及び8月15日現在の作柄の良否（西南暖地における早期栽培等を除く。）については、気象データ（降水量、気温、日照時間、風速等）及び人工衛星データ（降水量、地表面温度、日射量、植生指数等）を説明変数、10a当たり予想収量を目的変数として作成した予測式（重回帰式）により、作柄を予測したものである。
(ｲ) 水稲以外の作物
収穫期

(7) 調査事項
ア 作付面積調査
(ｱ) 水稲：作付面積及び用途別面積
(ｲ) 水稲以外の作物：作付（栽培）面積
イ 作況調査及び収穫量調査
(ｱ) 水稲
a 作柄概況調査：田植期の遅速、出穂期の遅速、穂数・もみ数等の生育状況、登熟状況、被害状況、耕種状況等
b 予想収穫量調査：10a当たり予想収量、予想収穫量、穂数・もみ数等の生育状況、登熟状況、被害状況、耕種状況等
c 収穫量調査：10a当たり収量、収穫量、穂数・もみ数等の生育状況、登熟状況、被害状況、被害種類別被害面積・被害量、耕種状況等
(ｲ) 水稲以外の作物
a 関係団体調査
(a) さとうきび及びこんにゃくいも：栽培面積、収穫面積及び集荷量
(b) 茶：摘採実面積、摘採延べ面積、生葉集荷（処理）量及び荒茶生産量
(c) い：い生産農家数、畳表生産農家数、作付面積、収穫量及び畳表生産量

(d)　陸稲、麦類、大豆、そば、なたね、かんしょ、飼料作物、てんさい、小豆、いんげん及びらっかせい：作付（栽培）面積及び集荷量

b　標本経営体調査

(a)　飼料作物：作付（栽培）面積及び収穫量

(b)　こんにゃくいも：栽培面積、収穫面積、出荷量及び「自家用、無償の贈答の量」

(c)　陸稲、麦類、大豆、そば、なたね、かんしょ、小豆、いんげん及びらっかせい：作付面積、出荷量及び「自家用、無償の贈与、種子用等の量」

※　かんしょの内訳として、宮崎県及び鹿児島県において、でんぷん原料仕向け用かんしょを調査している。

(8)　調査・集計方法

調査・集計は、以下の方法により行った。

なお、集計は農林水産省大臣官房統計部及び地方組織において行った。

ア　作付面積調査

(ア)　水稲

a　母集団の編成

空中写真（衛星画像等）に基づき、全国の全ての土地を隙間なく区分した200m四方（北海道にあっては、400m四方）の格子状の区画のうち、耕地が存在する区画を調査のための「単位区」とし、この単位区の集まりを母集団としている。

なお、単位区については、区画内に存する耕地について筆ポリゴン（衛星画像等を基に面積調査用の地理情報システムにより筆（けい畔等で区切られた現況一枚のほ場）ごとの形状に沿って作成した面をいう。）を作成し、地目（田又は畑）等の情報を登録している（後述の台帳面積に相当）。

母集団は、ほ場整備、宅地への転用等により生じた現況の変化を反映するため、単位区の情報を補正することにより整備している。

b　階層分け

調査精度の向上を図るため、母集団を各単位区内の耕地の地目に基づいて地目階層（「田のみ階層」、「田畑混在階層」及び「畑のみ階層」）に分類し、それぞれの地目階層について、ほ場整備の状況、水田率等の指標に基づいて設定した性格の類似した階層（性格階層）に分類している。

階層分け模式図（例）

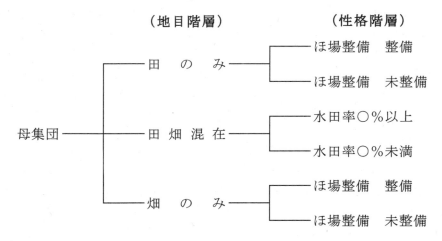

c　調査対象数の算出

都道府県別の調査対象数は、耕地の田畑別面積又は水稲作付面積を指標とした全国の目標精度（田：0.16％、畑：0.50％、水稲：0.22％）が確保されるように設定した都道府県別の目標精度（田：おおむね0.5～2％程度、畑：おおむね1～5％程度、水稲：おおむね0.5～3％程

度）に基づき算出する。

　d　調査対象数の配分及び抽出

　　cにより算出した調査対象数を、都道府県別の地目階層別に、総単位区数に耕地の田畑別面積又は水稲作付面積の母標準偏差を乗じた結果に比例して配分し、次いで、地目階層別の調査対象数を、性格階層別に当該性格階層の総単位区数に比例して配分の上、系統抽出法により抽出する。

　e　実査（対地標本実測調査）

　　抽出した標本単位区内の水稲が作付けされている全ての筆について、職員又は統計調査員により1筆ごとに現況地目、耕地の境界及び作付けの状況を確認する。

　f　推定

　　水稲作付面積の推定においては、都道府県別に面積調査用の地理情報システムを使用して求積した「標本単位区の田台帳面積の合計」に対する「実査により得られた標本単位区の現況の水稲作付見積り面積の合計」の比率を「母集団（全単位区）の田の台帳面積の合計」に乗じ、これに台帳補正率（田台帳面積に対する実面積の比率）を乗じることにより、全体の面積を推定し、職員による巡回・見積り及び情報収集により補完している。

$$推定面積 = \frac{標本単位区の現況水稲作付見積り面積合計}{標　本　単　位　区　の　田　台　帳　面　積　合　計} \times 全単位区の田台帳面積合計 \times 台帳補正率$$

　　なお、全国計、全国農業地域別及び地方農政局別の値は、都道府県別の値を合計して算出した。

　g　その他

　　遠隔地、離島、市街地等の対地標本実測調査が非効率な地域については、職員による巡回・見積り、情報収集によって把握している。

(イ)　水稲以外の作物

　a　都道府県値

(a)　てんさい

　　日本ビート糖業協会に対して調査票を配布し、オンラインにより回収する自計調査で行った。

　　作付面積の集計は、日本ビート糖業協会に対する調査結果を基に、職員による情報収集により補完している。

(b)　さとうきび

　　製糖会社、製糖工場等に対する往復郵送調査又はオンライン調査により行った。

　　栽培面積の集計は、製糖会社、製糖工場等に対する調査結果を基に、職員又は統計調査員による巡回・見積り及び職員による情報収集により補完している。

(c)　こんにゃくいも

　　関係団体に対する往復郵送調査又はオンライン調査により行った。

　　栽培面積の集計は、関係団体調査結果を基に、職員又は統計調査員による巡回・見積り及び職員による情報収集により補完している。

(d)　陸稲、麦類、大豆、そば、なたね、かんしょ、飼料作物、茶、小豆、いんげん、らっかせい及び「い」

　　関係団体に対する往復郵送調査又はオンライン調査により行った。

　　作付（栽培）面積の集計は、関係団体調査結果を基に、職員又は統計調査員による巡回・見積り及び職員による情報収集により補完している。

　b　全国値

　　令和4年産の調査において、全国を調査の対象とした作物（麦類、大豆、そば及びなたね）については、都道府県値の積上げにより算出した。

　　また、主産県を調査の対象とした作物（陸稲、かんしょ、飼料作物、茶、小豆、いんげん、らっかせい及びこんにゃくいも）については、直近の全国調査年（調査の範囲が全国の区域で

ある年をいう。以下同じ。）の調査結果に基づき次により推計を行った。

(a) 陸稲、かんしょ、飼料作物及び茶

　　主産県の作付（栽培）面積の合計値に、推計により算出した主産県以外の都道府県（以下「非主産県」という。）の作付（栽培）面積の計を合計し算出した。

　　非主産県の作付（栽培）面積は、直近の全国調査年（令和２年産）における非主産県の作付（栽培）面積の合計値に、令和４年産における主産県の作付（栽培）面積の合計値を直近の全国調査年（令和２年産）における主産県の作付（栽培）面積の合計値で除した変動率を乗じて算出した。

(b) 小豆、いんげん、らっかせい及びこんにゃくいも

　　主産県の作付（栽培）面積の合計値に、推計により算出した非主産県の作付（栽培）面積の計を合計し算出した。

　　非主産県の作付（栽培）面積は、直近の全国調査年（令和３年産）における非主産県の作付面積の計と前回の全国調査年（平成30年産）における非主産県の作付面積の計を用いて１年当たりの変動率を算出し、この変動率を直近の全国調査年からの経過年数（１年）に応じて非主産県の作付面積の計に乗ずることにより推計した。

イ　作況調査及び収穫量調査

(ｱ)　水稲

a　母集団

　　アの(ｱ)のｂにより、「田のみ階層」及び「田畑混在階層」の地目階層に分類される単位区を母集団としている。

b　階層分け

　　都道府県別に地域行政上必要な水稲の作柄を表示する区域として、水稲の生産力（地形、気象、栽培品種等）により分割した区域を「作柄表示地帯」として設定し、この作柄表示地帯ごとに収量の高低、年次変動、収量に影響する条件等を指標とした階層分けを行っている。

c　調査対象数の算出

　　都道府県別の調査対象数は、全国の目標精度（0.3％）が確保されるように設定した都道府県別の目標精度（１～２％）に基づき算出する。

d　調査対象数の配分及び抽出

　　都道府県別の調査対象数を階層別に水稲の作付面積に10ａ当たり収量の標準偏差を乗じた結果に比例して配分する。

　　階層別に配分された調査対象数を単位区の水稲作付面積（田台帳面積）に比例した確率で抽出する確率比例抽出法（具体的には単位区を水稲作付面積（田台帳面積）の小さい方から順に並べ、水稲作付面積（田台帳面積）の合計を調査対象数で除した値の整数倍の値を含む単位区を選ぶ方法）により標本単位区を抽出する。抽出された標本単位区内で、水稲が作付けされている筆から１筆を無作為に選定して実測調査を行う筆（以下「作況標本筆」という。）とする。

e　作況標本筆の実測

　　作況標本筆の対角線上の３か所を系統抽出法により調査箇所に選定し、株数、穂数、もみ数等の実測調査を行う。

f　10ａ当たり玄米重の算定

　　各作況標本筆について、一定株数（１㎡分×３か所の株数）の稲を刈り取り、脱穀・乾燥・もみすりを行った後に、飯用に供し得る玄米（農産物規格規程（平成13年２月28日農林水産省告示第244号）に定める三等以上の品位を有し、かつ、粒厚が1.70mm以上であるもの）となるように選別し、各作況標本筆の10ａ当たり玄米重を決定する。

　　ただし、調査期日に収穫期を迎えていない作況標本筆がある場合は、穂数、１穂当たりもみ数及び千もみ当たり収量のうち実測可能な項目については実測値、実測が不可能な項目については過去の気象データ、実測データ等を基に作成した予測式により算定した推定値を用いることとし、これらの数値の積により当該作況標本筆に係る10ａ当たり玄米重を算定する。

　　各作況標本筆の10 a 当たり玄米重の平均を基に階層ごとの10 a 当たり玄米重を推定し、水稲作付面積で加重平均することにより都道府県別の10 a 当たり玄米重平均値を算出する。

g　10 a 当たり収量の推定

　　f により算出した都道府県別の10 a 当たり玄米重平均値に、コンバインのロス率（コンバインを使用して収穫する際に発生する収穫ロス）や被害データ等を加味して検討を行い、都道府県別の10 a 当たり収量を推定する。

　　さらに、作況基準筆（10 a 当たり収量を巡回・見積りにより把握する際の基準とするものとして有意に選定した筆をいう。）の実測結果を基準とした職員又は統計調査員による巡回・見積り並びに職員による情報収集により、作柄及び被害を見積り推定値を補完する。

h　収穫量及び被害量

　　g により推定した10 a 当たり収量に作付面積を乗じて収穫量を求める。

　　被害量は、農作物に被害が発生した後、生育段階に合わせて被害の状況を職員又は統計調査員による巡回・見積りで把握する。

(イ)　水稲以外の作物

a　都道府県値

(a)　茶

　　標本荒茶工場に対する往復郵送調査又はオンライン調査により行った。

　　摘採面積、生葉収穫量及び荒茶生産量については、次の方法により集計した。

i　全数調査階層の集計値に標本調査階層の各階層の推定値を加えて算出し、必要に応じて職員又は統計調査員による巡回・見積り及び職員による情報収集により補完している。

　　なお、全数調査階層に欠測値がある場合は、標本調査階層と同様の推定方法により算出した。

ii　階層ごとの推定方法については、荒茶生産量（母集団リスト値）と荒茶生産量（調査結果）の相関係数を算出し、以下の式を満たす場合には比推定、満たさない場合は単純推定により算出した。

$$\hat{r}i \geqq \frac{1}{2} \cdot \frac{Ciy}{\hat{C}ix}$$

　　上記の計算式に用いた記号等は次のとおり。

　　$\hat{r}i$：i階層の荒茶生産量（母集団リスト値）と荒茶生産量（調査結果）との相関係数の推定値

　　Ciy：i階層の荒茶生産量（母集団リスト値）の変動係数

　　$\hat{C}ix$：i階層の荒茶生産量（調査結果）の変動係数の推定値

iii　標本調査階層の各階層において、荒茶生産量は以下の推定式を用いて算出した。

　　なお、摘採実面積、摘採延べ面積（年間計のみ）及び生葉収穫量についても荒茶生産量と同様の推定方法により算出した（下記推定式の「x及びX」部分を摘採実面積、摘採延べ面積及び生葉収穫量（調査結果）に置き換えて算出。）。

i階層の推定（年間計及び一番茶期別に推定）

【単純推定の場合】

$$\hat{X}i = Ni \frac{\sum_{j=1}^{ni} x\,ij}{ni}$$

【比推定の場合】

$$\hat{X}i = \frac{\sum_{j=1}^{ni} x\,ij}{\sum_{j=1}^{ni} y\,ij} Yi$$

上記の計算式に用いた記号等は次のとおり。

Ni：i階層の母集団荒茶工場数

ni：i階層の標本荒茶工場数

$\hat{X}i$：i階層の荒茶生産量の推定値

xij：i階層のj標本の荒茶生産量（調査結果）

Yi：i階層の母集団荒茶工場の荒茶生産量（母集団リスト値）の合計値

yij：i階層のj標本の荒茶生産量（母集団リスト値）

(b) てんさい

　　日本ビート糖業協会に対して調査票を配布し、オンラインにより回収する自計調査で行った。

　　収穫量の集計は、日本ビート糖業協会に対する調査結果を基に、必要に応じて職員による情報収集により補完している。

(c) さとうきび

　　製糖会社、製糖工場等に対する往復郵送調査又はオンライン調査により行った。

　　収穫面積の集計は、製糖会社、製糖工場等に対する調査結果を基に、必要に応じて職員又は統計調査員による巡回・見積り及び職員による情報収集により補完している。

　　収穫量の集計は、製糖会社、製糖工場等に対する調査結果を基に、必要に応じて職員又は統計調査員による巡回及び職員による情報収集により補完している。

(d) こんにゃくいも

　　関係団体に対する往復郵送調査又はオンライン調査及び標本経営体に対する往復郵送調査により行った。

　　収穫面積の集計は、関係団体調査結果を基に、必要に応じて職員又は統計調査員による巡回及び職員による情報収集により補完している。

　　収穫量の集計は、関係団体調査及び標本経営体調査の結果から得られた10a当たり収量に収穫面積を乗じて算出し、必要に応じて職員又は統計調査員による巡回及び職員による情報収集により補完している。

(e) い

　　関係団体に対する往復郵送調査又はオンライン調査により行った。

　　収穫量の集計は、関係団体調査結果から得られた10a当たり収量に作付面積を乗じて算出し、必要に応じて職員又は統計調査員による巡回及び職員による情報収集により補完している。

(f) 陸稲、麦類、大豆、そば、なたね、かんしょ、飼料作物、小豆、いんげん及びらっかせい

　　関係団体に対する往復郵送調査又はオンライン調査及び標本経営体に対する往復郵送調査により行った。

　　収穫量の集計は、関係団体調査及び標本経営体調査の結果から得られた10a当たり収量に作付面積を乗じて算出し、必要に応じて職員又は統計調査員による巡回及び職員による情報収集により補完している。

b 全国値

　　令和4年産の調査において、全国を調査の対象とした作物（麦類、大豆、そば及びなたね）については、都道府県値の積上げにより算出した。

　　また、主産県を調査の対象とした以下の作物については、直近の全国調査年の調査結果に基づき次により推計を行った。

(a) 陸稲、かんしょ及び飼料作物

　　直近の全国調査年（平成29年産）の全国の収穫量に、令和4年産における主産県の収穫量の合計値を直近の全国調査年（平成29年産）における主産県の収穫量の合計値で除した変動率を乗じて算出した。

(b) 小豆、いんげん及びらっかせい

主産県の収穫量に、次の式により推計した非主産県の収穫量の計を合計し算出した。

$$非主産県の収穫量 = 直近の全国調査年（平成30年産）における非主産県の10a当たり収量 × 主産県の10a当たり収量の比率(x) × 令和4年産の非主産県の作付面積(y)$$

x＝令和4年産の主産県10a当たり収量÷全国調査年（平成30年産）の主産県10a当たり収量
y＝直近の全国調査年（令和3年産）における非主産県の作付面積の計と前回の全国調査年（平成30年産）における非主産県の作付面積の計を用いて1年当たりの変動率を算出し、この変動率を直近の全国調査年からの経過年数（1年）に応じて非主産県の作付面積の計に乗ずることにより推計

(c) 茶

荒茶生産量の全国値＝主産県の荒茶生産量＋非主産県の荒茶生産量（x）
x＝非主産県の10a当たり生葉収量の推定値（a）×非主産県の摘採面積の推定値（b）×主産県の製茶歩留り（c）

a＝直近の全国調査年（令和2年産）における非主産県の10a当たり生葉収量×当年産の主産県の10a当たり生葉収量÷直近の全国調査年（令和2年産）における主産県の10a当たり生葉収量

b＝当年の非主産県の栽培面積の推定値（d）×直近の全国調査年（令和2年産）における非主産県の摘採実面積÷直近の全国調査年（令和2年）における非主産県の栽培面積

c＝当年産の主産県の荒茶生産量÷当年産の主産県の生葉収穫量

d＝直近の全国調査年（令和2年）における非主産県の栽培面積×（当年の主産県の栽培面積÷直近の全国調査年（令和2年）における主産県の栽培面積）

(d) こんにゃくいも

i 収穫面積

主産県（群馬県）の収穫面積に、推計により算出した非主産県の収穫面積の計を合計し算出した。

非主産県の栽培面積は、直近の全国調査年（令和3年産）における非主産県の栽培面積の計と前回の全国調査年（平成30年産）における非主産県の栽培面積の計を用いて1年当たりの変動率を算出し、この変動率を直近の全国調査年からの経過年数（1年）に応じて非主産県の栽培面積の計に乗じて算出した（両年ともに群馬県を主産県、群馬県以外の都道府県を非主産県として算出。）。

非主産県の収穫面積は、これにより算出した非主産県の栽培面積に、主産県の収穫面積を主産県の栽培面積で除した率を乗じて算出した。

ii 収穫量

主産県（群馬県）の収穫量に、推計により算出した非主産県の収穫量の計を合計し算出した。

非主産県の収穫量は、直近の全国調査年（平成30年産）における非主産県の10a当たり収量に、令和4年産における主産県（群馬県）の10a当たり収量を直近の全国調査年（平成30年産）における主産県（群馬県）の10a当たり収量で除した変動率を乗じて算出した令和4年産の非主産県の10a当たり収量を、令和4年産の非主産県の収穫面積に乗じて算出した。

(9) 調査の精度
ア 作付面積調査
(ア) 対地標本実測調査における水稲作付面積に係る標本単位区の数及び調査結果（全国）の実績精度を標準誤差率（標準誤差の推定値÷推定値×100）により示すと、次のとおりである。

区　分	標本単位区の数	標準誤差率（％）
水稲作付面積	39,411	0.35

(イ) 水稲以外の作物については、関係団体に対する全数調査結果を用いて全国値を算出していることから、実績精度の算出を行っていない。

イ 作況調査及び収穫量調査

(ア) 水稲収穫量調査の標本実測調査における標本筆数及び10a当たり玄米重に係る調査結果（全国）の実績精度を標準誤差率（標準誤差の推定値÷推定値×100）により示すと、次のとおりである。

区　分	標　本　筆　数	標準誤差率（％）
10a当たり玄米重	9,902	0.16

(イ) 10a当たり収量（茶は荒茶生産量）に係る調査結果（全国）の実績精度を標準誤差率（標準誤差の推定値÷推定値×100）により示すと、次のとおりである。

なお、陸稲、かんしょ、飼料作物、茶、らっかせい及びこんにゃくいもについては、主産県調査結果のものである。

品　目	区　分	標準誤差率（％）
陸　　　稲	10a当たり収量	4.7
そ　　　ば	10a当たり収量	1.0
か　ん　し　ょ	10a当たり収量	2.3
牧　　　草	10a当たり収量	1.5
青刈りとうもろこし	10a当たり収量	1.9
ソ　ル　ゴ　ー	10a当たり収量	3.7
茶	荒茶生産量	4.7
ら　っ　か　せ　い	10a当たり収量	3.1
こんにゃくいも	10a当たり収量	2.8

(ウ) 麦類、大豆、なたね、小豆及びいんげん

主要な都道府県において、標本経営体調査を行っていないこと等から、実績精度の算出は行っていない。

(エ) てんさい、さとうきび及び「い」

関係団体に対する全数調査結果を用いて算出していることから、実績精度の算出は行っていない。

(10) 調査対象数

ア 作付面積調査

(ア) 水稲

標本単位区：39,411単位区

(イ) 水稲以外の作物

区　　　　　分	関係団体調査		
	団体数①	有効回答数②	有効回答率③=②/①
	団体	団体	％
陸　　稲	8	8	100.0
麦　　類	619	618	99.8
大　　豆	610	603	98.9
小　　豆	114	109	95.6
いんげん	48	48	100.0
らっかせい	3	3	100.0
そ　　ば	377	377	100.0
かんしょ	70	69	98.6
飼料作物、えん麦	142	141	99.3
茶	62	62	100.0
な　た　ね	57	57	100.0
てんさい	1	1	100.0
さとうきび	1) 86	1) 56	65.1
こんにゃくいも	8	8	100.0
い	2	2	100.0

注：1　「有効回答数」とは、集計に用いた関係団体の数である。
　　2　「飼料作物、えん麦」の「えん麦」は緑肥用であり、作付面積調査のみを実施した。
　　　　このため、えん麦（緑肥用）の作付面積については、「耕地及び作付面積統計」を参照。
　　3　1)の単位は、「製糖会社、製糖工場等」である。
　　4　さとうきびにおいては、製糖会社において所有する複数の製糖工場の実績が把握できる場合には、製糖工場を調査
　　　対象とせず、当該製糖会社で一括して調査を実施した。

イ　作況調査及び収穫量調査

(ア)　水稲

　　作況標本筆：9,902筆、作況基準筆：314筆

(イ)　水稲以外の作物

区　　　　分	関係団体調査			標本経営体調査				
	団体数①	有効回答数②	有効回答率③=②/①	母集団の大きさ④	標本の大きさ⑤	抽出率⑥=⑤/④	有効回答数⑦	有効回答率⑧=⑦/⑤
	団体	団体	％	経営体	経営体	％	経営体	％
陸　　稲	8	7	87.5	886	265	29.9	53	20.0
小　　麦	616	585	95.0	11,191	160	1.4	90	56.3
大麦・はだか麦				4,812	584	12.1	161	27.6
大　　豆	620	600	96.8	22,536	592	2.6	421	71.1
小　　豆	118	105	89.0	2,403	65	2.7	31	47.7
いんげん	48	40	83.3					
らっかせい	3	3	100.0	2,131	300	14.1	171	57.0
そ　　ば	377	356	94.4	8,313	1,167	14.0	928	79.5
かんしょ	70	67	95.7	5,584	276	4.9	182	65.9
飼料作物	23	16	69.6	34,613	3,891	11.2	2,071	53.2
な　た　ね	57	51	89.5	467	20	4.3	12	60.0
てんさい	1	1	100.0					
さとうきび	1) 86	1) 56	65.1					
こんにゃくいも	8	8	100.0	483	123	25.5	65	52.8
い	2	2	100.0					

注：1　「有効回答数」とは、集計に用いた関係団体及び標本経営体の数であり、回答はあったが、当年産において作付けが
　　　なかった関係団体及び標本経営体は含まれていない。
　　2　1)の単位は、「製糖会社、製糖工場等」である。
　　3　さとうきびにおいては、製糖会社において所有する複数の製糖工場の実績が把握できる場合には、製糖工場を調査
　　　対象とせず、当該製糖会社で一括して調査を実施した。

区　　　　分	母　集　団 荒茶工場数 ⑨	調査対象者数 ⑩	抽出率 ⑪=⑩/⑨	有　効 回答数 ⑫	有　効 回答率 ⑬=⑫/⑩
	工場	工場	％	工場	％
茶	2,877	593	20.6	492	83.0

注：　「有効回答数」とは、集計に用いた標本荒茶工場の数であり、回答はあったが、当年産において取扱いがなかった荒茶
　　　工場は含まない。

(11)　統計の表章範囲

掲載した統計の全国農業地域及び地方農政局の区分とその範囲は、次表のとおりである。

ア　全国農業地域

全国農業地域名	所　属　都　道　府　県　名
北　海　道	北海道
東　　　北	青森、岩手、宮城、秋田、山形、福島
北　　　陸	新潟、富山、石川、福井
関東・東山	茨城、栃木、群馬、埼玉、千葉、東京、神奈川、山梨、長野
東　　　海	岐阜、静岡、愛知、三重
近　　　畿	滋賀、京都、大阪、兵庫、奈良、和歌山
中　　　国	鳥取、島根、岡山、広島、山口
四　　　国	徳島、香川、愛媛、高知
九　　　州	福岡、佐賀、長崎、熊本、大分、宮崎、鹿児島
沖　　　縄	沖縄

イ　地方農政局

地方農政局名	所　属　都　道　府　県　名
東 北 農 政 局	アの東北の所属都道府県と同じ。
北 陸 農 政 局	アの北陸の所属都道府県と同じ。
関 東 農 政 局	茨城、栃木、群馬、埼玉、千葉、東京、神奈川、山梨、長野、静岡
東 海 農 政 局	岐阜、愛知、三重
近 畿 農 政 局	アの近畿の所属都道府県と同じ。
中国四国農政局	鳥取、島根、岡山、広島、山口、徳島、香川、愛媛、高知
九 州 農 政 局	アの九州の所属都道府県と同じ。

注：　東北農政局、北陸農政局、近畿農政局及び九州農政局の結果については、全国農業地域区分における各地域の結果と
　　　同じであることから、統計表章はしていない。

2　定義及び基準

作　付　面　積	は種又は植付けをしてからおおむね1年以内に収穫され、複数年にわたる収穫ができない非永年性作物（水稲、麦等）を作付けしている面積をいう。けい畔に作物を栽培している場合は、その利用部分を見積もり、作付面積として計上した。
栽　培　面　積	茶、さとうきびなど、は種又は植付けの後、複数年にわたって収穫を行うことができる永年性作物を栽培している面積（さとうきびにあっては、当年産の収穫を意図するものに加え、苗取り用、次年産の夏植えの収穫対象とするもの等を含む。）をいう。けい畔に作物を栽培している場合は、その利用部分を見積り、栽培面積として計上した。
摘　採　面　積	摘採（実）面積とは、茶を栽培している面積のうち、収穫を目的として茶葉

の摘取りが行われた（実）面積をいい、摘採延べ面積とは、同一茶園で複数回摘採された場合の延べ面積をいう。

収　穫　面　積　　こんにゃくいもにあっては、栽培面積のうち生子（種いも）として来年に植え付ける目的として収穫された面積を除いた面積をいう。

さとうきびにあっては、当年産の作型（夏植え、春植え及び株出し）の栽培面積のうち実際に収穫された面積をいう。なお、その全てが収穫放棄されたほ場に係る面積は収穫面積には含めない。

収　　穫　　量　　収穫し、収納（収穫後、保存又は販売できる状態にして収納舎等に入れることをいう。）がされた一定の基準（品質・規格）以上のものの量をいう。なお、収穫前における見込量を予想収穫量という。

飼料作物にあっては、飼料用として収穫された生の状態の量をいう。なお、放牧して直接家畜に与えるものも含む。

さとうきびにあっては、刈り取った茎からしょう頭部（さとうきびの頂上部分）及び葉を除去したものの量をいう。

年　産　区　分　　収穫量の年産区分は収穫した年（通常の収穫最盛期の属する年）をもって表す。ただし、作業、販売等の都合により収穫が翌年に持ち越された場合も翌年産とせず、その年産として計上した。なお、さとうきびにあっては、通常収穫期が2か年にまたがるため、収穫を始めた年をもって表した。

10ａ当たり収量　　実際に収穫された10ａ当たりの収穫量をいう。

　〃　平年収量　　作物の栽培を開始する以前に、その年の気象の推移、被害の発生状況等を平年並みとみなし、最近の栽培技術の進歩の度合い、作付変動等を考慮して、実収量のすう勢をもとに作成したその年に予想される10ａ当たり収量をいう。

　〃　平均収量　　原則として直近7か年のうち、最高及び最低を除いた5か年の平均値をいう。

ただし、直近7か年全ての10ａ当たり収量が確保できない場合は、6か年又は5か年の最高及び最低を除いた平均とし、4か年又は3か年の場合は、単純平均である。

なお、直近7か年のうち、3か年分の10ａ当たり収量が確保できない場合は、作成していない。

　〃　平均収量対比　　10ａ当たり平均収量に対する当年産の10ａ当たり収量の比率をいう。

作　況　指　数　　水稲の作柄の良否を表す指標のことをいい、10ａ当たり平年収量に対する10ａ当たり収量（又は予想収量）の比率をいう。

なお、平成26年産以前の作況指数は1.70mmのふるい目幅で選別された玄米を基に算出し、平成27年産から令和元年産までの作況指数は、全国農業地域ごとに、過去5か年間に農家等が実際に使用したふるい目幅の分布において、大きいものから数えて9割を占めるまでの目幅以上に選別された玄米を基に算出していた。令和2年産以降の作況指数は、都道府県ごとに、過去5か年間に農家等が実際に使用したふるい目幅の分布において、最も多い使用割合

の目幅以上に選別された玄米を基に算出した数値である（各都道府県の目幅は次表のとおり）。

令和４年産の作況指数の算出に用いるふるい目幅							
都道府県	農家等使用目幅	都道府県	農家等使用目幅	都道府県	農家等使用目幅	都道府県	農家等使用目幅
北海道	1.90mm	東　京	1.80mm	滋　賀	1.90mm	香　川	1.80mm
青　森	1.90mm	神奈川	1.80mm	京　都	1.85mm	愛　媛	1.85mm
岩　手	1.90mm	新　潟	1.85mm	大　阪	1.80mm	高　知	1.80mm
宮　城	1.90mm	富　山	1.90mm	兵　庫	1.85mm	福　岡	1.85mm
秋　田	1.90mm	石　川	1.85mm	奈　良	1.80mm	佐　賀	1.85mm
山　形	1.90mm	福　井	1.90mm	和歌山	1.80mm	長　崎	1.80mm
福　島	1.85mm	山　梨	1.80mm	鳥　取	1.85mm	熊　本	1.85mm
茨　城	1.85mm	長　野	1.85mm	島　根	1.90mm	大　分	1.80mm
栃　木	1.85mm	岐　阜	1.80mm	岡　山	1.85mm	宮　崎	1.80mm
群　馬	1.80mm	静　岡	1.80mm	広　島	1.85mm	鹿児島	1.80mm
埼　玉	1.80mm	愛　知	1.85mm	山　口	1.85mm	沖　縄	1.80mm
千　葉	1.80mm	三　重	1.85mm	徳　島	1.80mm		

また、作柄の良否としての表示区分は以下の通りである。

作柄の良否	不良	やや不良	平年並み	やや良	良
作況指数	94以下	95〜98	99〜101	102〜105	106以上

子　実　用　　主に食用（なたねについては、食用として搾油するもの）に供すること（子実生産）を目的とするものをいい、全体から「青刈り」を除いたものをいう。なお、「青刈り」とは、子実の生産以前に刈り取られて飼肥料用等として用いられるもの（稲発酵粗飼料用稲（ホールクロップサイレージ）、わら専用稲等を含む。）のほか、飼料用米及びバイオ燃料用米をいう。

乾　燥　子　実　　食用を目的に未成熟（完熟期以前）で収穫されるもの（えだまめ、さやいんげん等）、景観形成用として作付けしたもの（そば）を除いたものをいう。なお、らっかせいはさやつきのものをいう。

（　水　稲　）
西南暖地における早期栽培等　　四国及び南九州の地域で主に台風による被害を避けるため８月中旬頃までに収穫する栽培方法並びに沖縄県における二期作の第一期稲である。

作柄表示地帯　　地域行政上必要な水稲の作柄を表示する区域として、都道府県を水稲の生産力（地形、気象、栽培品種等）により分割したものをいう。

水稲の二期作栽培　　同一の田に年間２回作付けする栽培方法をいい、第１回の作付けを第一期稲、第２回の作付けを第二期稲という。

（　茶　）
茶　期　区　分　　茶期は各地方によって異なっており、さらに、その年の作柄、被害、他の農作物等の関係もあってこれを明確に区分することは困難であるため、一番茶期の区分は通常その地域の慣行による茶期区分によることとした。

荒　　　　茶　　茶葉（生葉）を蒸熱、揉み操作、乾燥等の加工処理を行い製造したもので、仕上げ茶として再製する以前のものをいう。

（さとうきび）	
夏　植　え	7月頃から9月頃にさとうきびの茎を植え付け、発芽したものを翌年の12月頃から翌々年の4月頃にかけて収穫する栽培方法をいう。
春　植　え	2月頃から4月頃にさとうきびの茎を植え付け、発芽したものをその年の12月頃から翌年の4月頃にかけて収穫する栽培方法をいう。
株　出　し	前年収穫したさとうきびの株から発芽したものをその年の12月頃から翌年4月頃にかけて収穫する栽培方法をいう。
（「い」）	
「い」生産農家数	「い」を生産する全ての農家の数をいう。
畳表生産農家数	「い」の生産から畳表の生産まで一貫して行っている農家の数をいう。
畳表生産量	畳表生産農家が生産した畳表の生産枚数をいう。 なお、令和4年の畳表生産量は、令和3年7月から令和4年6月までの間に生産されたものである。
（被害）	
被　　害	ほ場において、栽培を開始してから収納をするまでの間に、気象的原因、生物的原因その他異常な事象によって農作物に損傷を生じ、基準収量より減収した状態をいう。 なお、平成28年産以前は、水稲の被害面積及び被害量について、気象被害（6種類）、病害（3種類）、虫害（4種類）の被害種類別に調査を実施し、公表していたが、平成29年産からは、6種類（冷害、日照不足、高温障害、いもち病、ウンカ及びカメムシ）としている。
基　準　収　量	農作物にある被害が発生したとき、その被害が発生しなかったと仮定した場合に穫れ得ると見込まれる収量をいう。
被　害　面　積	農作物に損傷が生じ、基準収量より減収した面積をいう。
被　害　量	農作物に損傷を生じ、基準収量から減収した量をいう。
被　害　率	平年収量（作付面積×10a当たり平年収量）に対する被害量の割合（百分率）をいう。

3　利用上の注意

(1)　数値の四捨五入について

　　ここに掲載した統計数値は、次の方法によって四捨五入しており、全国計と都道府県別数値の積上げ、あるいは合計値と内訳の計が一致しない場合がある。

原　　　　数	7桁以上 （100万）	6桁 （10万）	5桁 （1万）	4桁 （1,000）	3桁以下 （100）
四捨五入する桁数 （下から）	3桁	2桁		1桁	四捨五入 しない
例　四捨五入する前 （原数）	1,234,567	123,456	12,345	1,234	123
四捨五入した数値 （統計数値）	1,235,000	123,500	12,300	1,230	123

(2)　表中記号について

統計表中に使用した記号は以下のとおりである。

「0」「0.0」：単位に満たないもの（例：0.4ha→0ha）又は増減がないもの

「－」：事実のないもの

「…」：事実不詳又は調査を欠くもの

「x」：個人又は法人その他の団体に関する秘密を保護するため、統計数値を公表しないもの

「△」：負数又は減少したもの

「nc」：計算不能

(3)　秘匿措置について

統計調査結果について、生産者数が2以下の場合には、個人又は法人その他の団体に関する調査結果の秘密保護の観点から、当該結果を「x」表示とする秘匿措置を施している。

なお、全体（計）からの差引きにより、秘匿措置を講じた当該結果が推定できる場合には、本来秘匿措置を施す必要のない箇所についても「x」表示としている。

(4)　この統計表に記載された数値等を他に転載する場合は、『令和4年産作物統計』（農林水産省）による旨を記載してください。

(5)　本統計の累年データについては、農林水産省ホームページの「統計情報」の分野別分類「作付面積・生産量、被害、家畜の頭数など」、品目別分類「米」、「麦」、「いも・雑穀・豆」、「工芸農作物」で御覧いただけます。

なお、統計データ等に訂正があった場合には、ホームページに正誤情報を掲載します。

https://www.maff.go.jp/j/tokei/kouhyou/sakumotu/sakkyou_kome/#r

4　お問合せ先

農林水産省　大臣官房統計部

〇作付面積に関すること

生産流通消費統計課　面積統計班

電話：（代表）03-3502-8111　内線3681

（直通）03-6744-2045

〇収穫量に関すること、その他全般に関すること

生産流通消費統計課　普通作物統計班

電話：（代表）03-3502-8111　内線3682

（直通）03-3502-5687

※　本統計書に関する御意見・御要望は、上記問合せ先のほか、農林水産省ホームページでも受け付けております。

https://www.contactus.maff.go.jp/j/form/tokei/kikaku/160815.html

【関連リンク】
〇食料需給表、食料自給率
　農林水産省＞知ってる？日本の食料事情＞食料需給表
　https://www.maff.go.jp/j/zyukyu/fbs/
〇米の相対取引価格
　農林水産省＞農産＞米（稲）・麦・大豆＞米の相対取引価格・数量、契約・販売状況、民間在庫の推
　移等
　https://www.maff.go.jp/j/seisan/keikaku/soukatu/aitaikakaku.html
〇新規需要米の都道府県別の取組計画認定状況
　農林水産省＞農産＞米（稲）・麦・大豆＞米政策関連
　https://www.maff.go.jp/j/seisan/jyukyu/komeseisaku/
〇天候に関すること
　気象庁＞各種申請・ご案内＞報道発表資料
　https://www.jma.go.jp/jma/press/hodo.html
〇水稲の品種別作付動向
　公益社団法人米穀安定供給確保支援機構
　https://www.komenet.jp/
〇世界各国における農産物の生産量
　FAO
　https://www.fao.org/faostat/en/#home

Ⅰ　調査結果の概要

1 米

（1）要　旨

　令和4年産水陸稲の収穫量（子実用）は、水稲が726万9,000 t、陸稲が1,010 t となり、合計で727万 t で、前年産に比べ29万4,000 t 減少した。また、水稲の作付面積（子実用）は、135万5,000haで、前年産に比べ4万8,000ha減少した。

　水稲の作柄は、北海道、東海、近畿、中国、四国及び沖縄においては、田植期以降の天候に恵まれ、全もみ数が平年以上に確保された。一方、6月前半の低温・日照不足や7月中旬の日照不足等の影響により、全もみ数が平年を下回る地域や8月上旬からの大雨と日照不足、9月以降の台風等による影響により登熟が平年を下回る地域があった。この結果、全国の10 a 当たり収量は536 kg（作況指数100）で前年産に比べ3 kg減少した（表1－1、図1－1）。

図1－1　水稲の作付面積及び収穫量の推移（全国）

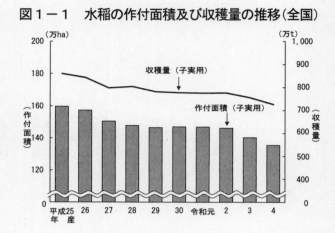

表1－1　令和4年産水陸稲の作付面積、10 a 当たり収量及び収穫量

全　国 農業地域	作付面積 （子実用）	10a当たり 収　量	収穫量 （子実用）	前　年　産　と　の　比　較					主食用 作付面積	収穫量 （主食用）	作況指数 （対平年比）
				作　付　面　積		10a当たり 収　量	収　穫　量				
				対　差	対　比	対　比	対　差	対　比			
	ha	kg	t	ha	%	%	t	%	ha	t	
水　陸　稲　計	1,355,000	-	7,270,000	△ 49,000	97	nc	△ 294,000	96	…	…	-
水　　稲	1,355,000	536	7,269,000	△ 48,000	97	99	△ 294,000	96	1,251,000	6,701,000	100
北　海　道	93,600	591	553,200	△ 2,500	97	99	△ 20,500	96	82,500	487,600	106
東　　北	348,300	559	1,948,000	△ 14,700	96	96	△ 162,000	92	308,200	1,723,000	98
北　　陸	198,200	541	1,072,000	△ 3,600	98	102	0	100	173,500	938,800	100
関東・東山	240,100	538	1,291,000	△ 13,000	95	99	△ 89,000	94	227,200	1,223,000	99
東　　海	87,100	504	438,800	△ 2,500	97	102	△ 2,900	99	85,300	429,900	101
近　　畿	96,400	517	498,400	△ 2,900	97	103	△ 1,300	100	92,800	479,500	102
中　　国	95,800	524	501,600	△ 3,000	97	101	△ 9,400	98	92,800	486,400	101
四　　国	44,600	497	221,600	△ 1,300	97	103	200	100	44,000	218,400	103
九　　州	150,100	494	741,300	△ 5,000	97	102	△ 10,700	99	144,400	713,200	98
沖　　縄	639	301	1,920	△ 27	96	93	△ 240	89	604	1,820	97
陸　　稲	468	216	1,010	△ 85	85	94	△ 260	80			93

注：1　作付面積（子実用）とは、青刈り面積（飼料用米等を含む。）を除いた面積である。
　　2　主食用作付面積とは、水稲作付面積（青刈り面積を含む。）から、備蓄米、加工用米、新規需要米等の作付面積を除いた面積である。
　　3　10 a 当たり収量及び収穫量（子実用）は、1.70mmのふるい目幅で選別された玄米の重量である。
　　4　作況指数とは、10 a 当たり平年収量に対する10 a 当たり収量の比率であり、都道府県ごとに、過去5か年間に農家等が実際に使用したふるい目幅の分布において、最も多い使用割合の目幅以上に選別された玄米を基に算出した数値である。
　　5　陸稲の作付面積調査及び収穫量調査は主産県調査であり、作付面積調査は3年周期、収穫量調査は6年周期で全国調査を実施している。令和4年産調査については、作付面積調査及び収穫量調査ともに主産県を対象に調査を実施した。主産県とは、直近の全国調査年である令和2年産調査における全国の作付面積のおおむね80%を占めるまでの上位都道府県である。全国値については、主産県の調査結果から推計したものである。
　　6　陸稲の作況指数欄は、10 a 当たり平均収量（原則として直近7か年のうち、最高及び最低を除いた5か年の平均値）に対する当年産の10 a 当たり収量の比率である。

(2) 解 説

ア 作付面積（子実用）

（ア） 水 稲

令和4年産水稲（子実用）の作付面積は135万5,000haとなった（表1－1、図1－2）。

（イ） 陸 稲

令和4年産陸稲（子実用）の作付面積は

468haとなった（表1－1、図1－2）。

図1－2　水陸稲の作付面積の推移（全国）

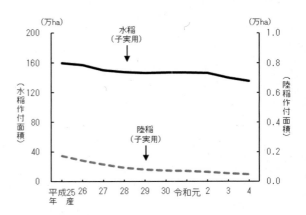

イ 作柄概況

図1－3　令和4年産水稲の都道府県別作況指数

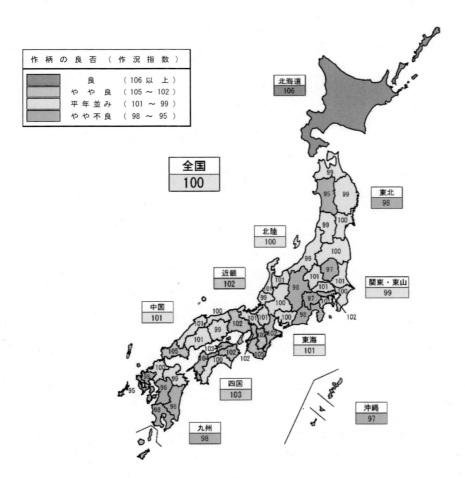

注：1　作況指数は、10a当たり平年収量に対する10a当たり収量の比率であり、都道府県ごとに、過去5か年間に農家等が実際に使用したふるい目幅の分布において、最も多い使用割合の目幅以上に選別された玄米を基に算出した数値である。

　　2　徳島県、高知県、宮崎県、鹿児島県及び沖縄県の作況指数は早期栽培（第一期稲）、普通栽培（第二期稲）を合算したものである。

(ア) 水　稲

a　北海道

田植期は平年に比べ１日早くなり、出穂期も２日早くなった。

全もみ数は、田植期（５月下旬）直後の６月前半の低温で分げつが抑制されたものの、６月後半から出穂期（７月下旬）前までの気温が総じて高めであったこと、７月上旬と下旬には日照が多かったことから、１穂当たりもみ数が十分確保されたため「やや多い」となった。

登熟は、出穂期（７月下旬）以降の気温はおおむね高めに推移しており、８月は断続的に日照不足の時期があったものの、９月上旬からは多照で経過したため、「やや良」となった。

以上のことから、北海道の10ａ当たり収量は591kg（前年産に比べ６kg減少）となった（図１－４、１－５）。

注：　全もみ数の多少及び登熟の良否の平年比較は、「多い・良」が対平年比106%以上、「やや多い・やや良」が105～102%、「平年並み」が101～99%、「やや少ない・やや不良」が98～95%、「少ない・不良」が94%以下に相当する（以下同じ。）。

図１－４　令和４年産水稲の作柄表示地帯別作況指数（北海道）

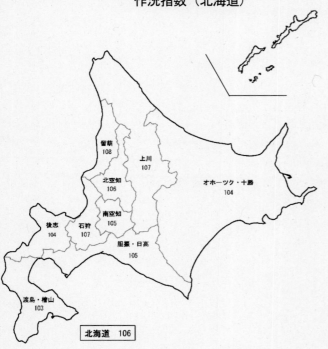

注：　□□□内の数値は都道府県平均の作況指数である（以下１（２）の各図において同じ。）。

図１－５　令和４年産稲作期間の半旬別気象経過（札幌）

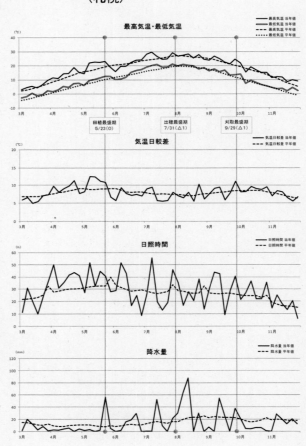

資料：　気象庁『アメダスデータ』を農林水産省大臣官房統計部において組み替えた結果による（以下１（２）の各図において同じ。）。

注：　耕種期日はそれぞれ最盛期である。（　）内の数値は平年と比較し、その遅速を日数で表しているものであり、△は平年より早いことを示す（以下１（２）の各図において同じ。）。

b 東 北

田植期は、福島県で平年に比べ2日、宮城県、秋田県及び山形県で1日早くなり、青森県及び岩手県で平年並みとなった。出穂期は、青森県で平年に比べ1日早くなり、秋田県及び山形県で平年並み、岩手県及び宮城県で1日、福島県で2日遅くなった。

全もみ数は、田植期（5月上旬から下旬）以降の6月前半の低温、日照不足で分げつが抑制されたため、その後の6月下旬から出穂期（8月上旬）前までの高温、多照で1穂当たりもみ数は十分確保された地域があったものの、宮城県及び福島県で「平年並み」、その他の県では「やや少ない」にとどまった。

登熟は、出穂期以降の日照不足により秋田県は「やや不良」となったものの、その他の県では気温はおおむね高めであったこと、9月に入り多照となったことから、「平年並み」となった。

以上のことから、10a当たり収量は、青森県で594kg（前年産に比べ22kg減少）、岩手県で537kg（同18kg減少）、宮城県で537kg（同10kg減少）、秋田県で554kg（同37kg減少）、山形県で594kg（同32kg減少）、福島県で549kg（同6kg減少）となり、東北平均で559kg（同22kg減少）となった（図1－6、1－7）。

図1－6　令和4年産水稲の作柄表示地帯別作況指数（東北）

図1－7　令和4年産稲作期間の半旬別気象経過（仙台）

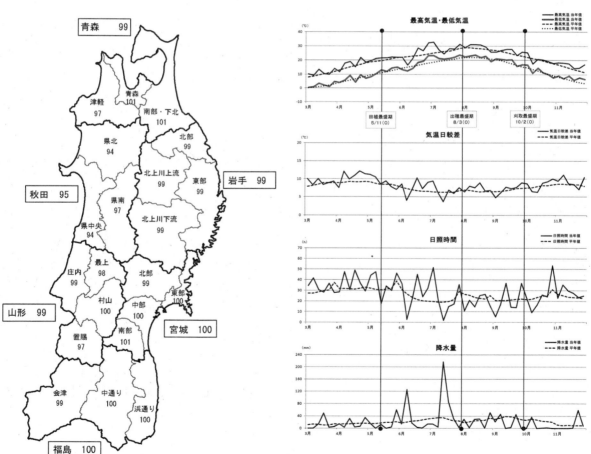

c 北　陸

　田植期は、新潟県、富山県及び福井県で平年に比べ1日早くなり、石川県で平年並みとなった。
出穂期は、石川県で平年に比べ3日、福井県で2日、新潟県及び富山県で1日早くなった。

　全もみ数は、田植期（5月上・中旬）直後の5月後半が高温、多照で分げつが促進された富山県
及び石川県は「やや多い」となり、6月下旬から出穂期（7月下旬から8月上旬）前までの高温、
多照で1穂当たりもみ数が確保された福井県は「平年並み」、6月前半の低温、日照不足で分げつ
が抑制された新潟県は「やや少ない」となった。

　登熟は、出穂期（7月下旬から8月上旬）以降は、総じて日照不足であったことにより、富山県
及び石川県は「やや不良」となったものの、9月に入り多照となったことから、新潟県は「やや良」、
福井県は「平年並み」となった。

　以上のことから、10a当たり収量は、新潟県で544kg（前年産に比べ15kg増加）、富山県で556kg
（同5kg増加）、石川県で532kg（同5kg増加）、福井県で515kg（前年産と同値）となり、北陸平均
で541kg（同10kg増加）となった（図1-8、1-9）。

図1-8　令和4年産水稲の作柄表示地帯別
　　　　作況指数（北陸）

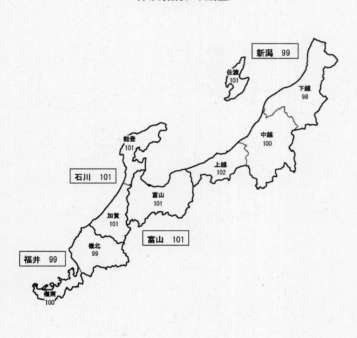

図1-9　令和4年産稲作期間の半旬別気象経過
　　　　（新潟）

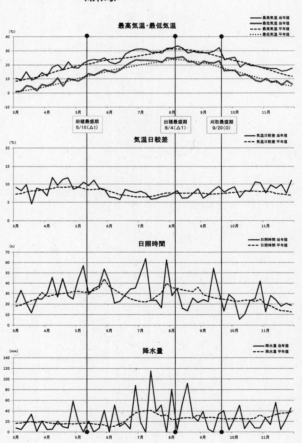

d 関東・東山

　田植期は、千葉県で平年に比べ1日早くなり、栃木県、埼玉県、東京都、神奈川県、山梨県及び長野県では平年並み、茨城県及び群馬県では1日遅くなった。出穂期は、山梨県で平年に比べ3日、茨城県、埼玉県、千葉県及び長野県で2日、群馬県及び神奈川県で1日早くなり、栃木県及び東京都で平年並みとなった。

　全もみ数は、6月前半の低温、日照不足や7月中旬の日照不足で分げつが抑制されたことから、埼玉県、千葉県及び山梨県で「やや少ない」となったものの、6月下旬から出穂期（7月中旬から8月中旬）前までの高温、多照で1穂当たりもみ数は確保されたため、茨城県、栃木県、群馬県及び長野県で「平年並み」、東京都で「やや多い」、神奈川県で「多い」となった。

　登熟は、8月中旬以降の日照不足で粒の肥大・充実が抑制されたことから、栃木県及び神奈川県で「やや不良」、群馬県、東京都、山梨県及び長野県で「平年並み」となったが、初期登熟や9月中旬以降の天候に恵まれた茨城県、埼玉県及び千葉県で、「やや良」となった。

　以上のことから、10a当たり収量は、茨城県で532kg（前年産に比べ11kg減少）、栃木県で532kg（同17kg減少）、群馬県で502kg（同10kg増加）、埼玉県で498kg（同10kg減少）、千葉県で544kg（同5kg減少）、東京都で421kg（同16kg増加）、神奈川県で501kg（同9kg増加）、山梨県で532kg（前年産と同値）、長野県で608kg（同5kg増加）となり、関東・東山平均で538kg（同7kg減少）となった（図1-10、1-11）。

図1-10　令和4年産水稲の作柄表示地帯別　　　　図1-11　令和4年産稲作期間の半旬別気象経過
　　　　　作況指数（関東・東山）　　　　　　　　　　　　（水戸）

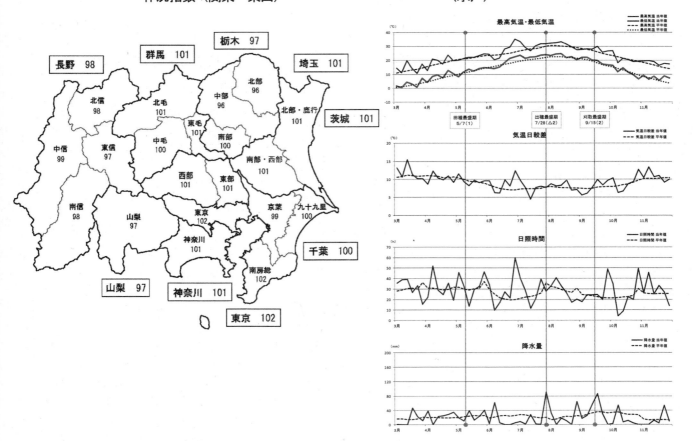

e　東海及び近畿

　田植期は、滋賀県、京都府、兵庫県及び奈良県で平年に比べ１日早くなり、その他の府県では平年並みとなった。出穂期は、静岡県、滋賀県及び和歌山県で平年に比べ２日、その他の府県で１日早くなった。

　全もみ数は、東海においては、５月後半の高温、多照で分げつが促進された地域があったほか、遅場地帯では出穂期（８月上・中旬）前までの７月下旬から８月上旬までの高温、多照で１穂当たりもみ数が十分確保された地域もあり、愛知県で「平年並み」、岐阜県、静岡県及び三重県で「やや多い」となった。近畿においては、５月中旬及び６月前半の低温、日照不足で分げつが抑制された地域があったものの、６月下旬から７月上旬及び７月下旬から８月上旬までの高温、多照で１穂当たりもみ数が確保された地域が多かったため、兵庫県で「やや多い」、その他の府県で「平年並み」となった。

　登熟は、東海においては、８月中旬以降の日照不足で粒の肥大・充実が抑制された地域が多かったほか、９月の台風による倒伏等の影響もあり、愛知県及び三重県で「平年並み」、岐阜県及び静岡県で「やや不良」となった。近畿においては、８月中旬以降の日照不足で兵庫県は「やや不良」となったものの、９月中旬以降の天候の回復により、和歌山県で「やや良」、その他の府県で「平年並み」となった。

　以上のことから、10ａ当たり収量は、岐阜県で487kg（前年産に比べ９kg増加）、静岡県で509kg（同３kg増加）、愛知県で505kg（同９kg増加）、三重県で511kg（同16kg増加）、滋賀県で523kg（同４kg増加）、京都府で514kg（同10kg増加）、大阪府で503kg（同13kg増加）、兵庫県で513kg（同22kg増加）、奈良県で522kg（同10kg増加）、和歌山県で519kg（同22kg増加）となり、東海平均で504kg（同11kg増加）、近畿平均で517kg（同14kg増加）となった（図１−12、１−13）。

図１−12　令和４年産水稲の作柄表示地帯別
　　　　　作況指数（東海及び近畿）

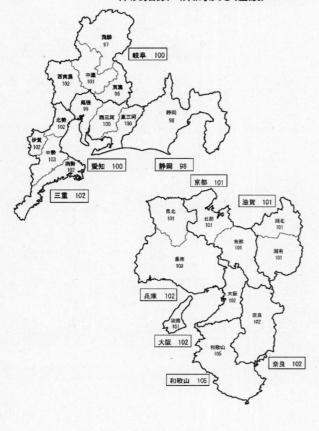

図１−13　令和４年産稲作期間の半旬別気象経過
　　　　　（名古屋）

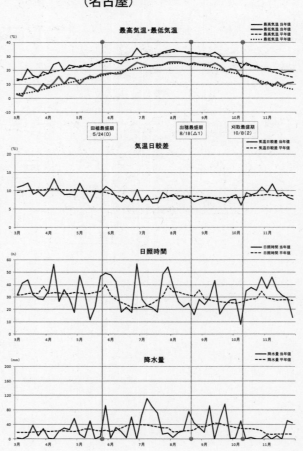

f 中国及び四国

田植期は、島根県で平年に比べ３日、鳥取県及び岡山県で２日、山口県及び高知県（早期栽培）で１日早くなり、広島県、徳島県（早期栽培、普通栽培）、香川県及び高知県（普通栽培）で平年並み、愛媛県で１日遅くなった。出穂期は、広島県及び山口県で平年に比べ３日、徳島県（普通栽培）、愛媛県及び高知県（普通栽培）で２日、鳥取県、島根県、岡山県、徳島県（早期栽培）及び高知県（早期栽培）で１日早くなり、香川県で平年並みとなった。

全もみ数は、中国においては５月後半や６月後半からの高温、多照で分げつが促進され、７月中旬の日照不足の影響が見られた広島県は「平年並み」にとどまったものの、岡山県で「多い」、鳥取県、島根県及び山口県で「やや多い」となった。四国においては、５月下旬及び６月中旬以降の高温と７月下旬から８月上旬の多照により、徳島県（早期栽培、普通栽培）、愛媛県及び高知県（早期栽培）で「やや多い」となり、香川県及び高知県（普通栽培）で「平年並み」となった。

登熟は、中国においては、８月中旬以降の日照不足で岡山県は「不良」となったほか、９月の台風による倒伏等の影響で島根県は「やや不良」となったものの、９月中旬の天候回復により鳥取県、広島県及び山口県で「平年並み」となった。四国においては、８月中旬以降の日照不足に加え、早期栽培のいもち病や９月の台風被害を受けた高知県（早期栽培、普通栽培）は「やや不良」となったものの、９月中旬の天候回復もあり徳島県（早期栽培、普通栽培）及び愛媛県は「平年並み」、香川県は「やや良」となった。

以上のことから、10 a 当たり収量は、鳥取県で514kg（前年産に比べ９kg増加）、島根県で519kg（同２kg減少）、岡山県で524kg（前年産と同値）、広島県で530kg（同８kg増加）、山口県で526kg（同20kg増加）、徳島県で480kg（同15kg増加）、香川県で511kg（同10kg増加）、愛媛県で524kg（同14kg増加）、高知県で460kg（同９kg増加）となり、中国平均で524kg（同７kg増加）、四国平均で497kg（同15kg増加）となった（図１－14、１－15）。

図１－14　令和４年産水稲の作柄表示地帯別作況指数（中国及び四国）

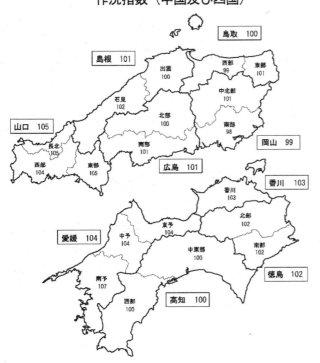

図１－15　令和４年産稲作期間の半旬別気象経過（岡山）

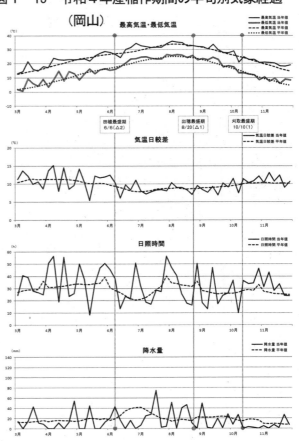

g　九州及び沖縄

　九州においては、田植期は、大分県及び鹿児島県（普通栽培）で平年に比べ２日、福岡県、長崎県、熊本県及び宮崎県（普通栽培）で１日早くなり、佐賀県及び鹿児島県（早期栽培）で平年並み、宮崎県（早期栽培）で１日遅くなった。出穂期は、宮崎県（普通栽培）で平年に比べて４日、長崎県及び鹿児島県（早期栽培、普通栽培）で３日、福岡県、熊本県及び宮崎県（早期栽培）で２日、佐賀県及び大分県で１日早くなった。

　全もみ数は、早期米で全もみが多く確保された宮崎県（早期栽培）は「多い」、７月下旬から８月上旬までの高温、多照で１穂当たりもみ数を十分確保した鹿児島県（早期栽培、普通栽培）は「やや多い」、大分県は「平年並み」を確保した。７月中旬の日照不足で分げつが抑制されたため、福岡県、佐賀県、長崎県及び熊本県は「やや少ない」、宮崎県（普通栽培）は「少ない」となった。

　登熟については、いもち病や９月の台風被害を受けた宮崎県（早期栽培）及び鹿児島県（早期栽培、普通栽培）は「やや不良」となり、８月下旬及び９月中旬の高温、多照により福岡県、佐賀県、長崎県及び大分県は「平年並み」、熊本県及び宮崎県（普通栽培）は「やや良」となった。

　以上のことから、10ａ当たり収量は、福岡県で491kg（前年産に比べ18kg増加）、佐賀県で514kg（同４kg増加）、長崎県で470kg（前年産と同値）、熊本県で501kg（同17kg増加）、大分県で493kg（同６kg増加）、宮崎県で488kg（同１kg減少）、鹿児島県で478kg（同１kg減少）となり、九州平均で494kg（同９kg増加）となった。

　沖縄県は、第一期稲では出穂期（５月中旬）以降の長雨、日照不足と収穫期（７月上旬）の降雨の影響で343kg（前年産に比べ12kg減少）となった。第二期稲では収穫期の長雨、日照不足の影響がみられたものの、それ以前の田植期（８月中旬）以降の生育全般で天候に恵まれたことから184kg（同64kg減少）となった。沖縄県計の10ａ当たり収量は301kg（同24kg減少）となった（図１－16、１－17）。

図１－16　令和４年産水稲の作柄表示地帯別作況指数（九州及び沖縄）

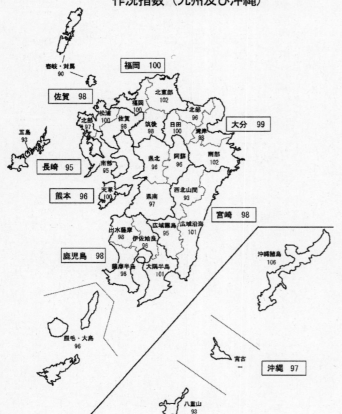

図１－17　令和４年産稲作期間の半旬別気象経過（熊本）

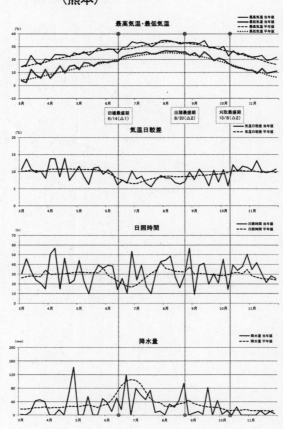

(イ) 陸　稲

　　10ａ当たり収量は216kgで、前年産を６％下回った（表１－２）。

表１－２　令和４年産陸稲の作付面積、10ａ当たり収量及び収穫量

区　　分	作付面積（子実用）	10ａ当たり収量	収穫量（子実用）	前　年　産　と　の　比　較						（参考）10ａ当たり平均収量対比
				作　付　面　積		10ａ当たり収量	収　穫　量			
				対　差	対　比	対　比	対　差	対　比		
	ha	kg	t	ha	%	%	t	%		%
全　　　　　国	468	216	1,010	△ 85	85	94	△ 260	80		93
うち　茨　城	339	229	776	△ 63	84	95	△ 193	80		95
栃　木	111	184	204	△ 19	85	92	△ 55	79		84

注：1　陸稲の作付面積調査及び収穫量調査は主産県調査であり、３年又は６年周期で全国調査を実施している。令和４年産調査については、作付面積調査及び収穫量調査ともに主産県を対象に調査を実施した。主産県とは、直近の全国調査年である令和２年産調査における全国の作付面積のおおむね80％を占めるまでの上位都道府県である。全国値については、主産県の調査結果から推計したものである。

　　　2　「（参考）10ａ当たり平均収量対比」とは、10ａ当たり平均収量（原則として直近７か年のうち、最高及び最低を除いた５か年の平均値）に対する当年産の10ａ当たり収量の比率である。

2 麦 類

(1) 要 旨

ア 作付面積

令和4年産4麦（子実用）（小麦、二条大麦、六条大麦及びはだか麦）の作付面積は29万600haで、前年産に比べ7,600ha（3％）増加した。

このうち、北海道は13万2,400ha、都府県は15万8,200haで、それぞれ前年産に比べ4,100ha（3％）、3,500ha（2％）増加した（表2－1、図2－1）。

イ 収穫量

令和4年産4麦（子実用）の収穫量は122万7,000tで、前年産に比べ10万5,000t（8％）減少した。

これは、小麦、二条大麦及びはだか麦の10a当たり収量が前年産を下回ったためである（表2－1、図2－1）。

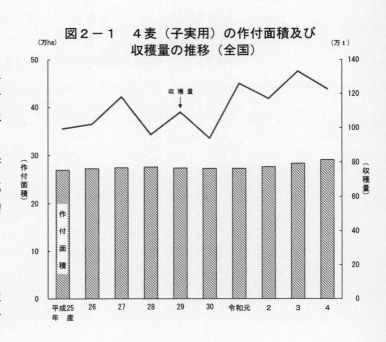

図2－1 4麦（子実用）の作付面積及び収穫量の推移（全国）

表2－1 令和4年産4麦（子実用）の作付面積、10a当たり収量及び収穫量

区 分	作付面積	10a当たり収量	収穫量	前年産との比較 作付面積 対差	作付面積 対比	10a当たり収量 対比	収穫量 対差	収穫量 対比	（参考）10a当たり平均収量対比	（参考）10a当たり平均収量
	ha	kg	t	ha	％	％	t	％	％	kg
全 国										
4 麦 計	290,600	…	1,227,000	7,600	103	nc	△ 105,000	92	nc	…
小 麦	227,300	437	993,500	7,300	103	88	△ 103,500	91	99	441
二条大麦	38,100	397	151,200	△ 100	100	96	△ 6,400	96	118	337
六条大麦	19,300	337	65,100	1,200	107	111	10,000	118	113	298
はだか麦	5,870	290	17,000	△ 950	86	90	△ 5,100	77	105	275
北 海 道										
4 麦 計	132,400	…	620,900	4,100	103	nc	△ 116,800	84	nc	…
小 麦	130,600	470	614,200	4,500	104	81	△ 114,200	84	91	516
二条大麦	1,700	379	6,440	△ 40	98	85	△ 1,320	83	94	402
六条大麦	13	385	50	x	x	x	x	x	114	337
はだか麦	84	213	179	△ 414	17	73	△ 1,280	12	71	302
都 府 県										
4 麦 計	158,200	…	605,800	3,500	102	nc	11,400	102	nc	…
小 麦	96,700	392	379,300	2,800	103	100	10,400	103	115	341
二条大麦	36,400	398	144,700	0	100	97	△ 5,100	97	119	334
六条大麦	19,300	337	65,000	1,300	107	110	10,000	118	113	298
はだか麦	5,780	291	16,800	△ 540	91	89	△ 3,800	82	105	276

注：1 「（参考）10a当たり平均収量対比」とは、10a当たり平均収量（原則として直近7か年のうち、最高及び最低を除いた5か年の平均値をいう。ただし、直近7か年全ての10a当たり収量が確保できない場合は、6か年又は5か年の最高及び最低を除いた平均とし、4か年又は3か年の場合は、単純平均である。）に対する当年産の10a当たり収量の比率である。なお、直近7か年のうち、3か年分の10a当たり収量のデータが確保できない場合は、10a当たり平均収量を作成していない（以下各統計表において同じ。）。

2 全国農業地域別（都府県を除く。）の10a当たり平均収量は、各都府県の10a当たり平均収量に当年産の作付面積を乗じて求めた収穫量（平均収穫量）を全国農業地域別に積上げ、当年産の全国農業地域別作付面積で除して算出している（以下各統計表において同じ。）。

表2-2　令和4年産4麦（子実用）の作付面積、10a当たり収量及び収穫量（全国農業地域別）

全国農業地域	4麦計		小麦			(参考)10a当たり平均収量対比	二条大麦			(参考)10a当たり平均収量対比	六条大麦			(参考)10a当たり平均収量対比	はだか麦			(参考)10a当たり平均収量対比
	作付面積	収穫量	作付面積	10a当たり収量	収穫量		作付面積	10a当たり収量	収穫量		作付面積	10a当たり収量	収穫量		作付面積	10a当たり収量	収穫量	
	ha	t	ha	kg	t	%	ha	kg	t	%	ha	kg	t	%	ha	kg	t	%
全国	290,600	1,227,000	227,300	437	993,500	99	38,100	397	151,200	118	19,300	337	65,100	113	5,870	290	17,000	105
北海道	132,400	620,900	130,600	470	614,200	91	1,700	379	6,440	94	13	385	50	114	84	213	179	71
都府県	158,200	605,800	96,700	392	379,300	115	36,400	398	144,700	119	19,300	337	65,000	113	5,780	291	16,800	105
東北	7,920	22,100	6,300	267	16,800	110	27	281	76	115	1,590	329	5,230	102	-	-	-	nc
北陸	10,700	39,000	398	246	979	118	2	150	3	100	10,300	369	38,000	126	4	50	2	nc
関東・東山	38,000	129,200	20,800	351	73,100	96	11,900	356	42,400	97	4,800	265	12,700	87	509	198	1,010	64
東海	17,900	70,800	17,400	399	69,400	111	x	226	x	nc	x	287	x	112	x	258	x	98
近畿	11,000	39,000	8,480	355	30,100	131	x	372	x	nc	2,020	365	7,380	122	x	254	x	nc
中国	6,570	24,200	2,950	397	11,700	130	2,920	360	10,500	108	x	237	x	127	.607	283	1,720	135
四国	5,250	17,900	2,850	389	11,100	111	x	293	x	98	x	x	x	x	2,350	285	6,690	94
九州	60,800	263,700	37,600	442	166,100	125	21,300	427	91,000	136	x	269	x	nc	1,960	332	6,500	125
沖縄	12	14	7	103	7	76	5	133	7	222	-	-	-	nc	-	-	-	nc

(2)　解　説

ア　小麦（子実用）

(ア)　作付面積

小麦の作付面積は22万7,300haで、前年産に比べ7,300ha（3％）増加した。

これは、北海道や九州を中心に他作物からの転換等があったためである。

このうち、北海道は13万600ha、都府県は9万6,700haで、それぞれ前年産に比べ4,500ha（4％）、2,800ha（3％）増加した（表2-1、2-2、図2-2）。

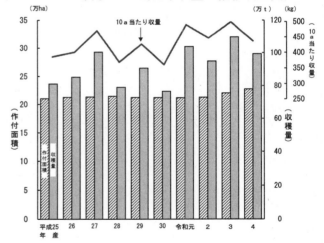

図2-2　小麦（子実用）の作付面積、収穫量及び10a当たり収量の推移（全国）

(イ)　10a当たり収量

10a当たり収量は437kgで、作柄の良かった前年産を12％下回った。

これは、北海道において、登熟期の日照不足等により粒肥大が抑制されたことに加え、大雨・強風等による倒伏が発生したためである。

このうち、北海道は470kgで、前年産を19％下回った。

また、都府県は392kgで、前年産並みとなった。

なお、10a当たり平均収量対比は99％となった（表2-1、2-2、図2-2、2-3、2-4）。

(ウ)　収穫量

収穫量は99万3,500 tで、前年産に比べ10万3,500 t（9％）減少した。

このうち、北海道は61万4,200 tで、前年産に比べ11万4,200 t（16％）減少した。

また、都府県は37万9,300 tで、前年産に比べ1万400 t（3％）増加した（表2-1、2-2、図2-2）。

32

図2－3　令和4年産麦作期間の半旬
別気象経過（帯広）

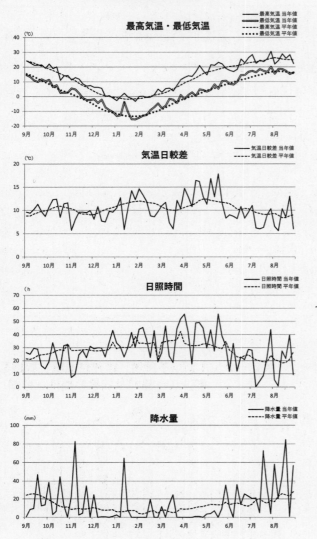

図2－4　令和4年産麦作期間の半旬
別気象経過（福岡）

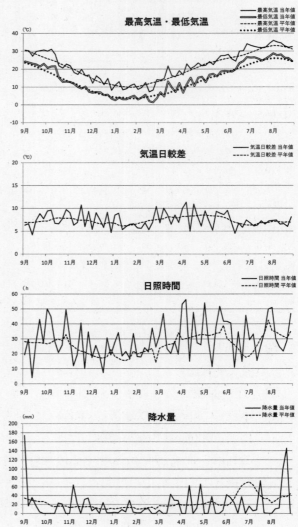

イ　二条大麦（子実用）

（ア）　作付面積

　　二条大麦の作付面積は3万8,100ha
で、前年産並みとなった。

　　このうち、北海道は1,700haで、前年
産に比べ40ha（2％）減少した。

　　また、都府県は3万6,400haで、前年
産並みとなった（表2－1、2－2、図
2－5）。

（イ）　10a当たり収量

　　10a当たり収量は397kgで、前年産を
4％下回った。

図2－5　二条大麦（子実用）の作付面積、収穫
　　　　　量及び10a当たり収量の推移（全国）

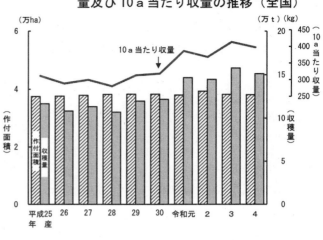

これは、九州において作柄が前年並みとなった一方、関東・東山において登熟期の降雨等により粒肥大が抑制されたためである。

　　なお、10a当たり平均収量対比は118％となった（表2－1、2－2、図2－5、2－6、2－7）。

（ウ）　収穫量

　　収穫量は15万1,200tで、前年産に比べ6,400t（4％）減少した（表2－1、2－2、図2－5）。

図2－6　令和4年産麦作期間の半旬
　　　　　別気象経過（栃木）

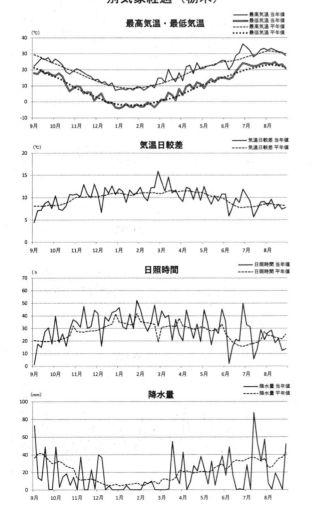

図2－7　令和4年産麦作期間の半旬
　　　　　別気象経過（佐賀）

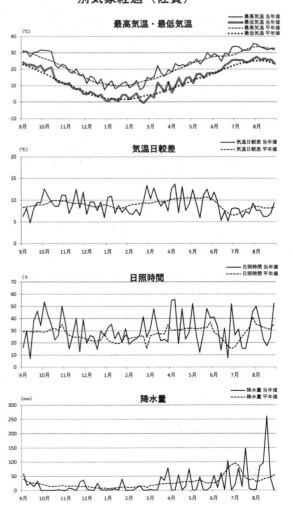

ウ　六条大麦（子実用）

(ｱ)　作付面積

六条大麦の作付面積は1万9,300ha で、前年産に比べ1,200ha（7％）増加 した。

これは、北陸、近畿を中心に他作物 からの転換等があったためである（表 2－1、2－2、図2－8）。

(ｲ)　10a当たり収量

10a当たり収量は337kgで、前年産を 11％上回った。

これは、北陸において天候に恵まれ 生育が順調となり、登熟も良好であったためである。

なお、10a当たり平均収量対比は113％となった（表2－1、2－2、図2－8、2－9、2－ 10）。

(ｳ)　収穫量

収穫量は6万5,100tで、前年産に比べ1万t（18％）増加した（表2－1、2－2、図2－8）。

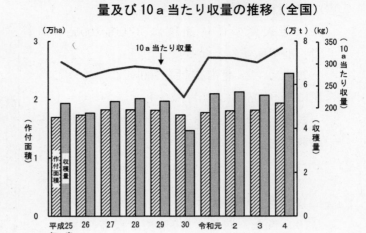

図2－8　六条大麦（子実用）の作付面積、収穫 量及び10a当たり収量の推移（全国）

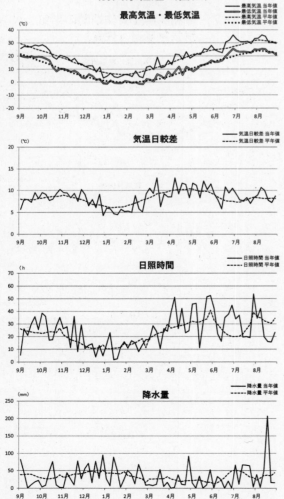

図2－9　令和4年産麦作期間の半旬 別気象経過（富山）

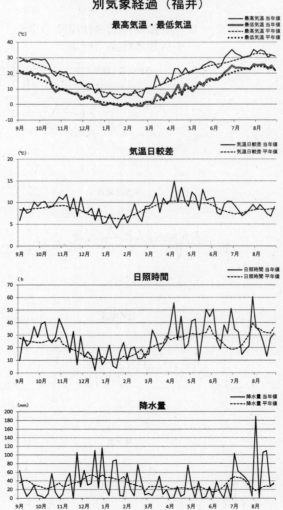

図2－10　令和4年産麦作期間の半旬 別気象経過（福井）

エ　はだか麦（子実用）

　（ア）　作付面積

　　　　はだか麦の作付面積は5,870haで、前年産に比べ950ha（14％）減少した。

　　　　これは、北海道や四国を中心に他作物への転換等があったためである（表2－1、2－2、図2－11）。

　（イ）　10a当たり収量

　　　　10a当たり収量は290kgで、前年産を10％下回った。

　　　　これは、四国において、は種期の降雨による発芽不良等に加え、収穫期の降雨等による品質低下で規格外が多くなったためである。

　　　　なお、10a当たり平均収量対比は105％となった（表2－1、2－2、図2－11、2－12、2－13）。

　（ウ）　収穫量

　　　　収穫量は1万7,000tで、前年産に比べ5,100t（23％）減少した（表2－1、2－2、図2－11）。

図2－11　はだか麦（子実用）の作付面積、収穫量及び10a当たり収量の推移（全国）

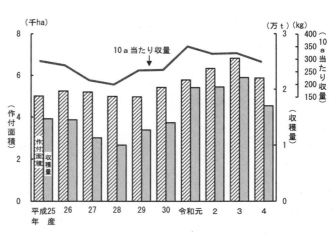

図2－12　令和4年産麦作期間の半旬別気象経過（愛媛）

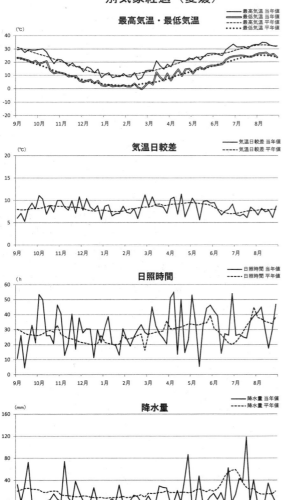

図2－13　令和4年産麦作期間の半旬別気象経過（大分）

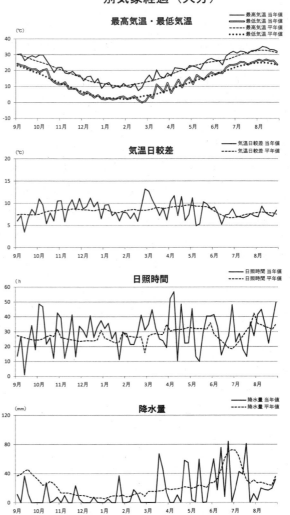

3 豆類・そば

(1) 要 旨

　令和4年産豆類（乾燥子実）の収穫量は、大豆が24万2,800tで、前年産に比べ3,700t（2％）減少した。小豆は4万2,100tで、前年産並みになった。いんげんは8,530tで、前年産に比べ1,330t（18％）増加した。らっかせいは1万7,500tで、前年産に比べ2,700t（18％）増加した。

　また、そば（乾燥子実）の収穫量は4万tで、前年産に比べ900t（2％）減少した（表3）。

表3　令和4年産豆類（乾燥子実）及びそば（乾燥子実）の作付面積、10a当たり収量及び収穫量

区　分	作付面積	10a当たり収量	収穫量	前　年　産　と　の　比　較							（　参　考　）	
				作　付　面　積			10a当たり収量	収　穫　量			10a当たり平均収量	10a当たり平均収量
				対　差	対比	対比	対比	対　差		対比	対　比	
	ha	kg	t	ha	%	%	%	t		%	%	kg
大　　　豆	151,600	160	242,800	5,400	104	95		△ 3,700		98	100	160
小　　　豆	23,200	181	42,100	△ 100	100	100		△ 100		100	89	204
うち北海道	19,100	206	39,300	100	101	100		200		101	88	234
いんげん	6,220	137	8,530	△ 910	87	136		1,330		118	94	146
うち北海道	5,780	140	8,090	△ 880	87	136		1,230		118	93	151
らっかせい	5,870	298	17,500	△ 150	98	121		2,700		118	132	226
うち千葉	4,790	312	14,900	△ 100	98	122		2,400		119	135	231
そ　　　ば	65,600	61	40,000	100	100	98		△ 900		98	105	58

注：　小豆、いんげん及びらっかせいの作付面積調査及び収穫量調査は主産県調査であり、作付面積調査は3年周期、収穫量調査は6年周期で全国調査を実施している。令和4年産調査については、作付面積調査及び収穫量調査は主産県を対象に調査を実施した。なお、全国の作付面積及び収穫量については、主産県の調査結果から推計したものである。

(2) 解 説

ア　大豆（乾燥子実）

(ア)　作付面積

　大豆の作付面積は15万1,600haで、前年産に比べ5,400ha（4％）増加した（表3、図3-1）。

　これは、他作物からの転換等があったためである。

(イ)　10a当たり収量

　10a当たり収量は160kgで、前年産を5％下回った。

　これは、東北や北陸において、開花期以降の大雨や日照不足により、着さや数の減少や粒の肥大抑制があったためである。

　なお、10a当たり平均収量対比は100％となった（表3、図3-1）。

(ウ)　収穫量

　収穫量は24万2,800tで、前年産に比べ3,700t（2％）減少した（表3、図3-1）。

図3-1　大豆（乾燥子実）の作付面積、収穫量及び10a当たり収量の推移（全国）

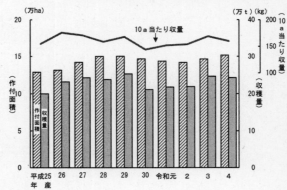

37

イ　小豆（乾燥子実）

（ア）　作付面積

　　小豆の作付面積は 2 万3,200haで、前年産並みとなった（表3、図3－2）。

（イ）　10 a 当たり収量

　　10 a 当たり収量は181kgで、前年産並みとなった。

　　なお、10 a 当たり平均収量対比は、89％となった（表3、図3－2）。

（ウ）　収穫量

　　収穫量は 4 万2,100 t で、前年産並みとなった（表3、図3－2）。

ウ　いんげん（乾燥子実）

（ア）　作付面積

　　いんげんの作付面積は6,220haで、前年産に比べ910ha（13％）減少した。

　　これは、主産地である北海道において、他作物への転換等があったためである（表3、図3－3）。

（イ）　10 a 当たり収量

　　10 a 当たり収量は137kgで、前年産を36％上回った。

　　これは、主産地である北海道において、8 月の多雨・日照不足の影響により、小粒傾向となったものの、作柄の悪かった前年産の10 a 当たり収量を上回ったためである。

　　なお、10 a 当たり平均収量対比は、94％となった（表3、図3－3）。

（ウ）　収穫量

　　収穫量は8,530 t で、前年産に比べ1,330 t （18％）増加した（表3、図3－3）。

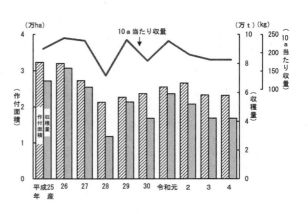

図3－2　小豆（乾燥子実）の作付面積、収穫量及び10 a 当たり収量の推移（全国）

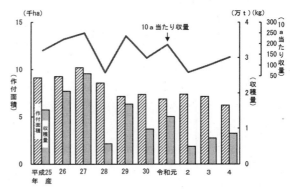

図3－3　いんげん（乾燥子実）の作付積、収穫量及び10 a 当たり収量の推移（全国）

エ らっかせい（乾燥子実）

（ア）　作付面積

　　らっかせいの作付面積は5,870haで、前年産に比べ150ha（2％）減少した（表3、図3－4）。

（イ）　10a当たり収量

　　10a当たり収量は298kgで、前年産を21％上回った。

　　これは、主産地である千葉県において、天候に恵まれ生育が順調で、さや数がやや多く、粒の肥大も良好であったためである。

　　なお、10a当たり平均収量対比は、132％となった（表3、図3－4）。

（ウ）　収穫量

　　収穫量は1万7,500tで、前年産に比べ2,700t（18％）増加した（表3、図3－4）。

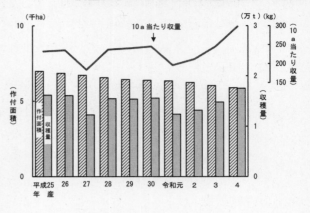

図3－4　らっかせい（乾燥子実）の作付面積、収穫量及び10a当たり収量の推移（全国）

オ そば（乾燥子実）

（ア）　作付面積

　　そばの作付面積は6万5,600haで、前年産並みとなった（表3、図3－5）。

（イ）　10a当たり収量

　　10a当たり収量は61kgで、前年産を2％下回った。

　　なお、10a当たり平均収量対比は105％となった（表3、図3－5）。

（ウ）　収穫量

　　収穫量は4万tで、前年産に比べ900t（2％）減少した（表3、図3－5）。

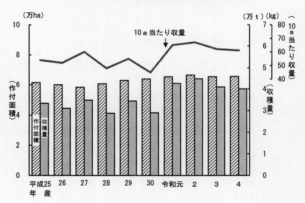

図3－5　そば（乾燥子実）の作付面積、収穫量及び10a当たり収量の推移（全国）

4　かんしょ

(1)　作付面積

　　かんしょの作付面積は３万2,300haで、前年産並みとなった（表４、図４）。

(2)　10ａ当たり収量

　　10ａ当たり収量は2,200kgで、前年産を６％上回った。

　　これは、おおむね天候に恵まれ、いもの肥大が順調に進んだことや、鹿児島県、宮崎県において、サツマイモ基腐病の被害が、抵抗性品種への切替えや防除対策により減少したことによる。

　　なお、10ａ当たり平均収量対比は100％となった（表４、図４）。

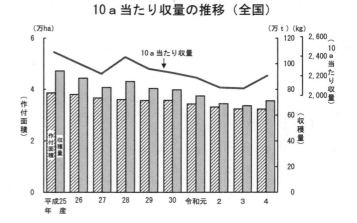

図４　かんしょの作付面積、収穫量及び
10ａ当たり収量の推移（全国）

(3)　収穫量

　　収穫量は71万700ｔで、前年産に比べ３万8,800ｔ（６％）増加した（表４、図４）。

表４　令和４年産かんしょの作付面積、10ａ当たり収量及び収穫量

区　　分	作付面積	10ａ当たり収量	収穫量	前年産との比較 作付面積 対差	対比	10ａ当たり収量 対比	収穫量 対差	対比	（参考）10ａ当たり平均収量対比	10ａ当たり平均収量
	ha	kg	t	ha	%	%	t	%	%	kg
全　　　　国	32,300	2,200	710,700	△ 100	100	106	38,800	106	100	2,200
うち 茨　　城	7,500	2,590	194,300	280	104	99	5,100	103	101	2,560
千　　葉	3,610	2,460	88,800	△ 190	95	107	1,400	102	103	2,400
徳　　島	1,090	2,480	27,000	0	100	100	△ 100	100	98	2,520
熊　　本	815	2,330	19,000	33	104	101	1,000	106	105	2,220
宮　　崎	3,080	2,530	77,900	60	102	108	6,900	110	104	2,430
鹿　児　島	10,000	2,100	210,000	△ 300	97	114	19,400	110	93	2,270

注：　かんしょの作付面積調査及び収穫量調査は主産県調査であり、作付面積調査は３年周期、収穫量調査は６年周期で全国調査を実施している。令和４年産調査については、作付面積調査及び収穫量調査ともに主産県を対象に調査を実施した。なお、全国の作付面積及び収穫量については、主産県の調査結果から推計したものである。

5　飼料作物

(1)　牧草

ア　作付（栽培）面積

　　牧草の作付（栽培）面積は71万1,400ha
で、前年産に比べ6,200ha（1％）減少し
た（表5－1、図5－1）。

イ　10a当たり収量

　　10a当たり収量は3,520kgで、前年産を
5％上回った。

　　なお、10a当たり平均収量対比は103％
となった（表5－1、図5－1）。

ウ　収穫量

　　収穫量は2,506万3,000tで、前年産に比べ108万4,000t（5％）増加した（表5－1、図5－
1）。

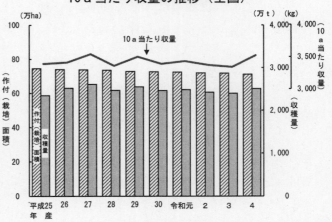

図5－1　牧草の作付（栽培）面積、収穫量及び
　　　　10a当たり収量の推移（全国）

注：　平成25年産の10a当たり収量及び収穫量については、全国値の推計
　　　を行っていないため、主産県計の数値である。

表5－1　令和4年産牧草の作付（栽培）面積、10a当たり収量及び収穫量

区　分	作付（栽培）面積	10a当たり収量	収　穫　量	前　年　産　と　の　比　較					（　参　考　）	
				作付（栽培）面積		10a当たり収量	収　穫　量		10a当たり平均収量対比	10a当たり平均収量
				対　差	対比	対比	対　差	対比		
	ha	kg	t	ha	%	%	t	%	%	kg
全　　　　国	711,400	3,520	25,063,000	△ 6,200	99	105	1,084,000	105	103	3,410
うち北海道	525,200	3,350	17,594,000	△ 4,500	99	106	908,000	105	103	3,240

注：　牧草の作付（栽培）面積調査及び収穫量調査は主産県調査であり、作付（栽培）面積調査は3年周期、収穫量調査は
　　6年周期で全国調査を実施している。令和4年産調査については、作付（栽培）面積調査及び収穫量調査ともに主産県
　　を対象に調査を実施した。なお、全国の作付（栽培）面積及び収穫量については、主産県の調査結果から推計したもの
　　である。

(2) 青刈りとうもろこし

ア 作付面積

青刈りとうもろこしの作付面積は９万6,300haで、前年産に比べ800ha（１％）増加した（表５－２、図５－２）。

イ 10a当たり収量

10a当たり収量は5,070kgで、前年産を１％下回った。

なお、10a当たり平均収量対比は101％となった（表５－２、図５－２）。

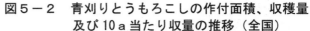

図５－２　青刈りとうもろこしの作付面積、収穫量及び10a当たり収量の推移（全国）

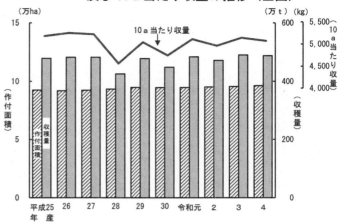

ウ 収穫量

収穫量は488万ｔで、前年産並みとなった（表５－２、図５－２）。

表５－２　令和４年産青刈りとうもろこしの作付面積、10a当たり収量及び収穫量

区　分	作付面積	10a当たり収量	収　穫　量	前　年　産　と　の　比　較						（　参　考　）	
				作　付　面　積		10a当たり収量	収　穫　量		10a当たり平均収量対比	10a当たり平均収量
				対　差	対比	対比	対　差	対比		
	ha	kg	t	ha	%	%	t	%	%	kg
全　　　　国	96,300	5,070	4,880,000	800	101	99	△ 24,000	100	101	5,000
うち北海道	59,000	5,300	3,127,000	1,000	102	97	△ 46,000	99	99	5,340

注：　青刈りとうもろこしの作付面積調査及び収穫量調査は主産県調査であり、作付面積調査は３年周期、収穫量調査は６年周期で全国調査を実施している。令和４年産調査については、作付面積調査及び収穫量調査ともに主産県を対象に調査を実施した。なお、全国の作付面積及び収穫量については、主産県の調査結果から推計したものである。

(3) ソルゴー

ア 作付面積

ソルゴーの作付面積は1万2,000haで、前年産に比べ500ha（4％）減少した。

これは、他作物への転換等があったためである（表5－3、図5－3）。

イ 10a当たり収量

10a当たり収量は4,170kgで、前年産を1％上回った。

なお、10a当たり平均収量対比は95％となった（表5－3、図5－3）。

ウ 収穫量

収穫量は50万700tで、前年産に比べ1万3,600t（3％）減少した（表5－3、図5－3）。

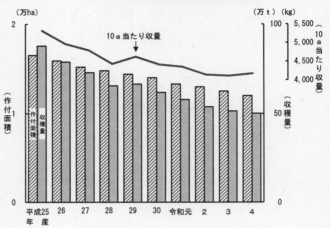

図5－3　ソルゴーの作付面積、収穫量及び10a当たり収量の推移（全国）

表5－3　令和4年産ソルゴーの作付面積、10a当たり収量及び収穫量

区　分	作付面積	10 a 当たり収量	収穫量	前年産との比較					（参考）	
				作付面積		10 a 当たり収量	収穫量		10a当たり平均収量対比	10a当たり平均収量
				対差	対比	対比	対差	対比		
	ha	kg	t	ha	％	％	t	％	％	kg
全　　国	12,000	4,170	500,700	△　500	96	101	△　13,600	97	95	4,390

注：　ソルゴーの作付面積調査及び収穫量調査は主産県調査であり、作付面積調査は3年周期、収穫量調査は6年周期で全国調査を実施している。令和4年産調査については、作付面積調査及び収穫量調査ともに主産県を対象に調査を実施した。なお、全国の作付面積及び収穫量については、主産県の調査結果から推計したものである。

6　工芸農作物

(1)　茶

ア　栽培面積

　　全国の茶の栽培面積は3万6,900haで、前年産に比べ1,100ha（3％）減少した（表6－1）。

イ　摘採実面積

　　主産県の摘採実面積は2万7,800haで、前年産に比べ1,000ha（3％）減少した（表6－2）。

ウ　生葉収穫量

　　主産県の生葉収穫量は33万1,100tで、前年産並みとなった（表6－2）。

エ　荒茶生産量

　　主産県の荒茶生産量は6万9,900tで、前年産に比べ800t（1％）減少した。

　　府県別にみると、静岡県が2万8,600t（主産県計に占める割合は41％）、次いで鹿児島県が2万6,700t（同38％）、三重県が5,250t（同8％）となっている（表6－2、図6－1）。

表6－1　茶の栽培面積（全国）

単位：ha

区　　　分	栽　培　面　積
令和3年	38,000
4	**36,900**
対前年比（％）	97

注：　茶の栽培面積については、令和3年調査及び4年調査は主産県調査であり、全国値は主産県の調査結果から推計したものである。

図6－1　茶の府県別荒茶生産量及び割合（主産県）

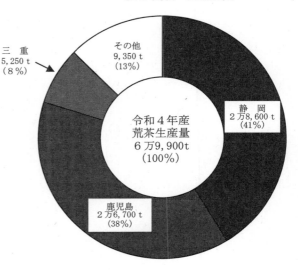

表6－2　令和4年産茶の摘採面積、10a当たり生葉収量、生葉収穫量及び荒茶生産量（主産県）

区　　分	摘採面積 実面積	摘採面積 延べ面積	10a当たり生葉収量	10a当たり生葉収量 一番茶	生葉収穫量	生葉収穫量 一番茶	荒茶生産量	荒茶生産量 一番茶
	ha	ha	kg	kg	t	t	t	t
主産県計　令和3年産	28,800	73,300	1,150	415	332,200	119,200	70,700	23,600
4	27,800	71,200	1,190	465	331,100	129,200	69,900	25,200
対前年産比（％）	97	97	103	112	100	108	99	107

注：　茶の収穫量調査は主産県調査であり、6年周期で全国調査を実施している。令和4年産調査については主産県を対象に調査を実施した。なお、主産県は、埼玉県、静岡県、三重県、京都府、福岡県、熊本県、宮崎県及び鹿児島県の8府県である。

44

(2) なたね（子実用）

ア 作付面積

なたねの作付面積は1,740haで、前年産に比べ100ha（6％）増加した。

これは、北海道において、他作物への転換等があったためである（表6－3、図6－2）。

イ 10a当たり収量

10a当たり収量は211kgで、前年産を7％上回った。

これは、北海道において生育期間の天候がおおむね順調に経過し、登熟も良好であったためである。

なお、10a当たり平均収量対比は110％となった（表6－3、図6－2）。

ウ 収穫量

収穫量は3,680tで、前年産に比べ450t（14％）増加した（表6－3、図6－2）。

図6－2　なたね（子実用）の作付面積、収穫量及び10a当たり収量の推移（全国）

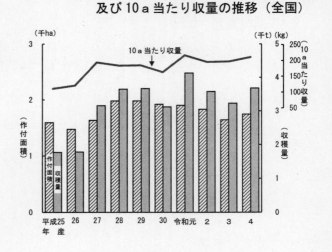

表6－3　令和4年産なたね（子実用）の作付面積、10a当たり収量及び収穫量

区　分	作付面積	10a当たり収量	収穫量	前年産との比較 作付面積 対差	対比	10a当たり収量 対比	収穫量 対差	対比	（参考）10a当たり平均収量対比	10a当たり平均収量
	ha	kg	t	ha	%	%	t	%	%	kg
全　国	1,740	211	3,680	100	106	107	450	114	110	191

(3)　てんさい（北海道）

ア　作付面積

　　北海道のてんさいの作付面積は５万5,400haで、前年産に比べ2,300ha（４％）減少した（表６－４、図６－３）。

イ　10ａ当たり収量

　　北海道の10ａ当たり収量は6,400kgで、作柄の良かった前年産を９％下回った。

　　これは、７月以降の多雨や高温多湿による病害の多発により、根部肥大が抑制されたためである。

　　なお、10ａ当たり平均収量対比は95％となった（表６－４、図６－３）。

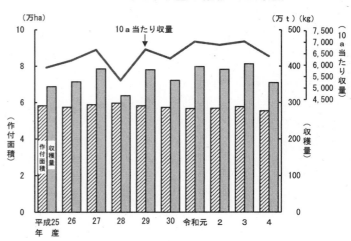

図６－３　てんさいの作付面積、収穫量及び
10ａ当たり収量の推移（北海道）

ウ　収穫量

　　北海道の収穫量は354万5,000ｔで、前年産に比べ51万6,000ｔ（13％）減少した（表６－４、図６－３）。

表６－４　令和４年産てんさいの作付面積、10ａ当たり収量及び収穫量（北海道）

区　分	作付面積	10ａ当たり収量	収穫量	前　年　産　と　の　比　較						（参　考）	
				作　付　面　積		10ａ当たり収量	収　穫　量			10ａ当たり平均収量対比	10ａ当たり平均収量
				対　差	対比	対比	対　差	対比			
	ha	kg	t	ha	%	%	t	%		%	kg
北　海　道	55,400	6,400	3,545,000	△ 2,300	96	91	△ 516,000	87		95	6,720

注：てんさいの調査は、北海道を対象に実施した。

（4）　さとうきび

ア　収穫面積

さとうきびの収穫面積は2万3,200haで、前年産並みとなった。

（表6－5、図6－4）。

イ　10a当たり収量

10a当たり収量は5,480kgで、前年産を6％下回った。

なお、10a当たり平均収量対比は98％となった（表6－5、図6－4）。

ウ　収穫量

収穫量は127万2,000tで、前年産に比べ8万7,000t（6％）減少した（表6－5、図6－4）。

図6－4　さとうきびの収穫面積、収穫量及び10a当たり収量の推移

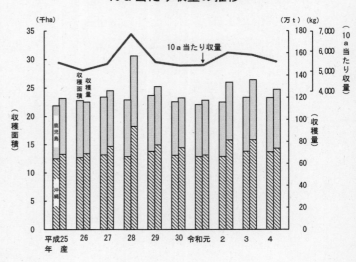

表6－5　令和4年産さとうきびの作型別栽培・収穫面積、10a当たり収量及び収穫量

区　分	栽培面積	収　穫　面　積				10　a　当　た　り　収　量			
		計	夏植え	春植え	株出し	計	夏植え	春植え	株出し
	ha	ha	ha	ha	ha	kg	kg	kg	kg
全　国　　令和3年産	28,400	23,300	4,660	3,040	15,600	5,830	7,410	5,520	5,420
4	27,900	23,200	4,150	2,780	16,300	5,480	7,140	5,190	5,100
対前年産比（％）	98	100	89	91	104	94	96	94	94
鹿　児　島	10,900	9,570	1,110	1,620	6,850	5,580	7,040	5,610	5,330
対前年産比（％）	99	101	109	96	100	98	98	98	97
沖　　　縄	17,000	13,700	3,040	1,160	9,480	5,390	7,180	4,580	4,920
対前年産比（％）	97	99	84	85	108	91	96	87	92

区　分	収　穫　量			
	計	夏植え	春植え	株出し
	t	t	t	t
全　国　　令和3年産	1,359,000	345,300	167,800	846,100
4	1,272,000	296,300	144,200	831,200
対前年産比（％）	94	86	86	98
鹿　児　島	534,100	78,100	90,900	365,100
対前年産比（％）	98	107	94	98
沖　　　縄	737,600	218,200	53,300	466,100
対前年産比（％）	90	80	75	99

注：さとうきびの作付面積調査及び収穫量調査は、鹿児島県及び沖縄県を対象に実施した。

(5) こんにゃくいも

ア 栽培面積・収穫面積

全国のこんにゃくいもの栽培面積は
3,320haで、前年産に比べ110ha（3％）減
少した。

また、全国の収穫面積は1,970haで、前年
産に比べ80ha（4％）減少した。

これは、主に生産者の高齢化による労働
力不足等によるものである（表6－6、図
6－5）。

イ 10ａ当たり収量

全国の10ａ当たり収量は2,630kgで、前年
産並みとなった。

なお、10ａ当たり平均収量対比は98％となった（表6－6、図6－5）。

ウ 収穫量

全国の収穫量は5万1,900ｔで、前年産に比べ2,300ｔ（4％）減少した（表6－6、図6－
5）。

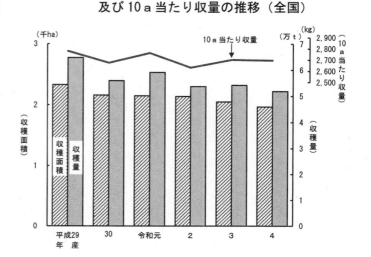

図6－5　こんにゃくいもの収穫面積、収穫量
及び10ａ当たり収量の推移（全国）

表6－6　令和4年産こんにゃくいもの栽培・収穫面積、10ａ当たり収量及び収穫量

区　分	栽培面積	収穫面積	10ａ当たり収量	収穫量	前　年　産　と　の　比　較								（　参　考　）	
					栽培面積		収穫面積		10ａ当たり収量	収穫量		10ａ当たり平均収量	10ａ当たり平均収量
					対差	対比	対差	対比	対比	対差	対比	対比	
	ha	ha	kg	t	ha	％	ha	％	％	t	％	％	kg
全　国	3,320	1,970	2,630	51,900	△ 110	97	△ 80	96	100	△ 2,300	96	98	2,690
うち群馬	3,040	1,810	2,720	49,200	△ 90	97	△ 60	97	99	△ 2,000	96	95	2,850

注：　こんにゃくいもの作付面積調査及び収穫量調査は主産県調査であり、作付面積調査は3年周期、収穫量調査は6年周
期で全国調査を実施している。令和4年産調査については、主産県（群馬県）を対象に調査を実施した。なお、全国値
は、主産県の調査結果から推計したものである。

48

(6) い（熊本県）

ア 作付面積

熊本県の「い」の作付面積は380haで、前年産に比べ68ha（15％）減少した。

これは、高齢化による労力不足に伴う作付中止や他作物への転換等があったためである（表6－7、図6－6）。

イ 10ａ当たり収量

熊本県の10ａ当たり収量は1,530kgで、前年産を8％上回った。

これは、生育期間の天候がおおむね順調に経過し、茎の伸長が促進されたためである。

なお、10ａ当たり平均収量対比は108％となった（表6－7、図6－6）。

ウ 収穫量

主産県の収穫量は5,810ｔで、前年産に比べ550ｔ（9％）減少した（表6－7、図6－6）。

エ い生産農家数、畳表生産農家数及び畳表生産量

熊本県の「い」の生産農家数は319戸で、前年産に比べ22戸（6％）減少した。

このうち、畳表の生産まで一貫して行っている畳表生産農家数は317戸で、前年に比べ21戸（6％）減少した。

なお、令和3年7月から令和4年6月までの畳表生産量は165万枚で、前年に比べ29万枚（15％）減少した（表6－7）。

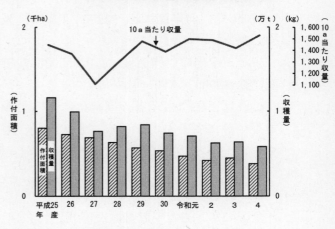

図6－6 「い」の作付面積、収穫量及び10ａ当たり収量の推移（熊本県）

表6－7 令和4年産「い」の作付面積、10ａ当たり収量、収穫量等（熊本県）

区分	い生産農家数	作付面積	10ａ当たり収量	収穫量	前年産との比較					（参考）		畳表生産農家数	畳表生産量
					作付面積		10ａ当たり収量 対比	収穫量		10ａ当たり平均収量対比	10ａ当たり平均収量		
					対差	対比		対差	対比				
	戸	ha	kg	t	ha	％	％	t	％	％	kg	戸	千枚
熊本	319	380	1,530	5,810	△ 68	85	108	△ 550	91	108	1,420	317	1,650

注：1 「い」の調査は、熊本県を対象に実施した。
　　2 い生産農家数は、令和4年産の「い」の生産を行った農家の数である。
　　3 畳表生産農家数は、「い」の生産から畳表の生産まで一貫して行っている農家で、令和3年7月から令和4年6月までに畳表の生産を行った農家の数である。
　　4 畳表生産量は、畳表生産農家によって令和3年7月から令和4年6月までに生産されたものである。

II 統 計 表

1　米

(1)　令和4年産水陸稲の収穫量（全国農業地域別・都道府県別）
ア　水稲

全国農業地域・都道府県	作付面積（子実用）(1)	10a当たり収量 (2)	収穫量（子実用）(3)	農家等が使用しているふるい目幅で選別 10a当たり収量 (4)	作況指数 (5)	主食用作付面積 (6)	収穫量（主食用）(7)
	ha	kg	t	kg		ha	t
全　　国 (1)	1,355,000	536	7,269,000	511	100	1,251,000	6,701,000
（全国農業地域）							
北　海　道 (2)	93,600	591	553,200	563	106	82,500	487,600
都　府　県 (3)	1,261,000	533	6,716,000	508	99	1,169,000	6,214,000
東　　北 (4)	348,300	559	1,948,000	530	98	308,200	1,723,000
北　　陸 (5)	198,200	541	1,072,000	518	100	173,500	938,800
関東・東山 (6)	240,100	538	1,291,000	517	99	227,200	1,223,000
東　　海 (7)	87,100	504	438,800	489	101	85,300	429,900
近　　畿 (8)	96,400	517	498,400	492	102	92,800	479,500
中　　国 (9)	95,800	524	501,600	498	101	92,800	486,400
四　　国 (10)	44,600	497	221,600	477	103	44,000	218,400
九　　州 (11)	150,100	494	741,300	464	98	144,400	713,200
沖　　縄 (12)	639	301	1,920	293	97	604	1,820
（都道府県）							
北　海　道 (13)	93,600	591	553,200	563	106	82,500	487,600
青　　森 (14)	39,600	594	235,200	567	99	33,900	201,400
岩　　手 (15)	46,100	537	247,600	508	99	43,700	234,700
宮　　城 (16)	60,800	537	326,500	511	100	57,000	306,100
秋　　田 (17)	82,400	554	456,500	517	95	69,100	382,800
山　　形 (18)	61,500	594	365,300	560	99	52,700	313,000
福　　島 (19)	57,800	549	317,300	530	100	51,900	284,900
茨　　城 (20)	60,000	532	319,200	509	101	58,300	310,200
栃　　木 (21)	50,800	532	270,300	497	97	46,100	245,300
群　　馬 (22)	14,400	502	72,300	486	101	12,400	62,200
埼　　玉 (23)	28,600	498	142,400	484	101	27,400	136,500
千　　葉 (24)	47,700	544	259,500	535	100	45,500	247,500
東　　京 (25)	115	421	484	412	102	115	484
神　奈　川 (26)	2,880	501	14,400	481	101	2,880	14,400
新　　潟 (27)	116,000	544	631,000	525	99	99,900	543,500
富　　山 (28)	35,500	556	197,400	523	101	31,300	174,000
石　　川 (29)	23,100	532	122,900	515	101	20,700	110,100
福　　井 (30)	23,500	515	121,000	481	99	21,600	111,200
山　　梨 (31)	4,790	532	25,500	518	97	4,690	25,000
長　　野 (32)	30,800	608	187,300	589	98	29,800	181,200
岐　　阜 (33)	20,700	487	100,800	477	100	20,000	97,400
静　　岡 (34)	15,000	509	76,400	501	98	15,000	76,400
愛　　知 (35)	25,900	505	130,800	488	100	25,200	127,300
三　　重 (36)	25,600	511	130,800	489	102	25,200	128,800
滋　　賀 (37)	29,000	523	151,700	487	101	27,700	144,900
京　　都 (38)	14,000	514	72,000	497	101	13,400	68,900
大　　阪 (39)	4,540	503	22,800	489	102	4,540	22,800
兵　　庫 (40)	34,500	513	177,000	487	102	32,800	168,300
奈　　良 (41)	8,410	522	43,900	512	102	8,350	43,600
和　歌　山 (42)	5,980	519	31,000	511	105	5,980	31,000
鳥　　取 (43)	12,100	514	62,200	494	100	12,000	61,700
島　　根 (44)	16,400	519	85,100	485	101	16,100	83,600
岡　　山 (45)	28,100	524	147,200	496	99	27,100	142,000
広　　島 (46)	21,600	530	114,500	511	101	21,100	111,800
山　　口 (47)	17,600	526	92,600	502	105	16,600	87,300
徳　　島 (48)	9,910	480	47,600	469	102	9,640	46,300
早期栽培 (49)	3,780	473	17,900	463	102	…	…
普通栽培 (50)	6,120	485	29,700	473	101	…	…
香　　川 (51)	10,900	511	55,700	493	103	10,800	55,200
愛　　媛 (52)	13,100	524	68,600	489	104	13,000	68,100
高　　知 (53)	10,800	460	49,700	447	100	10,600	48,800
早期栽培 (54)	6,010	488	29,300	476	101	…	…
普通栽培 (55)	4,750	425	20,200	412	100	…	…
福　　岡 (56)	33,400	491	164,000	456	100	32,800	161,000
佐　　賀 (57)	22,800	514	117,200	479	98	22,300	114,600
長　　崎 (58)	10,400	470	48,900	442	95	10,400	48,900
熊　　本 (59)	31,300	501	156,800	461	96	30,200	151,300
大　　分 (60)	18,900	493	93,200	470	99	18,800	92,700
宮　　崎 (61)	15,400	488	75,200	474	98	13,400	65,400
早期栽培 (62)	5,740	502	28,800	490	104	…	…
普通栽培 (63)	9,620	480	46,200	465	95	…	…
鹿　児　島 (64)	18,000	478	86,000	460	98	16,600	79,300
早期栽培 (65)	4,250	465	19,800	453	101	…	…
普通栽培 (66)	13,800	482	66,500	463	97	…	…
沖　　縄 (67)	639	301	1,920	293	97	604	1,820
第一期稲 (68)	471	343	1,620	337	94	…	…
第二期稲 (69)	168	184	309	169	109	…	…
関東農政局 (70)	255,200	536	1,368,000	516	99	242,200	1,299,000
東海農政局 (71)	72,100	503	362,400	486	101	70,300	353,500
中国四国農政局 (72)	140,400	515	723,200	492	102	136,900	704,800

注：1　作付面積（子実用）とは、青刈り面積（飼料用米等を含む。）を除いた面積である（以下1(1)及び(2)の各統計表において同じ。）。
　　2　10a当たり収量及び収穫量（子実用）は、1.70mmのふるい目幅で選別された玄米の重量である。
　　3　主食用作付面積とは、水稲作付面積（青刈り面積を含む。）から、備蓄米、加工用米、新規需要米等の作付面積を除いた面積である。
　　4　収穫量（子実用）及び収穫量（主食用）については都道府県ごとの積上げ値であるため、表頭の計算は一致しない場合がある。

前年産との比較						10a当たり平年収量 (14)	平年収量（子実用）(15)	農家等が使用しているふるい目幅で選別		
作付面積		10a当たり収量		収穫量				10a当たり平年収量 (16)	平年収量（子実用）(17)	
対差 (8)	対比 (9)	対差 (10)	対比 (11)	対差 (12)	対比 (13)					
ha	%	kg	%	t	%	kg	t	kg	t	
△ 48,000	97	△ 3	99	△ 294,000	96	536	7,263,000	512	6,938,000	(1)
△ 2,500	97	△ 6	99	△ 20,500	96	556	520,400	530	496,100	(2)
△ 46,000	96	△ 2	100	△ 273,000	96	534	6,734,000	511	6,444,000	(3)
△ 14,700	96	△ 22	96	△ 162,000	92	568	1,978,000	539	1,877,000	(4)
△ 3,600	98	10	102	0	100	540	1,070,000	519	1,029,000	(5)
△ 13,000	95	△ 7	99	△ 89,000	94	539	1,294,000	520	1,249,000	(6)
△ 2,500	97	11	102	△ 2,900	99	502	437,200	486	423,300	(7)
△ 2,900	97	14	103	△ 1,300	100	508	489,700	483	465,600	(8)
△ 3,000	97	7	101	△ 9,400	98	518	496,200	494	473,300	(9)
△ 1,300	97	15	103	200	100	481	214,500	463	206,500	(10)
△ 5,000	97	9	102	△ 10,700	99	501	752,000	473	710,000	(11)
△ 27	96	△ 24	93	△ 240	89	309	1,970	301	1,920	(12)
△ 2,500	97	△ 6	99	△ 20,500	96	556	520,400	530	496,100	(13)
△ 2,100	95	△ 22	96	△ 21,700	92	603	238,800	575	227,700	(14)
△ 2,300	95	△ 18	97	△ 21,000	92	540	248,900	514	237,000	(15)
△ 3,800	94	△ 10	98	△ 26,900	92	541	328,900	512	311,300	(16)
△ 2,400	97	△ 37	94	△ 44,700	91	577	475,400	543	447,400	(17)
△ 1,400	98	△ 32	95	△ 28,500	93	598	367,800	566	348,100	(18)
△ 2,700	96	△ 6	99	△ 18,500	94	551	318,500	532	307,500	(19)
△ 3,500	94	△ 11	98	△ 25,600	93	525	315,000	505	303,000	(20)
△ 4,000	93	△ 17	97	△ 30,600	90	540	274,300	515	261,600	(21)
△ 500	97	10	102	△ 1,000	99	498	71,700	482	69,400	(22)
△ 1,400	95	△ 10	98	△ 10,000	93	494	141,300	479	137,000	(23)
△ 2,900	94	△ 5	99	△ 18,300	93	544	259,500	533	254,200	(24)
△ 5	96	16	104	△ 2	100	414	476	403	463	(25)
△ 40	99	9	102	0	100	494	14,200	476	13,700	(26)
△ 1,200	99	15	103	11,000	102	546	633,400	528	612,500	(27)
△ 800	98	5	101	△ 2,600	99	547	194,200	520	184,600	(28)
△ 700	97	5	101	△ 2,500	98	523	120,800	509	117,600	(29)
△ 1,000	96	0	100	△ 5,200	96	519	122,000	484	113,700	(30)
△ 60	99	0	100	△ 300	99	547	26,200	532	25,500	(31)
△ 700	98	5	101	△ 2,600	99	619	190,700	599	184,500	(32)
△ 900	96	9	102	△ 2,400	98	485	100,400	475	98,300	(33)
△ 300	98	3	101	△ 1,000	99	520	78,000	511	76,700	(34)
△ 500	98	9	102	△ 100	100	507	131,300	490	126,900	(35)
△ 700	97	16	103	600	100	500	128,000	478	122,400	(36)
△ 1,100	96	4	101	△ 4,500	97	518	150,200	483	140,100	(37)
△ 200	99	10	102	400	101	510	71,400	492	68,900	(38)
△ 80	98	13	103	200	101	495	22,500	478	21,700	(39)
△ 1,300	96	22	104	1,200	101	501	172,800	477	164,600	(40)
△ 30	100	10	102	700	102	513	43,100	500	42,100	(41)
△ 120	98	22	104	700	102	497	29,700	485	29,000	(42)
△ 500	96	9	102	△ 1,400	98	514	62,200	495	59,900	(43)
△ 400	98	△ 2	100	△ 2,400	97	511	83,800	482	79,000	(44)
△ 700	98	0	100	△ 3,700	98	526	147,800	500	140,500	(45)
△ 600	97	8	102	△ 1,400	99	528	114,000	508	109,700	(46)
△ 800	96	20	104	△ 500	99	504	88,700	480	84,500	(47)
△ 390	96	15	103	△ 300	99	474	47,000	462	45,800	(48)
△ 150	96	18	104	0	100	463	17,500	453	17,100	(49)
△ 280	96	13	103	△ 500	98	481	29,400	467	28,600	(50)
△ 400	96	10	102	△ 900	98	496	54,100	478	52,100	(51)
△ 100	99	14	103	1,300	102	498	65,200	468	61,300	(52)
△ 200	98	9	102	100	100	456	49,200	446	48,200	(53)
△ 180	97	13	103	100	100	479	28,800	471	28,300	(54)
△ 100	98	5	101	△ 200	99	427	20,300	414	19,700	(55)
△ 1,200	97	18	104	300	100	496	165,700	456	152,300	(56)
△ 500	98	4	101	△ 1,600	99	519	118,300	487	111,000	(57)
△ 400	96	0	100	△ 1,900	96	485	50,400	466	48,500	(58)
△ 1,000	97	17	104	500	100	513	160,600	479	149,900	(59)
△ 700	96	6	101	△ 2,300	98	499	94,300	476	90,000	(60)
△ 500	97	△ 1	100	△ 2,600	97	496	76,400	482	74,200	(61)
△ 330	95	21	104	△ 400	99	478	27,400	470	27,000	(62)
△ 180	98	△ 15	97	△ 2,300	95	508	48,900	490	47,100	(63)
△ 600	97	△ 1	100	△ 3,100	97	485	87,300	470	84,600	(64)
△ 130	97	4	101	△ 400	98	459	19,500	448	19,000	(65)
△ 400	97	△ 3	99	△ 2,400	97	493	68,000	477	65,800	(66)
△ 27	96	△ 24	93	△ 240	89	309	1,970	301	1,920	(67)
△ 10	98	△ 12	97	△ 90	95	363	1,710	357	1,680	(68)
△ 17	91	△ 64	74	△ 150	67	169	284	155	260	(69)
△ 13,200	95	△ 7	99	△ 89,000	94	538	1,373,000	520	1,327,000	(70)
△ 2,200	97	13	103	△ 1,900	99	498	359,100	481	346,800	(71)
△ 4,300	97	9	102	△ 9,200	99	506	710,400	484	679,500	(72)

5　農家等が使用しているふるい目幅で選別された10a当たり収量、作況指数、10a当たり平年収量及び平年収量（子実用）は、都道府県ごとに、過去5か年間に農家等が実際に使用したふるい目幅の分布において、最も多い使用割合の目幅以上に選別された玄米を基に算出した数値である。

6　徳島県、高知県、宮崎県、鹿児島県及び沖縄県の作期別の主食用作付面積は、備蓄米、加工用米、新規需要米等の面積を把握していないことから「…」で示している。

7　10a当たり収量及び収穫量の前年産との比較は、1.70mmのふるい目幅で選別された玄米の重量で比較している。

1 米（続き）

(1) 令和4年産水陸稲の収穫量（全国農業地域別・都道府県別）（続き）

イ 水陸稲計・陸稲

全国農業地域・都道府県	水陸稲計 作付面積（子実用）	水陸稲計 収穫量（子実用）	陸稲 作付面積（子実用）	陸稲 10a当たり収量	陸稲 収穫量（子実用）	前年産との比較 作付面積 対差	前年産との比較 作付面積 対比	前年産との比較 10a当たり収量 対差	前年産との比較 10a当たり収量 対比	前年産との比較 収穫量 対差	前年産との比較 収穫量 対比	（参考）10a当たり平均収量対比	（参考）10a当たり平均収量
	(1)	(2)	(3)	(4)	(5)	(6)	(7)	(8)	(9)	(10)	(11)	(12)	(13)
	ha	t	ha	kg	t	ha	%	kg	%	t	%	%	kg
全 国	1,355,000	7,270,000	468	216	1,010	△ 85	85	△ 14	94	△ 260	80	93	232
（全国農業地域）													
北 海 道	...	...	...	...	...	nc	nc	nc	nc	nc	nc	nc	...
都 府 県	...	...	...	...	...	nc	nc	nc	nc	nc	nc	nc	...
東 北	...	...	...	...	...	nc	nc	nc	nc	nc	nc	nc	...
北 陸	...	...	...	...	...	nc	nc	nc	nc	nc	nc	nc	...
関東・東山	...	...	...	...	...	nc	nc	nc	nc	nc	nc	nc	...
東 海	...	...	...	...	...	nc	nc	nc	nc	nc	nc	nc	...
近 畿	...	...	...	...	...	nc	nc	nc	nc	nc	nc	nc	...
中 国	...	...	...	...	...	nc	nc	nc	nc	nc	nc	nc	...
四 国	...	...	...	...	...	nc	nc	nc	nc	nc	nc	nc	...
九 州	...	...	...	...	...	nc	nc	nc	nc	nc	nc	nc	...
沖 縄	...	...	...	...	...	nc	nc	nc	nc	nc	nc	nc	...
（都道府県）													
北 海 道	...	...	...	...	...	nc	nc	nc	nc	nc	nc	nc	...
青 森	...	...	...	...	...	nc	nc	nc	nc	nc	nc	nc	...
岩 手	...	...	...	...	...	nc	nc	nc	nc	nc	nc	nc	...
宮 城	...	...	...	...	...	nc	nc	nc	nc	nc	nc	nc	...
秋 田	...	...	...	...	...	nc	nc	nc	nc	nc	nc	nc	...
山 形	...	...	...	...	...	nc	nc	nc	nc	nc	nc	nc	...
福 島	...	...	...	...	...	nc	nc	nc	nc	nc	nc	nc	...
茨 城	60,300	320,000	339	229	776	△ 63	84	△ 12	95	△ 193	80	95	241
栃 木	50,900	270,500	111	184	204	△ 19	85	△ 15	92	△ 55	79	84	218
群 馬	...	...	...	...	...	nc	nc	nc	nc	nc	nc	nc	...
埼 玉	...	...	...	...	...	nc	nc	nc	nc	nc	nc	nc	...
千 葉	...	...	...	...	...	nc	nc	nc	nc	nc	nc	nc	...
東 京	...	...	...	...	...	nc	nc	nc	nc	nc	nc	nc	...
神奈川	...	...	...	...	...	nc	nc	nc	nc	nc	nc	nc	...
新 潟	...	...	...	...	...	nc	nc	nc	nc	nc	nc	nc	...
富 山	...	...	...	...	...	nc	nc	nc	nc	nc	nc	nc	...
石 川	...	...	...	...	...	nc	nc	nc	nc	nc	nc	nc	...
福 井	...	...	...	...	...	nc	nc	nc	nc	nc	nc	nc	...
山 梨	...	...	...	...	...	nc	nc	nc	nc	nc	nc	nc	...
長 野	...	...	...	...	...	nc	nc	nc	nc	nc	nc	nc	...
岐 阜	...	...	...	...	...	nc	nc	nc	nc	nc	nc	nc	...
静 岡	...	...	...	...	...	nc	nc	nc	nc	nc	nc	nc	...
愛 知	...	...	...	...	...	nc	nc	nc	nc	nc	nc	nc	...
三 重	...	...	...	...	...	nc	nc	nc	nc	nc	nc	nc	...
滋 賀	...	...	...	...	...	nc	nc	nc	nc	nc	nc	nc	...
京 都	...	...	...	...	...	nc	nc	nc	nc	nc	nc	nc	...
大 阪	...	...	...	...	...	nc	nc	nc	nc	nc	nc	nc	...
兵 庫	...	...	...	...	...	nc	nc	nc	nc	nc	nc	nc	...
奈 良	...	...	...	...	...	nc	nc	nc	nc	nc	nc	nc	...
和歌山	...	...	...	...	...	nc	nc	nc	nc	nc	nc	nc	...
鳥 取	...	...	...	...	...	nc	nc	nc	nc	nc	nc	nc	...
島 根	...	...	...	...	...	nc	nc	nc	nc	nc	nc	nc	...
岡 山	...	...	...	...	...	nc	nc	nc	nc	nc	nc	nc	...
広 島	...	...	...	...	...	nc	nc	nc	nc	nc	nc	nc	...
山 口	...	...	...	...	...	nc	nc	nc	nc	nc	nc	nc	...
徳 島	...	...	...	...	...	nc	nc	nc	nc	nc	nc	nc	...
香 川	...	...	...	...	...	nc	nc	nc	nc	nc	nc	nc	...
愛 媛	...	...	...	...	...	nc	nc	nc	nc	nc	nc	nc	...
高 知	...	...	...	...	...	nc	nc	nc	nc	nc	nc	nc	...
福 岡	...	...	...	...	...	nc	nc	nc	nc	nc	nc	nc	...
佐 賀	...	...	...	...	...	nc	nc	nc	nc	nc	nc	nc	...
長 崎	...	...	...	...	...	nc	nc	nc	nc	nc	nc	nc	...
熊 本	...	...	...	...	...	nc	nc	nc	nc	nc	nc	nc	...
大 分	...	...	...	...	...	nc	nc	nc	nc	nc	nc	nc	...
宮 崎	...	...	...	...	...	nc	nc	nc	nc	nc	nc	nc	...
鹿児島	...	...	...	...	...	nc	nc	nc	nc	nc	nc	nc	...
沖 縄	...	...	...	...	...	nc	nc	nc	nc	nc	nc	nc	...
関東農政局	...	...	...	...	...	nc	nc	nc	nc	nc	nc	nc	...
東海農政局	...	...	...	...	...	nc	nc	nc	nc	nc	nc	nc	...
中国四国農政局	...	...	...	...	...	nc	nc	nc	nc	nc	nc	nc	...

注：1 陸稲の作付面積調査及び収穫量調査は主産県調査であり、作付面積調査は3年周期、収穫量調査は6年周期で全国調査を実施している。
2 令和4年産調査については、作付面積調査及び収穫量調査ともに主産県を対象に調査を実施した。
3 主産県とは、直近の全国調査年である令和2年産調査における全国の作付面積のおおむね80%を占めるまでの上位都道府県である。
4 全国の作付面積及び収穫量については、主産県の調査結果から推計したものである。
5 「（参考）10a当たり平均収量対比」とは、10a当たり平均収量（原則として直近7か年のうち、最高及び最低を除いた5か年の平均値）に対する当年産の10a当たり収量の比率である。

(2)　令和4年産水稲の時期別作柄及び収穫量（全国農業地域別・都道府県別）

全国農業地域都道府県	作付面積（子実用）	8月15日現在 作柄の良否（作況指数）	9月25日現在 10a当たり予想収量	農家等が使用しているふるい目幅で選別 10a当たり予想収量	作況指数	10月25日現在 10a当たり予想収量	農家等が使用しているふるい目幅で選別 10a当たり予想収量	作況指数	予想収穫量（子実用）	収穫期（確定値） 10a当たり収量	農家等が使用しているふるい目幅で選別 10a当たり収量	作況指数	収穫量（子実用）
	(1)	(2)	(3)	(4)	(5)	(6)	(7)	(8)	(9)	(10)	(11)	(12)	(13)
	ha		kg	kg		kg	kg		t	kg	kg		t
全　国	1,355,000	…	537	512	100	537	511	100	7,270,000	536	511	100	7,269,000
（全国農業地域）													
北　海　道	93,600	平年並み	590	563	106	591	563	106	553,200	591	563	106	553,200
都　府　県	1,261,000	…	533	508	99	533	508	99	6,716,000	533	508	99	6,716,000
東　　　北	348,300	…	560	532	99	559	530	98	1,948,000	559	530	98	1,948,000
北　　　陸	198,200	…	541	519	100	541	518	100	1,072,000	541	518	100	1,072,000
関　東・東　山	240,100	…	538	517	99	538	517	99	1,291,000	538	517	99	1,291,000
東　　　海	87,100	…	504	488	100	504	488	100	438,800	504	489	101	438,800
近　　　畿	96,400	…	514	489	101	517	492	102	498,400	517	492	102	498,400
中　　　国	95,800	…	528	501	101	524	498	101	502,200	524	498	101	501,600
四　　　国	44,600	…	498	479	103	497	477	103	221,600	497	477	103	221,600
九　　　州	150,100	…	493	466	99	494	464	98	741,300	494	464	98	741,300
沖　　　縄	639	…	297	289	96	297	289	96	1,900	301	293	97	1,920
（都道府県）													
北　海　道	93,600	平年並み	590	563	106	591	563	106	553,200	591	563	106	553,200
青　　　森	39,600	やや不良	595	568	99	594	567	99	235,200	594	567	99	235,200
岩　　　手	46,100	平年並み	537	510	99	537	508	99	247,600	537	508	99	247,600
宮　　　城	60,800	やや良	537	510	100	537	511	100	326,500	537	511	100	326,500
秋　　　田	82,400	やや不良	555	522	96	554	517	95	456,500	554	517	95	456,500
山　　　形	61,500	やや良	594	560	99	594	560	99	365,300	594	560	99	365,300
福　　　島	57,800	平年並み	550	531	100	549	530	100	317,300	549	530	100	317,300
茨　　　城	60,000	やや良	533	511	101	532	509	101	319,200	532	509	101	319,200
栃　　　木	50,800	やや良	533	497	97	532	497	97	270,300	532	497	97	270,300
群　　　馬	14,400	やや良	503	486	101	503	486	101	72,400	502	486	101	72,300
埼　　　玉	28,600	平年並み	497	483	101	498	484	101	142,400	498	484	101	142,400
千　　　葉	47,700	平年並み	544	535	100	544	535	100	259,500	544	535	100	259,500
東　　　京	115	やや良	421	410	102	421	412	102	484	421	412	102	484
神　奈　川	2,880	平年並み	500	483	101	501	481	101	14,400	501	481	101	14,400
新　　　潟	116,000	平年並み	544	527	100	544	525	99	631,000	544	525	99	631,000
富　　　山	35,500	平年並み	556	523	101	556	523	101	197,400	556	523	101	197,400
石　　　川	23,100	やや良	532	515	101	532	515	101	122,900	532	515	101	122,900
福　　　井	23,500	やや良	515	481	99	515	481	99	121,000	515	481	99	121,000
山　　　梨	4,790	やや不良	531	514	97	532	518	97	25,500	532	518	97	25,500
長　　　野	30,800	平年並み	607	588	98	608	589	98	187,300	608	589	98	187,300
岐　　　阜	20,700	平年並み	487	477	100	487	476	100	100,800	487	477	100	100,800
静　　　岡	15,000	やや不良	506	497	97	509	501	98	76,400	509	501	98	76,400
愛　　　知	25,900	平年並み	507	490	100	505	488	100	130,800	505	488	100	130,800
三　　　重	25,600	平年並み	511	489	102	511	489	102	130,800	511	489	102	130,800
滋　　　賀	29,000	平年並み	523	486	101	523	487	101	151,700	523	487	101	151,700
京　　　都	14,000	平年並み	515	497	101	514	497	101	72,000	514	497	101	72,000
大　　　阪	4,540	やや良	500	483	101	503	489	102	22,800	503	489	102	22,800
兵　　　庫	34,500	平年並み	505	481	101	513	487	102	177,000	513	487	102	177,000
奈　　　良	8,410	平年並み	517	504	101	522	512	102	43,900	522	512	102	43,900
和　歌　山	5,980	やや不良	518	510	105	519	511	105	31,000	519	511	105	31,000
鳥　　　取	12,100	平年並み	520	501	100	514	494	100	62,200	514	494	100	62,200
島　　　根	16,400	やや良	524	492	102	519	485	101	85,100	519	485	101	85,100
岡　　　山	28,100	平年並み	534	499	100	526	496	99	147,800	524	496	99	147,200
広　　　島	21,600	平年並み	531	510	100	530	511	101	114,500	530	511	101	114,500
山　　　口	17,600	平年並み	524	499	104	526	502	105	92,600	526	502	105	92,600
徳　　　島	9,910	…	482	470	102	480	469	102	47,600	480	469	102	47,600
早　期　栽　培	3,780	102	473	463	102	473	463	102	17,900	473	463	102	17,900
普　通　栽　培	6,120	やや良	487	473	101	485	473	101	29,700	485	473	101	29,700
香　　　川	10,900	平年並み	507	489	102	511	493	103	55,700	511	493	103	55,700
愛　　　媛	13,100	やや良	528	496	106	524	489	104	68,600	524	489	104	68,600
高　　　知	10,800	…	463	451	101	460	447	100	49,700	460	447	100	49,700
早　期　栽　培	6,010	101	488	476	101	488	476	101	29,300	488	476	101	29,300
普　通　栽　培	4,750	平年並み	431	418	101	425	412	100	20,200	425	412	100	20,200
福　　　岡	33,400	やや不良	489	452	99	491	456	100	164,000	491	456	100	164,000
佐　　　賀	22,800	やや不良	509	477	98	514	479	98	117,200	514	479	98	117,200
長　　　崎	10,400	やや不良	471	453	97	470	442	95	48,900	470	442	95	48,900
熊　　　本	31,300	平年並み	503	470	98	501	461	96	156,800	501	461	96	156,800
大　　　分	18,900	やや不良	498	475	100	493	469	99	93,200	493	470	99	93,200
宮　　　崎	15,400	…	489	474	98	488	474	98	75,200	488	474	98	75,200
早　期　栽　培	5,740	104	502	490	104	502	490	104	28,800	502	490	104	28,800
普　通　栽　培	9,620	やや不良	482	465	95	480	465	95	46,200	480	465	95	46,200
鹿　児　島	18,000	…	473	459	98	478	460	98	86,000	478	460	98	86,000
早　期　栽　培	4,250	101	465	453	101	465	453	101	19,800	465	453	101	19,800
普　通　栽　培	13,800	平年並み	476	461	97	482	463	97	66,500	482	463	97	66,500
沖　　　縄	639	…	297	289	96	297	289	96	1,900	301	293	97	1,920
第　一　期　稲	471	96	343	337	94	343	337	94	1,620	343	337	94	1,620
第　二　期　稲	168	…	…	…	…	…	…	…	…	184	169	109	309
関　東　農　政　局	255,200	…	536	516	99	536	516	99	1,368,000	536	516	99	1,368,000
東　海　農　政　局	72,100	…	503	487	101	503	486	101	362,400	503	486	101	362,400
中国四国農政局	140,400	…	519	494	102	516	492	102	723,800	515	492	102	723,200

注：1　作況指数は、10a当たり平年収量に対する10a当たり予想収量の比率である。8月15日現在の作況指数、農家等が使用しているふるい目幅で選別された10a当たり予想収量、10a当たり収量及び作況指数は、都道府県ごとに、過去5か年間に農家等が実際に使用したふるい目幅の分布において、最も多い使用割合の目幅以上に選別された玄米を基に算出した数値である。

2　8月15日現在の作柄の良否は、気象データ（降水量、気温、日照時間、風速等）及び人工衛星データ（降水量、地表面温度、日射量、植生指数等）を説明変数、10a当たり予想収量を目的変数として予測式（重回帰式）を作成し、作柄を予測したものである。

3　8月15日現在の作況指数は、早期栽培の面積割合がおおむね3割以上を占める徳島県、高知県、宮崎県及び鹿児島県における早期栽培並びに沖縄県の第一期稲を対象に算出している。

4　沖縄県の第二期稲については、8月15日現在では田植期前の地域があるため、8月15日現在の作柄予測を行っていない。

5　9月25日現在の10a当たり収量、10月25日現在の10a当たり予想収量及び予想収穫量（子実用）並びに収穫期の10a当たり収量及び収穫量（子実用）は1.70mmのふるい目幅で選別された玄米の重量である。

6　9月25日現在及び10月25日現在において、沖縄県の第二期稲は未確定の要素が多いことから、沖縄県計の10a当たり予想収量及び予想収穫量の算出には、第一期稲の10a当たり収量と第二期稲の10a当たり平年収量の加重平均を用いた。

1　米（続き）
(3)　令和４年産水稲の収量構成要素（水稲作況標本筆調査成績）（全国農業地域別・都道府県別）

全国農業地域・都道府県		1㎡当たり株数		1株当たり有効穂数		1㎡当たり有効穂数		1穂当たりもみ数		1㎡当たり全もみ数		千もみ当
		本年	対平年比	本年	対平年比	本年	対平年比	本年	対平年比	本年	対平年比	本年
		(1)	(2)	(3)	(4)	(5)	(6)	(7)	(8)	(9)	(10)	(11)
		株	%	本	%	本	%	粒	%	百粒	%	g
全　　国	(1)	17.1	99	23.1	100	395	98	76.7	102	303	101	18.2
（全国農業地域）												
北　海　道	(2)	21.8	99	24.8	99	540	97	65.4	107	353	104	17.3
都　府　県	(3)	16.8	99	22.9	100	384	98	77.9	102	299	100	18.3
東　　北	(4)	18.0	99	22.9	96	412	95	74.3	104	306	99	18.7
北　　陸	(5)	17.5	101	22.1	100	386	101	76.7	100	296	100	18.8
関　東・東　山	(6)	16.3	99	23.2	100	378	99	81.5	100	308	99	17.9
東　　海	(7)	16.4	99	22.7	102	372	101	77.7	102	289	103	18.0
近　　畿	(8)	15.9	99	22.1	101	352	100	82.1	102	289	102	18.2
中　　国	(9)	15.4	97	23.7	106	365	103	80.8	101	295	104	18.2
四　　国	(10)	14.9	98	24.8	104	370	102	78.1	102	289	103	17.5
九　　州	(11)	16.0	99	23.1	97	370	96	78.6	103	291	99	17.5
沖　　縄	(12)	…	nc	…	nc	…	nc	…	nc	…	nc	…
（都道府県）												
北　海　道	(13)	21.8	99	24.8	99	540	97	65.4	107	353	104	17.3
青　　森	(14)	18.8	96	21.5	100	405	96	83.5	102	338	98	18.0
岩　　手	(15)	17.4	99	22.7	92	395	92	72.2	107	285	98	19.2
宮　　城	(16)	17.0	100	24.6	94	418	94	71.5	107	299	101	18.5
秋　　田	(17)	18.5	98	21.8	97	404	95	76.5	104	309	98	18.4
山　　形	(18)	19.3	99	24.0	98	464	98	67.9	101	315	98	19.3
福　　島	(19)	16.6	97	23.0	99	381	96	78.0	103	297	99	18.9
茨　　城	(20)	15.7	99	24.5	100	384	100	80.5	100	309	100	17.7
栃　　木	(21)	17.0	99	21.9	103	372	102	84.9	99	316	101	17.2
群　　馬	(22)	16.6	99	21.0	97	348	96	84.5	103	294	99	17.4
埼　　玉	(23)	15.8	97	23.6	102	373	99	76.7	99	286	97	17.8
千　　葉	(24)	15.7	98	24.4	101	383	99	78.6	98	301	97	18.4
東　　京	(25)	…	nc	…	nc	…	nc	…	nc	…	nc	…
神　奈　川	(26)	16.6	98	20.5	104	341	101	86.5	105	295	106	17.2
新　　潟	(27)	16.7	99	22.6	99	377	98	78.2	100	295	98	18.9
富　　山	(28)	19.7	104	19.8	102	391	106	75.7	98	296	104	19.2
石　　川	(29)	17.9	102	22.3	101	399	103	75.2	102	300	104	18.1
福　　井	(30)	17.4	99	23.3	102	406	101	72.2	99	293	100	18.0
山　　梨	(31)	17.0	101	21.2	91	360	92	81.1	105	292	97	18.4
長　　野	(32)	17.5	98	22.6	98	396	96	83.6	104	331	100	18.8
岐　　阜	(33)	15.4	97	22.5	100	347	97	79.0	106	274	103	18.2
静　　岡	(34)	17.2	98	21.0	100	362	98	80.9	105	293	102	18.0
愛　　知	(35)	17.0	101	22.3	101	379	102	76.3	100	289	101	17.9
三　　重	(36)	16.0	99	24.4	107	390	107	76.7	99	299	105	17.9
滋　　賀	(37)	16.5	100	22.4	99	369	99	81.8	102	302	101	17.6
京　　都	(38)	15.9	97	21.7	103	345	100	81.4	100	281	100	18.6
大　　阪	(39)	15.4	99	23.1	100	355	99	82.5	102	293	101	17.4
兵　　庫	(40)	15.6	98	21.9	103	341	101	81.5	103	278	104	18.8
奈　　良	(41)	15.2	97	23.3	103	354	99	84.2	102	298	101	17.8
和　歌　山	(42)	15.3	96	22.5	101	345	97	83.2	105	287	101	18.3
鳥　　取	(43)	15.9	98	22.9	104	364	102	76.6	100	279	102	18.9
島　　根	(44)	15.9	97	22.8	106	363	103	80.7	100	293	103	18.1
岡　　山	(45)	14.9	97	23.9	105	356	102	87.1	106	310	108	17.4
広　　島	(46)	15.0	96	25.0	109	375	105	76.3	96	286	101	19.0
山　　口	(47)	16.1	98	23.0	104	370	102	80.0	103	296	105	18.4
徳　　島	(48)	15.0	97	26.1	108	392	105	75.5	98	296	103	16.7
早　期　栽　培	(49)	14.1	95	25.7	103	362	98	80.1	106	290	104	16.8
普　通　栽　培	(50)	15.5	97	26.5	113	411	109	72.7	93	299	102	16.6
香　　川	(51)	15.6	99	23.7	101	370	100	78.1	101	289	101	18.2
愛　　媛	(52)	14.8	99	24.5	102	363	102	82.6	102	300	102	17.8
高　　知	(53)	14.2	98	25.4	103	360	101	74.2	102	267	103	17.6
早　期　栽　培	(54)	14.5	98	27.5	105	399	103	70.4	102	281	105	17.7
普　通　栽　培	(55)	13.9	98	22.2	100	309	98	80.9	103	250	101	17.4
福　　岡	(56)	16.2	99	22.5	98	364	97	79.1	101	288	98	17.4
佐　　賀	(57)	16.6	99	23.2	95	385	94	78.4	104	302	98	17.5
長　　崎	(58)	16.0	99	22.4	97	358	95	77.1	100	276	96	17.4
熊　　本	(59)	15.2	99	24.5	97	372	96	78.8	102	293	98	17.8
大　　分	(60)	14.7	96	23.9	101	351	97	84.9	104	298	101	17.1
宮　　崎	(61)	16.0	96	23.7	99	379	95	75.2	104	285	99	17.7
早　期　栽　培	(62)	17.3	98	25.8	103	446	101	68.8	108	307	109	16.7
普　通　栽　培	(63)	15.2	96	22.2	96	338	92	80.5	102	272	94	18.3
鹿　児　島	(64)	17.3	98	21.8	100	378	98	76.2	105	288	103	17.0
早　期　栽　培	(65)	19.5	100	21.6	101	421	101	71.3	102	300	103	15.7
普　通　栽　培	(66)	16.7	98	21.9	100	366	97	77.9	106	285	103	17.4
沖　　縄	(67)	…	nc	…	nc	…	nc	…	nc	…	nc	…
関　東　農　政　局	(68)	16.4	99	23.0	100	377	99	81.4	101	307	100	17.9
東　海　農　政　局	(69)	16.2	99	23.1	103	374	102	77.0	101	288	103	18.0
中国四国農政局	(70)	15.3	97	24.0	105	367	103	79.8	101	293	104	18.1

注：1　対平年比とは、過年次の水稲作況標本筆結果から作成した各収量構成要素（1㎡当たり株数等）の平年値との対比である。
　　2　徳島県、高知県、宮崎県及び鹿児島県については作期別（早期栽培・普通栽培）の平均値である。
　　3　東京都及び沖縄県については、水稲作況標本筆を設置していないことから「…」で示した。
　　4　千もみ当たり収量、玄米千粒重及び10a当たり玄米重は、1.70mmのふるい目幅で選別された玄米の重量である。

たり収量	粗玄米粒数歩合		玄米粒数歩合		玄米千粒重		10a当たり未調製乾燥もみ重		10a当たり粗玄米重		玄米重歩合		10a当たり玄米重		
対平年比	本年	対平年比	本年	対平年比	本年	対平年比	本年	対平年比	本年	対平年比	本年	対平年比	本年	対平年比	
(12)	(13)	(14)	(15)	(16)	(17)	(18)	(19)	(20)	(21)	(22)	(23)	(24)	(25)	(26)	
%	%	%	%	%	g	%	kg	%	kg	%	%	%	kg	%	
100	87.1	99	95.5	100	21.8	101	712	101	564	101	97.5	100	550	101	(1)
102	81.0	100	95.8	100	22.2	102	774	106	622	106	97.9	100	609	106	(2)
100	88.0	99	95.4	100	21.8	101	708	101	560	100	97.5	100	546	100	(3)
100	88.6	100	95.2	99	22.2	101	738	100	588	99	97.4	99	573	99	(4)
101	89.2	99	95.8	100	21.9	101	710	101	567	101	97.9	100	555	100	(5)
101	88.3	99	95.2	100	21.2	101	716	100	564	100	97.5	100	550	100	(6)
98	83.7	97	96.7	100	22.2	101	675	102	528	101	98.5	100	520	101	(7)
99	86.5	98	95.6	101	22.0	101	682	101	539	102	97.6	100	526	102	(8)
97	87.8	99	95.8	100	21.7	99	701	103	552	102	97.5	100	538	102	(9)
99	86.5	99	94.8	100	21.4	100	666	103	523	103	96.9	100	507	103	(10)
101	87.6	101	93.7	100	21.3	100	675	99	527	99	96.4	100	508	99	(11)
nc	…	nc	…	nc	…	nc	…	nc	…	nc	…	nc	…	nc	(12)
102	81.0	100	95.8	100	22.2	102	774	106	622	106	97.9	100	609	106	(13)
101	84.9	101	95.5	100	22.2	100	790	100	621	99	97.7	100	607	99	(14)
101	91.6	101	94.3	98	22.2	102	702	100	563	100	97.2	99	547	99	(15)
99	85.3	96	96.9	100	22.3	103	723	101	563	100	98.0	100	552	100	(16)
98	88.3	99	93.8	98	22.2	101	733	98	589	98	96.6	99	569	97	(17)
101	90.8	99	95.8	100	22.2	102	781	100	621	100	97.9	100	608	100	(18)
101	89.2	100	96.2	100	22.0	100	705	99	574	100	97.7	100	561	100	(19)
102	88.0	100	96.0	100	20.9	102	715	102	558	102	97.8	100	546	102	(20)
97	90.2	100	93.3	98	20.4	99	709	99	563	99	96.4	99	543	98	(21)
101	84.7	98	94.0	101	21.8	102	670	99	528	100	96.8	101	511	101	(22)
104	89.9	101	94.6	101	21.0	102	683	102	527	101	96.8	100	510	101	(23)
103	87.4	100	97.0	101	21.8	103	707	99	564	99	98.4	101	555	100	(24)
nc	…	nc	…	nc	…	nc	…	nc	…	nc	…	nc	…	nc	(25)
95	86.4	96	93.7	100	21.3	100	688	102	527	101	96.4	100	508	101	(26)
102	90.2	100	95.9	100	21.9	102	716	100	571	100	97.9	100	559	100	(27)
97	91.2	99	94.8	98	22.2	100	724	101	582	102	97.6	99	568	101	(28)
98	84.3	97	96.4	100	22.2	101	700	104	551	102	98.4	100	542	102	(29)
99	88.4	99	94.2	99	21.6	101	669	99	542	99	97.2	100	527	99	(30)
101	88.7	98	95.4	101	21.8	102	705	97	552	97	97.5	100	538	97	(31)
99	88.8	98	96.3	100	21.9	101	803	99	635	99	97.8	100	621	99	(32)
98	83.2	98	96.5	100	22.7	100	652	103	509	101	98.0	100	499	101	(33)
97	84.3	96	96.8	100	22.0	100	680	99	535	99	98.3	100	526	99	(34)
99	82.4	97	97.5	101	22.3	101	666	100	523	99	98.9	101	517	100	(35)
99	84.6	96	96.8	101	21.8	102	701	106	545	104	98.2	101	535	104	(36)
99	83.1	97	96.0	100	22.1	102	685	101	547	101	97.4	100	533	101	(37)
101	89.0	100	95.2	100	21.9	100	679	101	535	101	97.6	100	522	101	(38)
101	84.6	96	96.0	102	21.4	102	669	101	523	100	97.5	101	510	102	(39)
98	89.9	99	94.8	100	22.0	100	686	102	537	102	97.2	100	522	102	(40)
101	85.2	99	96.1	101	21.7	100	679	100	540	101	98.0	101	529	102	(41)
103	85.4	99	96.7	103	22.2	101	672	103	536	103	98.1	101	526	104	(42)
99	88.9	100	96.0	100	22.2	99	679	101	540	101	97.8	100	528	101	(43)
98	87.0	98	96.1	100	21.6	100	675	100	542	101	97.6	100	529	101	(44)
93	85.2	95	95.1	100	21.5	97	713	103	557	101	96.9	100	540	101	(45)
99	88.8	100	97.2	100	22.0	100	715	103	552	100	98.6	100	544	100	(46)
101	90.2	102	95.1	100	21.5	99	706	106	561	106	97.1	100	545	106	(47)
99	80.1	97	95.8	100	21.7	102	650	104	503	102	98.0	100	493	102	(48)
99	80.3	97	96.6	100	21.6	102	644	106	496	103	98.2	100	487	103	(49)
99	79.9	98	95.4	100	21.8	103	653	103	508	102	97.6	100	496	102	(50)
102	90.0	102	93.8	101	21.5	99	688	101	543	102	96.7	101	525	103	(51)
101	89.0	101	94.4	100	21.2	100	705	105	553	105	96.7	100	535	105	(52)
97	86.5	97	95.2	99	21.3	100	611	101	484	101	96.9	99	469	100	(53)
96	87.5	97	95.1	99	21.2	100	645	103	512	102	97.1	99	497	101	(54)
98	84.8	97	95.3	100	21.5	100	568	99	447	98	97.1	100	434	98	(55)
101	86.1	100	93.5	101	21.6	100	665	99	522	99	96.2	100	502	99	(56)
101	87.7	102	92.1	100	21.6	100	711	99	552	100	95.7	100	528	99	(57)
101	89.1	104	92.7	98	21.1	99	647	98	503	97	95.4	99	480	96	(58)
102	89.4	102	93.9	100	21.2	100	684	98	540	100	96.5	100	521	100	(59)
99	86.9	100	93.4	100	21.0	99	688	101	530	100	96.0	100	509	100	(60)
101	87.4	100	96.0	101	21.1	100	651	99	516	99	97.7	100	504	100	(61)
97	85.7	100	95.4	99	20.4	98	658	107	526	106	97.5	99	513	106	(62)
102	88.2	99	96.3	102	21.6	102	646	95	510	95	97.6	101	498	96	(63)
96	85.1	98	95.1	100	21.0	99	653	101	504	99	97.2	100	490	99	(64)
96	80.7	99	96.3	100	20.3	98	622	100	482	99	97.9	100	472	100	(65)
96	86.3	97	94.7	99	21.2	99	662	101	511	99	96.9	100	495	98	(66)
nc	…	nc	…	nc	…	nc	…	nc	…	nc	…	nc	…	nc	(67)
101	88.3	99	95.2	100	21.2	101	714	100	562	100	97.5	100	548	100	(68)
99	83.3	96	97.1	101	22.2	101	674	103	527	102	98.3	100	518	102	(69)
98	87.4	99	95.3	100	21.7	100	690	103	543	102	97.4	100	529	102	(70)

1　米（続き）
(4)　水稲の都道府県別作柄表示地帯別玄米重歩合（水稲作況標本筆調査成績）
（平成28年産～令和4年産）

単位：%

全　国 ・ 都道府県 ・ 作柄表示地帯	平成28 年産	29	30	令和元	2	3	4
	(1)	(2)	(3)	(4)	(5)	(6)	(7)
全　　　国	98.1	97.2	97.5	97.5	97.8	97.5	97.5
北　海　道	98.3	98.5	97.9	98.3	98.4	98.2	97.9
石　　　　狩	97.9	98.0	97.2	98.6	98.5	98.0	97.3
南　空　知	97.6	98.3	97.2	98.1	98.2	97.4	97.7
北　空　知	98.7	99.0	98.5	98.6	98.9	98.6	98.1
上　　　　川	98.3	98.7	98.5	98.6	98.4	98.6	98.0
留　　　萌	97.6	98.3	98.0	98.4	98.3	98.3	98.7
渡島・檜山	97.7	97.9	97.1	98.7	98.2	97.7	98.0
後　　　志	98.7	97.7	97.7	98.5	98.2	98.0	98.3
胆振・日高	98.2	98.3	97.4	98.5	98.9	97.9	98.0
オホーツク・十勝	96.0	98.2	97.9	95.7	97.0	97.0	96.5
青　　　森	98.2	97.9	98.4	98.3	98.3	98.4	97.7
青　　　森	98.3	98.2	98.3	98.5	97.7	98.3	98.1
津　　　軽	98.3	98.2	98.3	98.2	98.2	98.3	97.6
南部・下北	98.6	97.5	98.6	98.5	98.5	98.6	98.5
岩　　　手	99.1	97.5	98.2	98.3	98.3	97.9	97.2
北上川上流	99.2	97.8	98.6	98.3	98.2	98.0	97.1
北上川下流	99.1	97.5	98.2	98.2	98.2	97.9	97.3
東　　　部	99.1	97.6	98.6	97.8	98.5	98.2	96.5
北　　　部	98.7	96.6	97.9	98.3	98.0	97.7	97.3
宮　　　城	98.8	97.5	97.6	97.6	98.8	98.2	98.0
南　　　部	98.0	96.4	97.5	97.6	98.2	98.0	97.8
中　　　部	98.6	97.0	97.5	97.3	98.9	98.4	98.2
北　　　部	99.0	97.7	97.6	97.4	98.6	98.3	98.1
東　　　部	99.1	98.0	97.9	97.9	99.0	98.1	97.7
秋　　　田	98.9	97.7	97.8	98.1	98.2	98.2	96.6
県　　　北	98.2	97.9	97.7	98.5	98.4	98.0	96.5
県　中　央	99.0	97.4	97.3	97.8	98.7	98.2	96.6
県　　　南	99.2	97.5	98.3	98.3	98.0	98.4	97.0
山　　　形	98.9	97.4	97.7	98.0	98.6	98.2	97.9
村　　　山	98.6	96.8	97.9	98.2	98.3	98.2	98.1
最　　　上	98.8	97.1	97.8	97.9	98.4	98.2	97.2
置　　　賜	98.9	97.3	98.4	98.2	98.8	98.1	98.5
庄　　　内	99.0	97.9	97.2	98.2	98.6	98.0	97.6
福　　　島	98.3	97.4	97.6	97.3	98.0	97.6	97.7
中　通　り	98.2	97.5	97.9	97.4	98.2	97.5	97.7
浜　通　り	97.8	97.2	98.0	96.6	98.4	97.8	97.8
会　　　津	98.2	97.1	97.5	97.6	97.5	97.6	98.0
茨　　　城	97.8	96.9	96.9	98.1	98.7	97.7	97.8
北部・鹿行	97.6	97.1	97.5	97.7	98.9	97.7	98.0
南部・西部	98.0	96.8	96.6	98.1	98.7	97.9	97.9
栃　　　木	97.9	95.2	97.2	97.3	98.2	96.4	96.4
北　　　部	98.2	95.9	97.8	97.2	98.3	96.8	96.6
中　　　部	98.1	95.0	97.1	97.6	98.4	96.5	96.1
南　　　部	97.2	94.9	95.9	96.6	97.8	95.5	96.6
群　　　馬	95.4	97.0	96.5	95.6	96.6	95.8	96.8
中　　　毛	94.6	97.0	95.5	95.5	96.3	95.4	96.2
北　　　毛	99.2	98.1	98.1	97.3	98.3	97.3	97.4
東　　　毛	95.2	96.8	96.6	95.4	96.5	95.8	97.2

注：1　東京都及び沖縄県については水稲作況標本筆を設置しておらず、参考として水稲作況基準筆（10a当たり収量を巡回・
　　　見積りにより把握する際の基準とするものとして有意に選定した筆）の結果を表章した。
　　　なお、水稲作況基準筆の結果は作柄表示地帯別玄米重歩合（水稲作況標本筆調査成績）の全国値には含まれていない。
　　2　東京都及び沖縄県については水稲作況基準筆調査成績であるため、作柄表示地帯別の表章は行っていない。
　　3　作柄表示地帯区分は令和4年産作柄表示地帯区分を基に組換集計した結果である。

単位：％

都道府県 ・ 作柄表示地帯	平成28 年　産	29	30	令和元	2	3	4
	(1)	(2)	(3)	(4)	(5)	(6)	(7)
埼　　　　玉	96.7	96.0	96.5	96.5	97.9	95.9	96.8
東　　　部	97.0	96.2	96.5	97.1	98.1	96.2	97.0
西　　　部	96.4	95.3	96.6	95.2	97.4	95.1	96.3
千　　　　葉	97.6	97.4	96.8	98.2	98.4	97.9	98.4
京　　　葉	97.5	97.3	96.2	98.1	98.7	97.8	98.2
九　十　九　里	97.8	97.3	96.9	98.3	98.3	98.0	98.5
南　房　総	97.6	96.9	97.1	98.3	98.3	97.5	98.5
東　　　京	97.5	96.6	97.7	96.5	98.1	95.4	97.5
神　奈　川	97.7	95.4	96.0	96.8	98.0	96.1	96.4
新　　　　潟	98.3	97.5	97.5	98.2	98.3	97.7	97.9
下　　　越	98.4	97.4	97.2	98.5	98.3	97.7	97.8
中　　　越	98.5	97.5	97.8	98.2	98.3	97.6	98.0
上　　　越	98.4	97.3	98.1	98.1	98.3	97.8	97.7
佐　　　渡	98.1	97.2	96.7	98.3	98.7	97.8	98.4
富　　　　山	98.8	97.7	98.1	98.6	99.0	97.4	97.6
石　　　　川	98.9	98.0	98.3	98.4	98.5	98.5	98.4
加　　　賀	99.0	98.2	98.4	98.8	98.8	98.8	98.4
能　　　登	99.0	97.5	98.2	97.7	98.1	98.1	98.1
福　　　　井	98.0	96.6	97.5	97.1	97.4	96.7	97.2
嶺　　　北	98.0	96.6	97.3	96.9	97.5	96.7	97.1
嶺　　　南	98.3	97.3	97.7	97.8	98.2	96.9	98.2
山　　　　梨	98.0	96.7	97.2	97.7	98.3	97.3	97.5
長　　　　野	98.1	97.6	98.1	97.7	98.4	97.3	97.8
東　　　信	98.3	97.6	97.9	97.4	98.3	97.1	98.0
南　　　信	98.5	97.9	98.6	98.0	98.6	97.5	97.5
中　　　信	98.3	97.3	98.0	97.6	98.6	97.3	98.0
北　　　信	97.9	97.0	97.7	97.8	98.0	97.6	97.8
岐　　　　阜	98.2	97.8	97.4	98.2	98.0	98.0	98.0
西　南　濃	97.8	98.0	96.7	98.1	97.7	97.9	98.0
中　濃　濃	98.2	98.0	97.8	98.8	98.4	98.2	98.3
東　　　濃	98.9	98.0	98.5	98.9	98.1	98.1	97.9
飛　　　驒	99.0	98.2	98.2	98.2	98.7	98.5	98.1
静　　　　岡	98.5	98.0	98.1	98.0	98.0	98.1	98.3
愛　　　　知	98.5	98.3	97.7	98.3	98.2	97.9	98.9
尾　　　張	98.5	98.5	97.7	98.4	98.4	98.0	99.2
西　三　河	98.4	98.0	97.9	98.1	98.1	97.5	98.5
東　三　河	98.7	98.1	97.7	98.4	98.0	97.7	98.8
三　　　　重	98.2	96.8	97.7	97.4	98.0	97.1	98.2
北　　　勢	98.0	96.6	97.7	96.8	97.6	96.9	98.1
中　　　勢	98.0	96.4	97.6	97.2	97.8	96.9	98.0
南　　　勢	98.5	97.5	98.8	98.2	98.8	98.2	98.7
伊　　　賀	98.4	97.5	98.0	97.9	98.7	97.3	98.2
滋　　　　賀	98.4	97.1	98.3	98.1	98.3	96.7	97.4
湖　　　南	98.2	96.6	98.2	98.0	98.3	96.8	97.5
湖　　　北	98.3	97.7	98.4	98.0	98.0	96.8	97.7
京　　　　都	97.4	97.7	97.9	98.1	98.3	97.5	97.6
南　　　部	97.3	97.8	97.4	98.0	98.1	97.2	97.6
北　　　部	97.5	97.9	98.4	98.2	98.4	97.7	97.5
大　　　　阪	96.8	96.8	95.6	97.0	95.6	96.7	97.5

58　統　計　表

1　米（続き）
(4)　水稲の都道府県別作柄表示地帯別玄米重歩合（水稲作況標本筆調査成績）
　　（平成28年産～令和4年産）（続き）

単位：%

都道府県 ・ 作柄表示地帯	平成28 年産	29	30	令和元	2	3	4
	(1)	(2)	(3)	(4)	(5)	(6)	(7)
兵　　庫	97.5	97.5	96.5	97.1	97.0	96.5	97.2
県　　南	97.5	97.5	96.3	97.1	96.8	96.5	97.2
県　　北	98.1	98.1	97.8	97.9	98.0	96.9	97.9
淡　　路	98.0	96.5	95.0	96.2	96.9	95.8	96.3
奈　　良	97.1	96.9	96.3	97.4	95.7	97.4	98.0
和　歌　山	97.7	97.0	95.6	96.9	96.9	96.9	98.1
鳥　　取	98.7	97.8	98.1	97.8	98.5	97.7	97.8
東　　部	98.7	97.4	97.8	97.5	98.1	97.5	97.3
西　　部	98.7	96.1	98.1	97.8	98.5	97.9	97.9
島　　根	98.5	98.1	98.4	97.9	98.1	97.3	97.6
出　　雲	98.6	98.2	98.2	98.0	98.1	97.2	97.4
石　　見	98.3	98.3	98.5	98.0	98.1	97.5	98.1
岡　　山	98.0	97.5	97.1	97.2	97.4	96.9	96.9
南　　部	97.5	97.4	96.4	97.3	97.0	97.1	96.9
中　北　部	98.7	97.7	98.3	97.3	97.7	96.4	97.1
広　　島	98.7	98.6	98.7	97.9	98.1	98.2	98.6
南　　部	98.2	97.9	98.4	97.1	97.3	97.9	98.2
北　　部	99.1	98.9	98.9	98.3	98.7	98.3	98.5
山　　口	97.9	97.4	98.2	97.4	94.3	97.0	97.1
東　　部	98.3	97.7	98.3	97.5	96.6	95.9	97.1
西　　部	97.8	97.2	98.2	97.2	93.1	96.8	97.2
長　　北	98.3	98.0	98.9	98.2	96.6	98.1	97.9
徳　　島	98.4	97.8	98.0	96.9	97.8	97.3	98.0
北　　部	98.4	98.0	97.8	96.9	97.6	97.2	97.8
南　　部	98.6	97.4	98.7	97.1	98.0	97.7	98.0
早期栽培	98.8	97.6	98.5	96.9	97.9	97.9	98.2
北　　部	99.0	98.4	98.6	96.9	97.6	98.1	98.2
南　　部	98.6	97.2	98.5	96.9	98.0	97.7	98.0
普通栽培	98.2	97.8	97.6	97.0	97.8	97.0	97.6
北　　部	98.3	97.8	97.6	97.0	97.7	97.0	97.6
南　　部	99.2	97.9	98.9	98.5	98.7	98.1	98.7
香　　川	94.7	94.6	94.8	95.8	95.7	96.8	96.7
愛　　媛	97.2	97.0	96.4	96.4	95.5	97.0	96.7
東　　予	96.0	97.2	95.5	96.1	93.4	96.5	95.5
中　　予	97.5	96.8	96.7	96.4	96.5	97.5	97.2
南　　予	98.0	97.2	98.0	96.7	96.6	96.8	97.9
高　　知	97.9	97.8	98.1	96.2	96.7	96.9	96.9
中　東　部	98.2	97.9	98.1	96.6	96.8	96.8	97.6
西　　部	97.8	97.8	98.1	96.1	96.8	97.0	96.5
早期栽培	98.2	97.9	98.6	96.9	97.3	97.0	97.1
中　東　部	98.2	97.7	98.4	96.8	96.9	96.9	97.3
西　　部	98.2	98.0	98.7	97.1	98.4	97.1	96.6
普通栽培	97.8	97.6	97.5	95.3	95.9	96.6	97.1
中　東　部	97.9	97.9	97.4	95.7	96.4	96.1	97.8
西　　部	97.7	97.5	97.6	95.1	95.6	97.0	96.6
福　　岡	96.8	96.0	95.8	95.9	95.0	97.0	96.2
福　　岡	96.8	97.3	96.7	96.7	95.5	97.3	95.9
北　東　部	97.7	96.7	97.2	95.6	95.2	96.2	96.2
筑　　後	95.8	94.8	94.7	95.6	94.5	97.2	96.0

単位：％

都道府県 ・ 作柄表示地帯	平成28 年　産	29	30	令和元	2	3	4
	(1)	(2)	(3)	(4)	(5)	(6)	(7)
佐　　賀	96.0	95.6	95.8	94.2	94.6	96.5	95.7
佐　　賀	95.7	95.1	95.7	93.6	94.2	96.4	95.5
松　　浦	97.7	97.2	96.8	96.1	96.3	96.7	96.0
長　　崎	96.6	96.2	96.8	96.3	94.2	97.8	95.4
南　　部	96.4	95.3	96.4	96.8	95.2	97.8	95.6
北　　部	97.0	97.3	96.9	95.1	92.8	97.8	95.0
五　　島	97.8	97.5	98.0	97.2	90.6	96.9	96.1
壱岐・対馬	96.7	97.6	98.1	96.8	93.3	98.0	95.0
熊　　本	97.1	96.6	96.4	96.5	95.6	97.5	96.5
県　　北	96.5	96.0	95.5	96.6	95.4	98.3	96.4
阿　　蘇	98.0	97.8	97.4	95.8	95.7	95.6	95.9
県　　南	98.0	97.3	97.6	96.8	96.4	96.8	97.1
天　　草	97.5	97.4	97.8	96.7	96.5	97.8	96.3
大　　分	96.6	95.9	96.0	95.1	94.4	96.9	96.0
北　　部	96.3	95.7	95.3	95.2	94.6	97.7	95.2
湾　　岸	96.4	95.7	95.6	95.0	92.1	96.6	96.3
南　　部	96.7	96.3	96.4	95.3	94.7	95.9	96.3
日　　田	98.0	97.1	97.5	95.0	96.5	97.6	97.1
宮　　崎	97.5	97.0	97.1	96.5	95.7	98.0	97.7
広 域 沿 海	97.6	97.6	98.0	97.3	96.5	98.4	97.7
広 域 霧 島	97.5	96.6	96.2	95.7	94.6	98.0	97.7
西 北 山 間	95.5	96.6	95.9	95.9	95.5	96.1	97.3
早期栽培	97.9	97.7	98.6	97.9	97.5	98.8	97.5
広 域 沿 海	97.9	97.7	98.6	97.9	97.5	98.8	97.5
広 域 霧 島	－	－	－	－	－	－	－
西 北 山 間	－	－	－	－	－	－	－
普通栽培	97.1	96.6	96.2	95.6	94.6	97.7	97.6
広 域 沿 海	96.7	96.9	96.3	95.1	94.0	97.3	97.7
広 域 霧 島	97.5	96.6	96.2	95.7	94.6	98.0	97.7
西 北 山 間	95.5	96.6	95.9	95.9	95.5	96.1	97.3
鹿 児 島	97.3	96.7	97.8	97.5	97.1	98.0	97.2
薩 摩 半 島	97.1	97.1	97.7	97.6	96.3	98.3	97.3
出 水 薩 摩	97.5	96.4	98.1	98.0	98.0	98.6	97.1
伊 佐 姶 良	97.1	96.0	97.5	96.7	96.9	97.8	96.4
大 隅 半 島	97.1	96.9	97.2	97.6	96.7	97.6	97.6
熊 毛・大 島	98.5	98.7	97.8	97.9	97.9	99.3	99.0
早期栽培	96.8	98.1	97.7	97.6	97.4	98.1	97.9
薩 摩 半 島	95.9	98.1	97.4	97.2	96.4	98.2	97.4
出 水 薩 摩	…	…	…	…	…	…	…
伊 佐 姶 良	…	…	…	…	…	…	…
大 隅 半 島	96.9	98.0	97.8	97.7	97.9	97.9	98.1
熊 毛・大 島	98.5	98.7	97.8	97.9	97.9	99.3	99.0
普通栽培	97.3	96.3	97.7	97.5	97.0	98.0	96.9
薩 摩 半 島	97.7	96.5	97.8	97.8	96.2	98.3	97.4
出 水 薩 摩	97.5	96.4	98.1	98.0	98.0	98.6	97.1
伊 佐 姶 良	97.1	96.0	97.5	96.7	96.9	97.8	96.4
大 隅 半 島	97.4	96.0	96.7	97.6	95.6	97.2	97.1
熊 毛・大 島	…	…	…	…	…	－	－
沖　　縄	97.8	97.5	97.0	97.6	98.6	98.2	98.2

1　米（続き）

(5)　令和4年産水稲の都道府県別作柄表示地帯別作況指数
（農家等使用ふるい目幅ベース）

都道府県・作柄表示地帯	作況指数	都道府県・作柄表示地帯	作況指数	都道府県・作柄表示地帯	作況指数	都道府県・作柄表示地帯	作況指数
北　海　道	106	栃　　　木	97	静　　　岡	98	愛　　　媛	104
石　　狩	107	北　　部	96	愛　　　知	100	東　　予	104
南　空　知	105	中　　部	96	尾　　張	99	中　　予	104
北　空　知	106	南　　部	100	西　三　河	100	南　　予	107
上　　川	107	群　　　馬	101	東　三　河	100	高　　　知	100
留　　萌	108	中　　毛	100	三　　　重	102	中　東　部	100
渡島・檜山	103	北　　毛	101	北　　勢	102	西　　部	100
後　　志	104	東　　毛	101	中　　勢	103	福　　　岡	100
胆振・日高	105	埼　　　玉	101	南　　勢	102	福　　岡	100
オホーツク・十勝	104	東　　部	101	伊　　賀	102	北　東　部	102
青　　　森	99	西　　部	101	滋　　　賀	101	筑　　後	98
青　　森	101	千　　　葉	100	湖　　南	101	佐　　　賀	98
津　　軽	97	京　　葉	99	湖　　北	101	佐　　賀	98
南部・下北	101	九　十　九　里	100	京　　　都	101	松　　浦	100
岩　　　手	99	南　房　総	102	南　　部	101	長　　　崎	95
北上川上流	99	東　京	102	北　　部	101	南　　部	95
北上川下流	99	神　奈　川	101	大　　　阪	102	北　　部	97
東　　部	99	新　　　潟	99	兵　　　庫	102	五　　島	93
北　　部	99	下　　越	98	県　　南	103	壱岐・対馬	90
宮　　　城	100	中　　越	100	県　　北	101	熊　　　本	96
南　　部	101	上　　越	102	淡　　路	101	県　　北	96
中　　部	100	佐　　渡	101	奈　　　良	102	阿　　蘇	96
北　　部	99	富　　　山	101	和　歌　山	105	県　　南	97
東　　部	100	石　　　川	101	鳥　　　取	100	天　　草	100
秋　　　田	95	加　　賀	101	東　　部	101	大　　　分	99
県　　北	94	能　　登	101	西　　部	99	北　　部	96
県　中　央	94	福　　　井	99	島　　　根	101	湾　　岸	98
県　　南	97	嶺　　北	99	出　　雲	100	南　　部	102
山　　　形	99	嶺　　南	100	石　　見	102	日　　田	100
村　　山	100	山　　　梨	97	岡　　　山	99	宮　　　崎	98
最　　上	98	長　　　野	98	南　　部	98	広域沿海	101
置　　賜	97	東　　信	97	中　北　部	101	広域霧島	95
庄　　内	99	南　　信	98	広　　　島	101	西北山間	93
福　　　島	100	中　　信	99	南　　部	101	鹿　児　島	98
中　通　り	100	北　　信	98	北　　部	100	薩摩半島	98
浜　通　り	100	岐　　　阜	100	山　　　口	105	出水薩摩	98
会　　津	99	西　南　濃	102	東　　部	105	伊佐姶良	96
茨　　　城	101	中　　濃	101	西　　部	104	大隅半島	101
北部・鹿行	101	東　　濃	96	長　　北	105	熊毛・大島	96
南部・西部	101	飛　　騨	97	徳　　　島	102	沖　　　縄	97
				北　　部	102	沖縄諸島	106
				南　　部	102	八　重　山	93
				香　　　川	103		

注：1　作況指数は、10a当たり平年収量に対する10a当たり収量の比率であり、都道府県ごとに、過去5か年間に農家等が実際に使用したふるい目幅の分布において、最も多い使用割合の目幅以上に選別された玄米を基に算出した数値である。北海道、茨城県、新潟県及び静岡県については、令和4年産より作柄表示地帯を再編した。

　　　2　徳島県、高知県、宮崎県、鹿児島県及び沖縄県の作況指数は早期栽培（第一期稲）と普通栽培（第二期稲）を合算したものである。

(6)　令和4年産水稲玄米のふるい目幅別重量分布（全国農業地域別・都道府県別）

単位：%

全 国 農 業 地 域 ・ 都 道 府 県	計	1.70mm以上 1.75mm未満	1.75～1.80	1.80～1.85	1.85～1.90	1.90～2.00	2.00mm 以　上
	(1)	(2)	(3)	(4)	(5)	(6)	(7)
全　　　　　　　国	100.0	0.9	1.5	1.9	2.9	14.9	77.9
（全国農業地域）							
北　海　　　道	100.0	0.7	1.0	1.2	1.9	10.4	84.8
都　府　　　県	100.0	0.9	1.5	1.9	3.0	15.3	77.4
東　　　　　北	100.0	0.7	1.2	1.5	2.4	13.9	80.3
北　　　　　陸	100.0	0.9	1.2	1.4	2.6	13.1	80.8
関　東・東　山	100.0	1.0	1.5	2.1	3.5	19.3	72.6
東　　　　　海	100.0	0.8	1.3	1.6	2.3	8.7	85.3
近　　　　　畿	100.0	0.9	1.5	1.9	2.9	12.7	80.1
中　　　　　国	100.0	0.9	1.6	2.0	2.7	13.4	79.4
四　　　　　国	100.0	1.2	1.9	2.6	3.6	16.6	74.1
九　　　　　州	100.0	1.4	2.8	3.3	4.9	21.7	65.9
沖　　　　　縄	100.0	1.3	2.0	2.2	3.1	13.7	77.7
（都道府県）							
北　海　　　道	100.0	0.7	1.0	1.2	1.9	10.4	84.8
青　　　　　森	100.0	0.6	1.0	1.3	1.7	10.3	85.1
岩　　　　　手	100.0	0.8	1.2	1.4	2.0	12.4	82.2
宮　　　　　城	100.0	0.5	1.1	1.3	2.0	14.2	80.9
秋　　　　　田	100.0	0.9	1.4	1.6	2.8	14.8	78.5
山　　　　　形	100.0	0.6	1.2	1.4	2.6	15.7	78.5
福　　　　　島	100.0	0.5	1.3	1.7	3.0	14.2	79.3
茨　　　　　城	100.0	1.0	1.4	1.9	3.8	19.0	72.9
栃　　　　　木	100.0	1.3	2.0	3.2	4.5	27.0	62.0
群　　　　　馬	100.0	1.3	1.8	2.9	3.8	20.3	69.9
埼　　　　　玉	100.0	1.2	1.7	2.7	4.2	24.3	65.9
千　　　　　葉	100.0	0.7	1.0	1.4	2.6	14.0	80.3
東　　　　　京	100.0	0.8	1.3	2.4	3.6	22.3	69.6
神　奈　　　川	100.0	1.4	2.5	2.9	4.4	24.3	64.5
新　　　　　潟	100.0	0.9	1.2	1.4	2.7	12.7	81.1
富　　　　　山	100.0	0.8	1.2	1.6	2.4	13.2	80.8
石　　　　　川	100.0	0.7	1.1	1.4	2.4	12.7	81.7
福　　　　　井	100.0	0.9	1.3	1.5	2.9	14.9	78.5
山　　　　　梨	100.0	1.0	1.6	1.7	3.0	14.6	78.1
長　　　　　野	100.0	0.8	1.2	1.2	2.1	12.1	82.6
岐　　　　　阜	100.0	0.9	1.2	1.5	2.7	10.0	83.7
静　　　　　岡	100.0	0.6	1.0	1.3	2.3	11.1	83.7
愛　　　　　知	100.0	0.8	1.2	1.4	2.1	7.3	87.2
三　　　　　重	100.0	1.0	1.5	1.9	2.1	7.7	85.8
滋　　　　　賀	100.0	0.9	1.4	1.9	2.7	11.1	82.0
京　　　　　都	100.0	0.7	1.1	1.5	2.6	10.6	83.5
大　　　　　阪	100.0	1.0	1.7	2.9	3.5	16.0	74.9
兵　　　　　庫	100.0	1.0	1.9	2.1	3.4	15.5	76.1
奈　　　　　良	100.0	0.7	1.2	1.9	2.8	12.0	81.4
和　歌　　　山	100.0	0.6	1.0	1.3	1.5	7.8	87.8
鳥　　　　　取	100.0	0.8	1.5	1.6	2.4	11.6	82.1
島　　　　　根	100.0	0.9	1.4	2.1	2.1	13.6	79.9
岡　　　　　山	100.0	1.0	1.9	2.5	3.6	15.7	75.3
広　　　　　島	100.0	0.7	1.3	1.6	2.1	11.5	82.8
山　　　　　口	100.0	1.0	1.6	2.0	2.8	13.2	79.4
徳　　　　　島	100.0	0.9	1.4	1.9	2.5	11.9	81.4
香　　　　　川	100.0	1.4	2.1	3.3	4.3	22.1	66.8
愛　　　　　媛	100.0	1.4	2.3	2.9	4.5	18.9	70.0
高　　　　　知	100.0	1.1	1.7	1.9	2.8	11.7	80.8
福　　　　　岡	100.0	1.3	2.8	3.1	4.1	19.4	69.3
佐　　　　　賀	100.0	1.5	2.6	2.8	4.5	20.5	68.1
長　　　　　崎	100.0	2.0	4.0	4.5	7.7	28.1	53.7
熊　　　　　本	100.0	1.5	3.2	3.2	5.3	23.2	63.6
大　　　　　分	100.0	1.7	3.0	3.9	5.8	24.9	60.7
宮　　　　　崎	100.0	0.9	2.0	2.5	3.4	17.1	74.1
鹿　児　　　島	100.0	1.3	2.4	3.7	4.6	21.8	66.2
沖　　　　　縄	100.0	1.3	2.0	2.2	3.1	13.7	77.7
関　東　農　政　局	100.0	1.0	1.5	2.1	3.4	18.8	73.2
東　海　農　政　局	100.0	0.9	1.3	1.6	2.3	8.2	85.7
中国四国農政局	100.0	1.0	1.7	2.2	3.0	14.4	77.7

1　米（続き）

(7)　令和4年産水稲玄米のふるい目幅別10a当たり収量（全国農業地域別・都道府県別）

単位：kg

全国農業地域 ・ 都道府県	1.70mm 以上	1.75mm 以上	1.80mm 以上	1.85mm 以上	1.90mm 以上	2.00mm 以上
	(1)	(2)	(3)	(4)	(5)	(6)
全　　　　　国	536	531	523	513	497	418
（全国農業地域）						
北　海　　　道	591	587	581	574	563	501
都　府　　　県	533	528	520	510	494	413
東　　　　　北	559	555	548	540	527	449
北　　　　　陸	541	536	530	522	508	437
関　東・東　山	538	533	525	513	494	391
東　　　　　海	504	500	493	485	474	430
近　　　　　畿	517	512	505	495	480	414
中　　　　　国	524	519	511	500	486	416
四　　　　　国	497	491	482	469	451	368
九　　　　　州	494	487	473	457	433	326
沖　　　　　縄	301	297	291	284	275	234
（都道府県）						
北　海　　　道	591	587	581	574	563	501
青　　　　　森	594	590	584	577	567	505
岩　　　　　手	537	533	526	519	508	441
宮　　　　　城	537	534	528	521	511	434
秋　　　　　田	554	549	541	532	517	435
山　　　　　形	594	590	583	575	560	466
福　　　　　島	549	546	539	530	513	435
茨　　　　　城	532	527	519	509	489	388
栃　　　　　木	532	525	514	497	473	330
群　　　　　馬	502	495	486	472	453	351
埼　　　　　玉	498	492	484	470	449	328
千　　　　　葉	544	540	535	527	513	437
東　　　　　京	421	418	412	402	387	293
神　奈　　　川	501	494	481	467	445	323
新　　　　　潟	544	539	533	525	510	441
富　　　　　山	556	552	545	536	523	449
石　　　　　川	532	528	522	515	502	435
福　　　　　井	515	510	504	496	481	404
山　　　　　梨	532	527	518	509	493	415
長　　　　　野	608	603	596	589	576	502
岐　　　　　阜	487	483	477	469	456	408
静　　　　　岡	509	506	501	494	483	426
愛　　　　　知	505	501	495	488	477	440
三　　　　　重	511	506	498	489	478	438
滋　　　　　賀	523	518	511	501	487	429
京　　　　　都	514	510	505	497	484	429
大　　　　　阪	503	498	489	475	457	377
兵　　　　　庫	513	508	498	487	470	390
奈　　　　　良	522	518	512	502	488	425
和　歌　　　山	519	516	511	504	496	456
鳥　　　　　取	514	510	502	494	482	422
島　　　　　根	519	514	507	496	485	415
岡　　　　　山	524	519	509	496	477	395
広　　　　　島	530	526	519	511	500	439
山　　　　　口	526	521	512	502	487	418
徳　　　　　島	480	476	469	460	448	391
香　　　　　川	511	504	493	476	454	341
愛　　　　　媛	524	517	505	489	466	367
高　　　　　知	460	455	447	438	426	372
福　　　　　岡	491	485	471	456	436	340
佐　　　　　賀	514	506	493	479	455	350
長　　　　　崎	470	461	442	421	384	252
熊　　　　　本	501	493	477	461	435	319
大　　　　　分	493	485	470	451	422	299
宮　　　　　崎	488	484	474	462	445	362
鹿　児　　　島	478	472	460	443	421	316
沖　　　　　縄	301	297	291	284	275	234
関　東　農　政　局	536	531	523	511	493	392
東　海　農　政　局	503	498	492	484	472	431
中国四国農政局	515	510	501	490	474	400

注：　ふるい目幅別の10a当たり収量とは、全国、全国農業地域別、都道府県別又は地方農政局別の10a当たり収量にふるい目幅別重量割合を乗
　　　じて算出したものである。

（8）　令和4年産水稲玄米のふるい目幅別収穫量（子実用）（全国農業地域別・都道府県別）

単位：t

全国農業地域・都道府県	1.70mm 以上	1.75mm 以上	1.80mm 以上	1.85mm 以上	1.90mm 以上	2.00mm 以上
	(1)	(2)	(3)	(4)	(5)	(6)
全　　　　国	7,269,000	7,204,000	7,095,000	6,956,000	6,746,000	5,663,000
（全国農業地域）						
北　海　道	553,200	549,300	543,800	537,200	526,600	469,100
都　府　県	6,716,000	6,656,000	6,555,000	6,427,000	6,226,000	5,198,000
東　　　北	1,948,000	1,934,000	1,911,000	1,882,000	1,835,000	1,564,000
北　　　陸	1,072,000	1,062,000	1,049,000	1,034,000	1,007,000	866,200
関東・東山	1,291,000	1,278,000	1,259,000	1,232,000	1,186,000	937,300
東　　　海	438,800	435,300	429,600	422,600	412,500	374,300
近　　　畿	498,400	493,900	486,400	477,000	462,500	399,200
中　　　国	501,600	497,100	489,200	479,000	465,500	398,300
四　　　国	221,600	218,900	214,700	209,000	201,000	164,200
九　　　州	741,300	730,900	710,200	685,700	649,400	488,500
沖　　　縄	1,920	1,900	1,860	1,810	1,760	1,490
（都道府県）						
北　海　道	553,200	549,300	543,800	537,200	526,600	469,100
青　　　森	235,200	233,800	231,400	228,400	224,400	200,200
岩　　　手	247,600	245,600	242,600	239,200	234,200	203,500
宮　　　城	326,500	324,900	321,300	317,000	310,500	264,100
秋　　　田	456,500	452,400	446,000	438,700	425,900	358,400
山　　　形	365,300	363,100	358,700	353,600	344,100	286,800
福　　　島	317,300	315,700	311,600	306,200	296,700	251,600
茨　　　城	319,200	316,000	311,500	305,500	293,300	232,700
栃　　　木	270,300	266,800	261,400	252,700	240,600	167,600
群　　　馬	72,300	71,400	70,100	68,000	65,200	50,500
埼　　　玉	142,400	140,700	138,300	134,400	128,400	93,800
千　　　葉	259,500	257,700	255,100	251,500	244,700	208,400
東　　　京	484	480	474	462	445	337
神　奈　川	14,400	14,200	13,800	13,400	12,800	9,290
新　　　潟	631,000	625,300	617,700	608,900	591,900	511,700
富　　　山	197,400	195,800	193,500	190,300	185,600	159,500
石　　　川	122,900	122,000	120,700	119,000	116,000	100,400
福　　　井	121,000	119,900	118,300	116,500	113,000	95,000
山　　　梨	25,500	25,200	24,800	24,400	23,600	19,900
長　　　野	187,300	185,800	183,600	181,300	177,400	154,700
岐　　　阜	100,800	99,900	98,700	97,200	94,500	84,400
静　　　岡	76,400	75,900	75,200	74,200	72,400	63,900
愛　　　知	130,800	129,800	128,200	126,400	123,600	114,100
三　　　重	130,800	129,500	127,500	125,000	122,300	112,200
滋　　　賀	151,700	150,300	148,200	145,300	141,200	124,400
京　　　都	72,000	71,500	70,700	69,600	67,800	60,100
大　　　阪	22,800	22,600	22,200	21,500	20,700	17,100
兵　　　庫	177,000	175,200	171,900	168,200	162,100	134,700
奈　　　良	43,900	43,600	43,100	42,200	41,000	35,700
和　歌　山	31,000	30,800	30,500	30,100	29,600	27,200
鳥　　　取	62,200	61,700	60,800	59,800	58,300	51,100
島　　　根	85,100	84,300	83,100	81,400	79,600	68,000
岡　　　山	147,200	145,700	142,900	139,300	134,000	110,800
広　　　島	114,500	113,700	112,200	110,400	108,000	94,800
山　　　口	92,600	91,700	90,200	88,300	85,700	73,500
徳　　　島	47,600	47,200	46,500	45,600	44,400	38,700
香　　　川	55,700	54,900	53,800	51,900	49,500	37,200
愛　　　媛	68,600	67,600	66,100	64,100	61,000	48,000
高　　　知	49,700	49,200	48,300	47,400	46,000	40,200
福　　　岡	164,000	161,900	157,300	152,200	145,500	113,700
佐　　　賀	117,200	115,400	112,400	109,100	103,800	79,800
長　　　崎	48,900	47,900	46,000	43,800	40,000	26,300
熊　　　本	156,800	154,400	149,400	144,400	136,100	99,700
大　　　分	93,200	91,600	88,800	85,200	79,800	56,600
宮　　　崎	75,200	74,500	73,000	71,100	68,600	55,700
鹿　児　島	86,000	84,900	82,800	79,600	75,700	56,900
沖　　　縄	1,920	1,900	1,860	1,810	1,760	1,490
関東農政局	1,368,000	1,354,000	1,334,000	1,305,000	1,259,000	1,001,000
東海農政局	362,400	359,100	354,400	348,600	340,300	310,600
中国四国農政局	723,200	716,000	703,700	687,800	666,100	561,900

注：　ふるい目幅別の収穫量（子実用）とは、全国、全国農業地域別、都道府県別又は地方農政局別の収穫量にふるい目幅別重量割合を乗じて算出したものである。

1 米（続き）

(9) 令和4年産水稲における農家等が使用した選別ふるい目幅の分布（全国農業地域別・都道府県別）

単位：%

全国農業地域・都道府県	計	1.70mm以上 1.75mm未満	1.75～1.80	1.80～1.85	1.85～1.90	1.90～2.00	2.00mm 以上
	(1)	(2)	(3)	(4)	(5)	(6)	(7)
全国	100.0	0.1	2.0	24.0	38.3	35.0	0.6
（全国農業地域）							
北海道	100.0	0.3	-	1.1	19.7	76.3	2.6
都府県	100.0	0.1	2.1	25.6	39.6	32.2	0.4
東北	100.0	-	-	0.3	16.6	83.0	0.1
北陸	100.0	-	0.1	1.3	34.3	63.9	0.4
関東・東山	100.0	0.3	4.4	41.4	51.7	1.9	0.3
東海	100.0	0.3	1.6	31.0	58.6	8.1	0.4
近畿	100.0	0.2	8.2	39.9	31.7	17.6	2.4
中国	100.0	0.1	0.2	11.5	64.0	23.8	0.4
四国	100.0	-	4.7	71.4	23.2	0.7	-
九州	100.0	0.2	0.7	43.2	48.2	7.7	-
沖縄	100.0	-	25.0	75.0	-	-	-
（都道府県）							
北海道	100.0	0.3	-	1.1	19.7	76.3	2.6
青森	100.0	-	-	-	0.3	99.7	-
岩手	100.0	-	-	-	5.1	94.9	-
宮城	100.0	-	-	-	3.2	96.8	-
秋田	100.0	-	-	1.2	17.9	80.6	0.3
山形	100.0	-	-	0.3	15.4	84.0	0.3
福島	100.0	-	-	0.3	61.4	38.3	-
茨城	100.0	-	0.8	12.3	85.7	1.2	-
栃木	100.0	-	1.0	4.5	94.2	0.3	-
群馬	100.0	1.5	5.3	85.6	6.1	1.5	-
埼玉	100.0	1.2	23.8	70.3	4.1	-	0.6
千葉	100.0	-	1.8	86.0	11.1	0.7	0.4
東京	100.0	-	-	100.0	-	-	-
神奈川	100.0	-	11.8	88.2	-	-	-
新潟	100.0	-	0.2	3.1	59.6	36.1	1.0
富山	100.0	-	-	-	9.2	90.8	-
石川	100.0	-	-	0.5	43.7	55.8	-
福井	100.0	-	-	-	3.0	97.0	-
山梨	100.0	-	-	24.2	75.8	-	-
長野	100.0	-	-	15.6	76.0	7.6	0.8
岐阜	100.0	0.6	0.6	44.6	49.1	3.4	1.7
静岡	100.0	0.6	6.0	50.6	42.2	0.6	-
愛知	100.0	-	0.9	19.3	58.1	21.7	-
三重	100.0	-	-	17.4	77.9	4.7	-
滋賀	100.0	-	1.5	9.3	33.8	55.4	-
京都	100.0	-	-	26.0	53.9	19.5	0.6
大阪	100.0	-	24.6	70.5	4.9	-	-
兵庫	100.0	0.4	5.6	37.8	45.0	3.0	8.2
奈良	100.0	1.0	1.9	89.5	7.6	-	-
和歌山	100.0	-	39.4	58.5	2.1	-	-
鳥取	100.0	-	-	6.2	89.9	3.9	-
島根	100.0	-	-	1.0	7.7	90.8	0.5
岡山	100.0	-	0.4	24.9	73.0	0.4	1.3
広島	100.0	-	0.5	19.6	78.4	1.5	-
山口	100.0	0.5	-	1.1	79.2	19.2	-
徳島	100.0	-	10.5	72.4	16.4	0.7	-
香川	100.0	-	5.3	82.8	11.9	-	-
愛媛	100.0	-	1.3	47.4	50.0	1.3	-
高知	100.0	-	-	89.2	9.8	1.0	-
福岡	100.0	-	-	11.4	87.1	1.5	-
佐賀	100.0	-	-	-	57.9	42.1	-
長崎	100.0	1.3	7.5	58.6	23.8	8.8	-
熊本	100.0	0.4	-	35.6	64.0	-	-
大分	100.0	-	0.5	46.6	52.9	-	-
宮崎	100.0	-	0.5	99.5	-	-	-
鹿児島	100.0	-	0.8	94.3	4.9	-	-
沖縄	100.0	-	25.0	75.0	-	-	-
関東農政局	100.0	0.3	4.5	42.3	50.9	1.8	0.2
東海農政局	100.0	0.2	0.5	25.8	62.9	10.1	0.5
中国四国農政局	100.0	0.1	1.9	33.9	48.6	15.2	0.3

注：農家等が使用した選別ふるい目幅の分布とは、調査対象が使用した選別ふるい目幅別の調査対象数割合を示したものである。

（10）令和４年産水稲の作況標本筆の10ａ当たり玄米重の分布状況（全国農業地域別・都道府県別）

単位：％

全国農業地域・都道府県	計	100kg未満	100～200	200～300	300～400	400～500	500～600	600～700	700～800	800kg以上
	(1)	(2)	(3)	(4)	(5)	(6)	(7)	(8)	(9)	(10)
全　　国	100.0	0.1	0.3	1.3	5.2	22.7	45.4	21.8	3.1	0.1
（全国農業地域）										
北　海　道	100.0	0.2	–	0.2	1.5	9.8	38.5	41.8	8.0	–
都　府　県	100.0	0.1	0.3	1.4	5.5	23.5	45.7	20.5	2.8	0.2
東　　北	100.0	–	0.2	0.8	2.8	14.0	44.5	31.6	5.9	0.2
北　　陸	100.0	0.1	0.2	0.8	3.9	18.8	51.5	23.4	1.3	–
関東・東山	100.0	–	0.2	0.5	4.1	21.4	46.9	21.6	4.7	0.6
東　　海	100.0	–	0.4	1.1	6.6	30.1	48.9	12.6	0.3	–
近　　畿	100.0	0.1	0.4	1.8	7.0	24.8	44.9	18.8	2.2	–
中　　国	100.0	0.3	0.5	2.0	6.3	21.8	44.6	21.8	2.6	0.1
四　　国	100.0	0.2	0.3	3.3	9.7	33.3	40.0	11.5	1.5	0.2
九　　州	100.0	0.4	0.5	2.2	7.7	34.5	43.8	10.6	0.3	–
沖　　縄	…	…	…	…	…	…	…	…	…	…
（都道府県）										
北　海　道	100.0	0.2	–	0.2	1.5	9.8	38.5	41.8	8.0	–
青　　森	100.0	–	–	1.8	3.0	7.0	29.8	46.6	11.2	0.6
岩　　手	100.0	–	0.9	0.3	5.0	22.6	44.5	23.5	3.2	–
宮　　城	100.0	–	–	0.9	3.6	13.9	59.8	21.2	0.6	–
秋　　田	100.0	–	0.3	0.6	1.9	12.2	51.0	33.1	0.9	–
山　　形	100.0	–	–	0.6	1.3	9.4	32.5	42.1	13.8	0.3
福　　島	100.0	–	–	0.7	2.0	19.1	49.5	22.9	5.8	–
茨　　城	100.0	–	–	0.4	1.8	21.1	60.6	15.0	1.1	–
栃　　木	100.0	–	–	–	3.9	19.4	57.4	18.6	0.7	–
群　　馬	100.0	–	–	1.4	6.4	34.3	46.5	10.7	0.7	–
埼　　玉	100.0	–	1.1	1.7	5.0	36.1	42.7	11.7	1.7	–
千　　葉	100.0	–	–	0.4	2.3	18.1	47.6	30.8	0.8	–
東　　京	…	…	…	…	…	…	…	…	…	…
神　奈　川	100.0	–	–	–	6.7	31.7	51.6	10.0	–	–
新　　潟	100.0	0.2	0.2	0.5	2.0	19.3	51.4	23.9	2.5	–
富　　山	100.0	–	0.5	0.5	4.1	8.2	52.2	34.5	–	–
石　　川	100.0	–	–	2.3	3.7	22.4	48.3	21.9	1.4	–
福　　井	100.0	–	–	0.4	7.4	24.8	53.9	13.5	–	–
山　　梨	100.0	–	–	–	11.3	22.5	41.1	16.3	8.8	–
長　　野	100.0	–	0.4	–	4.0	8.4	25.2	38.6	20.1	3.3
岐　　阜	100.0	–	–	0.5	10.8	40.0	38.4	9.2	1.1	–
静　　岡	100.0	–	0.6	2.5	5.6	23.1	53.2	15.0	–	–
愛　　知	100.0	–	1.0	1.0	2.9	30.5	56.0	8.6	–	–
三　　重	100.0	–	–	0.9	7.4	26.6	47.6	17.5	–	–
滋　　賀	100.0	0.5	0.5	1.4	7.6	20.0	42.8	22.9	4.3	–
京　　都	100.0	–	0.7	1.4	7.1	28.6	43.6	18.6	–	–
大　　阪	100.0	–	–	–	2.0	26.0	72.0	–	–	–
兵　　庫	100.0	–	–	3.0	8.3	26.5	40.5	19.1	2.6	–
奈　　良	100.0	–	–	1.0	6.0	31.0	40.0	20.0	2.0	–
和　歌　山	100.0	–	1.0	2.0	6.0	19.0	53.0	18.0	1.0	–
鳥　　取	100.0	–	–	3.3	8.7	25.3	41.4	20.0	1.3	–
島　　根	100.0	0.5	0.5	3.1	6.2	22.1	41.9	22.6	3.1	–
岡　　山	100.0	–	0.4	1.3	6.7	22.9	48.3	17.9	2.1	0.4
広　　島	100.0	0.5	0.5	1.8	6.4	20.9	39.5	25.9	4.5	–
山　　口	100.0	0.6	1.1	1.1	3.9	18.3	50.5	22.8	1.7	–
徳　　島	100.0	–	0.7	3.3	11.3	38.7	35.3	10.0	0.7	–
香　　川	100.0	0.7	–	2.0	6.7	25.3	49.3	13.3	2.0	0.7
愛　　媛	100.0	–	–	2.0	4.0	29.3	45.4	16.0	3.3	–
高　　知	100.0	–	0.6	5.6	16.3	39.3	31.3	6.9	–	–
福　　岡	100.0	–	0.4	1.9	5.8	36.9	47.7	7.3	–	–
佐　　賀	100.0	–	1.0	2.4	3.8	27.6	45.6	18.6	1.0	–
長　　崎	100.0	–	0.7	1.3	16.1	37.6	38.9	5.4	–	–
熊　　本	100.0	2.2	–	2.2	5.8	30.6	45.6	12.9	0.7	–
大　　分	100.0	–	0.5	2.7	6.0	33.9	46.5	10.4	–	–
宮　　崎	100.0	–	0.5	2.4	8.1	34.4	45.0	9.1	0.5	–
鹿　児　島	100.0	–	0.5	2.0	11.6	42.2	35.2	8.5	–	–
沖　　縄	…	…	…	…	…	…	…	…	…	…
関東農政局	100.0	–	0.2	0.6	4.3	21.6	47.5	21.0	4.3	0.5
東海農政局	100.0	–	0.3	0.8	6.9	31.9	47.8	12.0	0.3	–
中国四国農政局	100.0	0.3	0.4	2.5	7.6	26.2	42.8	17.9	2.2	0.1

注：1　10ａ当たり玄米重は、1.70mmのふるい目幅で選別された玄米の重量である。
　　2　東京都及び沖縄県については、水稲作況標本筆を設置していないことから「…」で示した。

1 米（続き）

(11) 令和4年産水稲の被害面積及び被害量（全国農業地域別・都道府県別）

全国農業地域 都道府県		気象被害											
		冷害		被害率		日照不足		被害率		高温障害		被害率	
		被害面積	被害量	実数	対前年差	被害面積	被害量	実数	対前年差	被害面積	被害量	実数	対前年差
		(1)	(2)	(3)	(4)	(5)	(6)	(7)	(8)	(9)	(10)	(11)	(12)
		ha	t	%	ポイント	ha	t	%	ポイント	ha	t	%	ポイント
全国	(1)	39,300	7,800	0.1	0.0	982,100	227,600	3.1	0.2	323,900	43,100	0.6	0.1
（全国農業地域）													
北海道	(2)	34,400	6,240	1.2	1.2	39,800	7,300	1.4	1.3	–	–	–	△0.5
都府県	(3)	4,860	1,560	0.0	△0.1	942,300	220,300	3.3	0.1	323,900	43,100	0.6	0.1
東北	(4)	–	–	–	△0.1	348,200	108,200	5.5	2.3	21,200	1,670	0.1	0.0
北陸	(5)	–	–	–	–	152,800	13,200	1.2	△0.8	96,900	8,340	0.8	△0.9
関東・東山	(6)	4,690	1,520	0.1	△0.1	136,800	38,600	3.0	0.2	72,100	14,700	1.1	0.6
東海	(7)	168	40	0.0	0.0	65,300	7,510	1.7	△1.6	27,200	1,860	0.4	△0.1
近畿	(8)	–	–	–	–	43,600	6,100	1.2	△1.0	19,400	2,170	0.4	0.3
中国	(9)	–	–	–	–	44,100	9,730	2.0	△0.1	32,600	6,340	1.3	0.9
四国	(10)	–	–	–	–	24,700	2,920	1.4	△2.2	21,500	3,800	1.8	1.3
九州	(11)	–	–	–	–	126,600	33,900	4.5	△2.0	32,900	4,200	0.6	0.4
沖縄	(12)	–	–	–	–	215	87	4.4	4.4	–	–	–	0.0
（都道府県）													
北海道	(13)	34,400	6,240	1.2	1.2	39,800	7,300	1.4	1.3	–	–	–	△0.5
青森	(14)	–	–	–	△0.2	39,600	12,000	5.0	3.6	–	–	–	–
岩手	(15)	–	–	–	0.0	46,100	16,200	6.5	2.4	–	–	–	–
宮城	(16)	–	–	–	–	60,800	17,900	5.4	0.7	–	–	–	–
秋田	(17)	–	–	–	–	82,400	33,000	6.9	3.4	–	–	–	△0.2
山形	(18)	–	–	–	–	61,500	16,300	4.4	3.1	21,200	1,670	0.5	0.1
福島	(19)	–	–	–	△0.3	57,800	12,800	4.0	0.2	–	–	–	–
茨城	(20)	–	–	–	–	20,300	6,700	2.1	△0.3	43,600	7,290	2.3	1.6
栃木	(21)	–	–	–	–	50,800	13,200	4.8	1.5	–	–	–	–
群馬	(22)	130	45	0.1	0.0	4,130	1,760	2.5	△2.4	1,540	682	1.0	△0.6
埼玉	(23)	–	–	–	–	8,100	2,920	2.1	0.7	9,850	3,040	2.2	1.9
千葉	(24)	–	–	–	–	17,600	5,200	2.0	0.0	12,500	3,100	1.2	0.6
東京	(25)	–	–	–	–	69	3	0.6	△0.6	–	–	–	–
神奈川	(26)	–	–	–	–	1,680	622	4.4	1.5	383	48	0.3	0.1
新潟	(27)	–	–	–	–	81,300	8,280	1.3	△0.9	50,300	5,790	0.9	△2.0
富山	(28)	–	–	–	–	32,000	3,200	1.6	△1.0	–	–	–	–
石川	(29)	–	–	–	–	16,000	800	0.7	0.0	23,100	1,850	1.5	1.5
福井	(30)	–	–	–	–	23,500	920	0.8	△0.5	23,500	700	0.6	0.6
山梨	(31)	400	180	0.7	△0.2	3,350	550	2.1	0.5	1,170	150	0.6	△0.1
長野	(32)	4,160	1,290	0.7	△0.6	30,800	7,640	4.0	1.0	3,100	380	0.2	△0.1
岐阜	(33)	–	–	–	–	12,900	1,860	1.9	△0.9	1,500	106	0.1	△0.1
静岡	(34)	168	40	0.1	0.1	8,900	1,820	2.3	△1.1	10,200	780	1.0	0.5
愛知	(35)	–	–	–	–	17,900	2,510	1.9	△2.8	7,920	427	0.3	0.1
三重	(36)	–	–	–	–	25,600	1,320	1.0	△1.2	7,570	551	0.4	△0.4
滋賀	(37)	–	–	–	–	9,690	1,310	0.9	△0.5	8,240	1,350	0.9	0.5
京都	(38)	–	–	–	–	11,300	1,190	1.7	△1.2	840	80	0.1	0.0
大阪	(39)	–	–	–	–	3,000	200	0.9	△1.1	800	40	0.2	0.1
兵庫	(40)	–	–	–	–	18,300	3,290	1.9	△1.2	6,520	453	0.3	0.3
奈良	(41)	–	–	–	–	530	30	0.1	△0.8	550	30	0.1	0.1
和歌山	(42)	–	–	–	–	777	84	0.3	△1.6	2,450	215	0.7	0.7
鳥取	(43)	–	–	–	–	5,260	875	1.4	△1.5	6,450	580	0.9	0.9
島根	(44)	–	–	–	–	8,820	2,210	2.6	△0.2	1,920	547	0.7	0.7
岡山	(45)	–	–	–	–	21,900	4,240	2.9	1.3	12,000	2,950	2.0	1.9
広島	(46)	–	–	–	–	6,560	2,310	2.0	△0.2	8,220	2,030	1.8	0.9
山口	(47)	–	–	–	–	1,570	90	0.1	△1.9	4,040	230	0.3	0.3
徳島	(48)	–	–	–	–	4,300	710	1.5	△2.4	5,500	990	2.1	2.0
香川	(49)	–	–	–	–	4,000	1,100	2.0	△3.0	4,400	700	1.3	1.1
愛媛	(50)	–	–	–	–	5,630	767	1.2	△1.4	5,460	911	1.4	0.3
高知	(51)	–	–	–	–	10,800	338	0.7	△2.5	6,170	1,200	2.4	2.0
福岡	(52)	–	–	–	–	20,200	3,710	2.2	△2.7	11,000	1,610	1.0	0.9
佐賀	(53)	–	–	–	–	19,200	5,300	4.5	△0.5	341	49	0.0	△0.3
長崎	(54)	–	–	–	–	9,340	1,980	3.9	△6.4	4,290	442	0.9	0.1
熊本	(55)	–	–	–	–	31,300	9,750	6.1	△2.3	7,820	679	0.4	0.1
大分	(56)	–	–	–	–	18,900	4,730	5.0	△0.6	394	78	0.1	0.1
宮崎	(57)	–	–	–	–	9,620	3,330	4.4	△2.3	3,560	480	0.6	0.9
鹿児島	(58)	–	–	–	–	18,000	5,130	5.9	△1.1	5,500	863	1.0	0.9
沖縄	(59)	–	–	–	–	215	87	4.4	4.4	–	–	–	0.0
関東農政局	(60)	4,860	1,560	0.1	△0.1	145,700	40,400	2.9	0.1	82,300	15,500	1.1	0.6
東海農政局	(61)	–	–	–	–	56,400	5,690	1.6	△1.7	17,000	1,080	0.3	△0.2
中国四国農政局	(62)	–	–	–	–	68,800	12,600	1.8	△0.8	54,200	10,100	1.4	1.0

注：被害率とは、平年収量（作付面積×10a当たり平年収量）に対する被害量の割合（百分率）である。

	病　　　害				虫　　　　　　　害								
	い　も　ち　病				ウ　ン　カ				カ　メ　ム　シ				
被害面積	被害量	被害率		被害面積	被害量	被害率		被害面積	被害量	被害率		
		実　数	対前年差			実　数	対前年差			実　数	対前年差	
(13)	(14)	(15)	(16)	(17)	(18)	(19)	(20)	(21)	(22)	(23)	(24)	
ha	t	%	ポイント	ha	t	%	ポイント	ha	t	%	ポイント	
253,100	62,900	0.9	△ 0.2	40,300	5,730	0.1	0.0	114,300	13,000	0.2	0.0	(1)
1,430	83	0.0	0.0	371	36	0.0	0.0	2,860	176	0.0	△ 0.1	(2)
251,600	62,800	0.9	△ 0.3	40,000	5,690	0.1	0.0	111,400	12,800	0.2	0.0	(3)
68,700	16,700	0.8	0.2	3,350	149	0.0	0.0	24,100	1,980	0.1	0.0	(4)
12,400	2,300	0.2	△ 0.2	3,330	345	0.0	△ 0.1	10,700	1,290	0.1	0.0	(5)
51,100	14,800	1.1	△ 0.1	12,300	1,080	0.1	0.0	14,000	1,880	0.1	△ 0.1	(6)
19,300	4,060	0.9	△ 0.5	2,720	504	0.1	0.0	15,300	1,550	0.4	0.0	(7)
16,200	4,220	0.9	△ 0.8	3,750	333	0.1	0.0	10,800	851	0.2	0.1	(8)
18,800	3,510	0.7	△ 1.0	3,690	504	0.1	0.0	10,300	1,530	0.3	0.0	(9)
14,100	3,260	1.5	△ 0.4	3,600	476	0.2	0.0	11,400	810	0.4	0.1	(10)
51,100	13,900	1.8	△ 0.8	7,180	2,300	0.3	0.1	14,800	2,900	0.4	0.2	(11)
50	7	0.4	0.0	–	–	–	0.0	41	8	0.4	0.4	(12)
1,430	83	0.0	0.0	371	36	0.0	0.0	2,860	176	0.0	△ 0.1	(13)
10,300	3,000	1.3	1.2	400	40	0.0	0.0	1,900	300	0.1	0.0	(14)
5,320	2,250	0.9	0.2	69	4	0.0	0.0	1,200	97	0.0	0.0	(15)
7,260	1,570	0.5	0.0	70	2	0.0	0.0	2,820	265	0.1	0.1	(16)
16,500	820	0.2	0.0	1,500	15	0.0	0.0	6,600	130	0.0	0.0	(17)
17,000	5,700	1.5	0.3	990	63	0.0	0.0	7,600	790	0.2	0.0	(18)
12,300	3,370	1.1	△ 0.2	318	25	0.0	0.0	3,960	396	0.1	0.0	(19)
11,800	3,970	1.3	0.4	1,130	80	0.0	△ 0.1	2,670	620	0.2	△ 0.2	(20)
16,000	3,400	1.2	△ 0.2	2,400	220	0.1	0.0	3,800	270	0.1	0.0	(21)
1,750	785	1.1	△ 0.4	1,550	245	0.3	△ 0.1	685	121	0.2	0.0	(22)
7,480	1,470	1.0	0.1	4,290	409	0.3	0.0	2,060	154	0.1	0.0	(23)
5,100	2,200	0.8	0.0	100	30	0.0	0.0	2,200	340	0.1	0.0	(24)
5	0	0.0	△ 0.2	1	0	0.0	0.0	6	1	0.2	0.2	(25)
49	12	0.1	△ 0.2	95	5	0.0	△ 0.3	49	5	0.0	0.0	(26)
10,400	1,980	0.3	0.0	2,930	322	0.1	0.0	5,900	901	0.1	0.0	(27)
500	160	0.1	0.0	–	–	–	0.0	320	262	0.1	△ 0.1	(28)
853	20	0.0	△ 0.3	50	1	0.0	0.0	1,450	10	0.0	0.0	(29)
630	140	0.1	△ 1.0	350	22	0.0	0.0	3,000	120	0.1	0.0	(30)
1,200	480	1.8	△ 0.2	100	15	0.1	0.0	300	50	0.2	0.0	(31)
7,700	2,480	1.3	△ 1.0	2,680	80	0.0	0.0	2,220	320	0.2	0.0	(32)
4,740	1,740	1.7	△ 0.1	619	79	0.1	△ 0.1	3,010	301	0.3	△ 0.4	(33)
4,590	540	0.7	△ 0.8	587	160	0.2	0.0	4,080	384	0.5	0.0	(34)
6,400	1,100	0.8	△ 0.1	787	214	0.2	0.1	6,260	612	0.5	0.3	(35)
3,580	679	0.5	△ 1.0	730	51	0.0	0.0	1,910	256	0.2	△ 0.2	(36)
8,140	2,030	1.4	△ 0.7	1,900	138	0.1	0.0	2,890	259	0.2	0.1	(37)
1,120	160	0.2	△ 0.1	60	10	0.0	0.0	1,120	160	0.2	0.0	(38)
800	400	1.8	△ 0.1	120	20	0.1	0.0	220	30	0.1	0.0	(39)
3,670	790	0.5	△ 1.1	1,250	63	0.0	0.0	5,280	262	0.2	0.1	(40)
1,710	740	1.7	△ 1.2	120	30	0.1	0.0	600	80	0.2	0.0	(41)
718	102	0.3	△ 1.2	299	72	0.2	△ 0.2	718	60	0.2	0.0	(42)
1,240	479	0.8	△ 0.3	115	24	0.0	0.0	560	41	0.1	0.0	(43)
1,760	293	0.3	△ 0.1	155	61	0.1	0.0	1,010	108	0.1	0.0	(44)
9,230	1,600	1.1	△ 0.6	1,870	312	0.2	△ 0.1	3,880	822	0.6	0.3	(45)
2,800	732	0.6	△ 2.4	1,250	85	0.1	0.1	3,160	294	0.3	0.2	(46)
3,720	410	0.5	△ 1.3	300	22	0.0	△ 0.1	1,680	265	0.3	△ 0.5	(47)
3,500	1,130	2.4	△ 0.3	540	140	0.3	△ 0.1	4,640	280	0.6	0.2	(48)
3,000	590	1.1	△ 0.3	1,700	120	0.2	0.0	1,700	90	0.2	0.0	(49)
2,790	585	0.9	△ 0.5	522	132	0.2	0.0	1,570	195	0.3	0.1	(50)
4,850	950	1.9	△ 0.5	839	84	0.2	0.0	3,530	245	0.5	0.1	(51)
8,070	1,430	0.9	△ 0.6	686	203	0.1	0.0	6,360	1,410	0.9	0.6	(52)
2,920	812	0.7	△ 0.9	616	407	0.3	0.2	236	21	0.0	0.0	(53)
1,220	360	0.7	0.0	606	91	0.2	0.0	600	80	0.2	0.0	(54)
10,700	3,360	2.1	△ 1.7	1,910	789	0.5	0.1	1,140	116	0.1	0.0	(55)
9,030	1,600	1.7	△ 1.2	196	57	0.1	△ 0.1	1,550	367	0.4	0.3	(56)
9,780	3,350	4.4	0.3	1,990	521	0.7	0.6	3,100	410	0.5	0.3	(57)
9,370	3,000	3.4	△ 0.4	1,180	230	0.3	0.3	1,810	495	0.6	△ 0.1	(58)
50	7	0.4	0.0	–	–	–	0.0	41	8	0.4	0.4	(59)
55,700	15,300	1.1	△ 0.2	12,900	1,240	0.1	0.0	18,100	2,270	0.2	0.0	(60)
14,700	3,520	1.0	△ 0.4	2,140	344	0.1	0.0	11,200	1,170	0.3	△ 0.1	(61)
32,900	6,770	1.0	△ 0.8	7,290	980	0.1	△ 0.1	21,700	2,340	0.3	0.0	(62)

2　麦類

（1）　令和4年産麦類（子実用）の収穫量（全国農業地域別・都道府県別）

　　ア　4麦計

全国農業地域・都道府県	作付面積	収穫量	前年産との比較			
			作付面積		収穫量	
			対差	対比	対差	対比
	(1)	(2)	(3)	(4)	(5)	(6)
	ha	t	ha	%	t	%
全　　　　国	290,600	1,227,000	7,600	103	△ 105,000	92
（全国農業地域）						
北　海　道	132,400	620,900	4,100	103	△ 116,800	84
都　府　県	158,200	605,800	3,500	102	11,400	102
東　北	7,920	22,100	160	102	1,300	106
北　陸	10,700	39,000	710	107	9,800	134
関東・東山	38,000	129,200	500	101	△ 6,600	95
東　海	17,900	70,800	500	103	4,000	106
近　畿	11,000	39,000	600	106	6,300	119
中　国	6,570	24,200	△ 170	97	300	101
四　国	5,250	17,900	△ 90	98	△ 2,200	89
九　州	60,800	263,700	1,300	102	△ 1,400	99
沖　縄	12	14	△ 2	86	△ 4	78
（都道府県）						
北　海　道	132,400	620,900	4,100	103	△ 116,800	84
青　森	x	x	x	x	x	x
岩　手	3,820	9,200	30	101	1,150	114
宮　城	2,420	8,740	10	100	△ 140	98
秋　田	288	962	16	106	336	154
山　形	x	x	x	x	x	x
福　島	464	885	x	x	x	x
茨　城	7,610	17,900	230	103	△ 4,400	80
栃　木	12,700	45,000	100	101	△ 3,100	94
群　馬	7,530	30,200	△ 100	99	700	102
埼　玉	6,270	22,700	220	104	△ 1,300	95
千　葉	x	x	x	x	x	x
東　京	x	x	x	x	x	x
神奈川	x	x	x	x	x	x
新　潟	246	715	45	122	223	145
富　山	3,560	13,500	200	106	3,200	131
石　川	1,700	6,340	150	110	1,450	130
福　井	5,190	18,400	300	106	4,900	136
山　梨	117	361	0	100	36	111
長　野	2,960	11,100	130	105	2,580	130
岐　阜	3,750	13,100	100	103	1,900	117
静　岡	x	x	x	x	x	x
愛　知	5,980	30,400	80	101	500	102
三　重	7,390	25,400	250	104	2,100	109
滋　賀	8,180	30,600	340	104	4,100	115
京　都	295	676	25	109	91	116
大　阪	x	x	x	x	x	x
兵　庫	2,380	7,300	210	110	2,020	138
奈　良	x	x	x	x	x	x
和歌山	x	x	x	x	x	x
鳥　取	x	x	x	x	x	x
島　根	712	1,980	24	103	70	104
岡　山	3,270	13,000	△ 50	98	△ 400	97
広　島	x	x	x	x	x	x
山　口	2,050	7,780	△ 160	93	340	105
徳　島	x	x	x	x	x	x
香　川	3,220	11,300	90	103	△ 800	93
愛　媛	1,880	6,190	△ 190	91	△ 1,490	81
高　知	12	33	0	100	4	114
福　岡	22,700	100,900	400	102	△ 4,600	96
佐　賀	22,000	104,000	200	101	500	100
長　崎	2,010	6,580	△ 30	99	△ 690	91
熊　本	7,930	30,300	410	105	900	103
大　分	5,680	20,500	330	106	2,300	113
宮　崎	x	x	x	x	x	x
鹿児島	323	863	x	x	x	x
沖　縄	12	14	△ 2	86	△ 4	78
関東農政局	38,800	131,100	500	101	△ 7,100	95
東海農政局	17,100	68,900	400	102	4,500	107
中国四国農政局	11,800	42,100	△ 300	98	△ 2,000	95

イ 小麦

全国農業地域・都道府県	作付面積	10a当たり収量	収穫量	前年産との比較							（参考）	
				作付面積		10a当たり収量	収穫量				10a当たり平均収量対比	10a当たり平均収量
				対差	対比	対比	対差	対比				
	(1)	(2)	(3)	(4)	(5)	(6)	(7)	(8)			(9)	(10)
	ha	kg	t	ha	%	%	t	%			%	kg
全　　　　　国	227,300	437	993,500	7,300	103	88	△ 103,500	91			99	441
（全国農業地域）												
北　海　道	130,600	470	614,200	4,500	104	81	△ 114,200	84			91	516
都　府　県	96,700	392	379,300	2,800	103	100	10,400	103			115	341
東　　　北	6,300	267	16,800	10	100	106	1,000	106			110	243
北　　　陸	398	246	979	67	120	124	322	149			118	209
関東・東山	20,800	351	73,100	400	102	99	900	101			96	366
東　　　海	17,400	399	69,400	500	103	103	4,200	106			111	360
近　　　畿	8,480	355	30,100	250	103	113	4,300	117			131	271
中　　　国	2,950	397	11,700	60	102	110	1,300	113			130	306
四　　　国	2,850	389	11,100	360	114	96	1,000	110			111	351
九　　　州	37,600	442	166,100	1,300	104	95	△ 2,600	98			125	353
沖　　　縄	7	103	7	△ 5	58	77	△ 9	44			76	135
（都道府県）												
北　海　道	130,600	470	614,200	4,500	104	81	△ 114,200	84			91	516
青　　　森	733	260	1,910	32	105	106	190	111			108	240
岩　　　手	3,750	240	9,000	30	101	114	1,150	115			117	205
宮　　　城	994	392	3,900	△ 116	90	100	△ 460	89			97	405
秋　　　田	288	334	962	16	106	145	336	154			153	219
山　　　形	109	202	220	26	131	90	33	118			82	245
福　　　島	432	194	838	24	106	74	232	78			87	223
茨　　　城	4,640	268	12,400	130	103	88	△ 1,400	90			86	310
栃　　　木	2,380	365	8,690	90	104	104	630	108			98	372
群　　　馬	5,380	422	22,700	△ 50	99	109	1,700	108			102	413
埼　　　玉	5,290	361	19,100	210	104	92	△ 900	96			92	392
千　　　葉	739	231	1,710	△ 52	93	66	△ 1,040	62			73	317
東　　　京	12	175	21	△ 2	86	107	△ 2	91			72	242
神　奈　川	39	233	91	△ 3	93	90	△ 18	83			85	275
新　　　潟	118	296	349	49	171	129	190	219			133	223
富　　　山	51	248	126	1	102	127	28	129			127	196
石　　　川	94	223	210	△ 8	92	124	26	114			107	208
福　　　井	135	218	294	25	123	111	78	136			108	202
山　　　梨	76	346	263	0	100	111	26	111			113	306
長　　　野	2,270	360	8,170	50	102	128	1,910	131			113	320
岐　　　阜	3,490	358	12,500	120	104	113	1,800	117			116	308
静　　　岡	749	247	1,850	5	101	79	△ 460	80			108	229
愛　　　知	5,870	511	30,000	90	102	100	600	102			108	473
三　　　重	7,250	345	25,000	270	104	106	2,200	110			112	309
滋　　　賀	6,460	373	24,100	250	104	111	3,200	115			130	288
京　　　都	196	199	390	22	113	108	70	122			130	153
大　　　阪	1	117	1	△ 1	50	96	△ 1	50			91	129
兵　　　庫	1,710	308	5,270	△ 20	99	127	1,070	125			138	223
奈　　　良	119	307	365	2	102	107	29	109			127	241
和　歌　山	4	180	7	1	133	125	2	140			142	127
鳥　　　取	81	323	262	4	105	98	7	103			108	299
島　　　根	143	186	266	11	108	98	15	106			111	168
岡　　　山	956	435	4,160	△ 12	99	108	280	107			119	365
広　　　島	206	244	503	39	123	138	207	170			137	178
山　　　口	1,560	415	6,470	10	101	112	750	113			138	301
徳　　　島	73	321	234	19	135	89	39	120			111	288
香　　　川	2,360	380	8,970	140	106	92	△ 200	98			106	358
愛　　　媛	409	452	1,850	195	191	130	1,110	249			140	322
高　　　知	4	139	6	0	100	95	0	100			88	158
福　　　岡	16,500	457	75,400	500	103	94	△ 2,700	97			122	374
佐　　　賀	12,100	468	56,600	500	104	96	△ 100	100			127	369
長　　　崎	641	340	2,180	△ 10	98	98	△ 70	97			124	275
熊　　　本	5,210	396	20,600	60	101	95	△ 1,000	95			125	317
大　　　分	2,960	369	10,900	170	106	105	1,080	111			139	266
宮　　　崎	120	261	313	17	117	202	180	235			146	179
鹿　児　島	48	242	116	15	145	110	43	159			158	153
沖　　　縄	7	103	7	△ 5	58	77	△ 9	44			76	135
関東農政局	21,600	347	75,000	400	102	99	500	101			96	360
東海農政局	16,600	407	67,500	500	103	104	4,600	107			111	367
中国四国農政局	5,800	391	22,700	420	108	103	2,200	111			119	328

注：1　「（参考）10a当たり平均収量対比」とは、10a当たり平均収量（原則として直近7か年のうち、最高及び最低を除いた5か年の平均値をいう。ただし、直近7か年全ての10a当たり収量が確保できない場合は、6か年又は5か年の最高及び最低を除いた平均とし、4か年又は3か年の場合は、単純平均である。）に対する当年産の10a当たり収量の比率である。なお、直近7か年のうち、3か年分の10a当たり収量のデータが確保できない場合は、10a当たり平均収量を作成していない（以下各統計表において同じ。）。

　　　2　全国農業地域別（都道府県を除く。）の10a当たり平均収量は、各都道府県の10a当たり平均収量に当年産の作付面積を乗じて求めた収穫量（平均収穫量）を全国農業地域別に積上げ、当年産の全国農業地域別作付面積で除して算出している（以下各統計表において同じ。）。

2 麦類（続き）

(1) 令和4年産麦類（子実用）の収穫量（全国農業地域別・都道府県別）（続き）

ウ 二条大麦

全国農業地域・都道府県	作付面積	10a当たり収量	収穫量	前年産との比較 作付面積 対差	対比	10a当たり収量 対比	収穫量 対差	対比	（参考）10a当たり平均収量対比	10a当たり平均収量
	(1)	(2)	(3)	(4)	(5)	(6)	(7)	(8)	(9)	(10)
	ha	kg	t	ha	%	%	t	%	%	kg
全 国	38,100	397	151,200	△ 100	100	96	△ 6,400	96	118	337
（全国農業地域）										
北 海 道	1,700	379	6,440	△ 40	98	85	△ 1,320	83	94	402
都 府 県	36,400	398	144,700	0	100	97	△ 5,100	97	119	334
東 北	27	281	76	x	x	82	x	x	115	244
北 陸	2	150	3	0	100	75	△ 1	75	100	150
関 東 ・ 東 山	11,900	356	42,400	△ 100	99	89	△ 5,700	88	97	366
東 海	x	226	x	x	x	88	x	x	nc	…
近 畿	x	372	x	x	x	110	x	x	nc	…
中 国	2,920	360	10,500	△ 30	99	93	△ 900	92	108	333
四 国	x	293	x	x	x	130	x	x	98	298
九 州	21,300	427	91,000	100	100	101	1,400	102	136	315
沖 縄	5	133	7	3	250	153	5	350	222	60
（都道府県）										
北 海 道	1,700	379	6,440	△ 40	98	85	△ 1,320	83	94	402
青 森	-	-	-	-	nc	nc	-	nc	nc	-
岩 手	x	x	x	x	x	x	x	x	x	363
宮 城	x	x	x	x	x	x	x	x	x	310
秋 田	-	-	-	-	nc	nc	-	nc	-	214
山 形	-	-	-	-	nc	nc	-	nc	nc	-
福 島	12	175	21	5	171	98	9	175	111	157
茨 城	912	188	1,710	△ 98	90	61	△ 1,400	55	72	262
栃 木	8,600	372	32,000	△ 50	99	91	△ 3,300	91	98	378
群 馬	1,640	354	5,810	△ 30	98	88	△ 920	86	100	355
埼 玉	726	386	2,800	24	103	92	△ 140	95	97	396
千 葉	x	x	x	x	x	x	x	x	x	234
東 京	1	245	3	0	100	151	1	150	125	196
神 奈 川	-	-	-	-	nc	nc	-	nc	-	173
新 潟	-	-	-	-	nc	nc	-	nc	-	40
富 山	x	x	x	x	x	x	x	x	x	139
石 川	x	x	x	x	x	x	x	x	x	165
福 井	-	-	-	-	nc	nc	-	nc	nc	-
山 梨	-	-	-	-	nc	nc	-	nc	nc	…
長 野	12	290	35	2	120	132	13	159	104	279
岐 阜	-	-	-	-	nc	nc	-	nc	nc	-
静 岡	17	212	36	△ 1	94	83	△ 10	78	139	152
愛 知	x	x	x	x	x	x	x	x	x	…
三 重	-	-	-	-	nc	nc	-	nc	nc	-
滋 賀	64	506	324	6	110	114	66	126	129	393
京 都	99	289	286	3	103	105	21	108	136	213
大 阪	-	-	-	-	nc	nc	-	nc	nc	-
兵 庫	2	109	3	1	200	97	2	300	nc	-
奈 良	-	-	-	-	nc	nc	-	nc	nc	-
和 歌 山	x	x	x	x	x	x	x	x	x	-
鳥 取	92	290	267	3	103	100	8	103	99	292
島 根	536	306	1,640	34	107	102	130	109	108	283
岡 山	2,090	380	7,940	△ 30	99	91	△ 940	89	106	357
広 島	x	120	x	x	x	x	x	x	117	103
山 口	200	339	678	△ 32	86	107	△ 55	92	142	238
徳 島	38	276	105	△ 7	84	131	10	111	93	297
香 川	x	x	x	x	x	x	x	x	x	327
愛 媛	-	-	-	-	nc	nc	-	nc	nc	-
高 知	5	420	21	0	100	117	3	117	141	297
福 岡	5,680	419	23,800	△ 110	98	96	△ 1,600	94	130	323
佐 賀	9,670	478	46,200	△ 300	97	104	500	101	142	337
長 崎	1,150	339	3,900	△ 10	99	87	△ 620	86	109	312
熊 本	2,600	362	9,410	370	117	109	2,030	128	130	278
大 分	1,870	360	6,730	130	107	111	1,090	119	142	253
宮 崎	61	351	214	△ 6	91	117	13	106	129	272
鹿 児 島	257	274	704	32	114	83	△ 39	95	122	225
沖 縄	5	133	7	3	250	153	5	350	222	60
関 東 農 政 局	11,900	356	42,400	△ 200	98	89	△ 5,800	88	97	366
東 海 農 政 局	x	x	x	x	x	x	x	x	x	…
中国四国農政局	2,960	361	10,700	△ 40	99	94	△ 800	93	108	333

エ　六条大麦

全国農業地域・都道府県	作付面積	10a当たり収量	収穫量	前年産との比較 作付面積 対差	作付面積 対比	10a当たり収量 対比	収穫量 対差	収穫量 対比	(参考) 10a当たり平均収量 対比	10a当たり平均収量
	(1)	(2)	(3)	(4)	(5)	(6)	(7)	(8)	(9)	(10)
	ha	kg	t	ha	%	%	t	%	%	kg
全　国	19,300	337	65,100	1,200	107	111	10,000	118	113	298
（全国農業地域）										
北　海　道	13	385	50	x	x	x	x	x	114	337
都 府 県	19,300	337	65,000	1,300	107	110	10,000	118	113	298
東　　北	1,590	329	5,230	140	110	98	340	107	102	322
北　　陸	10,300	369	38,000	640	107	125	9,500	133	126	292
関東・東山	4,800	265	12,700	270	106	85	△ 1,400	90	87	306
東　　海	x	287	x	x	x	104	x	x	112	257
近　　畿	2,020	365	7,380	260	115	110	1,540	126	122	298
中　　国	x	237	x	x	x	123	x	x	127	186
四　　国	x	x	x	x	x	x	x	x	x	220
九　　州	x	269	x	x	x	105	x	x	nc	…
沖　　縄	-	-	-	-	nc	nc	-	nc	nc	-
（都道府県）										
北　海　道	13	385	50	x	x	x	x	x	114	337
青　　森	x	x	x	x	x	x	x	x	x	349
岩　　手	78	256	200	2	103	97	△ 1	100	105	244
宮　　城	1,410	339	4,780	130	110	97	330	107	104	327
秋　　田	-	-	-	-	nc	nc	-	nc	-	128
山　　形	x	x	x	x	x	x	x	x	x	118
福　　島	20	130	26	△ 13	61	73	△ 33	44	50	261
茨　　城	1,700	188	3,200	170	111	65	△ 1,250	72	74	254
栃　　木	1,690	250	4,230	50	103	90	△ 350	92	80	311
群　　馬	506	332	1,680	△ 14	97	96	△ 110	94	98	340
埼　　玉	150	339	509	△ 10	94	70	△ 264	66	83	407
千　　葉	34	289	98	0	100	68	△ 47	68	89	324
東　　京	-	-	-	-	nc	nc	-	nc	nc	-
神　奈　川	-	-	-	x	x	x	x	x	-	329
新　　潟	128	286	366	△ 4	97	113	33	110	115	248
富　　山	3,500	382	13,400	190	106	124	3,200	131	131	292
石　　川	1,610	381	6,130	170	112	117	1,420	130	117	326
福　　井	5,060	358	18,100	280	106	128	4,800	136	127	282
山　　梨	41	239	98	0	100	111	10	111	115	207
長　　野	672	433	2,910	69	111	117	670	130	114	380
岐　　阜	262	232	608	△ 12	96	133	128	127	131	177
静　　岡	x	156	x	x	x	121	x	x	107	146
愛　　知	106	392	416	2	102	88	△ 46	90	96	408
三　　重	102	324	330	△ 30	77	93	△ 132	71	107	304
滋　　賀	1,550	371	5,750	70	105	109	720	114	120	309
京　　都	-	-	-	-	nc	nc	-	nc	-	80
大　　阪	x	x	x	x	x	x	x	x	x	86
兵　　庫	473	344	1,630	197	171	117	819	201	134	257
奈　　良	-	-	-	-	nc	nc	-	nc	-	124
和　歌　山	1	160	1	0	100	132	0	100	119	134
鳥　　取	x	x	x	x	x	x	x	x	x	135
島　　根	11	118	13	△ 1	92	128	2	118	90	131
岡　　山	2	191	4	1	200	109	2	200	134	143
広　　島	87	255	222	△ 17	84	126	11	105	131	195
山　　口	-	-	-	-	nc	nc	-	nc	nc	-
徳　　島	x	x	x	x	x	x	x	x	x	220
香　　川	-	-	-	-	nc	nc	-	nc	nc	-
愛　　媛	-	-	-	-	nc	nc	-	nc	nc	-
高　　知	-	-	-	-	nc	nc	-	nc	nc	-
福　　岡	-	-	-	-	nc	nc	-	nc	nc	-
佐　　賀	-	-	-	-	nc	nc	-	nc	nc	-
長　　崎	-	-	-	-	nc	nc	-	nc	nc	-
熊　　本	7	257	18	△ 7	50	106	△ 16	53	78	328
大　　分	9	244	22	1	113	85	△ 1	96	72	341
宮　　崎	x	x	x	x	x	x	x	x	nc	…
鹿　児　島	8	379	30	x	x	x	x	x	96	396
沖　　縄	-	-	-	-	nc	nc	-	nc	nc	-
関 東 農 政 局	4,800	265	12,700	270	106	85	△ 1,400	90	87	306
東 海 農 政 局	470	287	1,350	△ 40	92	104	△ 50	96	112	257
中国四国農政局	104	235	244	△ 15	87	122	14	106	125	188

2　麦類（続き）
(1)　令和４年産麦類（子実用）の収穫量（全国農業地域別・都道府県別）（続き）
オ　はだか麦

全国農業地域・都道府県	作付面積	10a当たり収量	収穫量	前年産との比較						（参考）	
				作付面積		10a当たり収量	収穫量			10a当たり平均収量	10a当たり平均収量
				対差	対比	対比	対差	対比		対比	
	(1)	(2)	(3)	(4)	(5)	(6)	(7)	(8)		(9)	(10)
	ha	kg	t	ha	%	%	t	%		%	kg
全　　　　国	5,870	290	17,000	△ 950	86	90	△ 5,100	77		105	275
（全国農業地域）											
北　海　道	84	213	179	△ 414	17	73	△ 1,280	12		71	302
都　府　県	5,780	291	16,800	△ 540	91	89	△ 3,800	82		105	276
東　　　北	-	-	-	x	x	x	x	x		nc	-
北　　　陸	4	50	2	2	200	33	△ 1	67		nc	…
関東・東山	509	198	1,010	x	x	69	x	x		64	310
東　　　海	x	258	x	x	x	96	x	x		98	264
近　　　畿	x	254	x	x	x	116	x	x		nc	-
中　　　国	607	283	1,720	△ 183	77	115	△ 230	88		135	209
四　　　国	2,350	285	6,690	△ 450	84	81	△ 3,190	68		94	303
九　　　州	1,960	332	6,500	20	101	96	△ 230	97		125	266
沖　　　縄	-	-	-	-	nc	nc	-	nc		nc	-
（都道府県）											
北　海　道	84	213	179	△ 414	17	73	△ 1,280	12		71	302
青　　　森	-	-	-	-	nc	nc	-	nc		nc	-
岩　　　手	-	-	-	-	nc	nc	-	nc		nc	-
宮　　　城	-	-	-	-	nc	nc	-	nc		nc	…
秋　　　田	-	-	-	-	nc	nc	-	nc		nc	-
山　　　形	-	-	-	-	nc	nc	-	nc		-	76
福　　　島	-	-	-	x	x	x	x	x		-	134
茨　　　城	355	180	639	30	109	63	△ 287	69		56	321
栃　　　木	46	257	118	4	110	92	1	101		104	246
群　　　馬	1	298	3	△ 2	33	102	△ 6	33		127	234
埼　　　玉	105	235	247	△ 6	95	82	△ 73	77		77	307
千　　　葉	1	264	3	△ 4	20	78	△ 14	18		98	270
東　　　京	x	x	x	x	x	x	x	x		x	240
神　奈　川	x	x	x	x	x	x	x	x		x	186
新　　　潟	-	-	-	-	nc	nc	-	nc		nc	-
富　　　山	x	x	x	x	x	x	x	x		x	162
石　　　川	-	-	-	-	nc	nc	-	nc		nc	-
福　　　井	x	x	x	x	x	x	x	x		nc	…
山　　　梨	-	-	-	-	nc	nc	-	nc		nc	-
長　　　野	-	-	-	-	nc	nc	-	nc		nc	-
岐　　　阜	-	-	-	-	nc	nc	-	nc		nc	-
静　　　岡	x	x	x	x	x	x	x	x		x	209
愛　　　知	10	200	20	△ 9	53	78	△ 29	41		82	245
三　　　重	35	274	96	6	121	99	16	120		102	269
滋　　　賀	106	366	388	16	118	116	104	137		99	368
京　　　都	-	-	-	-	nc	nc	-	nc		nc	-
大　　　阪	x	x	x	x	x	x	x	x		nc	…
兵　　　庫	203	194	394	39	124	118	123	145		115	169
奈　　　良	x	x	x	x	x	x	x	x		x	150
和　歌　山	0	150	1	0	nc	203	1	nc		132	114
鳥　　　取	4	187	7	△ 1	80	94	△ 3	70		94	200
島　　　根	22	286	63	△ 20	52	88	△ 74	46		122	235
岡　　　山	223	386	861	△ 2	99	130	190	128		145	267
広　　　島	65	242	157	△ 18	78	138	12	108		152	159
山　　　口	293	214	627	△ 142	67	95	△ 356	64		124	173
徳　　　島	19	168	32	△ 13	59	168	0	100		104	162
香　　　川	852	271	2,310	△ 57	94	85	△ 590	80		87	310
愛　　　媛	1,480	293	4,340	△ 380	80	79	△ 2,600	63		97	301
高　　　知	3	190	6	0	100	109	1	120		108	176
福　　　岡	490	340	1,670	8	102	83	△ 300	85		110	309
佐　　　賀	282	414	1,170	33	113	94	70	106		127	325
長　　　崎	217	229	497	△ 10	96	104	△ 5	99		141	162
熊　　　本	103	271	279	△ 28	79	91	△ 110	72		133	203
大　　　分	842	339	2,850	29	104	102	160	106		130	260
宮　　　崎	14	179	25	0	100	139	7	139		170	105
鹿　児　島	10	128	13	△ 15	40	58	△ 43	23		74	174
沖　　　縄	-	-	-	-	nc	nc	-	nc		nc	-
関東農政局	x	198	x	x	x	69	x	x		64	310
東海農政局	45	258	116	△ 3	94	96	△ 13	90		98	264
中国四国農政局	2,960	284	8,400	△ 630	82	86	△ 3,400	71		100	283

(2)　令和4年産小麦の秋まき、春まき別収穫量（北海道）

区　分	作付面積	10a当たり収量	収穫量	前　年　産　と　の　比　較							（参考）	
				作　付　面　積		10a当たり収量	収　穫　量				10a当たり平均収量	10a当たり平均収量
				対　差	対　比	対　比	対　差		対　比	対　比	
	(1)	(2)	(3)	(4)	(5)	(6)	(7)		(8)	(9)	(10)
	ha	kg	t	ha	%	%	t		%	%	kg
北　海　道	130,600	470	614,200	4,500	104	81	△	114,200	84	91	516
秋　ま　き	112,000	500	560,000	3,500	103	82	△	104,000	84	92	543
春　ま　き	18,600	291	54,200	1,000	106	80	△	10,200	84	86	337

3　豆 類・そ ば

(1)　令和4年産豆類（乾燥子実）及びそば（乾燥子実）の収穫量（全国農業地域別・都道府県別）

ア　大豆

全国農業地域・都道府県	作付面積	10a当たり収量	収穫量	前年産との比較 作付面積 対差	対比	10a当たり収量 対比	収穫量 対差	対比	（参考）10a当たり平均収量対比	10a当たり平均収量
	(1)	(2)	(3)	(4)	(5)	(6)	(7)	(8)	(9)	(10)
	ha	kg	t	ha	%	%	t	%	%	kg
全　国（全国農業地域）	151,600	160	242,800	5,400	104	95	△ 3,700	98	100	160
北　海　道	43,200	252	108,900	1,200	103	100	3,500	103	108	234
都　府　県	108,400	124	133,900	4,200	104	92	△ 7,200	95	94	132
東　北	37,800	122	46,300	2,200	106	72	△ 13,800	77	83	147
北　陸	12,400	135	16,700	700	106	79	△ 3,200	84	85	158
関 東・東 山	10,100	159	16,100	360	104	123	3,500	128	119	134
東　海	12,300	107	13,100	100	101	96	△ 400	97	104	103
近　畿	9,790	134	13,100	520	106	114	2,200	120	111	121
中　国	4,460	99	4,410	180	104	105	400	110	98	101
四　国	540	134	722	39	108	108	103	117	118	114
九　州	21,000	113	23,700	0	100	122	4,100	121	86	132
沖　縄	x	x	x	x	x	x	x	x	x	33
（都道府県）										
北　海　道	43,200	252	108,900	1,200	103	100	3,500	103	108	234
青　森	5,390	82	4,420	320	106	51	△ 3,790	54	56	146
岩　手	4,840	121	5,860	310	107	82	△ 800	88	85	142
宮　城	11,900	133	15,800	900	108	66	△ 6,400	71	86	155
秋　田	9,420	122	11,500	600	107	77	△ 2,400	83	86	142
山　形	4,910	140	6,870	170	104	91	△ 430	94	96	146
福　島	1,410	130	1,830	0	100	101	10	101	105	124
茨　城	3,380	158	5,340	20	101	134	1,380	135	140	113
栃　木	2,510	187	4,690	160	107	126	1,210	135	117	160
群　馬	287	145	416	9	103	97	△ 1	100	113	128
埼　玉	657	83	545	38	106	88	△ 37	94	88	94
千　葉	880	123	1,080	4	100	128	239	128	123	100
東　京	4	150	6	0	100	120	1	120	119	126
神　奈　川	39	144	56	2	105	97	1	102	96	150
新　潟	4,200	169	7,100	110	103	89	△ 670	91	93	181
富　山	4,510	124	5,590	260	106	74	△ 1,510	79	83	149
石　川	1,790	92	1,650	170	110	67	△ 590	74	67	138
福　井	1,870	124	2,320	130	107	78	△ 430	84	82	152
山　梨	215	120	258	3	101	105	16	107	101	119
長　野	2,160	170	3,670	150	107	114	680	123	107	159
岐　阜	3,040	115	3,500	80	103	113	480	116	111	104
静　岡	203	72	146	△ 41	83	88	△ 54	73	88	82
愛　知	4,490	135	6,060	20	100	98	△ 110	98	109	124
三　重	4,530	74	3,350	0	100	82	△ 730	82	89	83
滋　賀	6,900	153	10,600	410	106	115	1,970	123	116	132
京　都	339	86	292	21	107	89	△ 16	95	77	112
大　阪	17	71	12	2	113	97	1	109	72	99
兵　庫	2,380	85	2,020	100	104	112	290	117	97	88
奈　良	125	94	118	△ 9	93	84	△ 32	79	90	104
和　歌　山	26	88	23	△ 1	96	95	△ 2	92	94	94
鳥　取	708	116	821	41	106	105	87	112	98	118
島　根	804	127	1,020	21	103	123	214	127	108	118
岡　山	1,590	79	1,260	40	103	96	△ 10	99	89	89
広　島	400	97	388	△ 8	98	145	115	142	109	89
山　口	955	96	917	85	110	90	△ 14	98	97	99
徳　島	15	80	12	0	100	86	△ 2	86	138	58
香　川	71	92	65	4	106	128	17	135	108	85
愛　媛	378	162	612	32	109	109	100	120	121	134
高　知	76	43	33	3	104	69	△ 12	73	81	53
福　岡	8,160	120	9,790	△ 30	100	136	2,580	136	90	133
佐　賀	7,630	117	8,930	△ 220	97	122	1,390	118	83	141
長　崎	376	60	226	△ 24	94	146	62	138	85	71
熊　本	2,660	111	2,950	160	106	102	220	108	81	137
大　分	1,560	84	1,310	120	108	88	△ 70	95	92	91
宮　崎	244	31	76	26	112	27	△ 175	30	28	112
鹿　児　島	386	97	374	41	112	98	32	109	104	93
沖　縄	x	x	x	x	x	x	x	x	x	33
関 東 農 政 局	10,300	157	16,200	320	103	123	3,400	127	119	132
東 海 農 政 局	12,100	107	12,900	100	101	96	△ 400	97	104	103
中国四国農政局	5,000	103	5,130	220	105	106	500	111	101	102

イ　小豆

全国農業地域・都道府県	作付面積 (1)	10a当たり収量 (2)	収穫量 (3)	前年産との比較 作付面積 対差 (4)	対比 (5)	10a当たり収量 対比 (6)	収穫量 対差 (7)	対比 (8)	（参考）10a当たり平均収量対比 (9)	10a当たり平均収量 (10)
	ha	kg	t	ha	%	%	t	%	%	kg
全　　　国	23,200	181	42,100	△ 100	100	100	△ 200	100	89	204
（全国農業地域）										
北　海　道	19,100	206	39,300	100	101	100	200	101	88	234
都　府　県	…	…	…	nc	nc	nc	nc	nc	nc	…
東　北	…	…	…	nc	nc	nc	nc	nc	nc	…
北　陸	…	…	…	nc	nc	nc	nc	nc	nc	…
関東・東山	…	…	…	nc	nc	nc	nc	nc	nc	…
東　海	…	…	…	nc	nc	nc	nc	nc	nc	…
近　畿	…	…	…	nc	nc	nc	nc	nc	nc	…
中　国	…	…	…	nc	nc	nc	nc	nc	nc	…
四　国	…	…	…	nc	nc	nc	nc	nc	nc	…
九　州	…	…	…	nc	nc	nc	nc	nc	nc	…
沖　縄	…	…	…	nc	nc	nc	nc	nc	nc	…
（都道府県）										
北　海　道	19,100	206	39,300	100	101	100	200	101	88	234
青　森	…	…	…	nc	nc	nc	nc	nc	nc	…
岩　手	…	…	…	nc	nc	nc	nc	nc	nc	…
宮　城	…	…	…	nc	nc	nc	nc	nc	nc	…
秋　田	…	…	…	nc	nc	nc	nc	nc	nc	…
山　形	…	…	…	nc	nc	nc	nc	nc	nc	…
福　島	…	…	…	nc	nc	nc	nc	nc	nc	…
茨　城	…	…	…	nc	nc	nc	nc	nc	nc	…
栃　木	…	…	…	nc	nc	nc	nc	nc	nc	…
群　馬	…	…	…	nc	nc	nc	nc	nc	nc	…
埼　玉	…	…	…	nc	nc	nc	nc	nc	nc	…
千　葉	…	…	…	nc	nc	nc	nc	nc	nc	…
東　京	…	…	…	nc	nc	nc	nc	nc	nc	…
神　奈　川	…	…	…	nc	nc	nc	nc	nc	nc	…
新　潟	…	…	…	nc	nc	nc	nc	nc	nc	…
富　山	…	…	…	nc	nc	nc	nc	nc	nc	…
石　川	…	…	…	nc	nc	nc	nc	nc	nc	…
福　井	…	…	…	nc	nc	nc	nc	nc	nc	…
山　梨	…	…	…	nc	nc	nc	nc	nc	nc	…
長　野	…	…	…	nc	nc	nc	nc	nc	nc	…
岐　阜	…	…	…	nc	nc	nc	nc	nc	nc	…
静　岡	…	…	…	nc	nc	nc	nc	nc	nc	…
愛　知	…	…	…	nc	nc	nc	nc	nc	nc	…
三　重	…	…	…	nc	nc	nc	nc	nc	nc	…
滋　賀	164	97	159	△ 25	87	90	△ 45	78	123	79
京　都	458	72	330	0	100	91	△ 32	91	122	59
大　阪	…	…	…	nc	nc	nc	nc	nc	nc	…
兵　庫	…	…	…	nc	nc	nc	nc	nc	nc	…
奈　良	…	…	…	nc	nc	nc	nc	nc	nc	…
和　歌　山	…	…	…	nc	nc	nc	nc	nc	nc	…
鳥　取	…	…	…	nc	nc	nc	nc	nc	nc	…
島　根	…	…	…	nc	nc	nc	nc	nc	nc	…
岡　山	…	…	…	nc	nc	nc	nc	nc	nc	…
広　島	…	…	…	nc	nc	nc	nc	nc	nc	…
山　口	…	…	…	nc	nc	nc	nc	nc	nc	…
徳　島	…	…	…	nc	nc	nc	nc	nc	nc	…
香　川	…	…	…	nc	nc	nc	nc	nc	nc	…
愛　媛	…	…	…	nc	nc	nc	nc	nc	nc	…
高　知	…	…	…	nc	nc	nc	nc	nc	nc	…
福　岡	…	…	…	nc	nc	nc	nc	nc	nc	…
佐　賀	…	…	…	nc	nc	nc	nc	nc	nc	…
長　崎	…	…	…	nc	nc	nc	nc	nc	nc	…
熊　本	…	…	…	nc	nc	nc	nc	nc	nc	…
大　分	…	…	…	nc	nc	nc	nc	nc	nc	…
宮　崎	…	…	…	nc	nc	nc	nc	nc	nc	…
鹿　児　島	…	…	…	nc	nc	nc	nc	nc	nc	…
沖　縄	…	…	…	nc	nc	nc	nc	nc	nc	…
関　東　農　政　局	…	…	…	nc	nc	nc	nc	nc	nc	…
東　海　農　政　局	…	…	…	nc	nc	nc	nc	nc	nc	…
中　国　四　国　農　政　局	…	…	…	nc	nc	nc	nc	nc	nc	…

注：1　小豆の作付面積調査及び収穫量調査は主産県調査であり、作付面積調査は3年周期、収穫量調査は6年周期で全国調査を実施している。
　　2　令和4年産調査については、作付面積調査及び収穫量調査ともに主産県を対象に調査を実施した。
　　3　主産県とは、直近の全国調査年である令和3年産調査における全国の作付面積のおおむね80％を占めるまでの上位都道府県を調査の範囲とし、その範囲に該当しない都道府県であっても、畑作物共済事業を実施する都道府県である。
　　4　全国の作付面積及び収穫量については、主産県の調査結果から推計したものである。

3 豆類・そば（続き）

(1) 令和４年産豆類（乾燥子実）及びそば（乾燥子実）の収穫量(全国農業地域別・都道府県別)（続き）

ウ　いんげん

全国農業地域・都道府県	作付面積	10a当たり収量	収穫量	前年産との比較						(参考)	
				作付面積		10a当たり収量	収穫量			10a当たり平均収量	10a当たり平均収量
				対差	対比	対比	対差	対比		対比	
	(1)	(2)	(3)	(4)	(5)	(6)	(7)	(8)		(9)	(10)
	ha	kg	t	ha	%	%	t	%		%	kg
全国	6,220	137	8,530	△ 910	87	136	1,330	118		94	146
（全国農業地域）											
北海道	5,780	140	8,090	△ 880	87	136	1,230	118		93	151
都府県	…	…	…	nc	nc	nc	nc	nc		nc	…
東北	…	…	…	nc	nc	nc	nc	nc		nc	…
北陸	…	…	…	nc	nc	nc	nc	nc		nc	…
関東・東山	…	…	…	nc	nc	nc	nc	nc		nc	…
東海	…	…	…	nc	nc	nc	nc	nc		nc	…
近畿	…	…	…	nc	nc	nc	nc	nc		nc	…
中国	…	…	…	nc	nc	nc	nc	nc		nc	…
四国	…	…	…	nc	nc	nc	nc	nc		nc	…
九州	…	…	…	nc	nc	nc	nc	nc		nc	…
沖縄	…	…	…	nc	nc	nc	nc	nc		nc	…
（都道府県）											
北海道	5,780	140	8,090	△ 880	87	136	1,230	118		93	151
青森	…	…	…	nc	nc	nc	nc	nc		nc	…
岩手	…	…	…	nc	nc	nc	nc	nc		nc	…
宮城	…	…	…	nc	nc	nc	nc	nc		nc	…
秋田	…	…	…	nc	nc	nc	nc	nc		nc	…
山形	…	…	…	nc	nc	nc	nc	nc		nc	…
福島	…	…	…	nc	nc	nc	nc	nc		nc	…
茨城	…	…	…	nc	nc	nc	nc	nc		nc	…
栃木	…	…	…	nc	nc	nc	nc	nc		nc	…
群馬	…	…	…	nc	nc	nc	nc	nc		nc	…
埼玉	…	…	…	nc	nc	nc	nc	nc		nc	…
千葉	…	…	…	nc	nc	nc	nc	nc		nc	…
東京	…	…	…	nc	nc	nc	nc	nc		nc	…
神奈川	…	…	…	nc	nc	nc	nc	nc		nc	…
新潟	…	…	…	nc	nc	nc	nc	nc		nc	…
富山	…	…	…	nc	nc	nc	nc	nc		nc	…
石川	…	…	…	nc	nc	nc	nc	nc		nc	…
福井	…	…	…	nc	nc	nc	nc	nc		nc	…
山梨	…	…	…	nc	nc	nc	nc	nc		nc	…
長野	…	…	…	nc	nc	nc	nc	nc		nc	…
岐阜	…	…	…	nc	nc	nc	nc	nc		nc	…
静岡	…	…	…	nc	nc	nc	nc	nc		nc	…
愛知	…	…	…	nc	nc	nc	nc	nc		nc	…
三重	…	…	…	nc	nc	nc	nc	nc		nc	…
滋賀	…	…	…	nc	nc	nc	nc	nc		nc	…
京都	…	…	…	nc	nc	nc	nc	nc		nc	…
大阪	…	…	…	nc	nc	nc	nc	nc		nc	…
兵庫	…	…	…	nc	nc	nc	nc	nc		nc	…
奈良	…	…	…	nc	nc	nc	nc	nc		nc	…
和歌山	…	…	…	nc	nc	nc	nc	nc		nc	…
鳥取	…	…	…	nc	nc	nc	nc	nc		nc	…
島根	…	…	…	nc	nc	nc	nc	nc		nc	…
岡山	…	…	…	nc	nc	nc	nc	nc		nc	…
広島	…	…	…	nc	nc	nc	nc	nc		nc	…
山口	…	…	…	nc	nc	nc	nc	nc		nc	…
徳島	…	…	…	nc	nc	nc	nc	nc		nc	…
香川	…	…	…	nc	nc	nc	nc	nc		nc	…
愛媛	…	…	…	nc	nc	nc	nc	nc		nc	…
高知	…	…	…	nc	nc	nc	nc	nc		nc	…
福岡	…	…	…	nc	nc	nc	nc	nc		nc	…
佐賀	…	…	…	nc	nc	nc	nc	nc		nc	…
長崎	…	…	…	nc	nc	nc	nc	nc		nc	…
熊本	…	…	…	nc	nc	nc	nc	nc		nc	…
大分	…	…	…	nc	nc	nc	nc	nc		nc	…
宮崎	…	…	…	nc	nc	nc	nc	nc		nc	…
鹿児島	…	…	…	nc	nc	nc	nc	nc		nc	…
沖縄	…	…	…	nc	nc	nc	nc	nc		nc	…
関東農政局	…	…	…	nc	nc	nc	nc	nc		nc	…
東海農政局	…	…	…	nc	nc	nc	nc	nc		nc	…
中国四国農政局	…	…	…	nc	nc	nc	nc	nc		nc	…

注：1　いんげんの作付面積調査及び収穫量調査は主産県調査であり、作付面積調査は３年周期、収穫量調査は６年周期で全国調査を実施している。
2　令和４年産調査については、作付面積調査及び収穫量調査ともに主産県を対象に調査を実施した。
3　主産県とは、直近の全国調査年である令和３年産調査における全国の作付面積のおおむね80％を占めるまでの上位都道府県を調査の範囲とし、その範囲に該当しない都道府県であっても、畑作物共済事業を実施する都道府県である。
4　全国の作付面積及び収穫量については、主産県の調査結果から推計したものである。

エ　らっかせい

全国農業地域・都道府県	作付面積(1)	10 a 当たり収量(2)	収穫量(3)	前年産との比較 作付面積 対差(4)	対比(5)	10 a 当たり収量 対比(6)	収穫量 対差(7)	対比(8)	(参考) 10 a 当たり平均収量 対比(9)	10 a 当たり平均収量(10)
	ha	kg	t	ha	%	%	t	%	%	kg
全国	5,870	298	17,500	△ 150	98	121	2,700	118	132	226
（全国農業地域）										
北海道	…	…	…	nc	nc	nc	nc	nc	nc	…
都府県	…	…	…	nc	nc	nc	nc	nc	nc	…
東北	…	…	…	nc	nc	nc	nc	nc	nc	…
北陸	…	…	…	nc	nc	nc	nc	nc	nc	…
関東・東山	…	…	…	nc	nc	nc	nc	nc	nc	…
東海	…	…	…	nc	nc	nc	nc	nc	nc	…
近畿	…	…	…	nc	nc	nc	nc	nc	nc	…
中国	…	…	…	nc	nc	nc	nc	nc	nc	…
四国	…	…	…	nc	nc	nc	nc	nc	nc	…
九州	…	…	…	nc	nc	nc	nc	nc	nc	…
沖縄	…	…	…	nc	nc	nc	nc	nc	nc	…
（都道府県）										
北海道	…	…	…	nc	nc	nc	nc	nc	nc	…
青森	…	…	…	nc	nc	nc	nc	nc	nc	…
岩手	…	…	…	nc	nc	nc	nc	nc	nc	…
宮城	…	…	…	nc	nc	nc	nc	nc	nc	…
秋田	…	…	…	nc	nc	nc	nc	nc	nc	…
山形	…	…	…	nc	nc	nc	nc	nc	nc	…
福島	…	…	…	nc	nc	nc	nc	nc	nc	…
茨城	…	…	…	nc	nc	nc	nc	nc	nc	…
栃木	…	…	…	nc	nc	nc	nc	nc	nc	…
群馬	…	…	…	nc	nc	nc	nc	nc	nc	…
埼玉	…	…	…	nc	nc	nc	nc	nc	nc	…
千葉	4,790	312	14,900	△ 100	98	122	2,400	119	135	231
東京	…	…	…	nc	nc	nc	nc	nc	nc	…
神奈川	…	…	…	nc	nc	nc	nc	nc	nc	…
新潟	…	…	…	nc	nc	nc	nc	nc	nc	…
富山	…	…	…	nc	nc	nc	nc	nc	nc	…
石川	…	…	…	nc	nc	nc	nc	nc	nc	…
福井	…	…	…	nc	nc	nc	nc	nc	nc	…
山梨	…	…	…	nc	nc	nc	nc	nc	nc	…
長野	…	…	…	nc	nc	nc	nc	nc	nc	…
岐阜	…	…	…	nc	nc	nc	nc	nc	nc	…
静岡	…	…	…	nc	nc	nc	nc	nc	nc	…
愛知	…	…	…	nc	nc	nc	nc	nc	nc	…
三重	…	…	…	nc	nc	nc	nc	nc	nc	…
滋賀	…	…	…	nc	nc	nc	nc	nc	nc	…
京都	…	…	…	nc	nc	nc	nc	nc	nc	…
大阪	…	…	…	nc	nc	nc	nc	nc	nc	…
兵庫	…	…	…	nc	nc	nc	nc	nc	nc	…
奈良	…	…	…	nc	nc	nc	nc	nc	nc	…
和歌山	…	…	…	nc	nc	nc	nc	nc	nc	…
鳥取	…	…	…	nc	nc	nc	nc	nc	nc	…
島根	…	…	…	nc	nc	nc	nc	nc	nc	…
岡山	…	…	…	nc	nc	nc	nc	nc	nc	…
広島	…	…	…	nc	nc	nc	nc	nc	nc	…
山口	…	…	…	nc	nc	nc	nc	nc	nc	…
徳島	…	…	…	nc	nc	nc	nc	nc	nc	…
香川	…	…	…	nc	nc	nc	nc	nc	nc	…
愛媛	…	…	…	nc	nc	nc	nc	nc	nc	…
高知	…	…	…	nc	nc	nc	nc	nc	nc	…
福岡	…	…	…	nc	nc	nc	nc	nc	nc	…
佐賀	…	…	…	nc	nc	nc	nc	nc	nc	…
長崎	…	…	…	nc	nc	nc	nc	nc	nc	…
熊本	…	…	…	nc	nc	nc	nc	nc	nc	…
大分	…	…	…	nc	nc	nc	nc	nc	nc	…
宮崎	…	…	…	nc	nc	nc	nc	nc	nc	…
鹿児島	…	…	…	nc	nc	nc	nc	nc	nc	…
沖縄	…	…	…	nc	nc	nc	nc	nc	nc	…
関東農政局	…	…	…	nc	nc	nc	nc	nc	nc	…
東海農政局	…	…	…	nc	nc	nc	nc	nc	nc	…
中国四国農政局	…	…	…	nc	nc	nc	nc	nc	nc	…

注：1　らっかせいの作付面積調査及び収穫量調査は主産県調査であり、作付面積調査は3年周期、収穫量調査は6年周期で全国調査を実施している。
　　2　令和4年産調査については、作付面積調査及び収穫量調査ともに主産県を対象に調査を実施した。
　　3　主産県とは、直近の全国調査年である令和3年産調査における全国の作付面積のおおむね80％を占めるまでの上位都道府県である。
　　4　全国の作付面積及び収穫量については、主産県の調査結果から推計したものである。

3　豆類・そば（続き）

(1)　令和4年産豆類（乾燥子実）及びそば（乾燥子実）の収穫量（全国農業地域別・都道府県別）（続き）

オ　そば

全国農業地域・都道府県	作付面積	10a当たり収量	収穫量	前年産との比較						（参考）	
				作付面積		10a当たり収量	収穫量			10a当たり平均収量対比	10a当たり平均収量
				対差	対比	対比	対差	対比			
	(1)	(2)	(3)	(4)	(5)	(6)	(7)	(8)		(9)	(10)
	ha	kg	t	ha	%	%	t	%		%	kg
全　　　　　　　国	65,600	61	40,000	100	100	98	△ 900	98		105	58
（全国農業地域）											
北　海　　道	24,000	76	18,300	△ 300	99	107	1,000	106		107	71
都　府　　県	41,600	52	21,700	400	101	91	△ 1,900	92		104	50
東　　　　北	17,900	41	7,250	300	102	67	△ 3,450	68		95	43
北　　　　陸	5,620	30	1,700	80	101	71	△ 650	72		75	40
関　東・東　山	12,300	81	9,920	0	100	133	2,440	133		123	66
東　　　　海	518	39	203	△ 16	97	89	△ 33	86		105	37
近　　　　畿	x	48	x	x	x	91	x	x		102	47
中　　　　国	1,560	35	539	70	105	140	167	145		109	32
四　　　　国	111	42	47	△ 8	93	91	△ 8	85		114	37
九　　　　州	2,590	61	1,580	△ 50	98	85	△ 310	84		105	58
沖　　　　縄	39	37	14	△ 7	85	51	△ 20	41		62	60
（都道府県）											
北　海　　道	24,000	76	18,300	△ 300	99	107	1,000	106		107	71
青　　　　森	1,750	27	473	50	103	47	△ 496	49		69	39
岩　　　　手	1,630	51	831	30	98	60	△ 579	59		77	66
宮　　　　城	629	30	189	8	101	115	28	117		130	23
秋　　　　田	4,450	29	1,290	210	105	57	△ 870	60		69	42
山　　　　形	5,570	42	2,340	140	103	63	△ 1,300	64		111	38
福　　　　島	3,870	55	2,130	△ 40	99	93	△ 180	92		115	48
茨　　　　城	3,450	87	3,000	20	101	145	940	146		138	63
栃　　　　木	3,280	84	2,760	190	106	122	630	130		111	76
群　　　　馬	582	80	466	△ 3	99	116	62	115		91	88
埼　　　　玉	279	84	234	△ 52	84	156	55	131		145	58
千　　　　葉	199	68	135	△ 7	97	158	46	152		151	45
東　　　　京	3	68	2	0	100	170	1	200		151	45
神　奈　　川	32	40	13	△ 1	97	118	2	118		98	41
新　　　　潟	1,250	40	500	0	100	78	△ 138	78		100	40
富　　　　山	547	36	197	3	101	53	△ 173	53		80	45
石　　　　川	373	18	67	19	105	53	△ 53	56		75	24
福　　　　井	3,450	27	932	60	102	75	△ 288	76		66	41
山　　　　梨	179	68	122	△ 4	98	117	16	115		128	53
長　　　　野	4,310	74	3,190	△ 150	97	132	690	128		125	59
岐　　　　阜	341	34	116	△ 8	98	94	△ 10	92		92	37
静　　　　岡	91	55	50	6	107	98	2	104		162	34
愛　　　　知	22	35	8	1	105	130	2	133		140	25
三　　　　重	64	45	29	△ 15	81	63	△ 27	52		98	46
滋　　　　賀	561	55	309	△ 2	100	87	△ 46	87		96	57
京　　　　都	141	32	45	15	112	78	△ 7	87		91	35
大　　　　阪	x	68	x	x	x	162	x	x		170	40
兵　　　　庫	196	40	78	△ 5	98	118	10	115		143	28
奈　　　　良	27	47	13	0	100	112	2	118		134	35
和　歌　　山	3	28	1	0	100	61	0	100		127	22
鳥　　　　取	367	33	121	30	109	103	13	112		100	33
島　　　　根	641	31	199	33	105	135	59	142		97	32
岡　　　　山	174	47	82	2	101	134	22	137		121	39
広　　　　島	314	39	122	6	102	244	73	249		134	29
山　　　　口	64	23	15	△ 4	94	105	0	100		85	27
徳　　　　島	42	43	18	△ 4	91	143	4	129		102	42
香　　　　川	33	42	14	△ 5	87	131	2	117		140	30
愛　　　　媛	32	44	14	1	103	51	△ 13	52		113	39
高　　　　知	4	21	1	0	100	46	△ 1	50		68	31
福　　　　岡	89	45	40	4	105	102	3	108		115	39
佐　　　　賀	35	89	31	1	103	151	11	155		165	54
長　　　　崎	151	74	112	△ 8	95	154	36	147		164	45
熊　　　　本	672	63	423	11	102	74	△ 139	75		94	67
大　　　　分	201	30	60	△ 16	93	63	△ 44	58		79	38
宮　　　　崎	246	62	153	11	105	69	△ 59	72		103	60
鹿　児　　島	1,200	63	756	△ 40	97	89	△ 124	86		109	58
沖　　　　縄	39	37	14	△ 7	85	51	△ 20	41		62	60
関　東　農政局	12,400	80	9,970	0	100	131	2,440	132		123	65
東　海　農政局	427	36	153	△ 22	95	86	△ 35	81		95	38
中国四国農政局	1,670	35	586	60	104	130	159	137		106	33

(2) 令和4年産いんげん（乾燥子実）の種類別収穫量（北海道）

区　分	作付面積	10a当たり収量	収穫量	前　年　産　と　の　比　較						（参　考）	
				作　付　面　積		10a当たり収量	収　穫　量			10a当たり平均収量	10a当たり平均収量
				対　差	対　比	対　比	対　差	対　比	対　比	
	(1)	(2)	(3)	(4)	(5)	(6)	(7)	(8)	(9)	(10)
	ha	kg	t	ha	%	%	t	%	%	kg
い ん げ ん	5,780	140	8,090	△　880	87	136	1,230	118	93	151
うち金　　時	4,160	121	5,030	△　670	86	159	1,360	137	89	136
手　亡	1,320	195	2,570	△　180	88	101	△　330	89	92	213

注：「金時」、「手亡」とはいんげんの種類を示す。なお、「きたロッソ」を含んでいない。

4　かんしょ

(1)　令和4年産かんしょの収穫量（全国農業地域別・都道府県別）

全国農業地域・都道府県	作付面積	10 a 当たり収量	収穫量	前 年 産 と の 比 較						（ 参 考 ）	
				作 付 面 積		10 a 当たり収量	収 穫 量		10 a 当たり平均収量	10 a 当たり平均収量
				対 差	対 比	対 比	対 差	対 比	対 比	
	(1)	(2)	(3)	(4)	(5)	(6)	(7)	(8)	(9)	(10)
	ha	kg	t	ha	%	%	t	%	%	kg
全　　　　　　国	32,300	2,200	710,700	△ 100	100	106	38,800	106	100	2,200
（全国農業地域）										
北　海　　　道	…	…	…	nc	nc	nc	nc	nc	nc	…
都　府　　　県	…	…	…	nc	nc	nc	nc	nc	nc	…
東　　　北	…	…	…	nc	nc	nc	nc	nc	nc	…
北　　　陸	…	…	…	nc	nc	nc	nc	nc	nc	…
関 東 ・ 東 山	…	…	…	nc	nc	nc	nc	nc	nc	…
東　　　海	…	…	…	nc	nc	nc	nc	nc	nc	…
近　　　畿	…	…	…	nc	nc	nc	nc	nc	nc	…
中　　　国	…	…	…	nc	nc	nc	nc	nc	nc	…
四　　　国	…	…	…	nc	nc	nc	nc	nc	nc	…
九　　　州	…	…	…	nc	nc	nc	nc	nc	nc	…
沖　　　縄	…	…	…	nc	nc	nc	nc	nc	nc	…
（都道府県）										
北　海　　　道	…	…	…	nc	nc	nc	nc	nc	nc	…
青　　　森	…	…	…	nc	nc	nc	nc	nc	nc	…
岩　　　手	…	…	…	nc	nc	nc	nc	nc	nc	…
宮　　　城	…	…	…	nc	nc	nc	nc	nc	nc	…
秋　　　田	…	…	…	nc	nc	nc	nc	nc	nc	…
山　　　形	…	…	…	nc	nc	nc	nc	nc	nc	…
福　　　島	…	…	…	nc	nc	nc	nc	nc	nc	…
茨　　　城	7,500	2,590	194,300	280	104	99	5,100	103	101	2,560
栃　　　木	…	…	…	nc	nc	nc	nc	nc	nc	…
群　　　馬	…	…	…	nc	nc	nc	nc	nc	nc	…
埼　　　玉	…	…	…	nc	nc	nc	nc	nc	nc	…
千　　　葉	3,610	2,460	88,800	△ 190	95	107	1,400	102	103	2,400
東　　　京	…	…	…	nc	nc	nc	nc	nc	nc	…
神　奈　　川	…	…	…	nc	nc	nc	nc	nc	nc	…
新　　　潟	…	…	…	nc	nc	nc	nc	nc	nc	…
富　　　山	…	…	…	nc	nc	nc	nc	nc	nc	…
石　　　川	…	…	…	nc	nc	nc	nc	nc	nc	…
福　　　井	…	…	…	nc	nc	nc	nc	nc	nc	…
山　　　梨	…	…	…	nc	nc	nc	nc	nc	nc	…
長　　　野	…	…	…	nc	nc	nc	nc	nc	nc	…
岐　　　阜	…	…	…	nc	nc	nc	nc	nc	nc	…
静　　　岡	…	…	…	nc	nc	nc	nc	nc	nc	…
愛　　　知	…	…	…	nc	nc	nc	nc	nc	nc	…
三　　　重	…	…	…	nc	nc	nc	nc	nc	nc	…
滋　　　賀	…	…	…	nc	nc	nc	nc	nc	nc	…
京　　　都	…	…	…	nc	nc	nc	nc	nc	nc	…
大　　　阪	…	…	…	nc	nc	nc	nc	nc	nc	…
兵　　　庫	…	…	…	nc	nc	nc	nc	nc	nc	…
奈　　　良	…	…	…	nc	nc	nc	nc	nc	nc	…
和　歌　　山	…	…	…	nc	nc	nc	nc	nc	nc	…
鳥　　　取	…	…	…	nc	nc	nc	nc	nc	nc	…
島　　　根	…	…	…	nc	nc	nc	nc	nc	nc	…
岡　　　山	…	…	…	nc	nc	nc	nc	nc	nc	…
広　　　島	…	…	…	nc	nc	nc	nc	nc	nc	…
山　　　口	…	…	…	nc	nc	nc	nc	nc	nc	…
徳　　　島	1,090	2,480	27,000	0	100	100	△ 100	100	98	2,520
香　　　川	…	…	…	nc	nc	nc	nc	nc	nc	…
愛　　　媛	…	…	…	nc	nc	nc	nc	nc	nc	…
高　　　知	…	…	…	nc	nc	nc	nc	nc	nc	…
福　　　岡	…	…	…	nc	nc	nc	nc	nc	nc	…
佐　　　賀	…	…	…	nc	nc	nc	nc	nc	nc	…
長　　　崎	…	…	…	nc	nc	nc	nc	nc	nc	…
熊　　　本	815	2,330	19,000	33	104	101	1,000	106	105	2,220
大　　　分	…	…	…	nc	nc	nc	nc	nc	nc	…
宮　　　崎	3,080	2,530	77,900	60	102	108	6,900	110	104	2,430
鹿　児　　島	10,000	2,100	210,000	△ 300	97	114	19,400	110	93	2,270
沖　　　縄	…	…	…	nc	nc	nc	nc	nc	nc	…
関 東 農 政 局	…	…	…	nc	nc	nc	nc	nc	nc	…
東 海 農 政 局	…	…	…	nc	nc	nc	nc	nc	nc	…
中国四国農政局	…	…	…	nc	nc	nc	nc	nc	nc	…

注：1　かんしょの作付面積調査及び収穫量調査は、作付面積調査は3年周期、収穫量調査は6年周期で全国調査を実施している。
　　2　令和4年産調査については、作付面積調査及び収穫量調査ともに主産県を対象に調査を実施した。
　　3　主産県とは、直近の全国調査年である令和2年産調査における全国の作付面積のおおむね80％を占めるまでの上位都道府県である。
　　4　全国の作付面積及び収穫量については、主産県の調査結果から推計したものである。

(2)　令和4年産でんぷん原料仕向けかんしょの収穫量（宮崎県及び鹿児島県）

区　分	作　付　面　積		10a当たり収量	収　穫　量		前　年　産　と　の　比　較					
	実　数	かんしょの作付面積に占める割合		実　数	かんしょの収穫量に占める割合	作　付　面　積		10a当たり収量	収　穫　量	
						対　差	対　比	対　比	対　差	対　比
	(1)	(2)	(3)	(4)	(5)	(6)	(7)	(8)	(9)	(10)
	ha	%	kg	t	%	ha	%	%	t	%
計	2,560	20	2,150	55,000	19	△ 1,670	61	120	△ 20,900	72
宮　崎	67	2	2,160	1,450	2	△ 45	60	106	△ 820	64
鹿　児　島	2,490	25	2,150	53,500	25	△ 1,620	61	120	△ 20,100	73

注：1　作付面積及び収穫量は、宮崎県及び鹿児島県の数値の内数である。
　　2　「かんしょの作付面積に占める割合」及び「かんしょの収穫量に占める割合」は、県別のかんしょの作付面積及び収穫量に占めるでんぷん原料仕向けかんしょの割合である。

5　飼料作物
令和4年産飼料作物の収穫量（全国農業地域別・都道府県別）
(1)　牧草

全国農業地域・都道府県	作付(栽培)面積	10a当たり収量	収穫量	前年産との比較 作付(栽培)面積 対差	対比	10a当たり収量 対比	収穫量 対差	対比	(参考) 10a当たり平均収量 対比	10a当たり平均収量
	(1)	(2)	(3)	(4)	(5)	(6)	(7)	(8)	(9)	(10)
	ha	kg	t	ha	%	%	t	%	%	kg
全　国	711,400	3,520	25,063,000	△ 6,200	99	105	1,084,000	105	103	3,410
（全国農業地域）										
北　海　道	525,200	3,350	17,594,000	△ 4,500	99	106	908,000	105	103	3,240
都　府　県	…	…	…	nc	nc	nc	nc	nc	nc	…
東　北	…	…	…	nc	nc	nc	nc	nc	nc	…
北　陸	…	…	…	nc	nc	nc	nc	nc	nc	…
関東・東山	…	…	…	nc	nc	nc	nc	nc	nc	…
東　海	…	…	…	nc	nc	nc	nc	nc	nc	…
近　畿	…	…	…	nc	nc	nc	nc	nc	nc	…
中　国	…	…	…	nc	nc	nc	nc	nc	nc	…
四　国	…	…	…	nc	nc	nc	nc	nc	nc	…
九　州	…	…	…	nc	nc	nc	nc	nc	nc	…
沖　縄	5,860	10,100	591,900	20	100	90	△ 62,200	90	95	10,600
（都道府県）										
北　海　道	525,200	3,350	17,594,000	△ 4,500	99	106	908,000	105	103	3,240
青　森	…	…	…	nc	nc	nc	nc	nc	nc	…
岩　手	34,800	2,660	925,700	△ 600	98	101	△ 8,900	99	96	2,770
宮　城	…	…	…	nc	nc	nc	nc	nc	nc	…
秋　田	…	…	…	nc	nc	nc	nc	nc	nc	…
山　形	…	…	…	nc	nc	nc	nc	nc	nc	…
福　島	…	…	…	nc	nc	nc	nc	nc	nc	…
茨　城	1,410	4,540	64,000	△ 20	99	101	△ 500	99	99	4,570
栃　木	7,660	4,040	309,500	170	102	114	43,600	116	97	4,150
群　馬	2,560	4,610	118,000	△ 60	98	122	18,700	119	98	4,700
埼　玉	…	…	…	nc	nc	nc	nc	nc	nc	…
千　葉	950	3,820	36,300	1	100	110	3,500	111	101	3,790
東　京	…	…	…	nc	nc	nc	nc	nc	nc	…
神　奈　川	…	…	…	nc	nc	nc	nc	nc	nc	…
新　潟	…	…	…	nc	nc	nc	nc	nc	nc	…
富　山	…	…	…	nc	nc	nc	nc	nc	nc	…
石　川	…	…	…	nc	nc	nc	nc	nc	nc	…
福　井	…	…	…	nc	nc	nc	nc	nc	nc	…
山　梨	…	…	…	nc	nc	nc	nc	nc	nc	…
長　野	…	…	…	nc	nc	nc	nc	nc	nc	…
岐　阜	…	…	…	nc	nc	nc	nc	nc	nc	…
静　岡	…	…	…	nc	nc	nc	nc	nc	nc	…
愛　知	652	3,100	20,200	△ 36	95	96	△ 2,000	91	84	3,690
三　重	…	…	…	nc	nc	nc	nc	nc	nc	…
滋　賀	…	…	…	nc	nc	nc	nc	nc	nc	…
京　都	…	…	…	nc	nc	nc	nc	nc	nc	…
大　阪	…	…	…	nc	nc	nc	nc	nc	nc	…
兵　庫	839	3,340	28,000	△ 62	93	95	△ 3,700	88	95	3,510
奈　良	…	…	…	nc	nc	nc	nc	nc	nc	…
和　歌　山	…	…	…	nc	nc	nc	nc	nc	nc	…
鳥　取	…	…	…	nc	nc	nc	nc	nc	nc	…
島　根	1,370	3,080	42,200	0	100	101	400	101	99	3,100
岡　山	…	…	…	nc	nc	nc	nc	nc	nc	…
広　島	…	…	…	nc	nc	nc	nc	nc	nc	…
山　口	1,130	2,210	25,000	△ 10	99	103	600	102	89	2,480
徳　島	…	…	…	nc	nc	nc	nc	nc	nc	…
香　川	…	…	…	nc	nc	nc	nc	nc	nc	…
愛　媛	…	…	…	nc	nc	nc	nc	nc	nc	…
高　知	…	…	…	nc	nc	nc	nc	nc	nc	…
福　岡	…	…	…	nc	nc	nc	nc	nc	nc	…
佐　賀	899	3,510	31,600	△ 4	100	108	2,300	108	99	3,560
長　崎	5,790	5,020	290,700	20	100	101	3,900	101	104	4,850
熊　本	14,200	4,050	575,100	△ 200	99	104	12,100	102	99	4,080
大　分	5,080	4,350	221,000	10	100	100	1,500	101	101	4,300
宮　崎	15,400	5,990	922,500	△ 200	99	102	3,700	100	99	6,050
鹿　児　島	18,500	6,440	1,191,000	△ 100	99	107	73,000	107	110	5,870
沖　縄	5,860	10,100	591,900	20	100	90	△ 62,200	90	95	10,600
関 東 農 政 局	…	…	…	nc	nc	nc	nc	nc	nc	…
東 海 農 政 局	…	…	…	nc	nc	nc	nc	nc	nc	…
中国四国農政局	…	…	…	nc	nc	nc	nc	nc	nc	…

注：1　牧草の作付（栽培）面積調査及び収穫量調査は主産県調査であり、作付（栽培）面積調査は3年周期、収穫量調査は6年周期で全国調査を実施している。
　　2　令和4年産調査については、作付（栽培）面積調査及び収穫量調査ともに主産県を対象に調査を実施した。
　　3　主産県とは、直近の全国調査年である令和2年産調査における全国の作付（栽培）面積のおおむね80％を占めるまでの上位都道府県を調査の範囲とし、その範囲に
　　　該当しない都道府県であっても、農業競争力強化基盤整備事業のうち飼料作物に係るものを実施する都道府県である。
　　4　全国の作付（栽培）面積及び収穫量については、主産県の調査結果から推計したものである。

(2)　青刈りとうもろこし

全国農業地域・都道府県	作付面積	10a当たり収量	収穫量	前年産との比較 作付面積 対差	作付面積 対比	10a当たり収量 対比	収穫量 対差	収穫量 対比	(参考) 10a当たり平均収量 対比	10a当たり平均収量
	(1)	(2)	(3)	(4)	(5)	(6)	(7)	(8)	(9)	(10)
	ha	kg	t	ha	%	%	t	%	%	kg
全　　　国	96,300	5,070	4,880,000	800	101	99	△ 24,000	100	101	5,000
（全国農業地域）										
北　海　道	59,000	5,300	3,127,000	1,000	102	97	△ 46,000	99	99	5,340
都　府　県	…	…	…	nc	nc	nc	nc	nc	nc	…
東　北	…	…	…	nc	nc	nc	nc	nc	nc	…
北　陸	…	…	…	nc	nc	nc	nc	nc	nc	…
関東・東山	…	…	…	nc	nc	nc	nc	nc	nc	…
東　海	…	…	…	nc	nc	nc	nc	nc	nc	…
近　畿	…	…	…	nc	nc	nc	nc	nc	nc	…
中　国	…	…	…	nc	nc	nc	nc	nc	nc	…
四　国	…	…	…	nc	nc	nc	nc	nc	nc	…
九　州	…	…	…	nc	nc	nc	nc	nc	nc	…
沖　縄	x	x	x	x	x	x	x	x	x	6,360
（都道府県）										
北　海　道	59,000	5,300	3,127,000	1,000	102	97	△ 46,000	99	99	5,340
青　森	…	…	…	nc	nc	nc	nc	nc	nc	…
岩　手	4,970	3,940	195,800	△ 30	99	94	△ 13,200	94	98	4,020
宮　城	…	…	…	nc	nc	nc	nc	nc	nc	…
秋　田	…	…	…	nc	nc	nc	nc	nc	nc	…
山　形	…	…	…	nc	nc	nc	nc	nc	nc	…
福　島	…	…	…	nc	nc	nc	nc	nc	nc	…
茨　城	2,460	5,140	126,400	△ 20	99	98	△ 4,300	97	102	5,050
栃　木	5,200	4,990	259,500	0	100	102	5,700	102	110	4,540
群　馬	2,430	5,850	142,200	△ 40	98	121	22,700	119	111	5,270
埼　玉	…	…	…	nc	nc	nc	nc	nc	nc	…
千　葉	936	4,970	46,500	△ 10	99	108	3,100	107	95	5,210
東　京	…	…	…	nc	nc	nc	nc	nc	nc	…
神　奈　川	…	…	…	nc	nc	nc	nc	nc	nc	…
新　潟	…	…	…	nc	nc	nc	nc	nc	nc	…
富　山	…	…	…	nc	nc	nc	nc	nc	nc	…
石　川	…	…	…	nc	nc	nc	nc	nc	nc	…
福　井	…	…	…	nc	nc	nc	nc	nc	nc	…
山　梨	…	…	…	nc	nc	nc	nc	nc	nc	…
長　野	…	…	…	nc	nc	nc	nc	nc	nc	…
岐　阜	…	…	…	nc	nc	nc	nc	nc	nc	…
静　岡	…	…	…	nc	nc	nc	nc	nc	nc	…
愛　知	229	3,590	8,220	51	129	98	1,710	126	85	4,220
三　重	…	…	…	nc	nc	nc	nc	nc	nc	…
滋　賀	…	…	…	nc	nc	nc	nc	nc	nc	…
京　都	…	…	…	nc	nc	nc	nc	nc	nc	…
大　阪	…	…	…	nc	nc	nc	nc	nc	nc	…
兵　庫	157	2,900	4,550	16	111	94	220	105	95	3,060
奈　良	…	…	…	nc	nc	nc	nc	nc	nc	…
和　歌　山	…	…	…	nc	nc	nc	nc	nc	nc	…
鳥　取	…	…	…	nc	nc	nc	nc	nc	nc	…
島　根	51	3,180	1,620	3	106	101	110	107	101	3,140
岡　山	…	…	…	nc	nc	nc	nc	nc	nc	…
広　島	…	…	…	nc	nc	nc	nc	nc	nc	…
山　口	10	4,220	422	2	125	159	209	198	140	3,020
徳　島	…	…	…	nc	nc	nc	nc	nc	nc	…
香　川	…	…	…	nc	nc	nc	nc	nc	nc	…
愛　媛	…	…	…	nc	nc	nc	nc	nc	nc	…
高　知	…	…	…	nc	nc	nc	nc	nc	nc	…
福　岡	…	…	…	nc	nc	nc	nc	nc	nc	…
佐　賀	12	3,830	460	3	133	207	293	275	116	3,300
長　崎	428	4,380	18,700	△ 2	100	101	100	101	102	4,300
熊　本	3,080	4,380	134,900	20	101	103	5,200	104	100	4,360
大　分	610	4,320	26,400	△ 35	95	101	△ 1,300	95	102	4,230
宮　崎	4,560	4,560	207,900	△ 140	97	104	2,500	101	99	4,620
鹿　児　島	1,520	4,930	74,900	△ 80	95	109	2,700	104	109	4,510
沖　縄	x	x	x	x	x	x	x	x	x	6,360
関　東　農　政　局	…	…	…	nc	nc	nc	nc	nc	nc	…
東　海　農　政　局	…	…	…	nc	nc	nc	nc	nc	nc	…
中国四国農政局	…	…	…	nc	nc	nc	nc	nc	nc	…

注：1　青刈りとうもろこしの作付面積調査及び収穫量調査は主産県調査であり、作付面積調査は3年周期、収穫量調査は6年周期で全国調査を実施している。

　　2　令和4年産調査については、作付面積調査及び収穫量調査ともに主産県を対象に調査を実施した。

　　3　主産県とは、直近の全国調査年である令和2年産調査における全国の作付面積のおおむね80％を占めるまでの上位都道府県を調査の範囲とし、その範囲に該当しない都道府県であっても、農業競争力強化基盤整備事業のうち飼料作物に係るものを実施する都道府県である。

　　4　全国の作付面積及び収穫量については、主産県の調査結果から推計したものである。

5　飼料作物（続き）

令和4年産飼料作物の収穫量（全国農業地域別・都道府県別）（続き）

(3)　ソルゴー

全国農業地域・都道府県	作付面積	10a当たり収量	収穫量	前年産との比較					（参考）	
				作付面積		10a当たり収量	収穫量		10a当たり平均収量	10a当たり平均収量
				対差	対比	対比	対差	対比	対比	
	(1)	(2)	(3)	(4)	(5)	(6)	(7)	(8)	(9)	(10)
	ha	kg	t	ha	%	%	t	%	%	kg
全　　　　国	12,000	4,170	500,700	△ 500	96	101	△ 13,600	97	95	4,390
（全国農業地域）										
北　海　道	58	4,930	2,860	x	x	x	x	x	102	4,850
都　府　県	…	…	…	nc	nc	nc	nc	nc	nc	…
東　　北	…	…	…	nc	nc	nc	nc	nc	nc	…
北　　陸	…	…	…	nc	nc	nc	nc	nc	nc	…
関東・東山	…	…	…	nc	nc	nc	nc	nc	nc	…
東　　海	…	…	…	nc	nc	nc	nc	nc	nc	…
近　　畿	…	…	…	nc	nc	nc	nc	nc	nc	…
中　　国	…	…	…	nc	nc	nc	nc	nc	nc	…
四　　国	…	…	…	nc	nc	nc	nc	nc	nc	…
九　　州	…	…	…	nc	nc	nc	nc	nc	nc	…
沖　　縄	3	1,150	31	1	150	18	△ 78	28	26	4,410
（都道府県）										
北　海　道	58	4,930	2,860	x	x	x	x	x	102	4,850
青　　森	…	…	…	nc	nc	nc	nc	nc	nc	…
岩　　手	11	1,980	218	3	138	85	31	117	68	2,920
宮　　城	…	…	…	nc	nc	nc	nc	nc	nc	…
秋　　田	…	…	…	nc	nc	nc	nc	nc	nc	…
山　　形	…	…	…	nc	nc	nc	nc	nc	nc	…
福　　島	…	…	…	nc	nc	nc	nc	nc	nc	…
茨　　城	278	4,590	12,800	6	102	98	0	100	100	4,610
栃　　木	308	2,730	8,410	△ 8	97	126	1,550	123	90	3,050
群　　馬	67	4,210	2,820	△ 2	97	134	650	130	103	4,080
埼　　玉	…	…	…	nc	nc	nc	nc	nc	nc	…
千　　葉	418	4,460	18,600	2	100	105	1,000	106	85	5,250
東　　京	…	…	…	nc	nc	nc	nc	nc	nc	…
神　奈　川	…	…	…	nc	nc	nc	nc	nc	nc	…
新　　潟	…	…	…	nc	nc	nc	nc	nc	nc	…
富　　山	…	…	…	nc	nc	nc	nc	nc	nc	…
石　　川	…	…	…	nc	nc	nc	nc	nc	nc	…
福　　井	…	…	…	nc	nc	nc	nc	nc	nc	…
山　　梨	…	…	…	nc	nc	nc	nc	nc	nc	…
長　　野	…	…	…	nc	nc	nc	nc	nc	nc	…
岐　　阜	…	…	…	nc	nc	nc	nc	nc	nc	…
静　　岡	…	…	…	nc	nc	nc	nc	nc	nc	…
愛　　知	293	2,420	7,090	△ 45	87	95	△ 1,530	82	73	3,330
三　　重	…	…	…	nc	nc	nc	nc	nc	nc	…
滋　　賀	…	…	…	nc	nc	nc	nc	nc	nc	…
京　　都	…	…	…	nc	nc	nc	nc	nc	nc	…
大　　阪	…	…	…	nc	nc	nc	nc	nc	nc	…
兵　　庫	655	2,360	15,500	△ 41	94	96	△ 1,600	91	94	2,520
奈　　良	…	…	…	nc	nc	nc	nc	nc	nc	…
和　歌　山	…	…	…	nc	nc	nc	nc	nc	nc	…
鳥　　取	…	…	…	nc	nc	nc	nc	nc	nc	…
島　　根	141	2,980	4,200	5	104	101	190	105	99	3,000
岡　　山	…	…	…	nc	nc	nc	nc	nc	nc	…
広　　島	…	…	…	nc	nc	nc	nc	nc	nc	…
山　　口	352	1,940	6,830	△ 18	95	128	1,240	122	78	2,500
徳　　島	…	…	…	nc	nc	nc	nc	nc	nc	…
香　　川	…	…	…	nc	nc	nc	nc	nc	nc	…
愛　　媛	…	…	…	nc	nc	nc	nc	nc	nc	…
高　　知	…	…	…	nc	nc	nc	nc	nc	nc	…
福　　岡	…	…	…	nc	nc	nc	nc	nc	nc	…
佐　　賀	314	3,200	10,000	△ 3	99	92	△ 1,100	90	100	3,210
長　　崎	2,050	4,220	86,500	△ 50	98	98	△ 4,000	96	95	4,450
熊　　本	638	5,200	33,200	△ 75	89	102	△ 3,100	91	99	5,240
大　　分	704	5,020	35,300	△ 31	96	98	△ 2,200	94	100	5,040
宮　　崎	2,400	5,250	126,000	△ 90	96	106	2,700	102	98	5,370
鹿　児　島	1,180	5,150	60,800	△ 150	89	99	△ 8,100	88	102	5,070
沖　　縄	3	1,150	31	1	150	18	△ 78	28	26	4,410
関東農政局	…	…	…	nc	nc	nc	nc	nc	nc	…
東海農政局	…	…	…	nc	nc	nc	nc	nc	nc	…
中国四国農政局	…	…	…	nc	nc	nc	nc	nc	nc	…

注：1　ソルゴーの作付面積調査及び収穫量調査は主産県調査であり、作付面積調査は3年周期、収穫量調査は6年周期で全国調査を実施している。
　　2　令和4年産調査については、作付面積調査及び収穫量調査ともに主産県を対象に調査を実施した。
　　3　主産県とは、直近の全国調査年である令和2年産調査における全国の作付面積のおおむね80％を占めるまでの上位都道府県を調査の範囲とし、その範囲に該当しない都道府県であっても、農業競争力強化基盤整備事業のうち飼料作物に係るものを実施する都道府県である。
　　4　全国の作付面積及び収穫量については、主産県の調査結果から推計したものである。

6　工芸農作物
令和4年産工芸農作物の収穫量
(1)　茶
ア　栽培面積（全国農業地域別・都道府県別）

全国農業地域・都道府県	栽培面積 (1) ha	対前年比 (2) %
全　　　　国	36,900	97
（全国農業地域）		
北　海　道	…	nc
都　府　県	…	nc
東　　北	…	nc
北　　陸	…	nc
関東・東山	…	nc
東　　海	…	nc
近　　畿	…	nc
中　　国	…	nc
四　　国	…	nc
九　　州	…	nc
沖　　縄	…	nc
（都道府県）		
北　海　道	…	nc
青　　森	…	nc
岩　　手	…	nc
宮　　城	…	nc
秋　　田	…	nc
山　　形	…	nc
福　　島	…	nc
茨　　城	…	nc
栃　　木	…	nc
群　　馬	…	nc
埼　　玉	729	93
千　　葉	…	nc
東　　京	…	nc
神　奈　川	…	nc
新　　潟	…	nc
富　　山	…	nc
石　　川	…	nc
福　　井	…	nc
山　　梨	…	nc
長　　野	…	nc
岐　　阜	…	nc
静　　岡	13,800	95
愛　　知	…	nc
三　　重	2,590	98
滋　　賀	…	nc
京　　都	1,540	99
大　　阪	…	nc
兵　　庫	…	nc
奈　　良	…	nc
和　歌　山	…	nc
鳥　　取	…	nc
島　　根	…	nc
岡　　山	…	nc
広　　島	…	nc
山　　口	…	nc
徳　　島	…	nc
香　　川	…	nc
愛　　媛	…	nc
高　　知	…	nc
福　　岡	1,500	99
佐　　賀	…	nc
長　　崎	…	nc
熊　　本	1,100	97
大　　分	…	nc
宮　　崎	1,230	97
鹿　児　島	8,250	99
沖　　縄	…	nc
関　東　農　政　局	…	nc
東　海　農　政　局	…	nc
中　国　四　国　農　政　局	…	nc

注：1　茶の栽培面積については主産県調査であり、6年周期で全国調査を実施している。なお、主産県とは、直近
　　　の全国調査年である令和2年調査における全国の栽培面積のおおむね80％を占めるまでの上位都道府県を調査
　　　の範囲とし、その範囲に該当しない都道府県であっても茶の畑作物共済事業を実施し、半相殺方式を採用して
　　　いる都道府県である。
　　2　令和4年調査については、主産県を対象に調査を実施した。
　　3　全国の栽培面積については、主産県の調査結果から推計したものである。

6　工芸農作物（続き）
令和4年産工芸農作物の収穫量（続き）
(1)　茶（続き）
イ　摘採面積・10a当たり生葉収量・生葉収穫量・荒茶生産量（主産県別）

全国農業地域　都道府県	年間計					一　番　茶			
	摘採面積（実面積）	摘採延べ面積	10a当たり生葉収量	生葉収穫量	荒茶生産量	摘採面積	10a当たり生葉収量	生葉収穫量	荒茶生産量
	(1)	(2)	(3)	(4)	(5)	(6)	(7)	(8)	(9)
	ha	ha	kg	t	t	ha	kg	t	t
全　国 (1)	…	…	…	…	77,200	…	…	…	…
主産県計 (2)	27,800	71,200	1,190	331,100	69,900	27,800	465	129,200	25,200
（全国農業地域）									
北　海　道 (3)	…	…	…	…	…	…	…	…	…
都　府　県 (4)	…	…	…	…	…	…	…	…	…
東　北 (5)	…	…	…	…	…	…	…	…	…
北　陸 (6)	…	…	…	…	…	…	…	…	…
関東・東山 (7)	…	…	…	…	…	…	…	…	…
東　海 (8)	…	…	…	…	…	…	…	…	…
近　畿 (9)	…	…	…	…	…	…	…	…	…
中　国 (10)	…	…	…	…	…	…	…	…	…
四　国 (11)	…	…	…	…	…	…	…	…	…
九　州 (12)	…	…	…	…	…	…	…	…	…
沖　縄 (13)	…	…	…	…	…	…	…	…	…
（都道府県）									
北　海　道 (14)	…	…	…	…	…	…	…	…	…
青　森 (15)	…	…	…	…	…	…	…	…	…
岩　手 (16)	…	…	…	…	…	…	…	…	…
宮　城 (17)	…	…	…	…	…	…	…	…	…
秋　田 (18)	…	…	…	…	…	…	…	…	…
山　形 (19)	…	…	…	…	…	…	…	…	…
福　島 (20)	…	…	…	…	…	…	…	…	…
茨　城 (21)	…	…	…	…	…	…	…	…	…
栃　木 (22)	…	…	…	…	…	…	…	…	…
群　馬 (23)	…	…	…	…	…	…	…	…	…
埼　玉 (24)	536	858	614	3,290	729	536	371	1,990	418
千　葉 (25)	…	…	…	…	…	…	…	…	…
東　京 (26)	…	…	…	…	…	…	…	…	…
神　奈　川 (27)	…	…	…	…	…	…	…	…	…
新　潟 (28)	…	…	…	…	…	…	…	…	…
富　山 (29)	…	…	…	…	…	…	…	…	…
石　川 (30)	…	…	…	…	…	…	…	…	…
福　井 (31)	…	…	…	…	…	…	…	…	…
山　梨 (32)	…	…	…	…	…	…	…	…	…
長　野 (33)	…	…	…	…	…	…	…	…	…
岐　阜 (34)	…	…	…	…	…	…	…	…	…
静　岡 (35)	12,300	28,300	1,050	129,200	28,600	12,300	423	52,000	10,500
愛　知 (36)	…	…	…	…	…	…	…	…	…
三　重 (37)	2,320	4,870	1,110	25,800	5,250	2,320	517	12,000	2,370
滋　賀 (38)	…	…	…	…	…	…	…	…	…
京　都 (39)	1,400	2,760	900	12,600	2,600	1,380	410	5,660	1,160
大　阪 (40)	…	…	…	…	…	…	…	…	…
兵　庫 (41)	…	…	…	…	…	…	…	…	…
奈　良 (42)	…	…	…	…	…	…	…	…	…
和　歌　山 (43)	…	…	…	…	…	…	…	…	…
鳥　取 (44)	…	…	…	…	…	…	…	…	…
島　根 (45)	…	…	…	…	…	…	…	…	…
岡　山 (46)	…	…	…	…	…	…	…	…	…
広　島 (47)	…	…	…	…	…	…	…	…	…
山　口 (48)	…	…	…	…	…	…	…	…	…
徳　島 (49)	…	…	…	…	…	…	…	…	…
香　川 (50)	…	…	…	…	…	…	…	…	…
愛　媛 (51)	…	…	…	…	…	…	…	…	…
高　知 (52)	…	…	…	…	…	…	…	…	…
福　岡 (53)	1,440	2,710	628	9,040	1,750	1,440	330	4,750	893
佐　賀 (54)	…	…	…	…	…	…	…	…	…
長　崎 (55)	…	…	…	…	…	…	…	…	…
熊　本 (56)	900	1,600	692	6,230	1,290	900	371	3,340	675
大　分 (57)	…	…	…	…	…	…	…	…	…
宮　崎 (58)	1,050	3,200	1,380	14,500	3,000	1,050	490	5,150	1,030
鹿　児　島 (59)	7,900	26,900	1,650	130,400	26,700	7,900	561	44,300	8,140
沖　縄 (60)	…	…	…	…	…	…	…	…	…
関東農政局 (61)	…	…	…	…	…	…	…	…	…
東海農政局 (62)	…	…	…	…	…	…	…	…	…
中国四国農政局 (63)	…	…	…	…	…	…	…	…	…

注：1　茶の収穫量調査は主産県調査であり、6年周期で全国調査を実施している。
　　　なお、主産県とは、直近の全国調査年である令和2年調査における全国の栽培面積のおおむね80％を占めるまでの上位都道府県を調査の範囲とし、
　　　その範囲に該当しない都道府県であっても茶の畑作物共済事業を実施し、半相殺方式を採用している都道府県である。
　　2　令和4年産調査については、主産県を対象に調査を実施した。
　　3　全国の荒茶生産量（年間計）については、主産県の調査結果から推計したものである。
　　4　10a当たり生葉収量とは、生葉収穫量を摘採実面積（一番茶は摘採面積）で除して求めたものである。

摘採面積（実面積）	摘採延べ面積	10a当たり生葉収量	生葉収穫量	荒茶生産量	摘採面積	10a当たり生葉収量	生葉収穫量	荒茶生産量	
対	前	年		計	一	番	茶		
年	間	計							
(10)	(11)	(12)	(13)	(14)	(15)	(16)	(17)	(18)	
%	%	%	%	%	%	%	%	%	
nc	nc	nc	nc	99	nc	nc	nc	nc	(1)
97	97	103	100	99	97	112	108	107	(2)
nc	nc	nc	nc	nc	nc	nc	nc	nc	(3)
nc	nc	nc	nc	nc	nc	nc	nc	nc	(4)
nc	nc	nc	nc	nc	nc	nc	nc	nc	(5)
nc	nc	nc	nc	nc	nc	nc	nc	nc	(6)
nc	nc	nc	nc	nc	nc	nc	nc	nc	(7)
nc	nc	nc	nc	nc	nc	nc	nc	nc	(8)
nc	nc	nc	nc	nc	nc	nc	nc	nc	(9)
nc	nc	nc	nc	nc	nc	nc	nc	nc	(10)
nc	nc	nc	nc	nc	nc	nc	nc	nc	(11)
nc	nc	nc	nc	nc	nc	nc	nc	nc	(12)
nc	nc	nc	nc	nc	nc	nc	nc	nc	(13)
nc	nc	nc	nc	nc	nc	nc	nc	nc	(14)
nc	nc	nc	nc	nc	nc	nc	nc	nc	(15)
nc	nc	nc	nc	nc	nc	nc	nc	nc	(16)
nc	nc	nc	nc	nc	nc	nc	nc	nc	(17)
nc	nc	nc	nc	nc	nc	nc	nc	nc	(18)
nc	nc	nc	nc	nc	nc	nc	nc	nc	(19)
nc	nc	nc	nc	nc	nc	nc	nc	nc	(20)
nc	nc	nc	nc	nc	nc	nc	nc	nc	(21)
nc	nc	nc	nc	nc	nc	nc	nc	nc	(22)
nc	nc	nc	nc	nc	nc	nc	nc	nc	(23)
90	91	108	97	100	90	121	109	110	(24)
nc	nc	nc	nc	nc	nc	nc	nc	nc	(25)
nc	nc	nc	nc	nc	nc	nc	nc	nc	(26)
nc	nc	nc	nc	nc	nc	nc	nc	nc	(27)
nc	nc	nc	nc	nc	nc	nc	nc	nc	(28)
nc	nc	nc	nc	nc	nc	nc	nc	nc	(29)
nc	nc	nc	nc	nc	nc	nc	nc	nc	(30)
nc	nc	nc	nc	nc	nc	nc	nc	nc	(31)
nc	nc	nc	nc	nc	nc	nc	nc	nc	(32)
nc	nc	nc	nc	nc	nc	nc	nc	nc	(33)
nc	nc	nc	nc	nc	nc	nc	nc	nc	(34)
95	95	101	96	96	95	115	108	108	(35)
nc	nc	nc	nc	nc	nc	nc	nc	nc	(36)
97	97	104	100	98	97	124	120	120	(37)
nc	nc	nc	nc	nc	nc	nc	nc	nc	(38)
102	101	106	109	106	104	107	111	109	(39)
nc	nc	nc	nc	nc	nc	nc	nc	nc	(40)
nc	nc	nc	nc	nc	nc	nc	nc	nc	(41)
nc	nc	nc	nc	nc	nc	nc	nc	nc	(42)
nc	nc	nc	nc	nc	nc	nc	nc	nc	(43)
nc	nc	nc	nc	nc	nc	nc	nc	nc	(44)
nc	nc	nc	nc	nc	nc	nc	nc	nc	(45)
nc	nc	nc	nc	nc	nc	nc	nc	nc	(46)
nc	nc	nc	nc	nc	nc	nc	nc	nc	(47)
nc	nc	nc	nc	nc	nc	nc	nc	nc	(48)
nc	nc	nc	nc	nc	nc	nc	nc	nc	(49)
nc	nc	nc	nc	nc	nc	nc	nc	nc	(50)
nc	nc	nc	nc	nc	nc	nc	nc	nc	(51)
nc	nc	nc	nc	nc	nc	nc	nc	nc	(52)
99	99	105	104	106	99	100	99	101	(53)
nc	nc	nc	nc	nc	nc	nc	nc	nc	(54)
nc	nc	nc	nc	nc	nc	nc	nc	nc	(55)
98	100	103	101	101	98	103	101	101	(56)
nc	nc	nc	nc	nc	nc	nc	nc	nc	(57)
99	98	101	101	98	99	104	103	103	(58)
99	99	103	102	101	99	108	108	102	(59)
nc	nc	nc	nc	nc	nc	nc	nc	nc	(60)
nc	nc	nc	nc	nc	nc	nc	nc	nc	(61)
nc	nc	nc	nc	nc	nc	nc	nc	nc	(62)
nc	nc	nc	nc	nc	nc	nc	nc	nc	(63)

6 工芸農作物（続き）
令和4年産工芸農作物の収穫量（続き）
(1) 茶（続き）

ウ 摘採面積率（主産県別）　　　　エ 製茶歩留まり（主産県別）

単位：％　　　　　　　　　　　　単位：％

都道府県	年間（実面積）(1)	一番茶 (2)	年間平均 (3)	一番茶 (4)
全主産県国計	90	90	21	20
（全国農業地域）				
北海道	...	...	...	...
都府県	...	...	...	...
東北	...	...	...	...
北陸	...	...	...	...
関東・東山	...	...	...	...
東海	...	...	...	...
近畿	...	...	...	...
中国	...	...	...	...
四国	...	...	...	...
九州	...	...	...	...
沖縄	...	...	...	...
（都道府県）				
北海道	...	...	...	...
青森	...	...	...	...
岩手	...	...	...	...
宮城	...	...	...	...
秋田	...	...	...	...
山形	...	...	...	...
福島	...	...	...	...
茨城	...	...	...	...
栃木	...	...	...	...
群馬	...	...	...	...
埼玉	74	74	22	21
千葉	...	...	...	...
東京	...	...	...	...
神奈川	...	...	...	...
新潟	...	...	...	...
富山	...	...	...	...
石川	...	...	...	...
福井	...	...	...	...
山梨	...	...	...	...
長野	...	...	...	...
岐阜	...	...	...	...
静岡	89	89	22	20
愛知	...	...	...	...
三重	90	90	20	20
滋賀	91	90	21	20
京都	...	...	...	...
大阪	...	...	...	...
兵庫	...	...	...	...
奈良	...	...	...	...
和歌山	...	...	...	...
鳥取	...	...	...	...
島根	...	...	...	...
岡山	...	...	...	...
広島	...	...	...	...
山口	...	...	...	...
徳島	...	...	...	...
香川	...	...	...	...
愛媛	...	...	...	...
高知	...	...	...	...
福岡	96	96	19	19
佐賀	...	...	...	...
長崎	...	...	...	...
熊本	82	82	21	20
大分	...	...	...	...
宮崎	85	85	21	20
鹿児島	96	96	20	18
沖縄	...	...	...	...
関東農政局	...	...	...	...
東海農政局	...	...	...	...
中国四国農政局	...	...	...	...

注：1 摘採面積率は、茶栽培面積に占める摘採面積の比率である。
　　2 製茶歩留まりは、生葉収穫量に占める荒茶生産量の比率である。

(2)　なたね（子実用）（全国農業地域別・都道府県別）

全国農業地域・都道府県	作付面積	10a当たり収量	収穫量	前年産との比較 作付面積 対差	対比	10a当たり収量 対比	収穫量 対差	対比	（参考）10a当たり平均収量 対比	10a当たり平均収量
	(1)	(2)	(3)	(4)	(5)	(6)	(7)	(8)	(9)	(10)
	ha	kg	t	ha	%	%	t	%	%	kg
全　　　　国	1,740	211	3,680	100	106	107	450	114	110	191
（全国農業地域）										
北　海　道	1,000	307	3,070	93	110	110	530	121	107	287
都　府　県	740	82	609	7	101	87	△ 83	88	85	97
東　　　北	x	89	x	x	x	75	x	x	74	121
北　　　陸	23	48	11	1	105	87	△ 1	92	100	48
関東・東山	53	85	45	△ 7	88	104	△ 4	92	96	89
東　　　海	x	74	x	x	x	140	x	x	nc	…
近　　　畿	x	95	x	x	x	142	x	x	120	79
中　　　国	x	48	x	x	x	200	x	x	112	43
四　　　国	x	x	x	x	x	x	x	x	x	61
九　　　州	158	77	121	2	101	80	△ 28	81	99	78
沖　　　縄	-	-	-	-	nc	nc	nc	nc	nc	-
（都道府県）										
北　海　道	1,000	307	3,070	93	110	110	530	121	107	287
青　　　森	177	147	260	6	104	79	△ 58	82	72	203
岩　　　手	24	59	14	1	104	84	△ 2	88	76	78
宮　　　城	x	x	x	x	x	x	x	x	x	13
秋　　　田	22	23	5	1	105	68	△ 2	71	56	41
山　　　形	5	97	5	△ 1	83	117	0	100	173	56
福　　　島	134	30	40	20	118	70	△ 9	82	79	38
茨　　　城	x	x	x	x	x	x	x	x	x	46
栃　　　木	13	42	5	3	130	162	2	167	95	44
群　　　馬	9	84	8	△ 1	90	94	△ 1	89	89	94
埼　　　玉	14	68	10	△ 2	88	124	1	111	67	101
千　　　葉	x	x	x	x	x	x	x	x	x	45
東　　　京	x	x	x	x	x	x	x	x	x	70
神　奈　川	x	x	x	x	x	x	x	x	x	96
新　　　潟	x	x	x	x	x	x	x	x	x	51
富　　　山	13	41	5	△ 2	87	117	0	100	89	46
石　　　川	x	x	x	x	x	x	x	x	x	51
福　　　井	x	x	x	x	x	x	x	x	x	11
山　　　梨	x	x	x	x	x	x	x	x	x	43
長　　　野	13	163	21	△ 1	93	103	△ 1	95	126	129
岐　　　阜	x	x	x	x	x	x	x	x	nc	…
静　　　岡	3	3	0	1	150	4	△ 2	0	14	22
愛　　　知	34	54	18	△ 7	83	93	△ 6	75	86	63
三　　　重	41	105	43	10	132	202	27	269	202	52
滋　　　賀	23	109	25	△ 18	56	160	△ 3	89	109	100
京　　　都	-	-	-	-	nc	nc	-	nc	nc	…
大　　　阪	x	x	x	x	x	x	x	x	x	80
兵　　　庫	15	71	11	△ 1	94	118	1	110	145	49
奈　　　良	1	82	1	0	100	98	0	100	121	68
和　歌　山	-	-	-	-	nc	nc	-	nc	nc	-
鳥　　　取	4	22	1	1	133	183	1	nc	85	26
島　　　根	9	100	9	1	113	159	4	180	154	65
岡　　　山	7	4	0	0	100	200	0	nc	12	33
広　　　島	x	x	x	x	x	x	x	x	x	7
山　　　口	x	x	x	x	x	x	x	x	x	37
徳　　　島	-	-	-	-	nc	nc	-	nc	-	15
香　　　川	x	x	x	x	x	x	x	x	x	63
愛　　　媛	x	x	x	x	x	x	x	x	x	52
高　　　知	-	-	-	-	nc	nc	-	nc	nc	…
福　　　岡	23	107	25	△ 5	82	69	△ 18	58	83	129
佐　　　賀	44	92	40	13	142	72	0	100	98	94
長　　　崎	6	47	3	△ 1	86	98	0	100	104	45
熊　　　本	37	73	27	△ 2	95	88	△ 5	84	116	63
大　　　分	33	51	17	5	118	102	3	121	98	52
宮　　　崎	3	71	2	0	100	106	0	100	95	75
鹿　児　島	12	61	7	△ 8	60	80	△ 8	47	87	70
沖　　　縄	-	-	-	-	nc	nc	-	nc	nc	-
関 東 農 政 局	56	80	45	△ 6	90	98	△ 6	88	93	86
東 海 農 政 局	x	77	x	x	x	148	x	x	nc	…
中国四国農政局	22	45	10	0	100	167	4	167	100	45

6 工芸農作物（続き）
　令和4年産工芸農作物の収穫量（続き）

(3) てんさい（北海道）

区 分	作付面積	10 a 当たり収量	収穫量	前　年　産　と　の　比　較					（　参　考　）	
				作 付 面 積		10 a 当たり収量	収　穫　量		10 a 当たり平均収量	10 a 当たり平均収量
				対　差	対　比	対　比	対　差	対　比	対　比	
	(1) ha	(2) kg	(3) t	(4) ha	(5) %	(6) %	(7) t	(8) %	(9) %	(10) kg
北 海 道	55,400	6,400	3,545,000	△ 2,300	96	91	△ 516,000	87	95	6,720

注：てんさいの調査は、北海道を対象に行っている。

(4) さとうきび

区 分	栽培面積	収　穫　面　積				10 a 当 た り 収 量			
		計	夏植え	春植え	株出し	計	夏植え	春植え	株出し
	(1) ha	(2) ha	(3) ha	(4) ha	(5) ha	(6) kg	(7) kg	(8) kg	(9) kg
全　　国	27,900	23,200	4,150	2,780	16,300	5,480	7,140	5,190	5,100
鹿 児 島	10,900	9,570	1,110	1,620	6,850	5,580	7,040	5,610	5,330
沖　　縄	17,000	13,700	3,040	1,160	9,480	5,390	7,180	4,580	4,920

区 分	収　穫　量				前　年　産　と　の　比　較				（　参　考　）	
	計	夏植え	春植え	株出し	栽培面積	収穫面積	10 a 当たり収量	収穫量	10 a 当たり平均収量対比	10 a 当たり平均収量
	(10) t	(11) t	(12) t	(13) t	(14) %	(15) %	(16) %	(17) %	(18) %	(19) kg
全　　国	1,272,000	296,300	144,200	831,200	98	100	94	94	98	5,590
鹿 児 島	534,100	78,100	90,900	365,100	99	101	98	98	104	5,380
沖　　縄	737,600	218,200	53,300	466,100	97	99	91	90	92	5,840

注：さとうきびの調査は、鹿児島県及び沖縄県を対象に行っている。

(5) い（熊本県）

区 分	い生産農家数	作付面積	10 a 当たり収量	収穫量	前　年　産　と　の　比　較					（　参　考　）		畳表生産農家数	畳表生産量
					作 付 面 積		10 a 当たり収量	収　穫　量		10 a 当たり平均収量対比	10 a 当たり平均収量		
					対　差	対　比	対　比	対　差	対　比				
	(1) 戸	(2) ha	(3) kg	(4) t	(5) ha	(6) %	(7) %	(8) t	(9) %	(10) %	(11) kg	(12) 戸	(13) 千枚
熊　　本	319	380	1,530	5,810	△ 68	85	108	△ 550	91	108	1,420	317	1,650

注：1　「い」の調査は、熊本県を対象に行っている。
　　2　い生産農家数は、令和4年産の「い」の生産を行った農家の数である。
　　3　畳表生産農家数は、「い」の生産から畳表の生産まで一貫して行っている農家であって、令和3年7月から令和4年6月までに畳表の生産を行った農家の数である。
　　4　畳表生産量は、畳表生産農家によって令和3年7月から令和4年6月までに生産されたものである。

(6)　こんにゃくいも（全国農業地域別・都道府県別）

全国農業地域・都道府県	栽培面積	収穫面積	10a当たり収量	収穫量	前年産との比較 栽培面積 対差	対比	収穫面積 対差	対比	10a当たり収量 対比	収穫量 対差	対比	(参考) 10a当たり平均収量対比	10a当たり平均収量
	(1)	(2)	(3)	(4)	(5)	(6)	(7)	(8)	(9)	(10)	(11)	(12)	(13)
	ha	ha	kg	t	ha	%	ha	%	%	t	%	%	kg
全国	3,320	1,970	2,630	51,900	△110	97	△80	96	100	△2,300	96	98	2,690
（全国農業地域）													
北海道	…	…	…	…	nc	nc	nc	nc	nc	nc	nc	nc	…
都府県	…	…	…	…	nc	nc	nc	nc	nc	nc	nc	nc	…
東北	…	…	…	…	nc	nc	nc	nc	nc	nc	nc	nc	…
北陸	…	…	…	…	nc	nc	nc	nc	nc	nc	nc	nc	…
関東・東山	…	…	…	…	nc	nc	nc	nc	nc	nc	nc	nc	…
東海	…	…	…	…	nc	nc	nc	nc	nc	nc	nc	nc	…
近畿	…	…	…	…	nc	nc	nc	nc	nc	nc	nc	nc	…
中国	…	…	…	…	nc	nc	nc	nc	nc	nc	nc	nc	…
四国	…	…	…	…	nc	nc	nc	nc	nc	nc	nc	nc	…
九州	…	…	…	…	nc	nc	nc	nc	nc	nc	nc	nc	…
沖縄	…	…	…	…	nc	nc	nc	nc	nc	nc	nc	nc	…
（都道府県）													
北海道	…	…	…	…	nc	nc	nc	nc	nc	nc	nc	nc	…
青森	…	…	…	…	nc	nc	nc	nc	nc	nc	nc	nc	…
岩手	…	…	…	…	nc	nc	nc	nc	nc	nc	nc	nc	…
宮城	…	…	…	…	nc	nc	nc	nc	nc	nc	nc	nc	…
秋田	…	…	…	…	nc	nc	nc	nc	nc	nc	nc	nc	…
山形	…	…	…	…	nc	nc	nc	nc	nc	nc	nc	nc	…
福島	…	…	…	…	nc	nc	nc	nc	nc	nc	nc	nc	…
茨城	…	…	…	…	nc	nc	nc	nc	nc	nc	nc	nc	…
栃木	…	…	…	…	nc	nc	nc	nc	nc	nc	nc	nc	…
群馬	3,040	1,810	2,720	49,200	△90	97	△60	97	99	△2,000	96	95	2,850
埼玉	…	…	…	…	nc	nc	nc	nc	nc	nc	nc	nc	…
千葉	…	…	…	…	nc	nc	nc	nc	nc	nc	nc	nc	…
東京	…	…	…	…	nc	nc	nc	nc	nc	nc	nc	nc	…
神奈川	…	…	…	…	nc	nc	nc	nc	nc	nc	nc	nc	…
新潟	…	…	…	…	nc	nc	nc	nc	nc	nc	nc	nc	…
富山	…	…	…	…	nc	nc	nc	nc	nc	nc	nc	nc	…
石川	…	…	…	…	nc	nc	nc	nc	nc	nc	nc	nc	…
福井	…	…	…	…	nc	nc	nc	nc	nc	nc	nc	nc	…
山梨	…	…	…	…	nc	nc	nc	nc	nc	nc	nc	nc	…
長野	…	…	…	…	nc	nc	nc	nc	nc	nc	nc	nc	…
岐阜	…	…	…	…	nc	nc	nc	nc	nc	nc	nc	nc	…
静岡	…	…	…	…	nc	nc	nc	nc	nc	nc	nc	nc	…
愛知	…	…	…	…	nc	nc	nc	nc	nc	nc	nc	nc	…
三重	…	…	…	…	nc	nc	nc	nc	nc	nc	nc	nc	…
滋賀	…	…	…	…	nc	nc	nc	nc	nc	nc	nc	nc	…
京都	…	…	…	…	nc	nc	nc	nc	nc	nc	nc	nc	…
大阪	…	…	…	…	nc	nc	nc	nc	nc	nc	nc	nc	…
兵庫	…	…	…	…	nc	nc	nc	nc	nc	nc	nc	nc	…
奈良	…	…	…	…	nc	nc	nc	nc	nc	nc	nc	nc	…
和歌山	…	…	…	…	nc	nc	nc	nc	nc	nc	nc	nc	…
鳥取	…	…	…	…	nc	nc	nc	nc	nc	nc	nc	nc	…
島根	…	…	…	…	nc	nc	nc	nc	nc	nc	nc	nc	…
岡山	…	…	…	…	nc	nc	nc	nc	nc	nc	nc	nc	…
広島	…	…	…	…	nc	nc	nc	nc	nc	nc	nc	nc	…
山口	…	…	…	…	nc	nc	nc	nc	nc	nc	nc	nc	…
徳島	…	…	…	…	nc	nc	nc	nc	nc	nc	nc	nc	…
香川	…	…	…	…	nc	nc	nc	nc	nc	nc	nc	nc	…
愛媛	…	…	…	…	nc	nc	nc	nc	nc	nc	nc	nc	…
高知	…	…	…	…	nc	nc	nc	nc	nc	nc	nc	nc	…
福岡	…	…	…	…	nc	nc	nc	nc	nc	nc	nc	nc	…
佐賀	…	…	…	…	nc	nc	nc	nc	nc	nc	nc	nc	…
長崎	…	…	…	…	nc	nc	nc	nc	nc	nc	nc	nc	…
熊本	…	…	…	…	nc	nc	nc	nc	nc	nc	nc	nc	…
大分	…	…	…	…	nc	nc	nc	nc	nc	nc	nc	nc	…
宮崎	…	…	…	…	nc	nc	nc	nc	nc	nc	nc	nc	…
鹿児島	…	…	…	…	nc	nc	nc	nc	nc	nc	nc	nc	…
沖縄	…	…	…	…	nc	nc	nc	nc	nc	nc	nc	nc	…
関東農政局	…	…	…	…	nc	nc	nc	nc	nc	nc	nc	nc	…
東海農政局	…	…	…	…	nc	nc	nc	nc	nc	nc	nc	nc	…
中国四国農政局	…	…	…	…	nc	nc	nc	nc	nc	nc	nc	nc	…

注：1　こんにゃくいもの作付面積調査及び収穫量調査は主産県調査であり、作付面積調査は3年周期、収穫量調査は6年周期で全国調査を実施している。
　　2　令和4年産調査については、作付面積調査及び収穫量調査ともに主産県（群馬県）を対象に調査を実施した。
　　3　全国の栽培面積、収穫面積、収穫量については、主産県の調査結果から推計したものである。

Ⅲ　累年統計表

全国累年統計表

全国農業地域別・都道府県別累年統計表
（平成30年産〜令和4年産）

全国累年統計表
1　米
(1)　水陸稲の収穫量

年　産	水 陸 稲 計		水　　　　稲						陸　　　稲			
	作付面積 （子実用）	収穫量 （子実用）	作付面積 （子実用）	10 a 当たり 収量	収穫量 （子実用）	主食用 作付面積	収穫量 （主食用）	作況指数	作付面積 （子実用）	10 a 当たり 収量	収穫量 （子実用）	作況指数
	(1)	(2)	(3)	(4)	(5)	(6)	(7)	(8)	(9)	(10)	(11)	(12)
	ha	t	ha	kg	t	ha	t		ha	kg	t	
明治11年産	…	3,792,000	…	…	…	…	…	…	…	…	…	…
12	2,516,000	4,753,000	…	…	…	…	…	…	…	…	…	…
13	2,549,000	4,715,000	…	…	…	…	…	…	…	…	…	…
14	2,538,000	4,487,000	…	…	…	…	…	…	…	…	…	…
15	2,571,000	4,560,000	…	…	…	…	…	…	…	…	…	…
16	2,586,000	4,587,000	2,565,000	178	4,566,000	…	…	…	20,700	103	21,300	…
17	2,594,000	4,070,000	2,551,000	158	4,041,000	…	…	…	42,400	69	29,000	…
18	2,590,000	5,106,000	2,552,000	198	5,063,000	…	…	…	38,100	114	43,300	…
19	2,606,000	5,583,000	2,576,000	216	5,557,000	…	…	…	29,800	87	26,000	…
20	2,620,000	6,004,000	2,591,000	230	5,970,000	…	…	…	29,300	114	33,500	…
21	2,670,000	5,803,000	2,643,000	218	5,772,000	…	…	…	26,700	115	30,800	…
22	2,709,000	4,957,000	2,678,000	184	4,926,000	…	…	…	31,100	101	31,400	…
23	2,729,000	6,463,000	2,694,000	238	6,422,000	…	…	…	34,900	117	40,700	…
24	2,740,000	5,727,000	2,701,000	211	5,686,000	…	…	…	39,700	105	41,400	…
25	2,738,000	6,214,000	2,692,000	229	6,160,000	…	…	…	46,100	118	54,500	…
26	2,752,000	5,590,000	2,707,000	205	5,545,000	…	…	…	44,700	100	44,600	…
27	2,714,000	6,279,000	2,664,000	234	6,236,000	…	…	…	49,400	88	43,300	…
28	2,762,000	5,994,000	2,708,000	219	5,933,000	…	…	…	53,500	114	60,700	…
29	2,769,000	5,436,000	2,713,000	198	5,376,000	…	…	…	56,100	111	60,300	…
30	2,764,000	4,956,000	2,703,000	181	4,890,000	…	…	…	61,500	107	65,600	…
31	2,794,000	7,108,000	2,727,000	257	7,015,000	…	…	…	66,800	139	92,900	…
32	2,816,000	5,955,000	2,745,000	214	5,872,000	…	…	…	70,700	117	82,700	…
33	2,805,000	6,220,000	2,731,000	224	6,122,000	…	…	…	74,200	132	98,200	…
34	2,824,000	7,037,000	2,745,000	252	6,929,000	…	…	…	79,200	136	108,100	…
35	2,824,000	5,540,000	2,740,000	199	5,449,000	…	…	…	83,500	109	91,000	…
36	2,840,000	6,971,000	2,755,000	249	6,872,000	…	…	…	85,500	116	99,300	…
37	2,857,000	7,715,000	2,775,000	275	7,627,000	…	…	…	82,000	106	87,300	…
38	2,858,000	5,726,000	2,783,000	203	5,637,000	…	…	…	74,500	120	89,000	…
39	2,875,000	6,945,000	2,799,000	244	6,842,000	…	…	…	75,800	136	103,400	…
40	2,882,000	7,358,000	2,804,000	258	7,238,000	…	…	…	78,200	153	119,600	…
41	2,898,000	7,790,000	2,815,000	272	7,658,000	…	…	…	83,100	159	132,400	…
42	2,914,000	7,866,000	2,827,000	273	7,732,000	…	…	…	86,500	154	133,600	…
43	2,925,000	6,995,000	2,834,000	242	6,855,000	…	…	…	91,400	153	139,600	…
44	2,949,000	7,757,000	2,852,000	267	7,602,000	…	…	…	96,500	160	154,300	…
大正元	2,978,000	7,533,000	2,869,000	258	7,389,000	…	…	…	109,000	132	144,200	…
2	3,005,000	7,539,000	2,886,000	255	7,374,000	…	…	…	118,500	139	165,000	…
3	3,008,000	8,551,000	2,886,000	290	8,382,000	…	…	…	122,500	133	169,400	…
4	3,031,000	8,389,000	2,907,000	282	8,189,000	…	…	…	124,400	161	199,900	…
5	3,046,000	8,768,000	2,918,000	292	8,534,000	…	…	…	127,600	183	233,500	…
6	3,058,000	8,185,000	2,928,000	274	8,015,000	…	…	…	130,200	131	170,400	…
7	3,067,000	8,205,000	2,935,000	273	8,021,000	…	…	…	131,900	139	183,600	…
8	3,079,000	9,123,000	2,943,000	302	8,887,000	…	…	…	135,600	174	236,100	…
9	3,101,000	9,481,000	2,960,000	311	9,205,000	…	…	…	140,300	197	276,200	…
10	3,109,000	8,277,000	2,968,000	271	8,055,000	…	…	…	141,000	157	221,700	…
11	3,115,000	9,104,000	2,972,000	300	8,901,000	…	…	…	143,200	142	203,400	…
12	3,121,000	8,317,000	2,982,000	272	8,120,000	…	…	…	139,500	141	196,800	…
13	3,116,000	8,576,000	2,980,000	283	8,425,000	…	…	…	136,700	110	150,500	…
14	3,128,000	8,956,000	2,992,000	291	8,717,000	…	…	…	135,200	177	239,000	…
昭和元	3,132,000	8,339,000	2,996,000	272	8,150,000	…	…	94	136,100	138	188,500	…
2	3,147,000	9,315,000	3,013,000	301	9,083,000	…	…	106	134,200	173	232,300	…
3	3,165,000	9,045,000	3,030,000	291	8,812,000	…	…	102	135,500	172	233,000	…
4	3,184,000	8,934,000	3,049,000	289	8,802,000	…	…	101	134,500	98	131,700	…
5	3,212,000	10,031,000	3,079,000	318	9,790,000	…	…	112	133,400	181	241,800	…

注：1　この統計表は、明治11年産から大正12年産までは『農商務統計表』から、大正13年産から昭和32年産までは『農林省統計表』（昭和17年及び昭和18年産のみ『農商
省統計表』）からそれぞれ作成した（昭和33年産から『作物統計』を発刊）。
　　2　昭和29年産までの数値は農作物累年統計表・稲（農林省統計調査部編）の全国数値を ha あるいは t に換算した。
　　　また、昭和29年産以後は『農林省統計表』から作成した。
　　3　昭和元年産から昭和22年産までの水稲の作況指数は、過去7か年の実績値のうち、最高及び最低を除いた5か年の平均値を10a当たり平年収量とみなして算出した
　　　また、昭和23年産から平成26年産までの水稲の作況指数は1.70mmのふるい目幅以上に選別された玄米をもとに算出し、平成27年以降の作況指数は農家等使用ふるい
　　　目幅ベースで算出した数値である。
　　4　明治11年産から明治15年産までは北海道及び沖縄県を含まない。明治17年産及び明治18年産並びに昭和19年産から昭和48年産までは沖縄県を含まない。
　　5　四捨五入のため、水稲・陸稲の計と水陸稲計とは一致しないことがある。

年　産	水　陸　稲　計		水　　　　稲						陸　　稲			
	作付面積 （子実用）	収穫量 （子実用）	作付面積 （子実用）	10a 当たり 収量	収穫量 （子実用）	主食用 作付面積	収穫量 （主食用）	作況指数	作付面積 （子実用）	10a 当たり 収量	収穫量 （子実用）	作況指数
	(1)	(2)	(3)	(4)	(5)	(6)	(7)	(8)	(9)	(10)	(11)	(12)
	ha	t	ha	kg	t	ha	t		ha	kg	t	
昭和6年産	3,222,000	8,282,000	3,089,000	262	8,098,000	…	…	90	132,900	138	184,000	…
7	3,230,000	9,059,000	3,097,000	286	8,852,000	…	…	99	133,200	155	206,300	…
8	3,147,000	10,624,000	3,022,000	345	10,439,000	…	…	120	124,600	148	184,900	…
9	3,146,000	7,776,000	3,022,000	253	7,634,000	…	…	85	124,600	114	141,800	…
10	3,178,000	8,619,000	3,044,000	276	8,414,000	…	…	96	133,900	153	204,700	…
11	3,180,000	10,101,000	3,042,000	323	9,836,000	…	…	113	138,800	191	265,100	…
12	3,190,000	9,948,000	3,044,000	321	9,766,000	…	…	110	146,300	125	182,300	…
13	3,194,000	9,880,000	3,048,000	316	9,628,000	…	…	107	146,100	172	251,900	…
14	3,166,000	10,345,000	3,016,000	333	10,052,000	…	…	110	150,500	194	292,400	…
15	3,152,000	9,131,000	3,004,000	298	8,955,000	…	…	95	147,700	119	175,600	…
16	3,156,000	8,263,000	3,011,000	269	8,111,000	…	…	88	144,700	105	152,200	…
17	3,138,000	10,016,000	3,001,000	329	9,859,000	…	…	107	137,000	115	157,000	…
18	3,084,000	9,433,000	2,967,000	313	9,273,000	…	…	99	117,300	136	159,700	…
19	2,955,000	8,784,000	2,852,000	304	8,666,000	…	…	97	102,800	115	118,100	…
20	2,869,000	5,872,000	2,798,000	208	5,823,000	…	…	67	71,000	69	49,100	…
21	2,781,000	9,208,000	2,719,000	336	9,124,000	…	…	111	61,300	136	83,500	…
22	2,883,000	8,798,000	2,811,000	311	8,746,000	…	…	103	72,700	72	52,100	…
23	2,957,000	9,966,000	2,866,000	342	9,792,000	…	…	112	90,900	191	173,700	…
24	2,987,000	9,383,000	2,875,000	322	9,243,000	…	…	100	112,100	125	140,500	…
25	3,011,000	9,651,000	2,877,000	327	9,412,000	…	…	99	133,900	178	238,400	…
26	3,016,000	9,042,000	2,877,000	309	8,888,000	…	…	93	139,200	110	153,800	…
27	3,009,000	9,923,000	2,872,000	337	9,676,000	…	…	101	137,500	180	247,000	…
28	3,014,000	8,239,000	2,866,000	280	8,038,000	…	…	84	148,400	135	200,500	…
29	3,051,000	9,113,000	2,888,000	308	8,895,000	…	…	92	163,400	133	218,000	…
30	3,222,000	12,385,000	3,045,000	396	12,073,000	…	…	118	177,200	175	311,600	…
31	3,243,000	10,899,000	3,059,000	348	10,647,000	…	…	104	183,200	138	252,200	…
32	3,239,000	11,464,000	3,075,000	364	11,188,000	…	…	107	164,000	168	276,100	…
33	3,253,000	11,993,000	3,080,000	379	11,689,000	…	…	108	173,700	175	304,000	109
34	3,288,000	12,501,000	3,105,000	391	12,158,000	…	…	109	182,800	188	343,100	115
35	3,308,000	12,858,000	3,124,000	401	12,539,000	…	…	108	184,000	173	319,900	101
36	3,301,000	12,419,000	3,134,000	387	12,138,000	…	…	102	166,700	168	280,700	98
37	3,285,000	13,009,000	3,134,000	407	12,762,000	…	…	105	150,300	164	247,300	91
38	3,272,000	12,812,000	3,133,000	400	12,529,000	…	…	101	139,100	203	282,600	111
39	3,260,000	12,584,000	3,126,000	396	12,362,000	…	…	99	134,700	165	222,100	89
40	3,255,000	12,409,000	3,123,000	390	12,181,000	…	…	97	132,400	172	228,100	91
41	3,254,000	12,745,000	3,129,000	400	12,526,000	…	…	99	125,300	175	219,400	93
42	3,263,000	14,453,000	3,149,000	453	14,257,000	…	…	112	113,600	172	195,800	91
43	3,280,000	14,449,000	3,171,000	449	14,223,000	…	…	109	108,800	207	225,700	108
44	3,274,000	14,003,000	3,173,000	435	13,797,000	…	…	102	101,300	203	205,800	106
45	2,923,000	12,689,000	2,836,000	442	12,528,000	…	…	103	87,400	184	160,800	94
46	2,695,000	10,887,000	2,626,000	411	10,782,000	…	…	93	68,500	153	104,900	78
47	2,640,000	11,889,000	2,581,000	456	11,766,000	…	…	103	58,600	210	123,100	108
48	2,620,000	12,144,000	2,568,000	470	12,068,000	…	…	106	52,400	145	76,000	74
49	2,724,000	12,292,000	2,675,000	455	12,182,000	…	…	102	48,800	225	109,700	116
50	2,764,000	13,165,000	2,719,000	481	13,085,000	…	…	107	44,900	179	80,400	90
51	2,779,000	11,772,000	2,741,000	427	11,699,000	…	…	94	37,700	194	73,200	95
52	2,757,000	13,095,000	2,723,000	478	13,022,000	…	…	105	33,500	218	73,000	107
53	2,548,000	12,589,000	2,516,000	499	12,546,000	…	…	108	31,900	135	43,000	66
54	2,497,000	11,958,000	2,468,000	482	11,898,000	…	…	103	29,200	207	60,400	101
55	2,377,000	9,751,000	2,350,000	412	9,692,000	…	…	87	27,200	215	58,600	106
56	2,278,000	10,259,000	2,251,000	453	10,204,000	…	…	96	27,000	202	54,500	100
57	2,257,000	10,270,000	2,230,000	458	10,212,000	…	…	96	27,300	212	58,000	104
58	2,273,000	10,366,000	2,246,000	459	10,308,000	…	…	96	27,000	216	58,300	106
59	2,315,000	11,878,000	2,290,000	517	11,832,000	…	…	108	25,200	181	45,700	89
60	2,342,000	11,662,000	2,318,000	501	11,613,000	…	…	104	23,600	206	48,500	100
61	2,303,000	11,647,000	2,280,000	508	11,592,000	…	…	105	22,500	244	54,800	118
62	2,146,000	10,627,000	2,123,000	498	10,571,000	…	…	102	23,000	243	56,000	116
63	2,110,000	9,935,000	2,087,000	474	9,888,000	…	…	97	22,800	205	46,800	97

6　平成16年産から平成19年産までの主食用作付面積及び収穫量（主食用）は、農林水産省生産局資料による。
　　平成20年産以降は、水稲作付面積（青刈り面積を含む。）から、生産数量目標の外数として取り扱う米穀等（備蓄米、加工用米、新規需要米等）の作付面積を除いた面積である（以下水稲の各統計表において同じ。）。
7　平成17年産以降の陸稲の作況指数は、10a当たり平均収量対比（過去7か年の実績のうち、最高及び最低を除いた5か年の平均値と当年産の10a当たり収量との対比）である。

全国累年統計表
1　米（続き）
（1）　水陸稲の収穫量（続き）

年　産	水　陸　稲　計		水　　　稲						陸　　　稲			
	作付面積（子実用）	収穫量（子実用）	作付面積（子実用）	10a当たり収量	収穫量（子実用）	主食用作付面積	収穫量（主食用）	作況指数	作付面積（子実用）	10a当たり収量	収穫量（子実用）	作況指数
	(1)	(2)	(3)	(4)	(5)	(6)	(7)	(8)	(9)	(10)	(11)	(12)
	ha	t	ha	kg	t	ha	t		ha	kg	t	
平成元年産	2,097,000	10,347,000	2,076,000	496	10,297,000	…	…	101	21,600	229	49,500	107
2	2,074,000	10,499,000	2,055,000	509	10,463,000	…	…	103	18,900	189	35,700	88
3	2,049,000	9,604,000	2,033,000	470	9,565,000	…	…	95	16,100	243	39,200	112
4	2,106,000	10,573,000	2,092,000	504	10,546,000	…	…	101	13,700	196	26,900	89
5	2,139,000	7,834,000	2,127,000	367	7,811,000	…	…	74	12,400	183	22,700	83
6	2,212,000	11,981,000	2,200,000	544	11,961,000	…	…	109	12,300	160	19,700	72
7	2,118,000	10,748,000	2,106,000	509	10,724,000	…	…	102	11,600	209	24,300	95
8	1,977,000	10,344,000	1,967,000	525	10,328,000	…	…	105	9,440	166	15,700	75
9	1,953,000	10,025,000	1,944,000	515	10,004,000	…	…	102	8,600	243	20,900	117
10	1,801,000	8,960,000	1,793,000	499	8,939,000	…	…	98	8,040	256	20,600	122
11	1,788,000	9,175,000	1,780,000	515	9,159,000	…	…	101	7,470	214	16,000	102
12	1,770,000	9,490,000	1,763,000	537	9,472,000	…	…	104	7,060	256	18,100	121
13	1,706,000	9,057,000	1,700,000	532	9,048,000	…	…	103	6,380	144	9,170	68
14	1,688,000	8,889,000	1,683,000	527	8,876,000	…	…	101	5,560	225	12,500	106
15	1,665,000	7,792,000	1,660,000	469	7,779,000	…	…	90	5,010	250	12,500	117
16	1,701,000	8,730,000	1,697,000	514	8,721,000	1,658,000	8,600,000	98	4,690	200	9,400	92
17	1,706,000	9,074,000	1,702,000	532	9,062,000	1,652,000	8,930,000	101	4,470	266	11,900	116
18	1,688,000	8,556,000	1,684,000	507	8,546,000	1,643,000	8,400,000	96	4,100	246	10,100	106
19	1,673,000	8,714,000	1,669,000	522	8,705,000	1,637,000	8,540,000	99	3,640	257	9,370	108
20	1,627,000	8,823,000	1,624,000	543	8,815,000	1,596,000	8,658,000	102	3,200	265	8,490	111
21	1,624,000	8,474,000	1,621,000	522	8,466,000	1,592,000	8,309,000	98	3,000	276	8,280	110
22	1,628,000	8,483,000	1,625,000	522	8,478,000	1,580,000	8,239,000	98	2,890	189	5,460	72
23	1,576,000	8,402,000	1,574,000	533	8,397,000	1,526,000	8,133,000	101	2,370	220	5,220	88
24	1,581,000	8,523,000	1,579,000	540	8,519,000	1,524,000	8,210,000	102	2,110	172	3,630	68
25	1,599,000	8,607,000	1,597,000	539	8,603,000	1,522,000	8,182,000	102	1,720	249	4,290	104
26	1,575,000	8,439,000	1,573,000	536	8,435,000	1,474,000	7,882,000	101	1,410	257	3,630	107
27	1,506,000	7,989,000	1,505,000	531	7,986,000	1,406,000	7,442,000	100	1,160	233	2,700	97
28	1,479,000	8,044,000	1,478,000	544	8,042,000	1,381,000	7,496,000	103	944	218	2,060	94
29	1,466,000	7,824,000	1,465,000	534	7,822,000	1,370,000	7,306,000	100	813	236	1,920	106
30	1,470,000	7,782,000	1,470,000	529	7,780,000	1,386,000	7,327,000	98	750	232	1,740	100
令和元	1,470,000	7,764,000	1,469,000	528	7,762,000	1,379,000	7,261,000	99	702	228	1,600	97
2	1,462,000	7,765,000	1,462,000	531	7,763,000	1,366,000	7,226,000	99	636	236	1,500	100
3	1,404,000	7,564,000	1,403,000	539	7,563,000	1,303,000	7,007,000	101	553	230	1,270	99
4	1,355,000	7,270,000	1,355,000	536	7,269,000	1,251,000	6,701,000	100	468	216	1,010	93

1　米（続き）

(2)　水稲の被害

年　産	合　　計				気　　　　　象　　　　　被　　　　　害											
	被害面積	被害量	被害面積率	被害率	計		風　水　害		干　害		冷　害		日　照　不　足		高　温　障　害	
					被害面積	被害量	被害面積	被害量	被害面積	被害量	被害面積	被害量	被害面積	被害量	被害面積	被害量
	(1)	(2)	(3)	(4)	(5)	(6)	(7)	(8)	(9)	(10)	(11)	(12)	(13)	(14)	(15)	(16)
	千ha	千t	%	%	千ha	千t	千ha	千t	千ha	千t	千ha	千t	千ha	千t	千ha	千t
昭和24年産	1,499.0	896.1	51.7	9.7	…	…	500.4	288.8	74.1	53.7	41.6	23.0	…	…	…	…
25	1,318.0	732.1	45.4	7.7	…	…	757.8	440.4	28.8	20.0	1.9	1.2	…	…	…	…
26	2,526.0	1,047.0	87.1	11.0	…	…	568.7	207.3	141.1	87.0	497.0	195.3	…	…	…	…
27	1,697.0	630.8	58.6	6.6	…	…	269.1	121.6	12.5	5.1	70.8	25.0	…	…	…	…
28	4,180.0	2,019.0	144.6	21.2	…	…	950.9	471.8	9.8	3.4	777.0	539.9	…	…	…	…
29	5,536.0	1,455.0	190.1	15.1	…	…	2,198.0	573.3	33.5	9.5	955.4	373.4	…	…	…	…
30	3,270.0	645.9	106.5	6.3	809.8	247.1	714.2	204.6	86.5	39.6	4.5	1.3	…	…	…	…
31	4,765.0	1,394.0	154.5	13.6	1,477.0	677.7	1,000.0	308.4	45.7	22.5	410.5	341.6	…	…	…	…
32	4,498.0	1,129.0	145.1	10.8	1,144.0	447.1	846.9	291.5	5.1	2.7	284.4	148.8	…	…	…	…
33	4,691.0	1,443.0	151.1	13.4	1,384.0	784.0	1,098.0	599.6	200.2	135.0	75.4	40.5	…	…	…	…
34	4,830.0	1,395.0	154.3	12.5	1,489.0	813.5	1,367.0	755.9	55.6	19.5	58.2	30.8	…	…	…	…
35	4,836.0	1,099.0	153.5	9.5	758.5	316.9	578.6	196.2	144.8	103.2	22.6	8.4	…	…	…	…
36	6,093.0	1,975.0	192.8	16.6	1,998.0	1,176.0	1,895.0	1,118.0	95.7	55.3	5.6	2.2	…	…	…	…
37	4,869.0	1,105.0	154.0	9.1	752.7	342.3	511.7	201.0	86.4	49.7	122.0	75.9	…	…	…	…
38	5,262.0	1,342.0	166.6	10.8	918.0	317.5	536.3	155.5	17.7	11.9	128.9	115.8	…	…	…	…
39	5,592.0	1,719.0	178.9	13.8	1,666.0	995.3	1,093.0	487.0	185.0	112.6	232.1	332.6	…	…	…	…
40	5,861.0	1,828.0	187.7	14.5	2,360.0	1,184.0	1,379.0	612.1	131.2	68.7	769.6	467.0	…	…	…	…
41	4,885.0	1,647.0	156.1	13.1	1,131.0	739.9	667.6	313.6	50.1	31.4	383.3	381.3	…	…	…	…
42	3,929.0	1,057.0	124.8	8.3	804.8	469.2	450.7	179.6	321.0	268.8	20.9	13.1	…	…	…	…
43	4,194.0	1,058.0	132.4	8.1	1,101.0	433.3	634.9	243.5	50.9	23.0	263.7	124.4	…	…	…	…
44	4,326.0	1,381.0	136.3	10.2	1,201.0	709.3	554.7	221.3	44.8	20.8	506.0	445.6	…	…	…	…
45	4,505.0	1,127.0	158.9	9.2	1,173.0	369.9	750.9	228.7	62.0	37.4	38.8	19.4	…	…	…	…
46	4,839.0	1,758.0	184.3	15.2	2,032.0	1,090.0	941.4	361.4	18.6	10.2	727.1	606.9	…	…	…	…
47	3,056.0	835.9	118.4	7.3	722.9	358.5	585.8	286.8	24.0	12.5	90.4	47.6	…	…	…	…
48	2,819.0	757.1	109.8	6.6	544.2	275.3	300.6	116.1	192.3	136.5	15.1	6.6	…	…	…	…
49	3,435.0	1,113.0	128.4	9.3	736.6	308.6	458.8	177.6	18.5	10.3	252.3	117.2	…	…	…	…
50	3,233.0	778.4	118.9	6.4	898.0	298.0	474.8	172.1	83.6	47.5	156.9	42.7	…	…	…	…
51	4,557.0	2,071.0	166.3	16.6	1,963.0	1,321.0	547.4	261.3	5.5	3.6	1,394.0	1,052.0	…	…	…	…
52	2,775.0	735.0	101.9	5.9	517.2	213.9	204.9	84.9	86.5	24.5	157.8	81.8	…	…	…	…
53	2,312.0	644.7	91.9	5.6	664.2	294.6	422.2	154.8	156.1	110.8	1.9	0.5	…	…	…	…
54	2,766.0	820.9	112.1	7.1	976.8	420.4	741.0	302.8	20.9	10.1	208.7	102.8	…	…	…	…
55	4,449.0	2,431.0	189.3	22.0	1,992.0	1,603.0	376.2	163.9	1.2	0.4	1,613.0	1,438.0	…	…	…	…
56	3,361.0	1,390.0	149.3	13.0	1,504.0	956.3	602.6	326.1	15.4	7.2	868.4	618.1	…	…	…	…
57	3,888.0	1,434.0	174.3	13.5	1,792.0	896.9	777.6	325.0	46.0	16.1	658.6	472.5	…	…	…	…
58	4,100.0	1,323.0	182.5	12.3	1,646.0	711.5	486.5	173.5	11.5	5.0	563.8	395.8	…	…	…	…
59	2,217.0	440.5	96.8	4.0	508.8	142.5	370.8	103.9	50.4	16.5	49.8	12.8	…	…	…	…
60	2,854.0	714.5	123.1	6.4	671.1	271.1	534.6	159.4	51.5	23.9	16.1	5.2	…	…	…	…
61	2,577.0	651.4	113.0	5.9	880.9	366.1	294.9	139.9	15.7	6.0	407.4	184.9	…	…	…	…
62	3,173.0	795.8	149.5	7.7	1,360.0	463.3	767.7	273.3	19.7	5.1	173.8	84.5	…	…	…	…
63	3,478.0	1,325.0	166.7	13.0	1,487.0	830.7	347.1	108.6	2.8	0.7	1,031.0	707.1	…	…	…	…
平成元	3,367.0	828.9	162.2	8.1	1,525.0	467.4	599.0	194.9	30.3	14.8	430.6	157.7	…	…	…	…
2	2,988.0	677.8	145.4	6.7	1,248.0	362.4	531.3	184.2	44.3	13.8	59.6	10.9	…	…	…	…
3	4,178.0	1,452.0	205.5	14.4	2,112.0	948.2	859.6	431.6	12.1	3.5	413.0	247.1	…	…	…	…
4	3,115.0	791.9	148.9	7.6	1,495.0	506.3	496.0	111.8	35.8	8.6	559.3	325.3	…	…	…	…
5	5,305.0	3,834.0	249.4	36.1	2,798.0	3,031.0	746.9	303.3	2.0	0.3	1,090.0	2,325.0	…	…	…	…
6	2,174.0	434.9	98.8	4.0	887.2	279.6	469.4	127.5	131.3	100.4	1.8	0.5	…	…	…	…
7	3,352.0	819.4	159.2	7.8	1,440.0	473.0	345.9	84.9	13.0	6.4	228.6	72.4	…	…	…	…
8	2,766.0	591.6	140.6	6.0	1,279.0	382.8	432.0	87.9	22.7	7.7	220.6	94.1	…	…	…	…
9	3,165.0	672.8	162.8	6.9	1,569.0	404.3	527.4	138.3	43.7	4.8	176.8	65.7	…	…	…	…
10	3,584.0	998.7	199.9	11.0	1,887.0	644.9	513.7	229.2	5.6	1.6	294.9	129.4	…	…	…	…
11	3,157.0	728.7	177.4	8.0	1,605.0	486.4	577.8	258.7	40.7	9.9	31.7	8.4	…	…	…	…
12	2,455.0	416.6	139.3	4.6	1,068.0	220.4	440.2	113.1	21.1	6.1	34.0	6.7	…	…	…	…
13	2,546.0	507.7	149.8	5.8	1,048.0	283.1	363.1	90.7	12.5	4.2	235.5	100.6	…	…	…	…
14	2,653.0	601.4	157.6	6.8	1,182.0	367.5	468.2	113.7	44.2	9.6	160.6	118.7	284.8	92.9	185.4	25.6
15	3,891.0	1,657.0	234.4	19.0	1,974.0	1,191.0	288.5	77.6	0.7	0.3	684.6	830.4	953.0	276.0	29.9	3.4

注：1　昭和39年産以前の被害面積は尺貫法（町歩）によって調査したものをそのまま ha に読み替え、昭和40年産以降はメートル法によって調査したものを表示した。
　　2　被害面積率とは、作付面積に対する被害面積の割合（百分率）である。
　　3　被害率とは、平年収量（作付面積×10 a 当たり平年収量）に対する被害量の割合（百分率）である。
　　4　昭和48年産以前は、沖縄県を含まない。
　　5　平成29年産からは、6種類（冷害、日照不足、高温障害、いもち病、ウンカ及びカメムシ）の被害について調査を実施し、公表をしている。

年　産	合計				気象被害											
	被害面積	被害量	被害面積率	被害率	計		風水害		干害		冷害		日照不足		高温障害	
					被害面積	被害量	被害面積	被害量	被害面積	被害量	被害面積	被害量	被害面積	被害量	被害面積	被害量
	(1)	(2)	(3)	(4)	(5)	(6)	(7)	(8)	(9)	(10)	(11)	(12)	(13)	(14)	(15)	(16)
	千ha	千t	％	％	千ha	千t	千ha	千t	千ha	千t	千ha	千t	千ha	千t	千ha	千t
平成16年産	3,260.0	970.6	192.1	10.9	1,766.0	739.3	956.0	503.6	13.0	4.1	93.1	21.4	479.9	165.2	209.8	42.6
17	3,337.0	636.9	196.1	7.1	1,713.0	371.2	607.8	154.8	24.8	6.7	264.0	48.9	528.2	97.9	284.9	62.4
18	3,966.0	1,072.0	235.5	12.0	2,336.0	790.0	453.4	260.6	4.7	1.1	171.8	42.8	1,512.0	468.3	185.2	16.3
19	4,209.0	851.2	252.2	9.6	2,520.0	579.7	456.1	134.3	10.9	2.9	281.9	120.0	1,248.0	241.3	519.2	80.8
20	3,119.0	518.1	192.1	6.0	1,620.0	314.1	363.1	88.2	7.0	2.7	348.7	82.4	688.0	116.7	207.9	21.8
21	3,478.0	807.9	214.6	9.4	2,014.0	588.9	363.9	83.9	12.7	3.9	287.9	154.5	1,329.0	344.5	16.7	1.3
22	4,913.0	826.8	302.3	9.6	3,363.0	600.0	445.1	78.3	19.7	5.3	1.5	0.2	952.6	161.2	979.5	176.2
23	3,947.0	630.1	250.8	7.6	2,552.0	426.4	586.2	144.4	5.1	1.5	301.2	24.5	1,036.0	183.2	126.7	13.1
24	3,083.0	526.0	195.3	6.3	1,729.0	329.9	260.4	56.8	19.6	6.6	75.5	14.1	666.7	149.0	454.6	44.5
25	3,067.0	563.0	192.0	6.7	1,530.0	297.8	404.8	101.4	15.4	7.2	86.0	20.1	421.6	92.4	475.3	51.8
26	3,268.0	594.5	207.8	7.1	1,737.0	342.2	348.8	75.8	3.7	1.4	50.7	11.3	1,217.0	239.5	77.3	5.8
27	3,259.0	647.4	216.5	8.1	1,924.0	432.7	401.7	102.7	6.9	2.7	123.9	24.6	1,227.0	280.9	124.9	17.6
28	2,746.0	478.0	185.8	6.1	1,503.0	294.8	309.4	66.5	9.4	2.4	125.2	26.9	808.5	170.6	189.1	23.2
29	…	…	…	…	…	…	…	…	…	…	211.7	44.8	1,070.0	243.1	105.3	11.8
30	…	…	…	…	…	…	…	…	…	…	110.9	36.4	1,045.0	251.5	653.3	94.3
令和元	…	…	…	…	…	…	…	…	…	…	80.6	12.4	1,185.0	237.6	699.2	94.1
2	…	…	…	…	…	…	…	…	…	…	47.0	8.7	1,235.0	238.1	568.4	63.2
3	…	…	…	…	…	…	…	…	…	…	19.8	4.6	1,107.0	220.9	330.8	36.8
4	…	…	…	…	…	…	…	…	…	…	39.3	7.8	982.1	227.6	323.9	43.1

1　米（続き）

(2)　水稲の被害（続き）

年　産	病　害 計		いもち病		紋枯病		虫　害 計		ニカメイチュウ		ウ　ン　カ		カメムシ		その他	
	被害面積	被害量	被害面積	被害量	被害面積	被害量	被害面積	被害量	被害面積	被害量	被害面積	被害量	被害面積	被害量	被害面積	被害量
	(17)	(18)	(19)	(20)	(21)	(22)	(23)	(24)	(25)	(26)	(27)	(28)	(29)	(30)	(31)	(32)
	千ha	千t	千ha	千t	千ha	千t	千ha	千t	千ha	千t	千ha	千t	千ha	千t	千ha	千t
昭和24年産	587.5	402.7	438.9	366.9	…	…	252.8	104.0	107.1	38.3	72.4	35.2	…	…	…	…
25	379.0	208.3	253.6	158.1	…	…	109.4	43.7	67.0	26.1	17.2	7.0	…	…	…	…
26	495.5	234.0	353.0	193.7	…	…	626.2	280.0	279.6	107.9	296.7	160.8	…	…	…	…
27	616.5	231.5	385.1	179.4	…	…	694.7	230.2	460.0	165.2	97.6	34.9	…	…	…	…
28	1,473.0	751.9	1,167.0	693.0	…	…	885.2	234.5	609.2	177.3	110.3	26.2	…	…	…	…
29	1,082.0	235.4	558.8	139.8	…	…	1,202.0	239.5	592.4	104.9	206.6	67.0	…	…	…	…
30	1,502.0	254.9	753.0	144.0	281.3	36.0	944.0	136.0	631.7	83.0	156.9	34.1	…	…	…	…
31	2,216.0	532.7	1,377.0	406.7	341.4	51.1	1,055.0	174.8	789.8	121.5	121.8	35.8	…	…	…	…
32	2,187.0	480.2	1,120.0	304.8	351.5	47.8	1,141.0	189.5	873.1	128.5	129.9	43.9	…	…	…	…
33	2,135.0	454.6	968.5	270.2	549.5	92.4	1,144.0	190.6	779.8	106.6	257.1	70.5	…	…	…	…
34	2,180.0	408.7	861.5	214.6	625.7	98.5	1,138.0	165.5	724.4	88.3	219.2	56.4	…	…	…	…
35	2,604.4	539.5	987.0	273.2	826.3	143.4	1,448.0	233.3	973.6	137.1	283.5	73.1	…	…	…	…
36	2,685.0	540.3	1,023.0	263.0	801.2	131.9	1,387.0	245.5	1,040.0	185.3	152.2	36.6	…	…	…	…
37	2,712.0	529.7	1,028.0	298.7	714.4	93.1	1,368.0	218.5	1,034.0	166.9	154.8	28.4	…	…	…	…
38	3,169.0	876.4	1,559.0	649.1	697.0	93.2	1,143.0	136.9	820.7	95.9	118.2	18.2	…	…	…	…
39	2,850.0	585.7	1,126.0	323.5	931.5	162.1	1,042.0	126.4	644.9	67.9	235.8	39.4	…	…	…	…
40	2,465.0	515.0	1,015.0	304.6	543.4	72.3	1,009.0	119.0	670.5	77.1	202.6	27.8	…	…	…	…
41	2,209.0	470.5	856.2	242.9	685.8	103.2	1,514.0	429.0	560.1	62.9	780.5	348.9	…	…	…	…
42	2,010.0	422.4	673.9	174.9	707.1	110.8	1,070.0	157.2	545.3	68.1	345.0	72.3	…	…	…	…
43	2,154.0	478.8	926.1	290.4	644.3	97.8	891.4	131.2	614.6	88.8	169.7	33.7	…	…	…	…
44	1,859.0	389.3	736.4	212.9	608.2	97.3	1,224.0	272.5	534.7	74.9	516.9	176.5	…	…	41.3	9.7
45	2,265.0	536.6	829.4	252.6	779.5	155.8	1,023.0	203.7	551.0	79.8	338.3	111.1	…	…	43.4	10.3
46	2,034.0	553.4	754.3	302.4	587.0	109.8	717.6	99.5	432.3	54.2	164.9	33.4	…	…	55.4	14.4
47	1,672.0	376.6	576.4	181.7	515.4	89.7	589.2	83.2	298.4	35.9	182.4	32.9	…	…	71.2	17.7
48	1,432.0	321.7	516.6	172.8	530.5	91.2	761.3	138.9	280.1	31.7	284.0	83.4	…	…	80.1	21.1
49	2,038.0	692.5	1,120.0	544.5	470.0	77.7	614.0	101.8	265.2	30.1	176.3	52.0	…	…	47.2	10.9
50	1,574.0	350.1	689.2	202.0	482.1	73.7	709.7	119.5	211.9	25.4	229.6	66.7	…	…	50.7	10.7
51	2,054.0	679.4	1,194.0	531.4	396.8	61.8	495.0	60.2	186.4	21.0	110.4	19.0	…	…	45.2	10.3
52	1,681.0	432.0	750.1	255.7	478.9	83.9	531.5	79.3	165.4	18.6	176.7	41.1	…	…	45.6	9.8
53	1,115.0	250.4	430.7	109.4	379.4	65.8	484.8	89.0	130.2	14.6	178.3	55.3	…	…	48.2	10.7
54	1,214.0	296.9	526.3	160.2	373.1	66.3	529.7	94.3	145.3	17.9	191.4	59.5	…	…	45.2	9.3
55	1,791.0	729.5	1,031.0	576.2	340.4	58.8	624.8	90.9	129.2	17.6	126.3	26.7	…	…	40.8	7.2
56	1,283.0	354.9	566.9	196.6	321.3	53.5	530.2	71.9	123.6	14.6	154.8	33.7	…	…	44.0	7.4
57	1,526.0	463.7	687.7	280.4	499.6	99.1	515.1	65.2	113.5	13.0	147.6	32.7	…	…	54.6	7.9
58	1,610.0	437.1	584.2	200.3	618.6	134.2	802.2	167.9	86.9	10.3	363.8	123.9	…	…	41.8	6.6
59	1,212.0	246.8	435.3	109.7	419.4	68.4	454.4	44.8	82.6	9.7	105.3	18.7	…	…	42.0	6.6
60	1,199.0	275.2	372.3	100.9	462.5	93.9	742.3	162.0	81.1	9.7	371.6	133.0	…	…	41.8	6.2
61	1,074.0	219.8	371.2	98.7	355.6	64.2	574.5	59.1	86.0	10.5	151.5	23.9	…	…	47.5	6.4
62	1,004.0	204.3	320.2	79.8	410.0	75.1	755.5	121.5	76.3	9.0	289.8	79.9	…	…	53.4	6.7
63	1,343.0	422.3	641.0	308.7	395.6	72.0	586.5	64.9	71.5	9.2	151.6	27.6	…	…	61.4	7.1
平成元	1,262.0	305.1	522.8	166.4	445.4	90.2	516.9	48.2	74.6	8.2	114.5	16.8	…	…	62.6	8.2
2	1,065.0	231.0	414.6	116.1	379.9	70.1	609.7	75.9	73.6	9.8	206.3	39.7	…	…	65.1	8.5
3	1,295.0	406.6	719.2	305.3	312.1	58.3	696.7	87.6	76.4	9.7	235.8	48.2	…	…	74.4	9.8
4	1,022.0	222.5	374.9	104.4	405.1	77.4	520.9	52.0	74.6	10.1	115.0	16.4	…	…	77.5	11.1
5	1,774.0	725.8	1,097.0	597.8	290.1	54.1	659.1	66.8	65.7	8.2	116.7	18.7	…	…	74.1	10.3
6	693.8	104.9	280.9	54.1	285.1	37.0	515.1	41.3	58.7	6.1	84.3	8.3	…	…	77.8	9.1
7	1,109.0	270.9	576.0	191.0	286.5	44.5	716.7	64.5	75.9	9.9	109.7	13.2	…	…	85.9	11.0
8	829.4	153.5	405.5	95.9	239.2	34.1	567.3	43.8	70.0	8.2	69.0	7.3	…	…	90.4	11.5
9	975.3	216.8	498.5	146.1	268.5	42.3	524.0	40.8	71.2	7.3	76.9	9.7	…	…	97.1	10.9
10	1,022.0	268.7	572.9	201.2	272.0	45.7	589.8	74.1	65.9	7.3	144.1	40.4	…	…	85.6	11.0
11	795.6	165.1	319.0	84.2	302.3	57.6	657.3	64.3	61.5	6.9	82.9	13.0	…	…	98.7	12.9
12	755.5	138.8	303.2	71.2	283.5	43.3	534.1	43.3	57.1	6.0	75.2	9.6	…	…	97.4	14.1
13	871.2	164.4	337.6	85.2	281.3	45.4	516.2	45.7	57.4	6.4	68.8	10.2	…	…	110.1	14.5
14	859.0	174.4	324.9	92.2	288.9	48.5	485.8	41.5	52.8	6.0	65.0	8.0	114.3	9.9	125.7	18.0
15	1,160.0	390.0	652.6	317.5	240.9	42.2	635.2	59.7	64.3	6.7	70.0	9.2	95.8	9.5	121.8	16.4

年産	病害						虫害								その他	
	計		いもち病		紋枯病		計		ニカメイチュウ		ウンカ		カメムシ		被害面積	被害量
	被害面積	被害量	被害面積	被害量	被害面積	被害量	被害面積	被害量	被害面積	被害量	被害面積	被害量	被害面積	被害量		
	(17)	(18)	(19)	(20)	(21)	(22)	(23)	(24)	(25)	(26)	(27)	(28)	(29)	(30)	(31)	(32)
	千ha	千t	千ha	千t	千ha	千t	千ha	千t	千ha	千t	千ha	千t	千ha	千t	千ha	千t
平成16年産	840.0	170.9	341.9	89.1	291.8	58.5	523.0	42.1	58.5	5.9	64.6	6.9	113.9	11.5	130.6	18.3
17	814.4	167.8	266.1	79.0	336.7	62.5	663.6	80.1	60.8	6.5	112.4	30.8	155.2	19.1	146.3	17.8
18	848.7	199.0	338.1	116.6	277.7	51.5	662.1	66.0	59.9	6.8	88.1	13.6	135.3	19.8	119.1	16.6
19	849.3	177.2	314.3	93.0	295.9	54.5	721.9	78.4	62.3	6.6	108.4	28.5	124.6	11.6	117.4	15.9
20	793.4	141.0	274.4	67.0	274.8	44.5	579.8	45.9	57.3	5.4	57.5	6.2	121.1	11.7	125.9	17.1
21	795.2	147.0	311.7	81.7	239.3	35.3	546.6	52.7	53.9	5.2	83.0	17.4	95.4	10.2	122.2	19.3
22	749.6	138.9	268.8	66.5	267.9	46.8	672.8	64.4	54.8	5.5	82.4	15.3	121.3	11.7	127.6	23.5
23	731.3	135.2	276.8	73.2	248.9	39.2	538.9	44.6	64.6	6.8	60.6	7.5	92.7	9.2	124.6	23.9
24	701.8	123.7	239.3	56.8	235.5	37.4	532.2	49.7	58.9	5.6	80.0	15.3	113.1	11.1	120.0	22.7
25	784.5	150.3	284.0	72.4	251.6	39.6	632.7	91.6	64.2	6.4	152.3	55.0	105.2	10.1	119.7	23.3
26	910.1	172.6	383.3	102.6	258.4	40.1	508.6	55.4	60.8	5.9	96.8	23.9	104.7	10.4	112.0	24.3
27	774.7	154.6	324.3	92.0	245.8	37.7	446.8	36.8	53.5	5.4	52.1	7.2	108.0	9.7	113.5	23.3
28	683.3	118.6	237.1	58.9	218.0	34.2	449.3	41.1	50.3	5.4	61.9	11.9	104.8	8.9	110.6	23.5
29	…	…	238.8	60.9	…	…	…	…	…	…	69.8	14.6	110.3	10.6	…	…
30	…	…	211.3	49.1	…	…	…	…	…	…	48.3	6.5	109.3	12.8	…	…
令和元	…	…	239.5	55.9	…	…	…	…	…	…	110.6	40.6	143.1	17.6	…	…
2	…	…	294.2	78.2	…	…	…	…	…	…	128.4	70.6	140.7	17.0	…	…
3	…	…	300.2	82.6	…	…	…	…	…	…	39.3	5.4	115.2	12.4	…	…
4	…	…	253.1	62.9	…	…	…	…	…	…	40.3	5.7	114.3	13.0	…	…

2　麦類

(1)　4麦計

年　産	作　付　面　積			収　穫　量		
	計	田	畑	計	田	畑
	(1)	(2)	(3)	(4)	(5)	(6)
	ha	ha	ha	t	t	t
明治11年産	1,354,000	…	…	1,163,000	…	…
12	1,405,000	…	…	1,220,000	…	…
13	1,417,000	…	…	1,517,000	…	…
14	1,419,000	…	…	1,304,000	…	…
15	1,452,000	…	…	1,572,000	…	…
16	1,475,000	…	…	1,491,000	…	…
17	1,478,000	…	…	1,608,000	…	…
18	1,523,000	…	…	1,492,000	…	…
19	1,574,000	…	…	1,993,000	…	…
20	1,578,000	…	…	1,977,000	…	…
21	1,608,000	…	…	1,906,000	…	…
22	1,643,000	519,300	1,124,000	1,903,000	594,600	1,309,000
23	1,690,000	555,600	1,134,000	1,321,000	386,900	933,700
24	1,702,000	581,000	1,121,000	2,261,000	796,900	1,464,000
25	1,725,000	595,300	1,130,000	2,003,000	758,300	1,245,000
26	1,732,000	583,200	1,149,000	2,086,000	734,400	1,352,000
27	1,739,000	611,800	1,127,000	2,487,000	903,900	1,583,000
28	1,759,000	628,100	1,131,000	2,447,000	897,700	1,550,000
29	1,752,000	631,400	1,121,000	2,164,000	774,700	1,389,000
30	1,735,000	649,300	1,086,000	2,250,000	854,900	1,395,000
31	1,792,000	646,600	1,145,000	2,564,000	967,500	1,596,000
32	1,788,000	650,000	1,138,000	2,407,000	881,800	1,525,000
33	1,782,000	655,200	1,127,000	2,556,000	964,800	1,592,000
34	1,801,000	654,300	1,147,000	2,588,000	977,600	1,611,000
35	1,790,000	676,400	1,114,000	2,305,000	875,200	1,430,000
36	1,784,000	648,400	1,136,000	1,652,000	519,800	1,132,000
37	1,785,000	663,900	1,122,000	2,450,000	916,000	1,534,000
38	1,802,000	682,900	1,120,000	2,337,000	914,300	1,422,000
39	1,799,000	686,600	1,112,000	2,535,000	964,900	1,570,000
40	1,783,000	682,700	1,100,000	2,758,000	1,056,000	1,702,000
41	1,768,000	679,600	1,088,000	2,683,000	1,061,000	1,621,000
42	1,757,000	677,600	1,080,000	2,699,000	1,068,000	1,631,000
43	1,757,000	683,100	1,074,000	2,572,000	984,500	1,588,000
44	1,751,000	686,600	1,064,000	2,748,000	1,105,000	1,643,000
大正元	1,760,000	695,100	1,065,000	2,870,000	1,150,000	1,720,000
2	1,813,000	727,700	1,086,000	3,147,000	1,301,000	1,845,000
3	1,807,000	742,700	1,064,000	2,653,000	1,069,000	1,584,000
4	1,797,000	729,300	1,067,000	2,982,000	1,228,000	1,754,000
5	1,772,000	726,000	1,046,000	2,941,000	1,226,000	1,715,000
6	1,732,000	722,100	1,010,000	3,063,000	1,300,000	1,763,000
7	1,720,000	723,800	996,600	2,869,000	1,239,000	1,631,000
8	1,715,000	714,600	1,000,000	2,998,000	1,207,000	1,790,000
9	1,738,000	727,900	1,010,000	2,859,000	1,269,000	1,590,000
10	1,697,000	705,600	991,000	2,725,000	1,100,000	1,625,000
11	1,608,000	662,900	945,600	2,727,000	1,140,000	1,587,000
12	1,515,000	621,500	894,000	2,349,000	948,000	1,401,000
13	1,460,000	600,500	859,500	2,396,000	959,200	1,436,000
14	1,463,000	615,000	848,100	2,877,000	1,253,000	1,625,000
昭和元	1,448,000	624,600	823,000	2,771,000	1,228,000	1,543,000
2	1,418,000	614,100	804,000	2,667,000	1,217,000	1,450,000
3	1,393,000	618,300	774,700	2,690,000	1,247,000	1,443,000
4	1,379,000	622,700	756,200	2,656,000	1,282,000	1,373,000
5	1,343,000	623,300	720,000	2,454,000	1,153,000	1,301,000

注：1　4麦計は、小麦、大麦（二条大麦＋六条大麦）及びはだか麦の計である。
　　2　昭和32年産以降の作付面積は、子実用作付面積である（以下2の各統計表において同じ。）。
　　3　明治22年産以前及び昭和19年産から昭和48年産までは沖縄県を含まない。
　　4　平成19年産から麦類の田畑別の収穫量調査は行っていない。

年　産	作　付　面　積			収　穫　量		
	計	田	畑	計	田	畑
	(1)	(2)	(3)	(4)	(5)	(6)
	ha	ha	ha	t	t	t
昭和6年産	1,346,000	626,300	719,400	2,583,000	1,229,000	1,354,000
7	1,357,000	631,900	725,200	2,623,000	1,253,000	1,370,000
8	1,390,000	651,800	738,000	2,591,000	1,158,000	1,433,000
9	1,393,000	659,800	733,200	2,887,000	1,384,000	1,503,000
10	1,434,000	675,600	757,900	3,032,000	1,470,000	1,562,000
11	1,457,000	685,000	772,100	2,728,000	1,330,000	1,398,000
12	1,472,000	699,700	772,200	2,943,000	1,433,000	1,510,000
13	1,485,000	711,400	773,700	2,625,000	1,286,000	1,340,000
14	1,497,000	723,700	772,900	3,436,000	1,760,000	1,676,000
15	1,574,000	775,100	798,600	3,479,000	1,770,000	1,710,000
16	1,639,000	812,100	827,100	3,104,000	1,667,000	1,436,000
17	1,753,000	844,900	907,900	3,037,000	1,558,000	1,479,000
18	1,664,000	804,700	859,100	2,399,000	1,241,000	1,158,000
19	1,758,000	866,000	892,100	3,078,000	1,625,000	1,453,000
20	1,602,000	803,600	798,100	2,199,000	1,203,000	995,500
21	1,446,000	713,600	732,200	1,483,000	776,400	707,000
22	1,333,000	…	…	1,923,000	…	…
23	1,727,000	814,100	913,300	3,025,000	…	…
24	1,766,000	828,600	937,100	3,300,000	…	…
25	1,784,000	826,700	957,300	3,298,000	…	…
26	1,714,000	763,800	950,200	3,659,000	1,573,000	2,085,000
27	1,651,000	728,000	922,600	3,695,000	1,588,000	2,107,000
28	1,607,000	711,200	895,900	3,465,000	1,470,000	1,995,000
29	1,686,000	753,900	932,100	4,098,000	1,842,000	2,256,000
30	1,659,000	751,500	907,300	3,875,000	1,794,000	2,081,000
31	1,639,000	742,900	896,000	3,716,000	1,681,000	2,035,000
32	1,548,000	698,000	849,600	3,490,000	1,508,000	1,982,000
33	1,513,000	687,100	825,900	3,348,000	1,524,000	1,824,000
34	1,494,000	677,200	817,000	3,724,000	1,632,000	2,092,000
35	1,440,000	653,500	786,700	3,831,000	1,733,000	2,098,000
36	1,341,000	605,100	735,900	3,758,000	1,716,000	2,042,000
37	1,255,000	563,500	691,400	3,357,000	1,499,000	1,858,000
38	1,149,000	513,500	635,400	1,474,000	385,500	1,089,000
39	986,500	422,800	563,700	2,446,000	994,300	1,452,000
40	898,100	381,900	516,400	2,521,000	1,084,000	1,437,000
41	809,100	337,300	471,900	2,129,000	859,900	1,269,000
42	718,900	302,100	416,700	2,029,000	804,400	1,225,000
43	638,300	267,300	371,000	2,033,000	872,500	1,160,000
44	569,600	242,600	327,000	1,570,000	657,800	911,700
45	455,000	198,500	256,500	1,046,000	400,400	645,700
46	329,700	146,500	183,200	943,100	422,000	520,900
47	234,800	108,800	126,000	608,800	262,700	346,300
48	154,800	67,700	87,100	418,600	174,700	243,900
49	160,200	76,800	83,400	464,800	231,800	233,000
50	167,700	82,600	85,100	461,600	226,800	234,700
51	169,300	88,400	80,900	432,700	199,800	232,900
52	163,900	86,200	77,700	442,200	214,300	228,000
53	208,000	124,700	83,300	692,700	411,600	280,700
54	264,600	169,200	95,400	947,700	592,500	355,100
55	313,300	206,500	106,800	968,100	609,100	358,800
56	346,800	232,300	114,500	970,400	690,900	279,500
57	350,700	240,100	110,600	1,132,000	734,600	396,800
58	353,300	245,000	108,300	1,075,000	789,200	285,500
59	348,700	241,500	107,200	1,136,000	814,500	321,200
60	346,900	237,100	109,800	1,252,000	812,800	438,700
61	352,800	236,900	115,900	1,220,000	790,600	429,500
62	382,600	256,600	126,000	1,217,000	780,100	436,500
63	396,000	262,400	133,600	1,420,000	872,900	547,500

2 麦類（続き）
(1) 4麦計（続き）

年　産	作　付　面　積			収　穫　量		
	計	田	畑	計	田	畑
	(1)	(2)	(3)	(4)	(5)	(6)
	ha	ha	ha	t	t	t
平成元年産	396,700	262,200	134,500	1,356,000	849,200	506,900
2	366,400	241,500	124,900	1,297,000	789,500	507,700
3	333,800	217,400	116,400	1,042,000	582,100	460,100
4	298,900	184,400	114,500	1,045,000	590,400	454,400
5	260,800	157,200	103,600	921,200	540,500	381,200
6	214,300	115,500	98,700	789,600	401,400	388,200
7	210,200	113,700	96,500	661,800	412,000	250,000
8	215,600	117,800	97,700	711,300	438,000	273,000
9	214,900	118,600	96,300	766,200	389,300	377,000
10	217,000	121,900	95,100	713,100	306,800	406,300
11	220,700	126,600	94,100	788,400	466,200	321,900
12	236,600	139,600	96,900	902,500	516,000	386,500
13	257,400	161,100	96,400	906,300	507,000	399,600
14	271,500	173,500	98,000	1,047,000	573,800	472,500
15	275,800	177,500	98,300	1,054,000	565,500	488,900
16	272,400	173,900	98,600	1,059,000	569,200	489,700
17	268,300	167,100	101,200	1,058,000	575,100	483,200
18	272,100	167,300	104,800	1,012,000	546,300	465,200
19	264,000	162,900	101,100	1,105,000	…	…
20	265,400	165,900	99,500	1,098,000	…	…
21	266,200	167,100	99,100	853,300	…	…
22	265,700	167,300	98,400	732,100	…	…
23	271,700	170,600	101,100	917,800	…	…
24	269,500	168,300	101,300	1,030,000	…	…
25	269,500	166,600	102,900	994,600	…	…
26	272,700	168,700	104,000	1,022,000	…	…
27	274,400	171,300	103,100	1,181,000	…	…
28	275,900	173,200	102,600	961,000	…	…
29	273,700	171,600	102,100	1,092,000	…	…
30	272,900	171,300	101,600	939,600	…	…
令和元	273,000	172,300	100,800	1,260,000	…	…
2	276,200	176,400	99,800	1,171,000	…	…
3	283,000	180,400	102,600	1,332,000	…	…
4	290,600	185,800	104,800	1,227,000	…	…

(2) 小麦

年産	作 付 面 積			10 a 当 た り 収 量			収 穫 量			作況指数 (対平年比)
	計	田	畑	平 均	田	畑	計	田	畑	
	(1)	(2)	(3)	(4)	(5)	(6)	(7)	(8)	(9)	(10)
	ha	ha	ha	kg	kg	kg	t	t	t	
明治11年産	343,900	…	…	71	…	…	244,800	…	…	…
12	366,400	…	…	72	…	…	263,700	…	…	…
13	356,900	…	…	87	…	…	310,500	…	…	…
14	357,700	…	…	78	…	…	279,700	…	…	…
15	369,900	…	…	90	…	…	331,900	…	…	…
16	385,700	…	…	88	…	…	340,300	…	…	…
17	388,200	…	…	94	…	…	363,900	…	…	…
18	394,700	…	…	84	…	…	330,400	…	…	…
19	399,900	…	…	110	…	…	439,900	…	…	…
20	387,200	…	…	108	…	…	416,300	…	…	…
21	401,600	…	…	106	…	…	424,900	…	…	…
22	433,400	109,200	324,200	102	108	100	441,800	118,000	323,800	…
23	454,800	114,300	340,500	74	73	74	336,700	84,000	252,700	…
24	423,400	108,300	315,000	115	130	109	485,400	140,900	344,500	…
25	431,600	109,500	322,100	98	121	90	421,400	133,000	288,400	…
26	433,900	108,600	325,300	104	125	97	451,000	136,000	314,900	…
27	438,900	119,000	319,900	124	142	117	543,700	168,600	375,100	…
28	444,100	120,600	323,600	123	138	117	544,600	166,300	378,400	…
29	439,600	119,800	319,900	111	122	107	487,200	145,900	341,300	…
30	454,400	133,200	321,200	115	122	112	521,600	162,000	359,600	…
31	461,700	128,800	333,000	124	141	117	572,400	181,900	390,500	…
32	461,500	127,600	333,900	123	135	118	566,800	171,900	394,900	…
33	464,800	134,700	330,100	125	141	119	582,500	189,500	393,000	…
34	483,300	141,600	341,700	124	144	116	598,900	204,200	394,700	…
35	480,200	158,400	321,800	113	120	109	541,300	190,200	351,100	…
36	466,000	142,400	323,600	55	39	62	256,700	55,300	201,400	…
37	454,800	136,600	318,200	116	129	111	528,200	176,300	351,900	…
38	449,700	139,400	310,300	110	128	101	493,000	178,600	314,300	…
39	439,500	140,500	299,000	123	136	117	542,300	191,400	351,000	…
40	440,300	143,900	296,500	138	152	132	609,500	219,400	390,200	…
41	445,800	147,000	298,900	135	152	127	604,000	223,900	380,100	…
42	447,600	149,400	298,200	137	154	129	614,100	229,500	384,600	…
43	471,500	165,800	305,700	134	145	128	629,900	240,100	389,800	…
44	495,100	174,800	320,300	139	155	130	685,800	270,100	415,700	…
大正元	492,200	171,800	320,400	144	159	136	708,900	273,400	435,500	…
2	479,400	162,800	316,600	149	168	140	715,400	272,900	442,500	…
3	474,700	166,400	308,300	129	141	123	614,300	234,400	380,000	…
4	496,600	177,100	319,500	144	159	136	716,000	281,300	434,800	…
5	527,600	194,900	332,700	153	169	143	805,800	328,500	477,400	…
6	563,700	218,600	345,100	165	182	154	929,000	398,400	530,700	…
7	562,400	218,900	343,500	157	174	145	880,300	381,600	498,700	…
8	544,000	206,100	337,900	160	164	157	870,600	338,600	532,100	…
9	529,500	196,200	333,300	152	169	142	806,300	331,700	474,600	…
10	511,400	185,000	326,400	149	155	146	764,100	285,900	478,100	…
11	497,200	182,500	314,700	158	170	150	783,800	311,100	472,800	…
12	483,800	182,100	301,700	147	155	142	710,500	283,100	427,400	…
13	465,100	175,600	289,600	155	161	151	721,100	282,900	438,200	…
14	464,900	180,100	284,800	180	197	169	837,900	355,200	482,600	…
昭和元	463,700	184,600	279,100	174	190	163	807,200	351,500	455,700	…
2	469,800	191,500	278,300	176	201	159	829,000	385,200	443,800	…
3	485,900	207,600	278,300	180	201	164	874,500	418,000	456,600	…
4	490,900	214,200	276,600	176	200	158	865,500	428,000	437,500	…
5	487,400	220,300	267,100	172	184	162	838,300	405,400	432,900	…

注：1　明治23年産から明治29年産、明治33年産、明治34年産及び明治40年産の作付面積は、後年その総数のみ訂正したが、田畑別作付面積が不明であるので、便宜案分をもって総数に符合させた。
　　2　明治23年産から明治30年産、明治32年産から明治34年産の収穫量は、後年その総数のみ訂正したが、田畑別収穫量が不明であるので、便宜案分をもって総数に符合させた。
　　3　明治22年産以前及び昭和19年産から昭和48年産までは沖縄県を含まない。
　　4　作況指数については、平成17年産からは平年収量を算出していないため、10a当たり平均収量（原則として直近7か年のうち、最高及び最低を除いた5か年の平均値）に対する当年産の10a当たり収量の比率（％）である（以下2の各統計表において同じ。）。
　　5　平成19年産から小麦の田畑別の収穫量調査は行っていない。

2 麦類（続き）

(2) 小麦（続き）

年 産	作 付 面 積			10 a 当 た り 収 量			収 穫 量			作況指数 (対平年比)
	計	田	畑	平 均	田	畑	計	田	畑	
	(1)	(2)	(3)	(4)	(5)	(6)	(7)	(8)	(9)	(10)
	ha	ha	ha	kg	kg	kg	t	t	t	
昭和6年産	497,000	227,700	269,300	176	191	164	876,800	434,000	442,700	…
7	504,500	231,900	272,600	176	191	164	889,300	441,900	447,400	…
8	611,400	288,800	322,500	179	177	181	1,097,000	512,200	584,600	…
9	643,100	306,900	336,300	201	212	192	1,294,000	649,400	644,200	…
10	658,400	307,700	350,700	201	215	188	1,322,000	661,900	659,700	…
11	683,200	317,500	365,700	180	196	165	1,227,000	622,500	604,100	…
12	718,600	342,600	376,000	190	203	179	1,368,000	696,800	671,400	…
13	719,100	347,600	371,500	171	182	160	1,228,000	632,800	595,200	…
14	739,400	361,000	378,400	224	247	202	1,658,000	893,400	764,700	…
15	834,200	419,300	414,900	215	230	199	1,792,000	966,200	826,000	…
16	818,900	398,600	420,300	178	201	156	1,460,000	802,300	657,500	…
17	855,900	390,200	465,700	162	181	145	1,384,000	707,000	677,500	…
18	803,200	365,800	437,300	136	153	122	1,094,000	561,300	532,400	…
19	830,500	379,300	451,200	167	190	147	1,384,000	719,700	664,300	…
20	723,600	339,900	383,700	130	151	112	943,300	513,700	429,600	…
21	632,100	296,700	335,500	97	110	86	615,400	325,700	289,700	…
22	578,100	…	…	133	…	…	766,500	…	…	…
23	743,200	329,000	414,200	162	…	…	1,207,000	…	…	112
24	760,700	332,200	428,500	171	…	…	1,304,000	…	…	121
25	763,500	322,100	441,400	175	…	…	1,338,000	…	…	109
26	735,100	307,000	428,100	203	207	200	1,490,000	634,400	855,500	112
27	720,700	301,900	418,800	213	216	211	1,537,000	653,400	883,900	114
28	686,200	286,900	399,300	200	205	197	1,374,000	587,000	787,100	104
29	671,900	283,200	388,700	226	235	219	1,516,000	665,400	850,400	116
30	663,200	279,400	383,800	221	235	211	1,468,000	656,500	811,200	111
31	657,600	278,100	379,500	209	221	201	1,375,000	613,600	761,600	102
32	617,300	265,200	352,100	215	212	218	1,330,000	561,300	768,700	105
33	598,800	258,200	340,600	214	223	207	1,281,000	575,800	705,200	100
34	601,200	260,500	340,700	236	235	236	1,416,000	611,800	804,200	110
35	602,300	261,600	340,700	254	265	246	1,531,000	692,800	837,800	117
36	648,700	293,000	355,700	275	288	264	1,781,000	842,500	938,700	123
37	642,000	295,500	346,600	254	258	250	1,631,000	763,400	867,800	106
38	583,700	264,300	319,400	123	69	167	715,500	182,500	533,000	49
39	508,200	222,500	285,700	245	233	253	1,244,000	519,500	724,200	98
40	475,900	208,900	266,900	270	281	262	1,287,000	586,700	699,800	107
41	421,200	181,400	239,800	243	238	247	1,024,000	431,600	592,400	94
42	366,600	157,800	208,800	272	259	281	996,900	409,100	587,700	105
43	322,400	138,800	183,600	314	330	302	1,012,000	458,500	554,000	118
44	286,500	126,500	160,000	265	260	268	757,900	328,300	429,500	97
45	229,200	104,300	124,900	207	178	231	473,600	185,200	288,500	75
46	166,300	76,900	89,400	265	273	258	440,300	209,700	230,600	96
47	113,700	54,500	59,200	250	231	267	283,900	125,900	158,100	90
48	74,900	33,100	41,800	270	263	276	202,300	87,000	115,300	94
49	82,800	39,800	43,000	280	291	269	231,700	115,900	115,700	99
50	89,600	41,700	47,900	269	273	265	240,700	114,000	126,700	96
51	89,100	43,100	46,000	250	204	293	222,400	87,800	134,600	88
52	86,000	39,300	46,700	275	255	291	236,400	100,300	136,100	96
53	112,000	59,600	52,400	327	308	350	366,700	183,400	183,200	115
54	149,000	84,700	64,300	363	342	392	541,300	289,400	252,000	127
55	191,100	113,700	77,400	305	278	344	582,800	316,300	266,300	102
56	224,400	136,800	87,600	262	285	225	587,400	390,300	197,100	86
57	227,800	142,000	85,800	326	301	367	741,800	426,800	315,000	107
58	229,400	145,200	84,200	303	334	250	695,300	484,500	210,800	97
59	231,900	147,600	84,400	319	330	301	740,500	486,600	253,900	101
60	234,000	145,400	88,600	374	347	417	874,200	504,900	369,100	117
61	245,500	149,400	96,100	357	344	377	875,700	513,500	362,100	109
62	271,100	163,700	107,400	319	298	350	863,700	487,400	376,400	95
63	282,000	166,000	116,000	362	323	418	1,021,000	536,100	485,200	107

年　産	作　付　面　積			10　a　当　た　り　収　量			収　穫　量			作況指数 (対平年比)
	計	田	畑	平　均	田	畑	計	田	畑	
	(1)	(2)	(3)	(4)	(5)	(6)	(7)	(8)	(9)	(10)
	ha	ha	ha	kg	kg	kg	t	t	t	
平成元年産	283,800	165,700	118,100	347	321	383	984,500	531,900	452,800	101
2	260,400	150,400	109,900	365	328	417	951,500	492,900	458,400	105
3	238,700	135,000	103,700	318	255	400	759,000	344,100	415,000	89
4	214,500	110,800	103,700	354	310	401	758,700	343,300	415,500	96
5	183,600	90,100	93,500	347	327	367	637,800	294,900	343,200	94
6	151,900	62,700	89,300	372	336	396	564,800	210,800	353,900	98
7	151,300	63,700	87,600	293	351	251	443,600	223,500	220,100	77
8	158,500	68,900	89,700	302	338	273	478,100	233,200	244,700	80
9	157,500	69,100	88,400	364	322	397	573,100	222,200	351,000	97
10	162,200	74,400	87,800	351	251	436	569,500	186,500	382,900	94
11	168,800	81,600	87,100	345	348	343	583,100	284,100	298,800	92
12	183,000	92,500	90,600	376	349	403	688,200	322,800	365,400	100
13	196,900	107,000	90,000	355	301	420	699,900	322,600	377,600	95
14	206,900	115,200	91,700	401	330	490	829,000	379,600	449,400	108
15	212,200	119,900	92,300	403	323	508	855,900	387,000	468,900	109
16	212,600	119,800	92,700	405	325	509	860,300	388,800	471,400	109
17	213,500	118,000	95,500	410	348	486	874,700	410,900	463,900	108
18	218,300	119,100	99,200	384	327	452	837,200	388,900	448,400	98
19	209,700	114,000	95,700	434	…	…	910,100	…	…	110
20	208,800	114,700	94,100	422	…	…	881,200	…	…	104
21	208,300	114,600	93,700	324	…	…	674,200	…	…	79
22	206,900	113,700	93,200	276	…	…	571,300	…	…	68
23	211,500	115,800	95,700	353	…	…	746,300	…	…	91
24	209,200	113,200	96,000	410	…	…	857,800	…	…	108
25	210,200	112,300	97,900	386	…	…	811,700	…	…	102
26	212,600	113,600	99,000	401	…	…	852,400	…	…	106
27	213,100	115,100	98,000	471	…	…	1,004,000	…	…	127
28	214,400	117,000	97,400	369	…	…	790,800	…	…	99
29	212,300	115,500	96,800	427	…	…	906,700	…	…	111
30	211,900	115,600	96,300	361	…	…	764,900	…	…	90
令和元	211,600	116,100	95,500	490	…	…	1,037,000	…	…	123
2	212,600	118,100	94,500	447	…	…	949,300	…	…	109
3	220,000	123,000	96,900	499	…	…	1,097,000	…	…	118
4	227,300	127,900	99,400	437	…	…	993,500	…	…	99

2 麦類（続き）

(3) 二条大麦

年　産	作　付　面　積			10 a 当 た り 収 量			収　穫　量			作況指数
	計	田	畑	平　均	田	畑	計	田	畑	（対平年比）
	(1)	(2)	(3)	(4)	(5)	(6)	(7)	(8)	(9)	(10)
	ha	ha	ha	kg	kg	kg	t	t	t	
昭和33年産	63,300	…	…	238	…	…	150,900	…	…	…
34	77,300	33,900	43,400	273	255	287	211,000	86,300	124,600	…
35	82,700	38,500	44,200	279	261	295	230,800	100,600	130,200	…
36	95,800	46,200	49,600	299	287	309	286,100	132,600	153,400	113
37	113,800	55,300	58,500	288	278	298	328,100	153,700	174,400	106
38	124,700	59,900	64,800	162	117	205	202,400	69,900	132,500	56
39	112,100	50,200	61,900	273	239	301	305,900	119,700	186,200	94
40	113,300	45,400	67,900	281	261	295	318,100	118,300	200,000	97
41	110,200	40,800	69,500	297	275	309	327,000	112,400	214,800	102
42	112,000	41,000	70,900	307	269	329	343,400	110,200	233,200	105
43	108,300	38,300	70,000	333	321	339	360,100	122,900	237,200	113
44	107,400	39,200	68,200	296	286	302	318,400	112,100	206,100	98
45	99,300	39,400	59,900	271	263	276	269,400	103,800	165,500	88
46	82,000	37,100	44,900	317	318	317	260,300	118,100	142,200	105
47	68,000	34,500	33,500	265	247	284	180,400	85,300	95,100	88
48	47,500	23,300	24,200	262	242	280	124,300	56,400	67,800	87
49	48,000	25,900	22,100	302	312	290	144,800	80,900	64,000	102
50	49,700	28,800	20,900	276	267	288	137,000	76,800	60,200	93
51	53,200	33,300	19,900	254	241	275	135,200	80,400	54,800	87
52	53,300	35,500	17,800	252	230	298	134,500	81,500	53,000	86
53	69,800	51,300	18,500	342	352	311	238,500	180,800	57,600	116
54	83,500	64,300	19,200	352	358	333	294,100	230,100	63,900	119
55	84,900	67,300	17,600	317	318	312	269,200	214,300	54,900	105
56	83,000	66,800	16,200	318	322	299	263,600	215,100	48,400	104
57	81,900	67,200	14,700	317	315	326	259,400	211,600	47,900	103
58	83,900	69,400	14,500	297	297	299	249,200	205,900	43,400	95
59	81,500	67,200	14,400	362	372	309	294,800	250,100	44,500	116
60	79,600	66,000	13,600	331	332	328	263,800	219,100	44,600	104
61	75,700	62,400	13,300	329	326	344	249,200	203,300	45,800	102
62	76,100	63,500	12,600	312	310	319	237,200	196,900	40,200	95
63	74,200	62,100	12,100	356	357	356	264,500	221,500	43,100	107
平成元	75,500	64,000	11,500	344	348	327	260,000	222,400	37,600	103
2	73,900	63,100	10,700	344	346	333	253,900	218,300	35,600	102
3	68,200	58,400	9,730	303	293	367	206,800	171,100	35,700	88
4	63,000	54,600	8,400	357	355	370	224,900	193,900	31,100	103
5	60,600	52,400	8,200	375	375	380	227,500	196,500	31,200	108
6	55,100	47,300	7,810	362	362	366	199,500	171,100	28,600	103
7	51,300	44,000	7,350	375	381	339	192,400	167,700	24,900	106
8	46,100	39,600	6,510	411	422	347	189,600	167,000	22,600	115
9	43,800	37,600	6,150	337	340	322	147,600	127,800	19,800	92
10	39,200	33,700	5,500	273	263	342	107,200	88,500	18,800	74
11	36,600	31,200	5,330	411	426	328	150,500	133,000	17,500	112
12	36,700	32,000	4,710	419	433	327	153,900	138,600	15,400	113
13	39,500	35,000	4,460	351	352	343	138,600	123,200	15,300	94
14	40,700	36,700	4,030	334	330	365	136,100	121,200	14,700	89
15	39,500	36,000	3,470	312	310	337	123,300	111,700	11,700	84
16	37,200	33,700	3,480	355	355	353	131,900	119,700	12,300	96
17	34,800	31,300	3,520	357	359	335	124,300	112,500	11,800	101
18	34,100	30,600	3,540	347	347	347	118,300	106,100	12,300	95
19	34,500	31,100	3,470	372	…	…	128,200	…	…	106
20	35,400	32,000	3,380	410	…	…	145,100	…	…	119
21	36,000	32,500	3,470	322	…	…	115,800	…	…	91
22	36,600	33,200	3,390	285	…	…	104,300	…	…	81
23	37,600	34,200	3,410	317	…	…	119,100	…	…	91
24	38,300	34,800	3,460	293	…	…	112,400	…	…	86
25	37,500	34,300	3,200	311	…	…	116,600	…	…	94
26	37,600	34,400	3,180	288	…	…	108,200	…	…	89
27	37,900	34,800	3,130	299	…	…	113,300	…	…	96
28	38,200	35,000	3,240	280	…	…	106,800	…	…	92
29	38,300	34,900	3,410	313	…	…	119,700	…	…	106
30	38,300	34,900	3,330	318	…	…	121,700	…	…	106

年　産	作　付　面　積			10 a 当 た り 収 量			収　穫　量			作況指数 (対平年比)
	計	田	畑	平　均	田	畑	計	田	畑	
	(1)	(2)	(3)	(4)	(5)	(6)	(7)	(8)	(9)	(10)
	ha	ha	ha	kg	kg	kg	t	t	t	
令和元年産	38,000	34,600	3,360	386	…	…	146,600	…	…	128
2	39,300	35,900	3,440	368	…	…	144,700	…	…	120
3	38,200	34,800	3,340	413	…	…	157,600	…	…	130
4	38,100	34,700	3,380	397	…	…	151,200	…	…	118

注： 1　昭和48年産以前は沖縄県を含まない。
　　 2　平成19年産から二条大麦の田畑別の収穫量調査は行っていない。

2　麦類（続き）
(4)　六条大麦

| 年　産 | 作　付　面　積 | | | 10 a 当 た り 収 量 | | | 収　穫　量 | | | 作況指数 |
	計	田	畑	平　均	田	畑	計	田	畑	（対平年比）
	(1)	(2)	(3)	(4)	(5)	(6)	(7)	(8)	(9)	(10)
	ha	ha	ha	kg	kg	kg	t	t	t	
昭和33年産	354,500	…	…	277	…	…	981,400	…	…	…
34	344,600	102,800	241,700	299	285	305	1,030,000	293,500	736,300	…
35	319,300	95,200	224,100	305	289	313	974,800	272,800	702,000	…
36	261,500	75,500	186,000	322	321	322	841,100	242,600	598,500	112
37	223,300	61,100	162,300	311	308	312	695,100	188,100	507,000	106
38	191,900	51,500	140,400	231	172	253	443,200	88,500	354,800	74
39	160,500	39,800	120,800	315	307	318	506,500	122,100	384,400	101
40	131,900	30,800	101,200	305	287	311	402,600	88,300	314,300	96
41	115,200	25,300	89,900	333	335	333	383,900	84,800	299,000	105
42	95,200	20,700	74,500	346	335	349	329,500	69,300	260,200	108
43	81,100	16,800	64,300	345	349	343	279,400	58,600	220,800	106
44	66,400	12,500	53,900	331	327	331	219,500	40,900	178,500	98
45	46,300	6,970	39,300	320	310	322	148,100	21,600	126,500	95
46	30,700	3,640	27,100	338	349	336	103,800	12,700	91,100	100
47	21,300	2,120	19,200	329	349	327	70,000	7,400	62,700	97
48	14,100	1,410	12,700	332	356	330	46,800	5,020	41,900	99
49	12,000	1,260	10,700	308	322	307	36,900	4,060	32,800	93
50	11,100	1,540	9,570	334	353	330	37,100	5,440	31,600	100
51	10,600	1,720	8,830	328	312	334	34,900	5,360	29,500	98
52	9,710	1,840	7,870	336	344	334	32,600	6,340	26,300	100
53	11,100	3,540	7,570	336	336	334	37,300	11,900	25,300	101
54	15,400	8,110	7,320	347	343	351	53,500	27,800	25,700	107
55	19,300	11,800	7,450	325	313	348	62,800	36,900	25,900	100
56	23,300	16,100	7,150	286	266	334	66,700	42,800	23,900	90
57	26,400	19,400	6,940	312	295	362	82,400	57,200	25,100	98
58	26,500	19,500	6,960	343	337	359	90,900	65,800	25,000	107
59	24,100	17,800	6,340	241	233	263	58,200	41,500	16,700	74
60	22,900	17,100	5,820	331	325	345	75,700	55,600	20,100	101
61	22,100	17,000	5,100	295	279	349	65,200	47,500	17,800	89
62	27,000	22,100	4,930	330	325	349	89,200	71,900	17,200	102
63	31,100	26,500	4,640	339	333	366	105,300	88,300	17,000	107
平成元	28,900	24,600	4,230	298	289	352	86,000	71,100	14,900	95
2	24,600	20,900	3,760	282	272	332	69,400	56,900	12,500	89
3	20,800	18,200	2,570	300	296	335	62,500	53,900	8,620	96
4	17,000	14,900	2,120	291	284	337	49,400	42,300	7,140	93
5	13,300	11,500	1,730	328	325	359	43,600	37,400	6,210	104
6	4,000	2,520	1,480	345	338	355	13,800	8,510	5,260	100
7	3,770	2,400	1,370	324	317	334	12,200	7,610	4,580	93
8	6,930	5,490	1,440	374	375	366	25,900	20,600	5,270	113
9	8,650	7,080	1,570	334	326	368	28,900	23,100	5,780	99
10	10,100	8,600	1,540	253	248	277	25,600	21,300	4,270	74
11	10,300	8,860	1,440	338	336	347	34,800	29,800	5,000	100
12	11,400	9,970	1,430	336	334	347	38,300	33,300	4,960	100
13	15,100	13,400	1,670	320	317	353	48,300	42,500	5,900	95
14	17,600	15,700	1,970	348	341	391	61,300	53,600	7,700	102
15	18,200	15,900	2,320	312	308	333	56,800	49,000	7,730	90
16	17,600	15,500	2,160	291	294	261	51,200	45,600	5,640	86
17	15,500	13,400	2,070	303	298	344	47,000	39,900	7,130	95
18	15,300	13,400	1,920	278	285	222	42,500	38,200	4,270	85
19	15,700	13,900	1,850	332	…	…	52,100	…	…	105
20	16,900	15,000	1,860	331	…	…	56,000	…	…	107
21	17,600	15,800	1,820	297	…	…	52,200	…	…	96
22	17,400	15,700	1,780	257	…	…	44,800	…	…	84
23	17,400	15,600	1,790	222	…	…	38,700	…	…	74
24	17,100	15,400	1,690	280	…	…	47,800	…	…	97
25	16,900	15,200	1,700	305	…	…	51,500	…	…	105
26	17,300	15,500	1,710	272	…	…	47,000	…	…	93
27	18,200	16,400	1,820	287	…	…	52,300	…	…	100
28	18,200	16,500	1,790	295	…	…	53,600	…	…	105
29	18,100	16,300	1,760	290	…	…	52,400	…	…	104
30	17,300	15,600	1,710	225	…	…	39,000	…	…	79

年　産	作　付　面　積			10 a 当 た り 収 量			収　穫　量			作況指数 （対平年比）
	計	田	畑	平　均	田	畑	計	田	畑	
	(1)	(2)	(3)	(4)	(5)	(6)	(7)	(8)	(9)	(10)
	ha	ha	ha	kg	kg	kg	t	t	t	
令和元	17,700	16,000	1,650	315	…	…	55,800	…	…	111
2	18,000	16,400	1,580	314	…	…	56,600	…	…	108
3	18,100	16,500	1,510	304	…	…	55,100	…	…	104
4	19,300	17,700	1,580	337	…	…	65,100	…	…	113

注：1　昭和48年産以前は沖縄県を含まない。
　　2　平成19年産から六条大麦の田畑別の収穫量調査は行っていない。

2　麦類（続き）

(5)　はだか麦

年　産	作　付　面　積			10 a 当 た り 収 量			収　　穫　　量			作況指数（対平年比）
	計	田	畑	平　均	田	畑	計	田	畑	
	(1)	(2)	(3)	(4)	(5)	(6)	(7)	(8)	(9)	(10)
	ha	ha	ha	kg	kg	kg	t	t	t	
明治11年産	421,100	…	…	100	…	…	421,600	…	…	…
12	434,800	…	…	96	…	…	417,900	…	…	…
13	461,900	…	…	124	…	…	571,700	…	…	…
14	466,100	…	…	97	…	…	454,100	…	…	…
15	484,000	…	…	126	…	…	607,700	…	…	…
16	483,700	…	…	106	…	…	510,600	…	…	…
17	492,800	…	…	120	…	…	591,400	…	…	…
18	524,400	…	…	108	…	…	568,900	…	…	…
19	537,700	…	…	136	…	…	732,800	…	…	…
20	570,300	…	…	138	…	…	787,900	…	…	…
21	580,900	…	…	122	…	…	710,500	…	…	…
22	580,900	293,000	287,900	117	117	117	679,700	343,600	336,100	…
23	590,200	301,700	288,500	67	64	70	394,400	193,900	200,500	…
24	633,800	326,400	307,400	141	146	135	892,700	476,400	416,300	…
25	645,000	337,600	307,400	130	136	124	840,900	459,900	381,000	…
26	649,000	329,200	319,800	131	135	128	853,000	443,300	409,700	…
27	656,400	343,900	312,500	155	157	152	1,015,000	540,100	475,000	…
28	666,600	355,200	311,400	146	150	142	973,700	532,200	441,500	…
29	666,700	356,800	309,900	123	124	122	822,400	443,600	378,900	…
30	646,000	343,600	302,500	132	138	127	855,500	472,400	383,100	…
31	675,700	360,700	315,000	151	156	146	1,022,000	561,800	460,300	…
32	675,000	362,400	312,600	135	137	133	914,300	497,700	416,600	…
33	678,100	362,200	316,000	152	153	151	1,031,000	555,400	476,000	…
34	674,900	355,900	319,000	150	154	145	1,012,000	549,600	462,500	…
35	669,800	356,500	313,400	131	133	129	877,600	473,600	404,000	…
36	665,800	352,600	313,100	88	85	90	583,800	301,100	282,700	…
37	684,300	370,700	313,600	139	142	135	951,300	526,500	424,800	…
38	688,700	377,900	310,800	133	137	128	915,000	516,800	398,300	…
39	695,100	381,000	314,000	139	140	137	965,400	535,000	430,400	…
40	689,200	376,600	312,600	152	156	147	1,046,000	585,900	460,500	…
41	682,900	372,900	310,000	154	158	149	1,052,000	589,000	462,500	…
42	684,700	371,000	313,800	157	162	152	1,077,000	599,900	476,600	…
43	670,100	362,500	307,700	139	142	136	932,100	513,900	418,300	…
44	661,700	359,700	301,900	157	163	150	1,041,000	588,100	453,300	…
大正元	674,400	372,100	302,300	163	169	155	1,096,000	627,900	468,200	…
2	714,900	402,500	312,400	178	188	166	1,274,000	755,700	518,100	…
3	721,300	408,100	313,200	139	141	136	1,000,000	575,400	424,600	…
4	709,300	399,400	309,900	162	172	150	1,151,000	686,900	464,400	…
5	679,700	384,600	295,100	162	170	151	1,099,000	652,800	446,000	…
6	636,500	363,700	272,800	179	185	171	1,137,000	671,300	466,100	…
7	632,300	366,700	265,600	171	176	164	1,079,000	644,500	434,600	…
8	641,000	369,400	271,600	165	170	158	1,057,000	627,000	430,400	…
9	671,800	388,900	282,800	171	181	158	1,151,000	705,600	445,600	…
10	660,700	382,300	278,400	148	153	142	978,700	584,300	394,400	…
11	609,800	352,100	257,600	162	172	150	989,500	604,000	385,600	…
12	557,800	320,400	237,300	146	150	140	812,500	480,200	332,400	…
13	539,600	311,100	228,400	148	155	137	796,300	482,700	313,600	…
14	545,200	319,800	225,400	198	211	180	1,079,000	673,200	406,100	…
昭和元	540,000	324,400	215,600	191	202	175	1,032,000	654,200	378,100	…
2	526,300	313,900	212,300	193	202	180	1,015,000	633,100	381,700	…
3	506,700	306,400	200,400	195	206	178	988,700	631,900	356,800	…
4	496,900	304,500	192,400	204	215	187	1,016,000	655,500	360,600	…
5	478,800	298,900	179,900	176	185	163	844,700	551,900	292,900	…

注：　1　明治23年産から明治30年産まで及び明治32年産から明治34年産までの作付面積は、後年その総数のみ訂正したが、田畑別作付面積が不明であるので、便宜案分をもって総数に符合させた。

　　　2　明治23年産から明治29年産まで及び明治32年産から明治34年産までの収穫量は、後年その総数のみ訂正したが、田畑別収穫量が不明であるので、便宜案分をもって総数に符合させた。

　　　3　明治22年産以前及び昭和19年産から昭和48年産までは沖縄県を含まない。

　　　4　平成19年産から、はだか麦の田畑別の収穫量調査は行っていない。

年　産	作　付　面　積			10　a　当　た　り　収　量			収　穫　量			作況指数
	計	田	畑	平　均	田	畑	計	田	畑	(対平年比)
	(1)	(2)	(3)	(4)	(5)	(6)	(7)	(8)	(9)	(10)
	ha	ha	ha	kg	kg	kg	t	t	t	
昭和6年産	471,400	293,000	178,500	192	202	175	903,500	591,800	311,800	…
7	475,700	294,000	181,700	191	205	169	909,700	603,200	306,500	…
8	434,000	265,400	168,600	171	174	166	742,100	462,900	279,200	…
9	420,900	259,500	161,300	203	212	190	854,800	548,900	305,800	…
10	436,100	270,900	165,200	211	224	189	918,000	605,600	312,500	…
11	435,900	268,800	167,100	186	195	171	810,000	524,000	285,900	…
12	425,900	261,100	164,800	194	206	175	827,000	538,400	288,600	…
13	411,400	252,700	158,700	172	180	160	709,600	455,500	254,100	…
14	406,300	251,800	154,500	230	246	203	933,900	619,900	314,000	…
15	401,600	249,600	152,000	217	231	193	869,500	575,700	293,800	…
16	465,600	297,000	168,600	201	215	177	937,000	637,800	299,200	…
17	504,600	320,300	184,400	182	194	162	919,100	620,600	298,500	…
18	481,200	307,600	173,600	152	162	135	732,700	499,100	233,600	…
19	503,600	326,400	177,300	181	192	161	912,600	628,000	284,600	…
20	477,300	312,300	165,000	151	159	135	720,400	497,200	223,300	…
21	445,500	292,600	152,800	101	108	89	450,800	315,100	135,700	…
22	415,900	…	…	154	…	…	642,200	…	…	…
23	536,000	350,700	185,400	181	…	…	972,700	…	…	111
24	564,900	369,400	195,500	184	…	…	1,041,000	…	…	116
25	591,200	385,100	206,000	180	…	…	1,063,000	…	…	98
26	558,700	340,200	218,500	199	198	201	1,111,000	672,800	438,200	104
27	522,400	314,300	208,000	207	211	200	1,080,000	664,600	415,500	106
28	516,300	311,100	205,200	192	196	186	992,100	610,000	382,100	97
29	567,600	338,000	229,500	233	241	222	1,322,000	813,000	508,600	118
30	562,000	337,700	224,400	224	233	211	1,260,000	785,400	474,400	110
31	556,300	333,400	223,000	217	221	211	1,208,000	736,900	471,300	105
32	516,400	308,600	207,800	200	204	194	1,031,000	628,000	403,400	96
33	496,500	296,400	200,000	188	195	178	934,600	578,400	356,200	88
34	471,200	280,000	191,200	227	229	223	1,067,000	640,600	426,700	107
35	435,900	258,200	177,700	251	258	241	1,095,000	666,900	427,700	116
36	335,000	190,300	144,700	253	262	243	849,100	497,900	351,200	113
37	275,700	151,600	124,100	255	260	249	703,000	394,200	308,800	114
38	248,500	137,800	110,800	46	32	62	113,300	44,700	68,600	18
39	205,700	110,400	95,400	190	211	165	390,400	233,100	157,300	76
40	177,000	96,800	80,200	290	300	277	513,300	290,800	222,400	116
41	162,500	89,800	72,700	242	257	224	394,000	231,200	162,800	94
42	145,100	82,600	62,500	248	261	230	359,400	215,800	143,600	96
43	126,500	73,400	53,100	301	317	279	381,000	232,500	148,400	116
44	109,300	64,400	44,900	251	274	217	274,200	176,500	97,600	95
45	80,200	47,800	32,400	193	188	201	155,000	89,800	65,200	72
46	50,700	28,900	21,800	274	282	261	138,700	81,500	57,000	102
47	31,900	17,700	14,100	233	250	214	74,400	44,200	30,200	86
48	18,400	9,880	8,470	246	266	223	45,200	26,300	18,900	90
49	17,500	9,870	7,610	294	313	269	51,400	30,900	20,500	107
50	17,300	10,600	6,740	271	289	240	46,800	30,600	16,200	99
51	16,500	10,300	6,200	244	254	226	40,200	26,200	14,000	88
52	14,800	9,520	5,280	261	275	239	38,700	26,200	12,600	93
53	15,200	10,300	4,860	330	345	300	50,200	35,500	14,600	116
54	16,700	12,100	4,580	352	374	295	58,800	45,200	13,500	123
55	18,000	13,800	4,230	296	301	277	53,300	41,600	11,700	101
56	16,100	12,600	3,520	327	339	287	52,700	42,700	10,100	109
57	14,700	11,500	3,110	326	339	283	47,900	39,000	8,810	107
58	13,500	10,900	2,560	291	303	246	39,300	33,000	6,300	94
59	11,100	9,040	2,080	383	403	291	42,500	36,400	6,050	122
60	10,400	8,690	1,740	366	383	277	38,100	33,300	4,820	114
61	9,550	8,140	1,410	314	321	274	30,000	26,100	3,870	95
62	8,370	7,340	1,030	317	324	263	26,500	23,800	2,710	94
63	8,580	7,760	821	340	348	270	29,200	27,000	2,220	100

2 麦類（続き）

(5) はだか麦（続き）

年 産	作 付 面 積			10 a 当 た り 収 量			収 穫 量			作況指数 (対平年比)
	計	田	畑	平 均	田	畑	計	田	畑	
	(1)	(2)	(3)	(4)	(5)	(6)	(7)	(8)	(9)	(10)
	ha	ha	ha	kg	kg	kg	t	t	t	
平成元年産	8,570	7,930	644	296	300	253	25,400	23,800	1,630	85
2	7,590	7,130	460	298	300	261	22,600	21,400	1,200	85
3	6,080	5,710	376	225	228	199	13,700	13,000	750	65
4	4,280	4,020	257	269	271	243	11,500	10,900	625	78
5	3,280	3,070	206	375	381	280	12,300	11,700	576	112
6	3,230	3,070	160	356	358	291	11,500	11,000	466	106
7	3,800	3,630	164	358	364	285	13,600	13,200	467	107
8	4,040	3,900	144	438	441	326	17,700	17,200	469	130
9	5,000	4,780	217	332	339	198	16,600	16,200	430	98
10	5,420	5,160	259	199	203	141	10,800	10,500	366	58
11	5,100	4,850	249	392	398	260	20,000	19,300	648	114
12	5,400	5,170	239	409	412	328	22,100	21,300	784	117
13	5,940	5,660	282	328	330	299	19,500	18,700	842	92
14	6,190	5,910	273	325	328	258	20,100	19,400	703	91
15	5,900	5,660	233	312	314	232	18,400	17,800	541	88
16	5,060	4,880	176	306	309	220	15,500	15,100	387	87
17	4,540	4,420	121	267	267	265	12,100	11,800	321	80
18	4,420	4,290	121	303	305	229	13,400	13,100	277	90
19	4,020	3,920	99	356	…	…	14,300	…	…	113
20	4,350	4,240	106	370	…	…	16,100	…	…	119
21	4,350	4,260	93	257	…	…	11,200	…	…	82
22	4,720	4,640	81	250	…	…	11,800	…	…	81
23	5,130	4,950	178	267	…	…	13,700	…	…	91
24	4,970	4,840	130	245	…	…	12,200	…	…	84
25	5,010	4,880	135	293	…	…	14,700	…	…	102
26	5,250	5,100	149	276	…	…	14,500	…	…	97
27	5,200	5,060	141	217	…	…	11,300	…	…	80
28	4,990	4,820	169	200	…	…	10,000	…	…	78
29	4,970	4,800	175	256	…	…	12,700	…	…	102
30	5,420	5,200	212	258	…	…	14,000	…	…	102
令和元	5,780	5,520	259	351	…	…	20,300	…	…	140
2	6,330	6,070	265	322	…	…	20,400	…	…	124
3	6,820	6,000	817	324	…	…	22,100	…	…	122
4	5,870	5,470	395	290	…	…	17,000	…	…	105

〔参考〕　大麦

年　産	作　付　面　積			10 a 当 た り 収 量			収　穫　量		
	計	田	畑	平　均	田	畑	計	田	畑
	(1)	(2)	(3)	(4)	(5)	(6)	(7)	(8)	(9)
	ha	ha	ha	kg	kg	kg	t	t	t
大正元年産	593,100	151,300	441,800	180	165	185	1,065,000	248,900	815,900
2	618,900	162,300	456,600	187	168	194	1,157,000	272,800	884,600
3	611,200	168,200	443,000	170	154	176	1,038,000	259,400	779,100
4	590,900	152,900	438,000	189	170	195	1,115,000	259,700	855,400
5	564,600	146,500	418,100	184	167	189	1,037,000	245,100	791,500
6	532,300	139,800	392,400	187	165	195	997,100	230,700	766,500
7	525,600	138,200	387,500	173	154	180	910,100	212,600	697,500
8	529,800	139,200	390,700	202	174	212	1,070,000	241,800	827,800
9	536,800	142,800	394,100	168	162	170	901,500	231,800	669,700
10	524,500	138,300	386,200	187	166	195	981,800	229,700	752,100
11	501,400	128,200	373,200	190	176	195	953,900	225,100	728,800
12	473,800	118,900	354,900	174	155	181	826,000	184,800	641,200
13	455,300	113,800	341,500	193	170	200	878,200	193,500	684,700
14	453,000	115,100	337,900	212	195	218	960,200	224,200	735,900
昭和元	443,800	115,600	328,300	210	193	216	931,900	222,700	709,200
2	422,000	108,600	313,400	195	183	199	823,200	198,700	624,500
3	400,400	104,400	296,000	207	189	213	827,100	197,500	629,600
4	391,200	104,000	287,200	198	191	200	773,900	198,800	575,200
5	377,200	104,200	273,000	204	188	211	771,200	196,100	575,100
6	377,200	105,600	271,600	213	192	221	802,400	203,300	599,100
7	376,900	106,100	270,800	219	196	227	823,700	207,700	615,900
8	344,400	97,600	246,900	218	187	231	752,200	182,600	569,600
9	329,000	93,400	235,600	225	199	235	739,100	185,900	553,200
10	339,100	97,000	242,100	234	209	244	792,600	202,500	590,100
11	337,900	98,700	239,300	205	186	212	691,100	183,300	507,900
12	327,400	96,000	231,500	228	207	238	748,100	198,200	549,900
13	354,600	111,100	243,500	194	178	201	687,900	197,400	490,500
14	351,000	110,900	240,000	241	223	249	844,300	246,900	597,400
15	337,900	106,200	231,700	242	215	255	817,700	228,000	589,800
16	354,800	116,500	238,200	199	195	201	706,800	227,000	479,800
17	392,300	134,500	257,800	187	171	195	733,600	230,600	503,000
18	379,600	131,300	248,200	151	137	158	572,700	180,300	392,300
19	423,900	160,400	263,500	184	173	191	781,000	277,300	503,700
20	400,700	151,400	249,400	134	127	137	535,300	192,600	342,700
21	368,200	124,300	243,900	113	109	115	417,200	135,600	281,600
22	339,500	…	…	152	…	…	514,600	…	…
23	448,200	134,500	313,700	189	…	…	845,000	…	…
24	440,000	126,900	313,200	217	…	…	954,400	…	…
25	429,200	119,400	309,800	209	…	…	896,800	…	…
26	420,200	116,500	303,600	252	229	261	1,058,000	266,300	791,400
27	407,400	111,700	295,700	265	242	273	1,078,000	270,300	807,700
28	404,600	113,200	291,400	272	241	283	1,099,000	273,000	825,700
29	446,500	132,600	313,900	282	274	286	1,261,000	363,300	897,400
30	433,500	134,400	299,100	265	262	266	1,148,000	352,100	795,600
31	425,100	131,400	293,600	266	251	273	1,132,000	330,200	802,200
32	413,900	124,300	289,700	273	256	280	1,129,000	318,500	810,300

注：昭和19年産から32年産は沖縄県を含まない。

2 麦類（続き）

［参考］ えん麦

年　産	作付面積 (1)	10a当たり収量 (2)	収穫量 (3)	年　産	作付面積 (1)	10a当たり収量 (2)	収穫量 (3)
	ha	kg	t		ha	kg	t
昭和元年産	108,900	144	156,200	昭和51年産	9,860	218	21,500
2	122,400	147	179,600	52	8,230	220	18,100
3	115,200	145	167,200	53	10,600	186	19,700
4	117,100	137	160,300	54	6,570	…	…
5	120,100	152	182,300	55	6,480	…	…
6	118,100	136	160,800	56	4,880	1) 156	1) 7,610
7	127,000	87	111,100	57	4,410	1) 216	1) 7,560
8	127,200	126	160,600	58	4,190	1) 228	1) 7,350
9	119,400	167	199,800	59	3,710	209	7,750
10	121,300	127	153,500	60	3,130	1) 234	1) 5,570
11	124,500	135	168,400	61	3,210	1) 221	1) 5,780
12	121,600	126	152,700	62	2,990	202	6,030
13	136,200	151	205,200	63	2,510	1) 216	1) 4,600
14	122,800	125	153,400				
15	120,400	128	154,500	平成元	2,420	1) 223	1) 4,610
				2	2,110	222	4,690
16	138,200	127	175,600	3	1,800	1) 220	1) 3,250
17	144,300	118	170,800	4	1) 1,350	1) 215	1) 2,240
18	134,500	72	96,800	5	1) 1,160	1) 226	1) 1,990
19	118,000	99	116,300				
20	109,000	84	91,900	6	1,150	223	2,570
				7	1) 1,090	…	…
21	81,600	70	57,400	8	1) 1,220	…	…
22	75,400	75	56,600	9	1,380	…	…
23	79,300	114	90,200	10	1) 1,440	…	…
24	84,100	113	95,000				
25	86,800	154	134,000	11	1) 1,210	…	…
				12	844	…	…
26	78,600	177	138,800	13	1) 938	…	…
27	82,700	165	136,700	14	1) 1,090	…	…
28	88,400	165	145,500	15	996	…	…
29	90,300	181	163,300				
30	96,300	172	165,900	16	423	…	…
				17	300	…	…
31	89,000	180	160,500	18	227	…	…
32	94,000	200	188,000	19	211	…	…
33	89,800	218	195,800	20	180	…	…
34	78,100	222	173,400				
35	79,100	203	160,800	21	139	…	…
				22	150	…	…
36	81,800	205	167,900	23	143	…	…
37	83,800	180	150,400	24	136	…	…
38	75,300	208	156,300	25	149	…	…
39	68,600	177	121,400				
40	62,100	220	136,700	26	182	…	…
				27	158	…	…
41	54,400	188	102,300	28	146	…	…
42	45,600	221	100,800				
43	41,400	224	92,700				
44	33,700	198	66,700				
45	27,400	224	61,400				
46	29,900	201	60,000				
47	25,100	227	57,100				
48	20,600	199	41,000				
49	16,800	221	37,100				
50	13,300	212	28,200				

注：　1　昭和48年産以前は沖縄県を含まない。
　　　2　平成7年産以降は、収穫量調査を廃止した。
　　　3　えん麦の作付面積調査は、平成29年産から廃止した。
　　　1)については、主産県調査の合計値である。

3　豆類・そば

(1)　豆類

ア　大豆

年　産	作付面積 (1)	10a当たり収量 (2)	収穫量 (3)	作況指数 (対平年比) (4)	年　産	作付面積 (1)	10a当たり収量 (2)	収穫量 (3)	作況指数 (対平年比) (4)
	ha	kg	t			ha	kg	t	
明治11年産	411,200	51	211,700	…	昭和26年産	422,000	112	474,400	…
12	438,000	67	294,100	…	27	409,900	127	521,500	…
13	420,200	72	301,300	…	28	421,400	102	429,400	88
14	424,000	66	280,600	…	29	429,900	87	376,000	74
15	429,300	71	303,300	…	30	385,200	132	507,100	112
16	437,000	66	287,300	…	31	383,400	119	455,500	99
17	439,100	69	302,700	…	32	363,700	126	458,500	104
18	…	…	…	…	33	346,500	113	391,200	92
19	…	…	…	…	34	338,600	126	426,200	102
20	462,400	91	419,700	…	35	306,900	136	417,600	109
21	…	…	…	…	36	286,700	135	386,900	105
22	…	…	…	…	37	265,500	127	335,800	98
23	…	…	…	…	38	233,400	136	317,900	104
24	…	…	…	…	39	216,600	111	239,800	83
25	439,800	91	401,300	…	40	184,100	125	229,700	94
26	…	…	…	…	41	168,800	118	199,200	89
27	432,200	88	379,700	…	42	141,300	135	190,400	103
28	427,700	95	408,100	…	43	122,400	137	167,500	104
29	437,100	89	386,900	…	44	102,600	132	135,700	100
30	432,000	93	400,000	…	45	95,500	132	126,000	100
31	478,000	84	401,000	…	46	100,500	122	122,400	92
32	451,800	97	440,000	…	47	89,100	142	126,500	108
33	453,900	101	459,500	…	48	88,400	134	118,200	101
34	470,000	112	525,000	…	49	92,800	143	132,800	106
35	462,300	88	404,700	…	50	86,900	145	125,600	105
36	461,200	102	470,600	…	51	82,900	132	109,500	95
37	443,100	108	478,600	…	52	79,300	140	110,800	103
38	454,900	92	420,800	…	53	127,000	150	189,900	111
39	457,100	99	453,700	…	54	130,300	147	191,700	107
40	468,000	101	473,100	…	55	142,200	122	173,900	88
41	491,700	102	502,200	…	56	148,800	142	211,700	104
42	475,800	102	485,900	…	57	147,100	154	226,300	113
43	474,200	92	438,200	…	58	143,400	151	217,200	109
44	485,300	98	476,400	…	59	134,300	177	238,000	123
大正元	471,700	96	453,000	…	60	133,500	171	228,300	112
2	471,300	82	386,100	…	61	138,400	177	245,200	111
3	460,700	103	472,700	…	62	162,700	177	287,200	107
4	466,900	105	491,200	…	63	162,400	171	276,900	99
5	462,300	105	483,700	…	平成元	151,600	179	271,700	102
6	430,600	108	465,000	…	2	145,900	151	220,400	85
7	428,600	104	445,200	…	3	140,800	140	197,300	77
8	425,900	119	507,100	…	4	109,900	171	188,100	96
9	472,000	117	550,900	…	5	87,400	115	100,600	66
10	469,600	114	534,200	…	6	60,900	162	98,800	95
11	442,800	107	473,200	…	7	68,600	173	119,000	100
12	422,200	105	443,000	…	8	81,800	181	148,100	105
13	405,300	103	418,200	…	9	83,200	174	144,600	99
14	393,800	118	465,500	…	10	109,100	145	158,000	81
昭和元	387,700	100	386,800	…	11	108,200	173	187,200	97
2	379,000	111	421,000	…	12	122,500	192	235,000	108
3	369,900	104	384,000	…	13	143,900	189	271,400	104
4	344,000	100	342,500	…	14	149,900	180	270,200	101
5	346,700	113	391,400	…	15	151,900	153	232,200	85
6	350,300	91	320,500	…	16	136,800	119	163,200	68
7	341,700	91	311,200	…	17	134,000	168	225,000	99
8	323,700	112	362,200	…	18	142,100	161	229,200	91
9	336,400	83	279,100	…	19	138,300	164	226,700	97
10	332,600	88	291,700	…	20	147,100	178	261,700	109
11	326,700	104	339,800	…	21	145,400	158	229,900	96
12	328,800	112	366,700	…	22	137,700	162	222,500	100
13	326,900	107	348,400	…	23	136,700	160	218,800	96
14	321,700	110	354,400	…	24	131,100	180	235,900	105
15	324,800	98	319,900	…	25	128,800	155	199,900	91
16	298,200	79	235,100	…	26	131,600	176	231,800	104
17	308,600	97	300,700	…	27	142,000	171	243,100	99
18	301,500	103	309,600	…	28	150,000	159	238,000	92
19	286,500	93	267,300	…	29	150,200	168	253,000	101
20	257,000	66	170,400	…	30	146,600	144	211,300	86
21	224,600	90	202,000	…	令和元	143,500	152	217,800	92
22	223,100	78	173,500	…	2	141,700	154	218,900	96
23	229,700	93	214,000	…	3	146,200	169	246,500	105
24	254,100	85	216,900	…	4	151,600	160	242,800	100
25	413,100	108	446,900	…					

注：1　明治23年産から明治29年産まで、明治33年産、明治34年産及び明治40年産の作付面積は、後年その総数のみ訂正したが田畑別作付面積が不明であるので便宜案分をもって総数に符合させた。

　　2　明治23年産から明治30年産まで、明治32年産から明治34年産までの収穫量は、後年その総数のみ訂正したが田畑別収穫量が不明であるので便宜案分をもって総数に符合させた。

　　3　昭和元年産から昭和15年産は、未成熟のまま採取したものを成熟した時の数量に見積もり、これを含めて計上した。ただし、それ以前は不詳である。

　　4　明治29年産以前及び昭和19年産から昭和48年産までは沖縄県を含まない。

　　5　作況指数については、平成14年産からは平年収量を算出していないため、10a当たり平均収量（原則として直近7か年のうち、最高及び最低を除いた5か年の平均値）に対する当年産の10a当たり収量の比率である（以下3の各統計表において同じ。）。

3 豆類・そば（続き）

(1) 豆類（続き）

イ 小豆

年産	作付面積 (1)	10a当たり収量 (2)	収穫量 (3)	作況指数（対平年比）(4)	年産	作付面積 (1)	10a当たり収量 (2)	収穫量 (3)	作況指数（対平年比）(4)
	ha	kg	t			ha	kg	t	
明治11年産	...	...	...	...	昭和26年産	102,500	91	93,600	...
12	...	...	...	...	27	118,900	110	130,700	...
13	...	...	...	...	28	117,800	78	92,200	...
14	...	...	...	...	29	124,900	65	81,700	...
15	...	...	...	...	30	135,300	111	150,000	...
16	44,200	68	29,900	...	31	150,100	72	107,600	...
17	63,800	72	46,300	...	32	141,000	99	139,800	...
18	...	...	...	...	33	142,100	104	147,500	101
19	...	...	...	...	34	144,300	109	156,600	104
20	...	...	...	...	35	138,700	122	169,700	114
21	...	...	...	...	36	145,300	127	184,900	115
22	...	...	...	...	37	140,200	100	140,100	88
23	...	...	...	...	38	121,700	114	138,500	102
24	...	...	...	...	39	125,000	68	84,500	58
25	...	...	...	...	40	108,400	100	107,900	88
26	...	...	...	...	41	122,400	76	92,800	64
27	100,600	80	80,700	...	42	112,600	128	143,600	109
28	104,800	85	88,700	...	43	101,000	113	114,300	97
29	103,100	81	83,000	...	44	91,700	104	95,500	88
30	108,400	82	89,100	...	45	90,000	121	109,000	102
31	118,300	80	94,300	...	46	99,600	78	77,700	66
32	119,700	99	118,500	...	47	108,100	144	155,300	116
33	121,800	102	124,800	...	48	101,800	142	144,100	111
34	128,100	104	133,100	...	49	93,500	138	129,400	105
35	128,200	80	102,100	...	50	76,300	116	88,400	89
36	127,400	104	132,200	...	51	62,400	97	60,400	77
37	125,000	84	105,100	...	52	65,600	133	87,100	108
38	124,700	93	115,800	...	53	60,600	158	95,700	127
39	129,400	100	129,100	...	54	62,400	141	87,900	108
40	134,700	99	133,300	...	55	55,900	100	56,000	77
41	138,800	91	126,000	...	56	52,600	98	51,500	77
42	134,100	97	130,000	...	57	62,700	150	94,200	112
43	139,900	99	139,100	...	58	69,800	87	60,700	63
44	139,900	98	137,600	...	59	66,300	163	108,400	119
大正元	135,600	101	136,400	...	60	61,200	158	97,000	115
2	139,800	62	86,600	...	61	57,000	155	88,200	114
3	128,900	102	131,400	...	62	64,100	147	94,000	106
4	129,800	107	138,500	...	63	66,400	146	96,700	102
5	131,400	97	127,700	...	平成元	66,700	159	106,200	106
6	122,200	103	125,500	...	2	66,300	178	117,900	116
7	118,800	98	116,800	...	3	56,200	159	89,200	103
8	125,000	101	126,400	...	4	50,800	135	68,600	86
9	136,700	113	153,800	...	5	52,600	87	45,500	54
10	150,600	118	177,300	...	6	52,500	171	90,000	103
11	142,500	97	137,800	...	7	51,200	183	93,800	111
12	134,900	95	128,000	...	8	48,700	160	78,100	95
13	129,300	100	129,600	...	9	49,000	147	72,100	86
14	128,500	119	152,800	...	10	46,700	166	77,600	98
昭和元	121,400	80	97,300	...	11	45,400	178	80,600	103
2	114,200	111	126,300	...	12	43,600	202	88,200	115
3	116,000	91	105,500	...	13	45,700	155	70,800	84
4	109,600	100	109,500	...	14	42,000	157	65,900	93
5	111,400	116	129,100	...	15	42,000	140	58,800	86
6	176,300	51	90,000	...	16	42,600	212	90,500	132
7	119,100	67	80,100	...	17	38,300	206	78,900	114
8	114,000	120	136,600	...	18	32,200	198	63,900	111
9	119,500	75	89,900	...	19	32,700	201	65,600	109
10	108,900	70	76,800	...	20	32,100	216	69,300	118
11	100,300	99	99,600	...	21	31,700	167	52,800	85
12	103,400	116	120,000	...	22	30,700	179	54,900	90
13	102,100	95	97,400	...	23	30,600	196	60,000	nc
14	96,600	105	101,000	...	24	30,700	222	68,200	nc
15	100,400	89	89,200	...	25	32,300	211	68,000	nc
16	88,700	68	60,700	...	26	32,000	240	76,800	nc
17	82,600	91	75,100	...	27	27,300	233	63,700	nc
18	88,800	95	84,700	...	28	21,300	138	29,500	nc
19	68,600	89	61,200	...	29	22,700	235	53,400	113
20	49,800	66	32,800	...	30	23,700	178	42,100	81
21	44,600	84	37,600	...	令和元	25,500	232	59,100	107
22	42,000	74	31,000	...	2	26,600	195	51,900	89
23	45,600	86	39,200	...	3	23,300	181	42,200	84
24	50,400	76	38,500	...	4	**23,200**	**181**	**42,100**	**89**
25	85,000	94	80,100	...					

注：明治29年産以前及び昭和19年産から昭和48年産までは沖縄県を含まない。

ウ　いんげん

年　産	作付面積	10 a 当たり収量	収穫量	作況指数（対平年比）	年　産	作付面積	10 a 当たり収量	収穫量	作況指数（対平年比）
	(1)	(2)	(3)	(4)		(1)	(2)	(3)	(4)
	ha	kg	t			ha	kg	t	
昭和元年産	63,500	93	58,900	…	昭和51年産	46,600	179	83,400	107
2	61,700	117	71,900	…	52	43,700	194	84,800	114
3	64,200	103	65,900	…	53	26,800	193	51,600	114
4	82,500	112	92,700	…	54	21,200	193	40,900	112
5	97,000	131	127,300	…	55	23,400	143	33,400	79
6	82,700	72	59,400	…	56	26,400	139	36,700	76
7	81,100	46	37,200	…	57	30,300	191	57,900	104
8	92,300	124	114,200	…	58	28,600	114	32,700	62
9	82,400	87	71,900	…	59	29,800	201	60,000	109
10	82,800	62	51,400	…	60	23,600	185	43,700	101
11	87,700	80	69,900	…	61	20,600	193	39,700	106
12	90,600	136	122,700	…	62	20,700	182	37,700	99
13	87,300	104	90,700	…	63	20,100	174	34,900	95
14	95,500	106	101,000	…	平成元	23,800	151	36,000	81
15	97,500	86	83,600	…	2	22,700	143	32,400	76
16	63,700	59	37,300	…	3	20,200	216	43,600	115
17	54,100	119	64,100	…	4	17,600	192	33,800	100
18	41,400	95	39,300	…	5	17,200	152	26,200	79
19	21,800	105	22,900	…	6	19,500	96	18,700	50
20	16,300	90	14,700	…	7	19,600	226	44,300	118
21	18,000	102	18,400	…	8	18,900	173	32,700	90
22	17,900	81	14,500	…	9	16,300	200	32,600	104
23	24,500	93	22,700	…	10	13,300	186	24,800	97
24	22,800	96	21,800	…	11	12,400	173	21,400	91
25	35,900	135	48,400	…	12	12,900	119	15,300	63
26	42,900	115	49,300	…	13	13,300	179	23,800	95
27	55,800	134	75,100	…	14	14,700	231	34,000	127
28	68,100	95	65,000	…	15	12,800	180	23,000	99
29	85,700	85	73,100	…	16	11,800	231	27,300	126
30	96,700	146	141,000	…	17	11,200	229	25,700	121
31	85,300	91	77,400	…	18	10,000	191	19,100	96
32	94,600	116	109,800	…	19	10,400	211	21,900	104
33	105,200	141	148,900	108	20	10,900	225	24,500	107
34	102,200	146	148,800	109	21	11,200	142	15,900	65
35	89,300	159	142,200	119	22	11,600	190	22,000	90
36	78,400	166	129,800	121	23	10,200	97	9,870	nc
37	84,700	119	100,700	84	24	9,650	187	18,000	nc
38	95,400	142	135,200	99	25	9,120	168	15,300	nc
39	87,900	89	78,600	60	26	9,260	221	20,500	nc
40	92,200	146	134,400	99	27	10,200	250	25,500	nc
41	91,700	88	80,900	59	28	8,560	66	5,650	nc
42	79,700	150	119,800	101	29	7,150	236	16,900	136
43	68,400	153	104,800	103	30	7,350	133	9,760	73
44	63,800	156	99,600	105	令和元	6,860	195	13,400	103
45	73,600	168	123,700	113	2	7,370	67	4,920	35
46	62,300	143	89,100	94	3	7,130	101	7,200	59
47	53,200	182	96,800	117	4	6,220	137	8,530	94
48	44,500	175	77,900	109					
49	42,900	167	71,600	101					
50	44,100	152	67,200	91					

注：1　昭和元年産から昭和15年産には未成熟のまま採取したものを成熟した時の数量に見積もり、これを含めて計上した。ただし、それ以前は不詳である。
　　2　昭和19年産から昭和48年産までは沖縄県を含まない。

3　豆類・そば（続き）

(1)　豆類（続き）

エ　らっかせい

年　産	作 付 面 積	10 a 当 た り 収 量	収 穫 量	作況指数（対平年比）	年　産	作 付 面 積	10 a 当 た り 収 量	収 穫 量	作況指数（対平年比）
	(1)	(2)	(3)	(4)		(1)	(2)	(3)	(4)
	ha	kg	t			ha	kg	t	
明治38年産	5,410	206	11,200	…	昭和41年産	64,900	214	138,800	94
39	5,730	251	14,400	…	42	61,500	221	135,900	100
40	6,010	186	11,200	…	43	59,100	207	122,400	93
41	5,950	177	10,500	…	44	59,500	211	125,600	97
42	6,540	170	11,100	…	45	60,100	207	124,200	95
43	7,040	150	10,500	…	46	57,300	193	110,800	88
44	7,750	166	12,900	…	47	52,000	221	115,000	105
					48	47,900	203	97,200	95
大正元	9,960	165	16,400	…	49	46,100	196	90,500	91
2	9,120	198	18,100	…	50	40,500	174	70,500	82
3	9,450	192	18,200	…					
4	10,000	169	16,900	…	51	37,800	173	65,400	83
5	12,200	165	20,100	…	52	35,000	197	68,900	99
					53	34,700	179	62,100	91
6	13,300	144	19,100	…	54	33,700	199	66,900	103
7	12,500	187	23,300	…	55	33,200	165	54,800	87
8	11,800	159	18,700	…					
9	11,300	150	16,900	…	56	31,700	193	61,100	104
10	11,000	129	14,200	…	57	30,200	154	46,600	83
					58	29,700	166	49,400	89
11	10,200	163	16,500	…	59	28,700	179	51,300	97
12	9,340	181	16,900	…	60	26,800	188	50,500	102
13	9,440	177	16,700	…					
14	8,320	171	14,200	…	61	24,300	192	46,600	103
					62	22,700	203	46,100	110
昭和元	6,670	191	12,700	…	63	20,700	154	31,800	83
2	6,020	187	11,200	…					
3	5,830	186	10,800	…	平成元	19,000	196	37,300	105
4	5,810	177	10,300	…	2	18,400	218	40,100	112
5	5,670	187	10,600	…	3	17,100	175	30,000	90
					4	16,200	191	30,900	98
6	6,160	183	11,200	…	5	15,400	153	23,500	77
7	6,320	184	11,600	…					
8	7,060	203	14,300	…	6	14,400	242	34,900	117
9	7,510	151	11,400	…	7	13,800	189	26,100	88
10	7,510	163	12,300	…	8	13,100	226	29,600	102
					9	12,400	245	30,400	110
11	7,780	176	13,700	…	10	11,800	210	24,800	95
12	8,150	140	11,400	…					
13	7,960	165	13,100	…	11	11,300	234	26,400	105
14	8,190	191	15,600	…	12	10,800	247	26,700	108
15	9,300	202	18,700	…	13	10,300	224	23,100	96
					14	9,950	241	24,000	106
16	12,000	150	18,000	…	15	9,530	231	22,000	99
17	11,000	170	18,700	…					
18	…	…	…	…	16	9,110	234	21,300	100
19	…	…	…	…	17	8,990	238	21,400	103
20	…	…	…	…	18	8,600	233	20,000	99
					19	8,310	226	18,800	96
21	5,200	125	6,480	…	20	8,070	240	19,400	103
22	5,280	86	4,570	…					
23	7,150	129	9,220	…	21	7,870	258	20,300	109
24	7,610	119	9,030	…	22	7,720	210	16,200	88
25	19,200	136	26,300	…	23	7,440	273	20,300	nc
					24	7,180	241	17,300	nc
26	23,100	124	28,500	…	25	6,970	232	16,200	nc
27	25,000	133	33,200	…					
28	24,900	108	26,800	…	26	6,840	235	16,100	nc
29	26,900	146	39,300	…	27	6,700	184	12,300	nc
30	25,900	181	46,800	…	28	6,550	237	15,500	nc
					29	6,420	240	15,400	104
31	31,800	156	49,600	…	30	6,370	245	15,600	103
32	39,600	181	71,800	…					
33	43,900	190	83,300	116	令和元	6,330	196	12,400	83
34	42,900	219	94,000	134	2	6,220	212	13,200	93
35	54,800	230	126,200	117	3	6,020	246	14,800	110
					4	**5,870**	**298**	**17,500**	**132**
36	65,600	216	141,800	100					
37	64,200	222	142,500	102					
38	61,400	234	144,000	99					
39	62,800	208	130,600	89					
40	66,500	205	136,600	90					

注：1　収穫量はさや付きである。
　　2　昭和19年産から昭和48年産までは沖縄県を含まない。

（2）そば

年　産	作 付 面 積	10a当たり収量	収 穫 量	年　産	作 付 面 積	10a当たり収量	収 穫 量
	(1)	(2)	(3)		(1)	(2)	(3)
	ha	kg	t		ha	kg	t
明治11年産	146,000	44	64,300	昭和26年産	63,700	71	45,500
12	154,600	53	82,400	27	57,000	92	52,300
13	155,000	51	78,600	28	52,400	79	41,700
14	157,600	50	78,500	29	50,600	55	28,000
15	157,000	49	77,700	30	48,000	82	39,300
16	158,200	51	81,200	31	48,700	80	39,100
17	152,500	48	73,500	32	47,800	84	40,400
18	…	…	…	33	47,900	90	43,000
19	…	…	…	34	46,700	96	44,900
20	157,100	80	125,700	35	47,300	110	52,200
21	…	…	…	36	43,500	98	42,800
22	…	…	…	37	39,500	94	37,200
23	…	…	…	38	37,500	108	40,500
24	…	…	…	39	34,700	78	27,100
25	160,500	81	130,100	40	31,300	96	30,100
26	…	…	…	41	28,100	99	27,700
27	170,900	79	135,300	42	25,100	110	27,500
28	174,500	77	134,100	43	23,800	93	22,100
29	169,800	72	122,700	44	20,500	107	21,900
30	172,700	65	111,400	45	18,500	93	17,200
31	178,500	75	134,200	46		…	…	…
32	174,700	64	112,400	47		…	…	…
33	167,600	86	144,600	48	26,500	…	…
34	164,600	82	134,300	49	23,300	122	28,400
35	164,400	65	106,800	50	18,300	…	…
36	165,600	80	131,900	51	14,700	…	…
37	166,300	80	132,300	52	16,600	122	20,200
38	163,100	77	125,900	53	25,100	…	…
39	159,700	85	135,300	54	22,500	…	…
40	165,300	84	139,300	55	24,200	67	16,100
41	164,200	85	138,800	56	23,100	…	…
42	155,900	92	143,300	57	23,700	…	…
43	155,300	95	147,600	58	21,100	82	17,200
44	149,800	91	136,800	59	19,200	…	…
大正元	145,400	77	112,100	60	18,700	…	…
2	150,200	78	117,100	61	19,600	94	18,400
3	160,200	96	154,000	62	23,600	…	…
4	152,900	92	141,300	63	25,700	…	…
5	147,600	89	131,800	平成元	25,900	79	20,500
6	141,600	74	105,200	2	27,800	…	…
7	135,200	71	95,900	3	28,100	…	…
8	135,600	94	127,500	4	24,200	90	21,700
9	136,800	99	135,900	5	22,600	…	…
10	130,400	98	128,400	6	20,200	…	…
11	126,500	99	125,300	7	22,600	93	21,100
12	119,000	98	116,700	8	26,500	…	…
13	116,000	87	100,700	9	27,700	…	…
14	113,700	102	116,200	10	34,400	52	17,900
昭和元	107,500	85	91,900	11	37,100	…	…
2	105,400	99	103,900	12	37,400	…	…
3	100,400	92	92,000	13	(39,900) 41,800	(65)	(26,000)
4	89,100	92	82,100	14	(39,300) 41,400	(65)	(25,400)
5	96,300	109	105,100	15	(41,200) 43,500	(65)	(26,800)
6	105,100	87	91,300	16	(41,300) 43,500	(49)	(20,400)
7	103,100	80	82,300	17	(42,600) 44,700	(73)	(31,200)
8	100,500	102	102,800	18	(42,800) 44,800	(77)	(33,000)
9	102,900	73	75,400	19	(38,400) 46,100	(68)	(26,300)
10	96,200	71	68,300	20	(39,800) 47,300	(58)	(23,200)
11	95,200	88	83,700	21	(37,800) 45,400	(40)	(15,300)
12	89,600	100	89,500	22	47,700	62	29,700
13	84,000	93	78,100	23	56,400	57	32,000
14	80,900	92	74,800	24	61,000	73	44,600
15	83,300	87	72,600	25	61,400	54	33,400
16	84,500	82	69,100	26	59,900	52	31,100
17	83,800	82	69,000	27	58,200	60	34,800
18	87,700	72	63,300	28	60,600	48	28,800
19	73,900	72	53,100	29	62,900	55	34,400
20	69,900	48	33,800	30	63,900	45	29,000
21	68,700	71	49,100	令和元	65,400	65	42,600
22	63,400	56	35,600	2	66,600	67	44,800
23	62,800	73	45,600	3	65,500	62	40,900
24	60,700	64	39,000	4	**65,600**	**61**	**40,000**
25	68,000	76	52,000				

注： 1　明治29年産以前及び昭和19年産から昭和48年産までは沖縄県を含まない。
　　 2　（　）内は収穫量調査の調査対象県の合計値である。
　　 3　収穫量調査は、平成13年産から主産県を調査対象県として実施しており、平成13年産から平成18年産における主産県は、作付面積が500ha以上の都道府県、事業（強い農業づくり交付金）実施県及び作付面積の増加が著しい府県である（27都道府県）。
　　　　平成19年産からは主産県の範囲を変更し、前年産の作付面積が全国の作付面積のおおむね80％を占めるまでの都道府県及び事業実施県とした（11都道府県）。
　　　　平成22年産からは全国調査である。

4　かんしょ

年　産	作 付 面 積 (1)	10 a 当 た り 収 量 (2)	収 穫 量 (3)	年　産	作 付 面 積 (1)	10 a 当 た り 収 量 (2)	収 穫 量 (3)
	ha	kg	t		ha	kg	t
明治11年産	148,200	559	828,600	昭和26年産	376,200	1,470	5,534,000
12	158,200	631	998,200	27	377,300	1,640	6,205,000
13	159,100	618	983,300	28	362,100	1,490	5,391,000
14	159,500	660	1,053,000	29	354,600	1,470	5,226,000
15	166,600	694	1,157,000	30	376,400	1,910	7,180,000
16	167,900	653	1,096,000	31	386,200	1,830	7,073,000
17	176,000	790	1,391,000	32	364,500	1,710	6,228,000
18	…	…	…	33	359,500	1,770	6,370,000
19	…	…	…	34	366,200	1,910	6,981,000
20	219,700	958	2,105,000	35	329,800	1,900	6,277,000
21	…	…	…	36	326,500	1,940	6,333,000
22	…	…	…	37	322,900	1,930	6,217,000
23	…	…	…	38	313,100	2,130	6,662,000
24	…	…	…	39	296,700	1,980	5,875,000
25	241,200	884	2,131,000	40	256,900	1,930	4,955,000
26	…	…	…	41	243,300	1,980	4,810,000
27	237,000	785	1,860,000	42	214,400	1,880	4,031,000
28	338,000	790	2,669,000	43	185,900	1,930	3,594,000
29	253,500	1,070	2,722,000	44	153,600	1,860	2,855,000
30	257,000	966	2,484,000	45	128,700	1,990	2,564,000
31	265,000	1,010	2,689,000	46	107,000	1,910	2,041,000
32	265,800	933	2,480,000	47	91,700	2,170	1,987,000
33	269,200	1,050	2,839,000	48	73,600	2,110	1,550,000
34	266,800	1,000	2,669,000	49	67,500	2,130	1,435,000
35	274,700	972	2,670,000	50	68,700	2,060	1,418,000
36	281,000	1,000	2,817,000	51	65,600	1,950	1,279,000
37	277,500	893	2,477,000	52	64,400	2,220	1,431,000
38	245,300	996	2,444,000	53	65,000	2,110	1,371,000
39	284,700	1,050	2,995,000	54	63,900	2,130	1,360,000
40	291,300	1,190	3,473,000	55	64,800	2,030	1,317,000
41	301,900	1,200	3,614,000	56	65,000	2,240	1,458,000
42	292,500	1,160	3,403,000	57	65,700	2,110	1,384,000
43	290,800	1,070	3,123,000	58	64,800	2,130	1,379,000
44	291,400	1,290	3,772,000	59	64,600	2,170	1,400,000
				60	66,000	2,310	1,527,000
大正元	296,800	1,240	3,677,000				
2	304,800	1,280	3,890,000	61	65,000	2,320	1,507,000
3	302,500	1,220	3,679,000	62	64,000	2,220	1,423,000
4	304,800	1,300	3,959,000	63	62,900	2,110	1,326,000
5	307,000	1,330	4,095,000				
				平成元	61,900	2,310	1,431,000
6	307,900	1,220	3,751,000	2	60,600	2,310	1,402,000
7	311,400	1,320	4,119,000	3	58,600	2,060	1,205,000
8	317,600	1,410	4,465,000	4	55,100	2,350	1,295,000
9	316,200	1,400	4,437,000	5	53,000	1,950	1,033,000
10	300,200	1,310	3,940,000	6	51,300	2,460	1,264,000
11	296,500	1,300	3,867,000	7	49,400	2,390	1,181,000
12	292,700	1,310	3,823,000	8	47,500	2,330	1,109,000
13	286,400	1,250	3,585,000	9	46,500	2,430	1,130,000
14	283,400	1,320	3,733,000	10	45,600	2,500	1,139,000
昭和元	274,400	1,210	3,322,000	11	44,500	2,270	1,008,000
2	270,700	1,220	3,296,000	12	43,400	2,470	1,073,000
3	268,000	1,270	3,413,000	13	42,300	2,510	1,063,000
4	250,300	1,200	3,005,000	14	40,500	2,540	1,030,000
5	259,500	1,310	3,402,000	15	39,700	2,370	941,100
6	262,200	1,290	3,382,000	16	40,300	2,500	1,009,000
7	265,800	1,310	3,471,000	17	40,800	2,580	1,053,000
8	269,400	1,370	3,699,000	18	40,800	2,420	988,900
9	266,000	1,140	3,037,000	19	40,700	2,380	968,400
10	275,600	1,300	3,583,000	20	40,700	2,480	1,011,000
11	282,500	1,330	3,748,000	21	40,500	2,530	1,026,000
12	286,400	1,350	3,863,000	22	39,700	2,180	863,600
13	279,500	1,350	3,782,000	23	38,900	2,280	885,900
14	275,500	1,270	3,499,000	24	38,800	2,260	875,900
15	273,200	1,290	3,534,000	25	38,600	2,440	942,300
16	308,300	1,300	4,017,000	26	38,000	2,330	886,500
17	320,700	1,180	3,771,000	27	36,600	2,220	814,200
18	325,400	1,390	4,540,000	28	36,000	2,390	860,700
19	307,100	1,290	3,951,000	29	35,600	2,270	807,100
20	400,200	974	3,897,000	30	35,700	2,230	796,500
21	372,600	1,480	5,515,000	令和元	34,300	2,180	748,700
22	377,800	1,170	4,415,000	2	33,100	2,080	687,600
23	427,600	1,420	6,067,000	3	32,400	2,070	671,900
24	440,800	1,340	5,912,000	**4**	**32,300**	**2,200**	**710,700**
25	398,000	1,580	6,290,000				

注：明治29年産以前及び昭和19年産から昭和48年産までは沖縄県を含まない。

5　飼料作物

(1)　牧草　　　　　　(2)　青刈りとうもろこし　(3)　ソルゴー　　(4)　青刈りえん麦

年　産		牧草 作付(栽培)面積 (1)	収穫量 (2)	青刈りとうもろこし 作付面積 (1)	収穫量 (2)	ソルゴー 作付面積 (1)	収穫量 (2)	青刈りえん麦 作付面積 (1)	収穫量 (2)
		ha	t	ha	t	ha	t	ha	t
昭和11年産	(1)	…	…	…	…	…	…	…	…
12	(2)	…	…	…	…	…	…	…	…
13	(3)	…	…	13,800	370,800	…	…	1,740	24,100
14	(4)	…	…	15,000	418,700	…	…	1,990	27,600
15	(5)	…	…	17,700	424,000	…	…	2,060	29,400
16	(6)	…	…	15,900	348,000	…	…	3,030	32,700
17	(7)	…	…	17,200	428,000	…	…	3,760	41,900
18	(8)	…	…	…	…	…	…	…	…
19	(9)	…	…	…	…	…	…	…	…
20	(10)	…	…	…	…	…	…	…	…
21	(11)	…	…	…	…	…	…	…	…
22	(12)	…	…	…	…	…	…	…	…
23	(13)	…	…	…	…	…	…	…	…
24	(14)	…	…	…	…	…	…	…	…
25	(15)	…	…	…	…	…	…	…	…
26	(16)	…	…	10,500	489,200	…	…	2,090	28,200
27	(17)	…	…	32,300	1,059,000	…	…	2,450	35,100
28	(18)	…	…	29,300	928,100	…	…	3,500	45,600
29	(19)	…	…	33,700	828,700	…	…	4,460	56,800
30	(20)	…	…	38,500	1,368,000	…	…	7,090	95,600
31	(21)	…	…	39,700	1,086,000	…	…	4,580	114,100
32	(22)	…	…	43,800	1,441,000	…	…	7,320	155,900
33	(23)	…	…	48,000	1,706,000	…	…	10,900	245,500
34	(24)	…	…	50,100	1,742,000	…	…	13,400	238,800
35	(25)	153,200	2,982,000	52,600	1,862,000	…	…	15,100	290,400
36	(26)	183,400	4,061,000	57,400	2,107,000	…	…	18,900	381,700
37	(27)	214,900	4,693,000	63,100	2,190,000	…	…	23,500	528,200
38	(28)	248,700	5,995,000	65,800	2,507,000	…	…	26,400	462,500
39	(29)	275,500	6,764,000	68,300	2,557,000	…	…	30,500	699,800
40	(30)	302,700	8,262,000	68,300	2,764,000	…	…	30,500	701,600
41	(31)	324,100	8,844,000	69,200	2,679,000	…	…	31,100	743,400
42	(32)	356,100	11,281,000	68,900	3,060,000	…	…	29,800	731,700
43	(33)	398,200	13,193,000	70,300	3,241,000	…	…	31,000	812,300
44	(34)	435,000	14,816,000	71,900	3,228,000	…	…	31,400	826,000
45	(35)	483,700	17,506,000	76,800	3,483,000	…	…	29,900	782,400
46	(36)	557,100	18,560,000	79,000	3,440,000	…	…	27,600	721,100
47	(37)	600,800	22,646,000	77,600	3,762,000	…	…	22,600	650,600
48	(38)	643,400	23,161,000	77,400	3,675,000	15,600	…	20,600	596,100
49	(39)	672,200	25,438,000	76,500	3,809,000	17,600	1,133,000	19,200	604,900
50	(40)	691,200	25,368,000	79,700	3,908,000	18,800	1,314,000	16,300	502,000
51	(41)	704,400	25,167,000	82,500	3,873,000	19,300	1,334,000	15,500	481,100
52	(42)	722,700	27,530,000	88,100	4,538,000	21,300	1,530,000	15,000	472,300
53	(43)	758,400	28,776,000	100,600	5,274,000	27,200	1,947,000	15,200	486,100
54	(44)	773,700	29,007,000	107,200	5,663,000	30,000	2,144,000	15,100	498,800
55	(45)	787,900	28,463,000	112,400	5,400,000	33,700	2,150,000	15,900	473,300
56	(46)	797,700	29,531,000	116,200	5,330,000	36,900	2,534,000	16,100	482,600
57	(47)	808,400	31,706,000	122,200	6,071,000	37,500	2,496,000	16,100	515,300
58	(48)	814,800	30,873,000	123,000	5,446,000	37,300	2,547,000	15,800	481,900
59	(49)	818,900	30,289,000	120,300	6,285,000	36,200	2,492,000	15,700	489,500
60	(50)	814,800	31,600,000	121,800	6,306,000	35,500	2,385,000	15,100	495,800
61	(51)	814,600	32,733,000	123,900	6,493,000	36,100	2,469,000	15,200	506,500
62	(52)	828,100	32,497,000	127,200	6,617,000	37,200	2,377,000	14,900	499,000
63	(53)	834,300	31,722,000	125,200	6,201,000	36,900	2,426,000	14,900	471,000

注：1　昭和30年産以前の作付面積は収穫面積である。
　　2　牧草、青刈りえん麦及び青刈りらい麦の昭和45年産以前の作付面積には肥料用を含む。
　　3　青刈りその他麦の昭和45年産以前の作付面積及び昭和44年産以前の収穫量には肥料用を含む。
　　4　昭和19年産から昭和48年産までは沖縄県を含まない。

(5) 家畜用ビート　(6) 飼料用かぶ　(7) れんげ　　(8) 青刈りらい麦　(9) 青刈りその他麦

作付面積	収穫量	作付面積	収穫量	作付面積	収穫量	作付面積	収穫量	作付面積	収穫量	
(1)	(2)	(1)	(2)	(1)	(2)	(1)	(2)	(1)	(2)	
ha	t	ha	t	ha	t	ha	t	ha	t	
...	...	...	...	...	...	...	...	...	...	(1)
...	...	...	...	...	...	...	...	...	...	(2)
...	...	...	...	23,400	358,800	...	...	...	...	(3)
...	...	...	...	27,500	432,800	...	...	...	...	(4)
...	...	...	...	31,200	449,800	...	...	...	...	(5)
...	...	...	...	28,400	400,100	...	...	...	...	(6)
...	...	...	...	30,900	417,600	...	...	...	...	(7)
...	...	...	...	28,300	387,600	...	...	...	...	(8)
...	...	...	...	25,500	341,100	...	...	...	...	(9)
...	...	...	...	26,100	259,900	...	...	...	...	(10)
...	...	...	...	23,300	297,300	...	...	...	...	(11)
...	...	...	...	24,100	320,700	...	...	...	...	(12)
...	...	...	...	25,400	328,600	...	...	...	...	(13)
...	...	...	...	28,300	428,900	...	...	...	...	(14)
...	...	...	...	32,000	492,500	...	...	...	...	(15)
...	...	...	...	33,500	563,800	...	...	...	...	(16)
...	...	...	...	57,200	985,900	...	...	...	...	(17)
...	...	...	...	55,000	991,600	...	...	...	...	(18)
...	...	...	...	56,500	990,700	...	...	...	...	(19)
...	...	...	...	54,800	994,300	...	...	...	...	(20)
...	...	...	...	48,700	922,500	...	...	...	...	(21)
...	...	...	...	49,200	981,400	...	...	...	...	(22)
...	...	...	...	63,300	1,209,000	...	...	...	...	(23)
...	...	...	...	69,300	1,317,000	5,230	96,700	3,690	55,200	(24)
3,250	82,000	6,770	155,400	108,400	1,746,000	6,710	133,800	3,530	63,200	(25)
3,220	84,300	8,600	228,300	107,100	1,839,000	8,130	172,600	3,570	69,800	(26)
3,340	86,200	10,400	273,500	111,600	2,050,000	10,100	229,900	3,610	74,300	(27)
3,800	108,100	11,800	340,200	97,700	1,264,000	10,700	240,600	4,170	71,500	(28)
3,880	114,100	12,200	360,800	89,400	1,822,000	11,400	171,600	3,970	78,700	(29)
4,100	135,000	13,600	444,000	85,000	1,790,000	11,000	240,900	3,070	56,500	(30)
4,380	136,300	13,800	446,600	81,200	1,805,000	11,200	272,200	2,820	56,000	(31)
4,550	169,800	14,400	500,900	71,100	1,565,000	10,800	258,600	2,700	47,900	(32)
4,520	175,200	14,400	526,600	67,400	1,492,000	10,800	257,600	2,230	40,700	(33)
4,460	167,000	15,300	591,800	61,100	1,375,000	10,600	253,500	1,730	33,800	(34)
4,520	183,200	14,800	590,800	52,500	1,216,000	9,520	201,200	1,270	21,500	(35)
4,350	174,300	14,000	546,000	44,800	1,039,000	7,310	195,400	1,140	22,900	(36)
4,200	186,000	13,700	585,700	31,400	779,400	6,340	174,900	935	...	(37)
3,720	159,100	12,500	542,400	24,900	614,400	5,230	149,500	596	...	(38)
3,450	147,800	11,800	520,000	20,500	...	4,850	...	489	...	(39)
2,990	127,300	11,100	492,200	15,800	...	4,370	...	458	...	(40)
2,520	112,300	10,800	471,600	13,600	...	4,100	...	631	...	(41)
2,290	107,500	11,000	502,100	11,200	...	4,030	...	757	...	(42)
2,250	108,300	11,200	516,100	11,200	...	4,010	...	739	...	(43)
2,070	100,000	11,100	532,300	10,100	...	3,850	...	983	...	(44)
1,840	86,700	10,900	508,800	8,090	...	3,760	...	1,040	...	(45)
1,670	74,300	10,300	492,700	7,130	...	3,530	...	1,190	...	(46)
1,480	75,600	10,200	499,700	6,240	...	3,410	...	1,460	...	(47)
1,240	57,200	10,100	480,500	5,640	...	3,360	...	1,730	...	(48)
1,080	50,500	9,380	446,300	5,080	...	3,580	...	1,870	...	(49)
962	47,700	8,960	447,400	4,540	...	3,410	...	1,960	...	(50)
835	42,700	8,220	422,800	4,370	...	3,350	...	1,830	...	(51)
625	32,600	7,200	369,700	3,700	...	3,070	...	1,910	...	(52)
504	25,700	5,990	289,800	3,320	...	2,890	...	1,590	...	(53)

5　飼料作物（続き）

(1)　牧草　　　(2)　青刈りとうもろこし　(3)　ソルゴー　　(4)　青刈りえん麦

年　産	作付(栽培)面積 (1)	収穫量 (2)	作付面積 (1)	収穫量 (2)	作付面積 (1)	収穫量 (2)	作 付 面 積 (1)		収 穫 量 (2)
	ha	t	ha	t	ha	t		ha	t
平成元年産 (54)	835,100	32,389,000	125,600	6,495,000	36,500	2,353,000	13,900		474,000
2 (55)	837,600	34,060,000	125,900	6,845,000	36,300	2,323,000	13,200		477,000
3 (56)	842,200	32,962,000	124,300	6,078,000	35,800	2,072,000	12,800		432,800
4 (57)	840,300	33,316,000	121,800	6,446,000	34,000	2,290,000	...	(8,800)	(315,400)
5 (58)	837,500	30,970,000	118,300	4,903,000	32,400	1,671,000	...	(8,400)	(304,400)
6 (59)	830,400	32,080,000	110,600	5,984,000	29,300	1,863,000	11,100		407,200
7 (60)	827,400	32,744,000	106,800	5,701,000	28,100	1,844,000	...	(7,580)	(273,300)
8 (61)	826,200	31,472,000	104,600	5,368,000	26,900	1,732,000	...	(7,140)	(256,100)
9 (62)	820,900	31,782,000	103,000	5,487,000	26,300	1,692,000	9,220		335,200
10 (63)	825,000	31,636,000	101,100	5,184,000	26,800	1,706,000	...	(6,860)	(245,600)
11 (64)	820,100	31,154,000	99,000	4,795,000	25,800	1,500,000	...	(6,610)	(249,200)
12 (65)	809,100	31,945,000	95,900	5,287,000	24,800	1,625,000	8,060	(6,580)	(249,600)
13 (66)	804,600	30,545,000	93,100	5,114,000	24,200	1,599,000	...	(6,570)	(248,300)
14 (67)	801,200	30,305,000	91,300	4,867,000	23,100	1,501,000	...	(6,050)	(229,100)
15 (68)	798,000	28,700,000	90,100	4,563,000	21,600	1,312,000	8,200	(6,310)	(229,900)
16 (69)	788,300	30,723,000	87,400	4,659,000	20,800	1,194,000	7,700	(6,460)	(239,700)
17 (70)	782,400	29,682,000	85,300	4,640,000	20,100	1,275,000	7,400	(5,880)	(221,000)
18 (71)	777,000	29,128,000	84,400	4,290,000	19,100	1,124,000	6,950	(5,510)	(194,700)
19 (72)	773,300	28,805,000	86,100	4,541,000	19,000	1,155,000	7,060		...
20 (73)	769,000	28,805,000	90,800	4,933,000	18,800	1,150,000	7,730		...
21 (74)	764,100	27,726,000	92,300	4,645,000	18,700	1,092,000	7,540		...
22 (75)	759,100	27,580,000	92,200	4,643,000	17,900	1,001,000	7,380		...
23 (76)	755,100	26,783,000	92,200	4,713,000	17,600	939,200	7,070		...
24 (77)	750,800	(24,243,000)	92,000	4,826,000	17,000	890,700	7,520		...
25 (78)	745,500	(23,454,000)	92,500	4,787,000	16,500	877,000	7,620		...
26 (79)	739,600	25,193,000	91,900	4,825,000	15,900	787,900	7,400		...
27 (80)	737,600	26,092,000	92,400	4,823,000	15,200	728,600	7,370		...
28 (81)	735,200	24,689,000	93,400	4,255,000	14,800	655,300	7,830		...
29 (82)	728,300	25,497,000	94,800	4,782,000	14,400	665,000	...		...
30 (83)	726,000	24,621,000	94,600	4,488,000	14,000	618,000	...		...
令和元 (84)	724,400	24,850,000	94,700	4,841,000	13,300	578,100	...		...
2 (85)	719,200	24,244,000	95,200	4,718,000	13,000	537,600	...		...
3 (86)	717,600	23,979,000	95,500	4,904,000	12,500	514,300	...		...
4 (87)	711,400	25,063,000	96,300	4,880,000	12,000	500,700	...		...

注：1　牧草の平成24年産及び平成25年産の収穫量は、放射性物質調査の結果により給与自粛措置が行われた地域があったことから、全国値の推計を行っていない。
　　2　飼料作物の青刈りえん麦、れんげ、青刈りらい麦及び青刈りその他麦の作付面積については、平成29年産から調査を廃止した。
　　3　（　）内の数値は収穫量調査の調査対象県の合計値である。
　　4　[　]内の数値は、面積調査の調査対象県の合計値である。

(5) 家畜用ビート　　(6) 飼料用かぶ　　(7) れんげ　　　(8) 青刈りらい麦　　(9) 青刈りその他麦

作付面積	収穫量	作付面積	収穫量	作付面積	収穫量	作付面積	収穫量	作付面積	収穫量	
(1)	(2)	(1)	(2)	(1)	(2)	(1)	(2)	(1)	(2)	
ha	t	ha	t	ha	t	ha	t	ha	t	
415	21,700	5,220	266,500	2,870	…	2,750	…	1,430	…	(54)
325	17,200	4,360	221,700	2,320	…	2,680	…	1,320	…	(55)
304	16,100	3,760	184,300	2,010	…	2,400	…	1,260	…	(56)
177	…	3,350	…	[1,620]	…	[2,030]	…	[950]	…	(57)
126	…	2,620	…	[1,240]	…	[1,710]	…	[759]	…	(58)
73	…	2,200	…	993	…	1,750	…	836	…	(59)
45	…	1,840	…	[909]	…	[1,420]	…	[595]	…	(60)
53	…	1,540	…	[704]	…	[1,360]	…	[638]	…	(61)
33	…	1,300	…	503	…	1,370	…	677	…	(62)
21	…	1,130	…	[418]	…	[1,210]	…	[589]	…	(63)
14	…	997	…	[334]	…	[1,220]	…	[579]	…	(64)
9	…	862	…	225	…	1,240	…	540	…	(65)
8	…	793	…	[187]	…	[1,080]	…	[536]	…	(66)
…	…	678	…	[158]	…	[1,030]	…	[572]	…	(67)
…	…	557	…	122	…	1,090	…	555	…	(68)
…	…	463	…	103	…	1,070	…	594	…	(69)
…	…	389	…	78	…	1,010	…	631	…	(70)
…	…	339	…	58	…	970	…	652	…	(71)
…	…	…	…	46	…	933	…	641	…	(72)
…	…	…	…	32	…	965	…	711	…	(73)
…	…	…	…	35	…	938	…	780	…	(74)
…	…	…	…	19	…	918	…	704	…	(75)
…	…	…	…	41	…	903	…	719	…	(76)
…	…	…	…	59	…	889	…	686	…	(77)
…	…	…	…	60	…	877	…	917	…	(78)
…	…	…	…	53	…	845	…	925	…	(79)
…	…	…	…	49	…	807	…	977	…	(80)
…	…	…	…	48	…	876	…	977	…	(81)
…	…	…	…	…	…	…	…	…	…	(82)
…	…	…	…	…	…	…	…	…	…	(83)
…	…	…	…	…	…	…	…	…	…	(84)
…	…	…	…	…	…	…	…	…	…	(85)
…	…	…	…	…	…	…	…	…	…	(86)
…	…	…	…	…	…	…	…	…	…	(87)

6　工芸農作物

(1)　茶
ア　栽培農家数　　イ　栽培面積　　　　　　ウ　荒茶生産量

単位：戸　　　　　　　　　　　　単位：ha

年　産		茶栽培農家数	茶　栽　培　面　積			荒　　　茶　　　生				普通せん茶
			計	専用茶園	兼用茶園	計	おおい茶			
							玉露	かぶせ茶	てん茶	
		(1)	(1)	(2)	(3)	(1)	(2)	(3)	(4)	(5)
昭和元年産	(1)	…	44,100	28,900	15,300	35,225.2	264.6	…	…	28,154.4
2	(2)	…	42,900	28,800	14,100	36,966.9	252.7	…	…	29,092.5
3	(3)	…	42,800	29,400	13,400	39,087.3	267.1	…	…	31,063.2
4	(4)	…	42,500	29,200	13,200	39,392.5	242.0	…	…	31,153.1
5	(5)	…	37,800	26,300	11,500	38,646.9	273.9	…	…	30,934.5
6	(6)	…	37,800	26,700	11,100	38,305.4	268.4	…	…	30,812.0
7	(7)	…	38,000	27,000	11,000	40,410.0	267.6	…	…	32,451.2
8	(8)	…	38,200	27,300	10,900	43,487.2	286.6	…	…	34,746.7
9	(9)	…	38,600	27,700	10,900	44,204.0	295.2	…	…	34,547.5
10	(10)	…	39,000	28,200	10,800	45,630.6	328.4	…	…	35,519.9
11	(11)	…	39,400	28,700	10,700	47,943.5	299.2	…	…	35,209.2
12	(12)	…	39,800	29,200	10,600	53,912.6	310.9	…	…	38,394.3
13	(13)	…	39,800	29,400	10,400	54,717.0	278.2	…	…	39,993.1
14	(14)	…	40,000	29,700	10,400	57,469.6	291.0	…	…	41,712.6
15	(15)	…	40,700	30,100	10,600	58,232.4	276.7	…	…	41,140.3
16	(16)	…	38,900	25,400	13,500	61,907.0	299.0	…	137.7	44,564.8
17	(17)	…	36,100	25,600	10,600	61,028.0	331.6	…	278.8	48,910.1
18	(18)	…	34,200	24,400	9,810	56,470.4	368.4	…	222.9	43,979.8
19	(19)	…	31,300	22,200	9,090	47,074.4	358.4	…	289.5	34,705.0
20	(20)	…	26,500	17,900	8,600	23,650.8	406.1	…	331.7	15,936.2
21	(21)	…	24,400	15,300	9,020	21,418.3	354.5	…	173.7	14,286.5
22	(22)	…	24,600	…	…	22,142.4	1,069.7	…	131.1	14,212.7
23	(23)	…	25,500	17,100	8,350	26,022.4	309.7	…	127.5	17,837.0
24	(24)	…	26,600	18,200	8,470	32,582.1	286.4	…	88.0	22,646.8
25	(25)	…	27,400	18,800	8,670	41,725.6	224.1	…	206.1	29,425.5
26	(26)	…	28,300	19,200	9,000	44,010.2	159.4	112.8	45.7	30,850.4
27	(27)	…	30,000	21,400	8,560	57,151.7	180.7	116.6	195.8	40,592.3
28	(28)	…	33,200	24,300	8,940	56,462.7	179.6	194.2	198.3	37,934.2
29	(29)	…	35,200	26,300	8,890	67,830.1	154.7	163.1	227.3	40,012.5
30	(30)	…	38,600	29,700	8,940	72,854.2	242.6	136.8	265.9	43,696.5
31	(31)	…	42,300	31,700	10,600	70,747.1	213.6	119.3	187.5	51,606.4
32	(32)	…	44,800	32,500	12,300	72,383.2	234.6	171.2	264.8	51,008.7
33	(33)	…	46,800	32,900	13,900	74,588.4	248.1	237.8	266.7	53,556.3
34	(34)	1,397,000	47,400	33,800	13,700	79,478.9	331.6	314.0	323.7	60,858.7
35	(35)	1,376,000	48,500	34,500	14,000	77,566.3	310.6	290.0	299.8	60,283.0
36	(36)	1,346,000	48,800	34,900	13,900	81,392.0	340.2	390.3	347.3	61,939.1
37	(37)	1,337,000	49,100	35,100	14,000	77,456.9	326.9	332.0	271.4	60,304.0
38	(38)	1,319,000	48,900	35,000	13,900	81,099.8	277.2	285.6	325.2	65,130.5
39	(39)	1,297,000	48,700	35,000	13,700	83,280.1	352.9	485.3	374.6	66,294.9
40	(40)	1,269,000	48,500	34,900	13,500	77,430.6	394.8	338.0	315.7	61,188.9
41	(41)	1,234,000	48,400	34,300	14,100	83,150.0	426.4	414.6	369.5	65,357.0
42	(42)	1,203,000	48,500	35,000	13,500	83,143.6	427.0	432.8	349.9	67,157.4
43	(43)	…	48,900	35,800	13,000	84,971.5	351.6	436.3	352.3	67,827.4
44	(44)	1,069,000	49,700	37,500	12,200	89,604.3	422.0	522.6	382.4	69,479.0
45	(45)	1,026,000	51,600	39,900	11,800	91,198.2	409.0	526.2	351.3	71,906.1
46	(46)	990,000	53,900	42,600	11,300	92,911.4	427.0	442.0	311.2	74,038.3
47	(47)	917,900	55,500	44,700	10,800	94,999.5	477.3	590.9	337.8	75,298.4
48	(48)	917,200	57,300	46,700	10,500	101,181.3	522.8	1,045.4	343.3	79,620.3
49	(49)	890,800	58,400	48,200	10,200	95,237.7	514.9	1,378.0	344.7	76,403.6
50	(50)	870,200	59,200	49,200	9,940	105,449	551	1,963	351	83,268
51	(51)	843,700	59,600	50,100	9,510	100,098	520	1,242	330	76,741
52	(52)	807,200	59,700	51,000	8,790	102,301	494	1,450	353	80,587
53	(53)	787,600	60,000	51,700	8,410	104,738	574	1,850	454	82,855
54	(54)	773,400	60,700	52,600	8,020	98,000	495	2,060	425	75,600
55	(55)	749,900	61,000	53,500	7,490	102,300	553	2,320	415	81,400
56	(56)	718,400	61,000	53,800	7,150	102,300	515	2,510	404	79,900
57	(57)	687,300	61,000	54,100	6,920	98,500	549	2,440	432	78,200
58	(58)	665,500	61,000	54,400	6,620	102,700	483	2,890	476	81,200
59	(59)	641,300	60,800	54,500	6,300	92,500	377	2,510	481	72,300
60	(60)	614,200	60,600	54,800	5,860	95,500	420	2,950	552	74,700
61	(61)	582,500	60,200	54,600	5,570	93,600	384	2,830	580	73,600
62	(62)	553,900	59,900	54,600	5,280	96,300	390	3,130	667	76,400
63	(63)	528,000	59,600	54,700	4,940	89,800	380	3,060	731	71,700

注：1　昭和30年産から奄美大島を含む。昭和19年産から昭和48年産までは沖縄県を含まない。
　　2　昭和15年産以前の普通せん茶には玉緑茶を、その他にはてん茶を含む。
　　3　昭和51年産からかぶせ茶は、一番茶のみと調査基準を改正した。
　　4　昭和25年産以前のかぶせ茶は普通せん茶又は玉露の一部として扱われていたが、昭和26年産からこれを区別して調査した。
　　5　荒茶工場数の昭和15年産までは、その間において製茶に従事した戸数であり、昭和16年産以降は、その年に製茶した工場数である。
　　　　また、昭和30年産以降は機械製茶工場のみ調査した数値である。
　　6　栽培面積は、平成13年までは8月1日現在、平成14年からは7月15日現在において調査したものである。

エ　荒茶工場数

単位：t　　　　　　　　　　　　　　　　　　　　単位：工場

産　　　　量				荒　茶　工　場　数				
玉緑茶	番　茶	その他	紅　茶	計	機械製茶	半機械製茶	手もみ製茶	
(6)	(7)	(8)	(9)	(1)	(2)	(3)	(4)	
…	7,466.4	317.4	22.4	1,147,548	…	…	…	(1)
…	7,364.6	240.5	16.6	1,146,894	…	…	…	(2)
…	7,550.8	185.4	20.8	1,153,767	…	…	…	(3)
…	7,795.7	191.6	10.1	1,136,971	…	…	…	(4)
…	7,211.6	205.3	11.6	1,120,240	…	…	…	(5)
…	7,029.1	183.8	12.1	1,126,318	…	…	…	(6)
…	7,487.8	177.2	26.2	1,132,089	…	…	…	(7)
…	8,222.6	181.1	50.2	1,136,426	…	…	…	(8)
…	8,095.1	215.1	1,051.1	1,137,584	…	…	…	(9)
…	8,286.9	238.2	1,257.2	1,111,095	…	…	…	(10)
…	9,239.3	211.9	2,983.9	1,129,324	…	…	…	(11)
…	10,171.9	400.9	4,634.6	1,124,406	…	…	…	(12)
…	10,582.3	961.8	2,901.6	1,109,715	…	…	…	(13)
…	11,354.4	2,182.7	1,928.9	1,093,691	…	…	…	(14)
…	11,943.5	1,947.4	2,924.5	1,074,149	…	…	…	(15)
3,672.2	10,126.8	792.3	2,314.2	851,690	10,023	4,820	836,856	(16)
1,230.2	9,496.0	658.6	212.7	786,174	10,055	3,855	772,264	(17)
1,792.0	9,323.1	661.1	123.1	749,592	10,094	2,697	736,801	(18)
1,288.4	8,239.7	2,074.0	119.4	709,620	8,724	2,965	697,931	(19)
716.5	5,168.9	969.0	121.5	710,491	6,895	4,643	698,953	(20)
1,057.3	5,226.8	233.3	86.2	587,863	8,111	1,856	577,896	(21)
822.2	5,430.7	335.0	141.0	547,177	9,220	1,749	536,208	(22)
1,615.5	5,529.9	329.4	273.3	563,739	8,568	1,530	553,641	(23)
1,110.4	8,121.6	243.4	85.5	862,900	9,442	5,399	848,552	(24)
2,065.3	8,983.4	91.8	729.4	960,781	9,419	4,904	946,458	(25)
3,215.9	8,511.8	56.6	1,057.6	1,011,288	10,255	1,161	999,872	(26)
7,978.7	7,649.1	67.2	371.3	976,128	11,140	1,807	963,181	(27)
7,662.9	8,801.7	31.9	1,459.9	952,024	12,231	1,728	938,065	(28)
10,548.5	9,469.0	44.6	7,210.4	932,580	12,590	1,728	918,262	(29)
10,508.4	9,427.0	51.8	8,525.2	13,991	13,991	…	…	(30)
8,069.9	9,871.8	22.5	656.1	…	…	…	…	(31)
7,262.1	9,463.7	6.7	3,971.4	14,677	14,677	…	…	(32)
9,558.5	8,190.2	3.0	2,527.8	15,161	15,161	…	…	(33)
8,628.0	8,156.4	2.1	864.4	15,593	15,593	…	…	(34)
6,737.4	7,984.1	0.8	1,660.6	16,162	16,162	…	…	(35)
8,143.0	8,306.3	−	1,925.8	16,320	16,320	…	…	(36)
7,012.8	8,322.9	3.0	883.9	16,328	16,328	…	…	(37)
5,291.9	9,095.4	4.0	690.0	16,239	16,239	…	…	(38)
4,768.6	10,168.1	1.7	834.0	16,216	16,216	…	…	(39)
4,155.1	9,480.8	−	1,557.3	16,181	16,181	…	…	(40)
4,341.0	10,907.2	−	1,334.3	16,283	16,283	…	…	(41)
4,190.5	11,441.7	−	1,144.3	16,109	16,109	…	…	(42)
4,011.3	11,456.7	−	535.9	15,786	15,786	…	…	(43)
4,350.3	14,175.3	−	272.7	15,311	15,311	…	…	(44)
4,152.1	13,509.7	−	253.8	15,139	15,139	…	…	(45)
3,907.1	13,762.8	−	23.0	14,922	14,922	…	…	(46)
4,236.6	14,042.7	−	15.8	14,671	14,671	…	…	(47)
4,889.8	14,755.5	−	4.2	14,494	14,494	…	…	(48)
4,474.7	12,117.4	−	4.4	14,400	14,400	…	…	(49)
5,022	14,201	−	3	14,300	14,300	…	…	(50)
4,783	13,481	−	1	…	…	…	…	(51)
4,989	14,400	−	26	…	…	…	…	(52)
5,171	13,827	−	2	13,649	13,649	…	…	(53)
5,440	14,100	1	1	…	…	…	…	(54)
5,470	12,100	1	5	…	…	…	…	(55)
5,480	13,500	0	4	13,600	13,600	…	…	(56)
5,290	11,600	0	3	…	…	…	…	(57)
5,830	11,700	−	1	…	…	…	…	(58)
5,490	11,300	−	1	13,200	13,200	…	…	(59)
5,420	11,500	−	1	…	…	…	…	(60)
5,220	11,000	1	1	…	…	…	…	(61)
5,310	10,400	28	1	12,300	12,300	…	…	(62)
5,180	8,780	24	1	…	…	…	…	(63)

6　工芸農作物　（続き）

(1)　茶（続き）
ア　栽培農家数　イ　栽培面積　　　　　　　ウ　荒茶生産量

単位：戸　　　　　　　　　　　　　単位：ha

年　産	茶栽培農家数	茶　栽　培　面　積			荒　茶　生				
		計	専用茶園	兼用茶園	計	おおい茶 玉露	かぶせ茶	てん茶	普通せん茶
	(1)	(1)	(2)	(3)	(1)	(2)	(3)	(4)	(5)
平成元年産　(64)	502,600	59,000	54,400	4,530	90,500	339	2,510	796	71,800
2　(65)	466,800	58,500	54,200	4,260	89,900	357	3,180	896	72,700
3　(66)	433,700	57,600	53,700	3,950	87,800	384	3,100	811	69,400
4　(67)	410,300	56,700	53,000	3,700	92,100	346	3,290	837	71,800
5　(68)	381,500	55,700	52,200	3,490	92,100	326	3,250	820	72,200
6　(69)	(199,400)	54,500	51,300	3,270	(81,800)	(317)	(3,380)	(739)	(64,600)
7　(70)	(185,800)	53,700	50,700	3,060	(80,400)	(305)	(3,080)	(820)	(63,900)
8　(71)	307,300	52,700	49,900	2,720	88,600	299	3,400	955	66,600
9　(72)	(157,300)	51,800	49,300	2,520	(87,100)	(254)	(4,090)	(1,100)	(66,600)
10　(73)	(148,500)	51,200	48,900	2,320	(78,700)	(261)	(4,120)	(988)	(61,300)
11　(74)	238,600	50,700	48,600	…	88,500	236	3,920	925	65,800
12　(75)	(117,400)	50,400	48,500	…	(84,700)	(207)	(3,820)	(1,010)	(63,500)
13　(76)	(102,400)	50,100	48,200	…	(84,500)	(208)	(3,540)	(1,120)	(62,500)
14　(77)	…	49,700	48,000	…	84,200	196	3,630	1,350	63,200
15　(78)	…	49,500	47,800	…	91,900	208	3,910	1,420	67,100
16　(79)	…	49,100	47,600	…	100,700	213	3,740	1,490	70,800
17　(80)	…	48,700	47,200	…	100,000	227	4,040	1,630	70,200
18　(81)	…	48,500	47,100	…	91,800	222	3,650	1,650	64,900
19　(82)	…	48,200	46,900	…	94,100	277	3,920	1,660	65,400
20　(83)	…	48,000	46,700	…	95,500	412	4,220	1,780	65,300
21　(84)	…	47,300	46,100	…	86,000	…	1) 5,970	…	58,600
22　(85)	…	46,800	…	…	85,000	…	1) 5,840	…	54,400
23　(86)	…	46,200	…	…	(82,100)	…	1) (5,840)	…	(53,400)
24　(87)	…	45,900	…	…	(85,900)	…	1) (6,420)	…	(54,900)
25　(88)	…	45,400	…	…	84,800	…	1) 5,990	…	53,800
26　(89)	…	44,800	…	…	83,600	…	1) 6,260	…	52,400
27　(90)	…	44,000	…	…	79,500	…	1) 7,000	…	47,700
28　(91)	…	43,100	…	…	80,200	…	1) 6,980	…	47,300
29　(92)	…	42,400	…	…	82,000	…	…	…	…
30　(93)	…	41,500	…	…	86,300	…	…	…	…
令和元　(94)	…	40,600	…	…	81,700	…	…	…	…
2　(95)	…	39,100	…	…	69,800	…	…	…	…
3　(96)	…	38,000	…	…	78,100	…	…	…	…
4　(97)	…	36,900	…	…	77,200	…	…	…	…

注：1　（　）内の数値は主産県の合計値である。
　　2　全国の荒茶生産量（年間計）については、従来、主産県調査結果を基に推計していたが、平成23年産及び平成24年産は原子力災害対策特別措置法（平成11年法律第156号）に基づき、主産県以外の都道府県においても出荷制限が行われたことから推計を行わなかったため、主産県の合計値を掲載した。
　　3　栽培面積は、平成13年までは8月1日現在、平成14年からは7月15日現在において調査したものである。
　　4　平成19年産から「その他」には「紅茶」を含む。
　　5　平成29年産から茶種別荒茶生産量の調査は廃止した。
1)は、近年増加している20日前後の直接被覆による栽培方法の取扱いが明確化するまでの間、暫定的に玉露、かぶせ茶及びてん茶を一括しておおい茶として表章した。

エ　荒茶工場数

単位：t　　　　　　　　　　　　　　　　　　　　　　単位：工場

産 量				荒　茶　工　場　数				
玉緑茶	番茶	その他	紅茶	計	機械製茶	半機械製茶	手もみ製茶	
(6)	(7)	(8)	(9)	(1)	(2)	(3)	(4)	
5,000	10,000	31	1	…	…	…	…	(64)
4,780	8,020	26	3	11,700	11,700	…	…	(65)
4,640	9,500	29	3	…	…	…	…	(66)
4,610	11,200	75	0	…	…	…	…	(67)
4,510	11,100	44	3	…	…	…	…	(68)
(3,850)	(8,290)	(571)	(-)	…	…	…	…	(69)
(3,840)	(8,020)	(544)	(4)	…	…	…	…	(70)
4,060	12,500	909	9	…	…	…	…	(71)
(4,250)	(9,710)	(1,140)	(11)	…	…	…	…	(72)
(3,700)	(7,720)	(735)	(9)	…	…	…	…	(73)
3,870	12,600	1,230	12	…	…	…	…	(74)
(3,810)	(11,400)	(983)	(9)	…	…	…	…	(75)
(3,690)	(12,300)	(1,260)	(9)	…	…	…	…	(76)
3,660	11,000	1,140	15	…	…	…	…	(77)
3,490	14,500	1,220	23	…	…	…	…	(78)
3,930	19,300	1,350	20	…	…	…	…	(79)
3,720	18,200	1,830	16	…	…	…	…	(80)
3,410	16,400	1,650	15	…	…	…	…	(81)
3,200	17,600	1,990	…	…	…	…	…	(82)
2,930	19,100	1,780	…	…	…	…	…	(83)
2,560	17,600	1,320	…	…	…	…	…	(84)
2,310	21,000	1,460	…	…	…	…	…	(85)
(2,200)	(18,700)	(1,890)	…	…	…	…	…	(86)
(2,320)	(20,300)	(2,050)	…	…	…	…	…	(87)
2,270	21,000	1,860	…	…	…	…	…	(88)
2,060	20,800	2,070	…	…	…	…	…	(89)
1,790	20,300	2,680	…	…	…	…	…	(90)
1,760	21,800	2,320	…	…	…	…	…	(91)
…	…	…	…	…	…	…	…	(92)
…	…	…	…	…	…	…	…	(93)
…	…	…	…	…	…	…	…	(94)
…	…	…	…	…	…	…	…	(95)
…	…	…	…	…	…	…	…	(96)
…	…	…	…	…	…	…	…	(97)

6　工芸農作物（続き）

(2)　なたね　　　　　　　(3)　てんさい　　　　　(4)　さとうきび

年　　産	作付面積（子実用）(1)	10a当たり収量 (2)	収穫量 (3)	作付面積 (1)	10a当たり収量 (2)	収穫量 (3)	収穫面積 (1)	10a当たり収量 (2)	収穫量 (3)
	ha	kg	t	ha	kg	t	ha	kg	t
昭和元年産 (1)	72,400	96	69,700	7,400	1,960	145,200	26,600	3,300	878,000
2 (2)	71,600	100	71,600	9,900	1,870	185,000	26,500	3,760	997,100
3 (3)	70,000	102	71,500	10,300	2,030	208,900	27,300	3,530	963,400
4 (4)	70,600	106	74,600	8,700	2,250	195,800	25,800	3,300	851,300
5 (5)	74,700	104	77,800	9,100	2,090	190,400	24,600	3,500	860,300
6 (6)	73,900	104	77,200	9,700	1,830	177,500	24,900	4,270	1,063,000
7 (7)	81,600	112	91,500	8,600	1,990	170,800	23,900	4,530	1,083,000
8 (8)	80,800	109	87,900	10,100	1,850	187,000	22,800	4,280	975,600
9 (9)	90,600	119	108,100	10,000	2,420	241,700	22,700	4,590	1,043,000
10 (10)	98,700	123	121,400	12,700	1,800	228,900	22,400	5,010	1,123,000
11 (11)	106,400	114	121,200	18,900	1,700	321,400	21,100	4,820	1,016,000
12 (12)	111,000	119	132,300	17,800	1,660	295,300	20,000	5,350	1,069,000
13 (13)	110,500	105	116,500	17,800	1,940	345,300	20,000	6,560	1,312,000
14 (14)	95,400	126	120,300	16,500	1,300	214,500	20,200	5,140	1,038,000
15 (15)	89,400	122	108,800	14,500	1,320	190,900	19,800	3,950	782,500
16 (16)	87,600	121	105,900	16,500	1,520	251,000	21,500	3,260	700,600
17 (17)	78,700	106	83,500	16,300	1,540	251,500	…	…	…
18 (18)	62,000	85	53,000	14,100	916	129,100	…	…	…
19 (19)	38,800	84	32,500	15,600	702	109,500	…	…	…
20 (20)	35,300	57	20,000	14,800	587	86,900	…	…	…
21 (21)	14,800	47	6,930	12,800	696	89,100	…	…	…
22 (22)	24,500	56	13,600	17,300	719	124,400	…	…	…
23 (23)	35,200	77	27,200	12,000	553	66,300	…	…	…
24 (24)	46,600	83	38,800	11,400	1,170	133,800	…	…	108,100
25 (25)	118,400	101	119,200	14,100	1,240	174,800	…	…	105,300
26 (26)	146,000	122	178,500	13,300	1,610	214,500	…	…	98,200
27 (27)	221,700	127	282,300	12,700	1,890	240,100	…	…	63,700
28 (28)	244,800	118	288,900	13,800	1,930	266,000	…	…	68,600
29 (29)	174,500	126	219,700	14,400	2,080	299,000	…	…	61,600
30 (30)	207,700	130	269,500	16,800	2,230	374,500	6,900	3,400	234,600
31 (31)	252,000	127	320,200	20,700	2,240	463,100	7,050	3,180	224,100
32 (32)	258,600	111	286,200	28,700	2,340	672,800	7,020	3,250	228,300
33 (33)	225,200	119	266,900	35,800	2,540	910,500	6,760	2,900	196,300
34 (34)	188,200	139	261,900	39,900	2,500	999,100	6,810	3,580	244,000
35 (35)	191,400	138	263,600	47,700	2,250	1,074,000	7,850	4,750	372,800
36 (36)	194,900	140	273,500	48,200	2,360	1,136,000	8,150	5,550	452,100
37 (37)	173,100	143	246,800	52,100	2,420	1,261,000	9,560	4,910	469,200
38 (38)	140,700	77	108,900	49,800	2,410	1,200,000	9,470	6,780	641,900
39 (39)	119,600	113	134,600	49,200	2,450	1,203,000	11,700	7,110	832,200
40 (40)	85,400	147	125,500	60,400	3,000	1,813,000	13,100	6,030	789,500
41 (41)	66,500	142	94,600	61,100	2,680	1,639,000	13,100	6,520	853,800
42 (42)	54,400	146	79,400	59,800	3,320	1,984,000	13,000	6,690	869,700
43 (43)	39,500	173	68,400	54,900	3,840	2,110,000	13,000	5,840	759,200
44 (44)	29,600	162	48,000	58,900	3,540	2,083,000	13,000	6,270	815,100
45 (45)	19,200	157	30,100	54,100	4,310	2,332,000	12,200	5,580	680,800
46 (46)	13,700	166	22,800	54,300	4,050	2,197,000	10,700	5,990	640,900
47 (47)	10,800	150	16,200	57,800	4,780	2,760,000	10,400	6,200	644,800
48 (48)	7,810	163	12,700	61,800	4,780	2,951,000	9,940	6,690	664,600
49 (49)	5,280	172	9,100	47,500	3,950	1,878,000	30,000	6,080	1,823,000
50 (50)	4,410	165	7,270	48,100	3,660	1,759,000	30,600	6,450	1,973,000
51 (51)	3,740	166	6,210	42,400	5,120	2,169,000	31,900	6,210	1,981,000
52 (52)	3,140	165	5,190	49,300	4,730	2,333,000	32,600	7,140	2,328,000
53 (53)	2,690	177	4,760	57,800	4,990	2,884,000	34,100	7,460	2,544,000
54 (54)	2,600	175	4,540	58,900	5,680	3,344,000	35,200	6,570	2,311,000
55 (55)	2,420	171	4,140	65,000	5,460	3,550,000	33,800	6,200	2,095,000
56 (56)	2,310	162	3,740	74,000	4,530	3,355,000	35,000	6,390	2,237,000
57 (57)	2,090	180	3,760	69,700	5,890	4,108,000	33,900	6,650	2,256,000
58 (58)	1,980	163	3,220	73,000	4,630	3,377,000	35,200	7,180	2,526,000
59 (59)	1,710	158	2,700	75,200	5,370	4,040,000	35,100	7,270	2,553,000
60 (60)	1,570	174	2,730	72,500	5,410	3,921,000	35,700	7,390	2,638,000
61 (61)	1,330	168	2,230	72,100	5,360	3,862,000	34,800	6,440	2,240,000
62 (62)	1,150	171	1,970	71,500	5,350	3,827,000	34,900	6,800	2,374,000
63 (63)	1,030	169	1,740	71,900	5,360	3,849,000	34,000	6,650	2,261,000

注：1　さとうきびの昭和24年産から昭和30年産には奄美群島を含まない。
　　2　さとうきびの昭和24年産から昭和29年産までの収穫面積については、調査を行わなかったため「…」とした。
　　3　昭和19年産から昭和48年産までは沖縄県を含まない。

(5)　こんにゃくいも

(6)　い

栽 培 面 積	収 穫 面 積	10 a 当 た り 収　量	収 穫 量	作 付 面 積	10 a 当 た り 収　量	収 穫 量	
(1)	(2)	(3)	(4)	(1)	(2)	(3)	
ha	ha	kg	t	ha	kg	t	
7,150	…	…	55,000	4,580	934	42,800	(1)
7,200	…	…	54,000	4,350	952	41,400	(2)
7,570	…	…	56,100	4,720	979	46,200	(3)
7,710	…	…	53,200	5,320	1,020	54,400	(4)
7,790	…	…	52,800	5,270	983	51,800	(5)
8,080	…	…	56,600	4,610	974	44,900	(6)
8,260	…	…	57,400	5,340	978	52,200	(7)
8,560	…	…	59,000	6,200	939	58,200	(8)
8,590	…	…	55,100	7,210	1,030	74,400	(9)
8,650	…	…	55,500	6,910	1,040	71,500	(10)
8,910	…	…	55,100	5,950	946	56,300	(11)
9,200	…	…	57,400	6,030	1,070	64,700	(12)
9,290	…	…	57,900	6,070	1,010	61,300	(13)
10,100	…	…	59,000	6,420	1,130	72,700	(14)
10,200	…	…	65,300	7,390	1,080	79,500	(15)
11,900	9,770	702	68,600	5,060	1,010	51,200	(16)
11,900	9,190	656	60,300	4,480	1,100	49,200	(17)
10,400	7,360	769	56,600	4,350	805	35,000	(18)
8,190	5,980	592	35,400	2,410	763	18,400	(19)
5,510	3,770	594	22,400	986	763	7,520	(20)
3,230	2,320	496	11,500	454	650	2,950	(21)
2,510	1,800	572	10,300	792	585	4,630	(22)
2,500	1,790	724	12,900	1,930	731	14,100	(23)
2,370	1,630	687	11,200	3,400	753	25,600	(24)
2,430	1,790	793	14,200	4,080	870	35,500	(25)
2,940	2,210	1,110	24,500	7,290	908	66,200	(26)
3,630	2,880	1,060	30,400	10,600	980	103,900	(27)
5,000	3,500	994	34,800	8,310	812	67,500	(28)
6,220	3,690	1,020	37,600	7,590	939	71,300	(29)
9,550	4,630	1,140	52,800	6,080	982	59,700	(30)
11,300	5,210	1,150	59,800	6,840	985	67,400	(31)
13,000	6,330	1,260	79,600	8,730	1,060	92,600	(32)
14,400	7,110	1,190	84,900	10,600	1,060	112,500	(33)
15,400	7,860	1,030	81,000	7,610	1,070	81,300	(34)
14,400	7,170	1,290	92,300	7,540	1,050	79,000	(35)
15,000	7,480	1,330	99,200	8,130	1,070	86,700	(36)
14,900	7,540	1,360	102,700	9,010	1,070	96,000	(37)
13,800	7,100	1,330	94,100	10,400	876	91,100	(38)
14,300	7,470	1,340	100,300	12,300	1,150	141,100	(39)
15,300	7,940	1,300	103,100	9,280	1,060	98,600	(40)
16,100	8,270	1,490	123,000	8,860	1,130	99,900	(41)
17,600	8,920	1,470	131,300	9,020	1,180	106,000	(42)
17,300	8,860	1,470	129,800	10,300	1,170	120,800	(43)
16,900	8,760	1,440	125,900	10,300	1,160	119,400	(44)
16,800	8,670	1,320	114,200	9,540	1,040	99,100	(45)
16,100	8,430	1,250	105,000	11,100	1,040	114,900	(46)
15,600	8,170	1,230	100,500	11,800	1,110	130,500	(47)
15,800	8,330	1,210	101,000	10,400	1,020	105,700	(48)
15,800	8,240	1,180	97,600	10,700	1,140	122,200	(49)
15,800	8,110	1,300	105,300	8,610	1,060	91,000	(50)
15,400	8,100	1,310	106,500	8,350	1,030	86,100	(51)
14,800	7,780	1,310	102,100	9,510	1,020	96,600	(52)
14,200	7,280	1,290	93,900	9,620	1,140	109,600	(53)
13,700	6,870	1,460	100,400	9,720	1,150	111,800	(54)
13,400	6,840	1,340	91,600	9,370	1,010	94,200	(55)
12,600	6,550	1,360	88,900	8,470	1,060	90,200	(56)
11,800	6,170	1,090	67,000	7,530	1,150	86,300	(57)
11,300	5,940	1,160	69,100	7,820	1,040	81,700	(58)
11,000	5,610	1,340	74,900	7,510	1,160	87,000	(59)
11,800	6,200	1,590	98,300	7,420	1,090	80,700	(60)
12,200	6,370	1,700	108,200	7,430	1,090	81,200	(61)
12,100	6,420	1,830	117,400	7,770	1,070	83,300	(62)
11,300	5,860	1,620	95,200	8,360	1,010	84,400	(63)

6　工芸農作物（続き）

(2)　なたね　　　　　　　　　(3)　てんさい　　　　　　　　(4)　さとうきび

年　産		作付面積 （子実用）	10 a 当たり 収　　量	収　穫　量	作付面積	10 a 当たり 収　量	収　穫　量	収穫面積	10 a 当たり 収　量	収　穫　量
		(1)	(2)	(3)	(1)	(2)	(3)	(1)	(2)	(3)
		ha	kg	t	ha	kg	t	ha	kg	t
平成元年産	(64)	1,040	174	1,810	71,900	5,100	3,664,000	33,600	7,990	2,684,000
2	(65)	925	179	1,660	72,000	5,550	3,994,000	32,800	6,050	1,983,000
3	(66)	915	177	1,620	71,900	5,720	4,115,000	30,100	6,290	1,894,000
4	(67)	827	193	1,600	70,600	5,070	3,581,000	27,700	6,420	1,779,000
5	(68)	753	171	1,290	70,100	4,830	3,388,000	25,900	6,330	1,640,000
6	(69)	(491)	(232)	(1,140)	69,800	5,520	3,853,000	24,800	6,460	1,602,000
7	(70)	(409)	(238)	(974)	70,000	5,450	3,813,000	24,100	6,730	1,622,000
8	(71)	593	185	1,100	69,700	4,730	3,295,000	23,800	5,390	1,284,000
9	(72)	(373)	(243)	(907)	68,500	5,380	3,685,000	22,500	6,420	1,445,000
10	(73)	(433)	(247)	(1,070)	70,200	5,930	4,164,000	22,400	7,440	1,666,000
11	(74)	607	129	783	70,000	5,410	3,787,000	22,800	6,890	1,571,000
12	(75)	(319)	(204)	(650)	69,200	5,310	3,673,000	23,100	6,040	1,395,000
13	(76)	(301)	(217)	(652)	66,000	5,750	3,796,000	22,800	6,570	1,499,000
14	(77)	…	…	…	66,600	6,150	4,098,000	23,800	5,580	1,328,000
15	(78)	…	…	…	67,900	6,130	4,161,000	23,900	5,810	1,389,000
16	(79)	…	…	…	68,000	6,850	4,656,000	23,200	5,120	1,187,000
17	(80)	…	…	…	67,500	6,220	4,201,000	21,300	5,700	1,214,000
18	(81)	…	…	…	67,400	5,820	3,923,000	21,700	6,040	1,310,000
19	(82)	…	…	…	66,600	6,450	4,297,000	22,100	6,790	1,500,000
20	(83)	…	…	…	66,000	6,440	4,248,000	22,200	7,200	1,598,000
21	(84)	…	…	…	64,500	5,660	3,649,000	23,000	6,590	1,515,000
22	(85)	1,690	93	1,570	62,600	4,940	3,090,000	23,200	6,330	1,469,000
23	(86)	1,700	115	1,950	60,500	5,860	3,547,000	22,600	4,420	1,000,000
24	(87)	1,610	116	1,870	59,300	6,340	3,758,000	23,000	4,820	1,108,000
25	(88)	1,590	111	1,770	58,200	5,900	3,435,000	21,900	5,440	1,191,000
26	(89)	1,470	121	1,780	57,400	6,210	3,567,000	22,900	5,060	1,159,000
27	(90)	1,630	194	3,160	58,800	6,680	3,925,000	23,400	5,380	1,260,000
28	(91)	1,980	184	3,650	59,700	5,340	3,189,000	22,900	6,870	1,574,000
29	(92)	1,980	185	3,670	58,200	6,700	3,901,000	23,700	5,470	1,297,000
30	(93)	1,920	163	3,120	57,300	6,300	3,611,000	22,600	5,290	1,196,000
令和元	(94)	1,900	217	4,130	56,700	7,030	3,986,000	22,100	5,310	1,174,000
2	(95)	1,830	196	3,580	56,800	6,890	3,912,000	22,500	5,940	1,336,000
3	(96)	1,640	197	3,230	57,700	7,040	4,061,000	23,300	5,830	1,359,000
4	(97)	1,740	211	3,680	55,400	6,400	3,545,000	23,200	5,480	1,272,000

注：1　なたねについては、平成14年産から平成21年産までは調査を実施していない。
　　2　（　）内の数値は主産県の合計値である。

(5) こんにゃくいも　　　　　　　　　　(6) い

栽 培 面 積	収 穫 面 積	10 a 当 た り 収 量	収 穫 量	作 付 面 積	10 a 当 た り 収 量	収 穫 量	
(1)	(2)	(3)	(4)	(1)	(2)	(3)	
ha	ha	kg	t	ha	kg	t	
10,800	5,570	1,540	85,600	8,580	1,120	96,000	(64)
10,700	5,630	1,580	88,700	8,500	1,060	90,300	(65)
10,400	5,630	2,180	122,500	7,070	925	65,400	(66)
9,370	5,140	2,030	104,400	6,790	1,160	78,500	(67)
8,910	4,770	1,830	87,100	6,520	1,030	67,100	(68)
8,790	4,730	1,920	90,800	6,090	1,090	66,300	(69)
(6,280)	(3,440)	(1,990)	(68,600)	(5,610)	(1,150)	(64,500)	(70)
(5,950)	(3,380)	(2,430)	(82,100)	(5,210)	(1,120)	(58,400)	(71)
7,160	3,950	2,500	98,700	(5,020)	(1,150)	(57,700)	(72)
(5,620)	(3,250)	(2,640)	(85,700)	(4,420)	(1,060)	(47,000)	(73)
(5,190)	(2,790)	(2,060)	(57,400)	(3,490)	(1,040)	(36,300)	(74)
6,060	3,260	2,230	72,600	(2,730)	(1,080)	(29,400)	(75)
(4,710)	(2,660)	(2,630)	(69,900)	(1,870)	(1,140)	(21,300)	(76)
(4,590)	(2,560)	(2,550)	(65,200)	(1,810)	(1,140)	(20,700)	(77)
5,350	2,870	2,200	63,100	(1,870)	(1,100)	(20,500)	(78)
(4,260)	(2,400)	(2,800)	(67,100)	(1,800)	(1,150)	(20,700)	(79)
(4,160)	(2,380)	(2,820)	(67,000)	(1,700)	(1,280)	(21,800)	(80)
4,720	2,670	2,580	68,900	(1,370)	(1,120)	(15,300)	(81)
(3,780)	(2,290)	(2,680)	(61,400)	(1,110)	(1,370)	(15,200)	(82)
(3,720)	(2,090)	(2,660)	(55,500)	(1,070)	(1,280)	(13,700)	(83)
4,310	2,450	2,730	66,900	(1,000)	(1,430)	(14,300)	(84)
(3,690)	(2,150)	(3,000)	(64,600)	(899)	(1,280)	(11,500)	(85)
(3,660)	(2,010)	(2,880)	(57,800)	(838)	(1,150)	(9,640)	(86)
4,070	2,240	2,990	67,000	(854)	(1,240)	(10,600)	(87)
(3,570)	(2,000)	(3,110)	(62,200)	(818)	(1,440)	(11,800)	(88)
(3,490)	(1,930)	(2,910)	(56,100)	(739)	(1,370)	(10,100)	(89)
3,910	2,220	2,760	61,300	(701)	(1,110)	(7,800)	(90)
(3,470)	(2,060)	(3,460)	(71,300)	(643)	(1,300)	(8,340)	(91)
3,860	2,330	2,780	64,700	(578)	(1,480)	(8,530)	(92)
3,700	2,160	2,590	55,900	(541)	(1,390)	(7,500)	(93)
3,660	2,150	2,750	59,100	(476)	(1,500)	(7,130)	(94)
3,570	2,140	2,510	53,700	(424)	(1,490)	(6,300)	(95)
3,430	2,050	2,640	54,200	(451)	(1,420)	(6,390)	(96)
3,320	1,970	2,630	51,900	(380)	(1,530)	(5,810)	(97)

注：こんにゃくいもについては、平成11年産以降の主産県調査においては福島県を含まない。

全国農業地域別・都道府県別累年統計表（平成30年産～令和4年産）
1 米

(1) 水陸稲の収穫量及び水稲の作況指数
　　　ア　水陸稲計

全 国 農 業 地 域 ・ 都 道 府 県		平 成 30 年 産		令 和 元		2
		作 付 面 積 （ 子 実 用 ）	収 穫 量 （ 子 実 用 ）	作 付 面 積 （ 子 実 用 ）	収 穫 量 （ 子 実 用 ）	作 付 面 積 （ 子 実 用 ）
		(1)	(2)	(3)	(4)	(5)
		ha	t	ha	t	ha
全　　　　　　国	(1)	1,470,000	7,782,000	1,470,000	7,764,000	1,462,000
（全国農業地域）						
北　海　道	(2)	…	…	…	…	102,300
都　府　県	(3)	…	…	…	…	1,360,000
東　　北	(4)	…	…	…	…	381,500
北　　陸	(5)	…	…	…	…	206,400
関 東・東 山	(6)	…	…	…	…	270,200
東　　海	(7)	…	…	…	…	92,500
近　　畿	(8)	…	…	…	…	101,300
中　　国	(9)	…	…	…	…	101,200
四　　国	(10)	…	…	…	…	47,400
九　　州	(11)	…	…	…	…	158,600
沖　　縄	(12)	…	…	…	…	650
（都道府県）						
北　海　道	(13)	…	…	…	…	102,300
青　　森	(14)	…	…	…	…	45,200
岩　　手	(15)	…	…	…	…	50,400
宮　　城	(16)	…	…	…	…	68,300
秋　　田	(17)	…	…	…	…	87,600
山　　形	(18)	…	…	…	…	64,700
福　　島	(19)	…	…	…	…	65,300
茨　　城	(20)	68,900	359,700	68,800	345,400	68,200
栃　　木	(21)	58,700	322,200	59,400	311,800	59,300
群　　馬	(22)	…	…	…	…	15,500
埼　　玉	(23)	…	…	…	…	31,900
千　　葉	(24)	…	…	…	…	55,400
東　　京	(25)	…	…	…	…	125
神　奈　川	(26)	…	…	…	…	2,990
新　　潟	(27)	…	…	…	…	119,500
富　　山	(28)	…	…	…	…	37,100
石　　川	(29)	…	…	…	…	24,800
福　　井	(30)	…	…	…	…	25,100
山　　梨	(31)	…	…	…	…	4,880
長　　野	(32)	…	…	…	…	31,800
岐　　阜	(33)	…	…	…	…	22,500
静　　岡	(34)	…	…	…	…	15,500
愛　　知	(35)	…	…	…	…	27,400
三　　重	(36)	…	…	…	…	27,100
滋　　賀	(37)	…	…	…	…	31,100
京　　都	(38)	…	…	…	…	14,300
大　　阪	(39)	…	…	…	…	4,700
兵　　庫	(40)	…	…	…	…	36,500
奈　　良	(41)	…	…	…	…	8,480
和　歌　山	(42)	…	…	…	…	6,250
鳥　　取	(43)	…	…	…	…	12,900
島　　根	(44)	…	…	…	…	17,100
岡　　山	(45)	…	…	…	…	29,800
広　　島	(46)	…	…	…	…	22,600
山　　口	(47)	…	…	…	…	18,900
徳　　島	(48)	…	…	…	…	11,000
香　　川	(49)	…	…	…	…	11,700
愛　　媛	(50)	…	…	…	…	13,400
高　　知	(51)	…	…	…	…	11,300
福　　岡	(52)	…	…	…	…	34,900
佐　　賀	(53)	…	…	…	…	23,900
長　　崎	(54)	…	…	…	…	11,100
熊　　本	(55)	…	…	…	…	33,300
大　　分	(56)	…	…	…	…	20,200
宮　　崎	(57)	…	…	…	…	16,000
鹿　児　島	(58)	…	…	…	…	19,300
沖　　縄	(59)	…	…	…	…	650

注：1　水陸稲計の全国値については、水稲の全国値と陸稲の全国値の合計である。
　　2　陸稲において、主産県調査を実施した年産の全国値については、主産県の調査結果から推計したものである。
　　3　陸稲については、作付面積は3年、収穫量は6年ごとに全国調査を実施し、全国調査以外の年にあっては主産県調査を実施することとしている。

	3		4		
収 穫 量 （ 子 実 用 ）	作 付 面 積 （ 子 実 用 ）	収 穫 量 （ 子 実 用 ）	作 付 面 積 （ 子 実 用 ）	収 穫 量 （ 子 実 用 ）	
(6)	(7)	(8)	(9)	(10)	
t	ha	t	ha	t	
7,765,000	1,404,000	7,564,000	1,355,000	7,270,000	(1)
...	...	...	...	...	(2)
...	...	...	...	...	(3)
...	...	...	...	...	(4)
...	...	...	...	...	(5)
...	...	...	...	...	(6)
...	...	...	...	...	(7)
496,000	...	...	...	...	(8)
489,700	...	...	...	...	(9)
222,800	...	...	...	...	(10)
...	...	...	...	...	(11)
2,090	...	...	...	...	(12)
...	...	...	...	...	(13)
...	...	...	...	...	(14)
...	...	...	...	...	(15)
377,000	...	...	...	...	(16)
527,400	...	...	...	...	(17)
402,400	...	...	...	...	(18)
...	...	...	...	...	(19)
361,100	63,900	345,800	60,300	320,000	(20)
318,800	55,000	301,200	50,900	270,500	(21)
...	...	...	...	...	(22)
...	...	...	...	...	(23)
...	...	...	...	...	(24)
...	...	...	...	...	(25)
...	...	...	...	...	(26)
...	...	...	...	...	(27)
206,300	...	...	...	...	(28)
...	...	...	...	...	(29)
130,000	...	...	...	...	(30)
25,800	...	...	...	...	(31)
192,700	...	...	...	...	(32)
105,800	...	...	...	...	(33)
...	...	...	...	...	(34)
134,300	...	...	...	...	(35)
129,800	...	...	...	...	(36)
158,300	...	...	...	...	(37)
71,600	...	...	...	...	(38)
22,200	...	...	...	...	(39)
174,100	...	...	...	...	(40)
40,900	...	...	...	...	(41)
28,900	...	...	...	...	(42)
66,000	...	...	...	...	(43)
87,400	...	...	...	...	(44)
150,500	...	...	...	...	(45)
112,800	...	...	...	...	(46)
73,000	...	...	...	...	(47)
52,400	...	...	...	...	(48)
58,000	...	...	...	...	(49)
63,500	...	...	...	...	(50)
48,900	...	...	...	...	(51)
145,200	...	...	...	...	(52)
104,200	...	...	...	...	(53)
46,800	...	...	...	...	(54)
156,500	...	...	...	...	(55)
81,400	...	...	...	...	(56)
...	...	...	...	...	(57)
88,400	...	...	...	...	(58)
2,090	...	...	...	...	(59)

1　米（続き）
(1)　水陸稲の収穫量及び水稲の作況指数（続き）
イ　水稲

全国農業地域・都道府県	平成30年産 作付面積(子実用) ha (1)	10a当たり収量 kg (2)	収穫量(子実用) t (3)	農家等使用ふるい目幅ベース 10a当たり収量 kg (4)	作況指数 (5)	主食用作付面積 ha (6)	収穫量(主食用) t (7)	令和元 作付面積(子実用) ha (8)	10a当たり収量 kg (9)	収穫量(子実用) t (10)	農家等使用ふるい目幅ベース 10a当たり収量 kg (11)	作況指数 (12)	主食用作付面積 ha (13)	収穫量(主食用) t (14)	2 作付面積(子実用) ha (15)	10a当たり収量 kg (16)	収穫量(子実用) t (17)	農家等ふるい目 10a当たり収量 kg (18)
全国 (1)	1,470,000	529	7,780,000	511	98	1,386,000	7,327,000	1,469,000	528	7,762,000	514	99	1,379,000	7,261,000	1,462,000	531	7,763,000	508
（全国農業地域）																		
北海道 (2)	104,000	495	514,800	480	90	98,900	489,600	103,000	571	588,100	555	104	97,000	553,900	102,300	581	594,400	557
都府県 (3)	1,366,000	532	7,265,000	514	99	1,287,000	6,837,000	1,366,000	525	7,174,000	511	99	1,282,000	6,707,000	1,359,000	527	7,168,000	504
東北 (4)	379,100	564	2,137,000	540	99	345,500	1,947,000	382,000	586	2,239,000	567	104	344,600	2,015,000	381,500	586	2,236,000	559
北陸 (5)	205,600	533	1,096,000	508	98	184,800	985,300	206,500	540	1,115,000	526	101	186,400	1,007,000	206,400	550	1,135,000	531
関東・東山 (6)	270,300	539	1,457,000	524	100	259,300	1,398,000	271,100	522	1,414,000	510	97	258,400	1,348,000	269,600	536	1,444,000	523
東海 (7)	93,400	495	462,400	484	98	91,000	450,600	93,100	491	457,100	481	98	90,500	444,800	92,500	480	444,000	463
近畿 (8)	103,100	502	517,500	489	98	99,500	498,700	102,600	503	516,400	491	99	99,000	498,000	101,300	490	496,000	465
中国 (9)	103,700	519	537,800	509	101	101,100	524,200	102,100	503	513,200	490	97	99,400	499,800	101,200	484	489,700	455
四国 (10)	49,300	473	233,400	468	98	49,000	232,000	48,300	457	220,700	451	94	47,800	218,500	47,400	470	222,800	447
九州 (11)	160,400	512	821,300	494	102	156,100	800,000	160,000	435	696,400	418	86	155,100	674,300	158,600	440	698,500	404
沖縄 (12)	~716	307	2,200	304	99	716	2,200	677	295	2,000	293	96	665	1,960	650	322	2,090	312
（都道府県）																		
北海道 (13)	104,000	495	514,800	480	90	98,900	489,600	103,000	571	588,100	555	104	97,000	553,900	102,300	581	594,400	557
青森 (14)	44,200	596	263,400	577	101	39,600	236,000	45,000	627	282,200	612	106	39,200	245,800	45,200	628	283,900	600
岩手 (15)	50,300	543	273,100	526	101	48,800	265,000	50,500	554	279,800	538	103	48,300	267,600	50,400	553	278,700	527
宮城 (16)	67,400	551	371,400	527	101	64,500	355,400	68,400	551	376,900	531	102	64,800	357,000	68,300	552	377,000	527
秋田 (17)	87,700	560	491,100	533	96	75,000	420,000	87,800	600	526,800	577	104	74,900	449,400	87,600	602	527,400	566
山形 (18)	64,500	580	374,100	556	96	56,400	327,100	64,500	627	404,400	611	105	56,900	356,800	64,700	622	402,400	592
福島 (19)	64,900	561	364,100	535	101	61,200	343,300	65,800	560	368,500	540	102	60,400	338,200	65,300	562	367,000	544
茨城 (20)	68,400	524	358,400	508	99	66,800	350,000	68,300	504	344,200	493	96	66,400	334,700	67,800	531	360,000	519
栃木 (21)	58,500	550	321,800	537	102	54,700	300,900	59,200	526	311,400	514	97	54,900	288,800	59,200	538	318,500	520
群馬 (22)	15,600	506	78,900	489	102	13,700	69,300	15,500	486	75,300	470	98	13,600	66,100	15,500	496	76,900	481
埼玉 (23)	31,900	487	155,400	471	99	30,800	150,000	32,000	482	154,200	468	98	30,900	148,900	31,900	496	158,200	487
千葉 (24)	55,600	542	301,400	525	99	53,900	292,100	56,000	516	289,000	508	95	53,700	277,100	55,400	537	297,500	528
東京 (25)	133	417	555	410	101	133	555	129	402	519	390	97	129	519	124	400	496	394
神奈川 (26)	3,080	492	15,200	470	98	3,080	15,200	3,040	470	14,300	454	95	3,040	14,300	2,990	474	14,200	464
新潟 (27)	118,200	531	627,600	500	95	104,700	556,000	119,200	542	646,100	530	100	106,800	578,900	119,500	558	666,800	542
富山 (28)	37,300	552	205,900	535	102	33,300	183,800	37,200	553	205,700	540	102	33,300	184,100	37,100	556	206,300	535
石川 (29)	25,100	519	130,300	507	100	23,200	120,400	25,200	532	133,000	515	102	22,700	120,800	24,800	530	131,400	515
福井 (30)	25,000	530	132,500	503	101	23,600	125,100	25,100	520	130,500	497	100	23,600	122,700	25,100	518	130,000	482
山梨 (31)	4,900	542	26,600	526	99	4,820	26,100	4,890	541	26,500	526	99	4,810	26,000	4,880	529	25,800	516
長野 (32)	32,200	618	199,000	607	100	31,300	193,400	32,000	620	198,400	609	100	30,900	191,600	31,800	606	192,700	590
岐阜 (33)	22,500	478	107,600	465	97	21,500	102,800	22,500	482	108,500	473	99	21,400	103,100	22,500	470	105,800	459
静岡 (34)	15,800	506	79,900	496	97	15,700	79,400	15,700	517	81,200	507	99	15,600	80,700	15,500	478	74,100	469
愛知 (35)	27,600	499	137,700	489	98	26,700	133,200	27,500	499	137,200	490	98	26,600	132,700	27,400	490	134,300	469
三重 (36)	27,500	499	137,200	489	100	27,100	135,200	27,300	477	130,200	465	95	26,900	128,300	27,100	479	129,800	458
滋賀 (37)	31,700	512	162,300	501	99	30,100	154,100	31,700	509	161,400	498	98	30,200	153,700	31,100	509	158,300	475
京都 (38)	14,500	502	72,800	491	98	13,900	69,800	14,400	505	72,700	495	99	13,800	69,700	14,300	501	71,600	484
大阪 (39)	5,010	494	24,700	475	99	5,000	24,700	4,850	502	24,300	485	101	4,850	24,300	4,700	472	22,200	448
兵庫 (40)	37,000	492	182,000	479	98	35,500	174,700	36,800	497	182,900	484	99	35,300	175,400	36,500	477	174,100	455
奈良 (41)	8,580	514	44,100	499	100	8,530	43,800	8,490	515	43,700	502	100	8,450	43,500	8,480	482	40,900	462
和歌山 (42)	6,430	492	31,600	479	99	6,430	31,600	6,360	494	31,400	482	99	6,360	31,400	6,250	462	28,900	446
鳥取 (43)	12,800	498	63,700	488	97	12,700	63,200	12,700	514	65,300	503	100	12,600	64,800	12,900	512	66,000	497
島根 (44)	17,500	524	91,700	515	103	17,200	90,100	17,300	506	87,500	496	99	16,900	85,500	17,100	511	87,400	476
岡山 (45)	30,200	517	156,100	504	98	29,400	152,000	30,100	517	155,600	503	98	29,300	151,500	29,800	505	150,500	475
広島 (46)	23,400	525	122,900	517	101	22,900	120,200	22,700	499	113,300	487	95	22,200	110,800	22,600	499	112,800	475
山口 (47)	19,800	522	103,400	513	104	18,900	98,700	19,300	474	91,500	461	94	18,400	87,200	18,900	386	73,000	350
徳島 (48)	11,400	470	53,600	466	99	11,200	52,600	11,300	464	52,400	459	98	11,000	51,000	11,000	476	52,400	464
早期栽培 (49)	4,400	466	20,500	463	101	…	…	4,340	456	19,800	451	98	…	…	4,260	453	19,300	443
普通栽培 (50)	7,000	474	33,200	470	99	…	…	6,940	470	32,600	465	98	…	…	6,710	492	33,000	478
香川 (51)	12,500	479	59,900	470	96	12,500	59,900	12,000	471	56,500	464	95	12,000	56,500	11,700	496	58,000	480
愛媛 (52)	13,900	498	69,200	492	100	13,900	69,200	13,600	470	63,900	463	94	13,500	63,500	13,400	474	63,500	429
高知 (53)	11,500	441	50,700	437	96	11,400	50,300	11,400	420	47,900	414	91	11,300	47,500	11,300	433	48,900	417
早期栽培 (54)	6,470	465	30,100	462	97	…	…	6,440	455	29,300	450	95	…	…	6,380	454	29,000	442
普通栽培 (55)	5,000	411	20,600	407	96	…	…	4,980	375	18,700	368	87	…	…	4,950	407	20,100	387
福岡 (56)	35,300	518	182,900	497	104	34,900	180,800	35,000	454	158,900	433	91	34,500	156,600	34,900	416	145,200	365
佐賀 (57)	24,300	532	129,300	514	102	24,000	127,700	24,100	298	71,800	291	58	23,700	70,600	23,900	436	104,200	394
長崎 (58)	11,500	499	57,400	483	101	11,400	56,900	11,400	455	51,900	435	94	11,300	51,400	11,100	422	46,800	397
熊本 (59)	33,300	529	176,200	510	103	32,300	170,900	33,300	483	160,800	466	94	32,300	156,000	33,300	470	156,500	428
大分 (60)	20,700	501	103,700	478	100	20,600	103,200	20,600	435	89,600	407	85	20,400	88,700	20,200	403	81,400	369
宮崎 (61)	16,100	493	79,400	480	100	14,700	72,500	16,100	465	74,900	451	94	14,600	67,900	16,000	475	76,000	457
早期栽培 (62)	6,410	476	30,500	469	100	…	…	6,300	459	28,900	450	96	…	…	6,140	469	28,800	459
普通栽培 (63)	9,670	505	48,800	487	99	…	…	9,780	469	45,900	452	92	…	…	9,870	479	47,300	457
鹿児島 (64)	19,200	481	92,400	468	100	18,300	88,000	19,500	454	88,500	440	94	18,300	83,100	19,300	458	88,400	442
早期栽培 (65)	4,340	450	19,500	439	101	…	…	4,370	438	19,100	427	98	…	…	4,450	443	19,700	431
普通栽培 (66)	14,800	490	72,500	477	100	…	…	15,200	458	69,600	444	93	…	…	14,900	462	68,800	444
沖縄 (67)	716	307	2,200	304	99	716	2,200	677	295	2,000	293	96	665	1,960	650	322	2,090	312
第一期稲 (68)	527	364	1,920	362	101	…	…	506	331	1,670	330	92	…	…	479	367	1,760	359
第二期稲 (69)	189	149	282	144	90	…	…	171	188	321	184	116	…	…	171	197	337	174

使用幅ベース 作況指数 (19)	主食用 作付面積 (20)	収穫量(主食用) (21)	3 作付面積(子実用) (22)	3 10a当たり収量 (23)	3 収穫量(子実用) (24)	3 農家等使用ふるい目幅ベース 10a当たり収量 (25)	3 作況指数 (26)	3 主食用 作付面積 (27)	3 収穫量(主食用) (28)	4 作付面積(子実用) (29)	4 10a当たり収量 (30)	4 収穫量(子実用) (31)	4 農家等使用ふるい目幅ベース 10a当たり収量 (32)	4 作況指数 (33)	4 主食用 作付面積 (34)	4 収穫量(主食用) (35)	
	ha	t	ha	kg	t	kg		ha	t	ha	kg	t	kg		ha	t	
99	1,366,000	7,226,000	1,403,000	539	7,563,000	515	101	1,303,000	7,007,000	1,355,000	536	7,269,000	511	100	1,251,000	6,701,000	(1)
106	95,300	553,700	96,100	597	573,700	570	108	88,400	527,700	93,600	591	553,200	563	106	82,500	487,600	(2)
99	1,270,000	6,672,000	1,307,000	535	6,989,000	511	100	1,215,000	6,479,000	1,261,000	533	6,716,000	508	99	1,169,000	6,214,000	(3)
104	342,000	2,000,000	363,000	581	2,110,000	552	102	322,400	1,870,000	348,300	559	1,948,000	530	98	308,200	1,723,000	(4)
102	185,900	1,021,000	201,800	531	1,072,000	505	97	177,900	944,600	198,200	541	1,072,000	518	100	173,500	938,800	(5)
101	255,800	1,370,000	253,100	545	1,380,000	525	101	240,100	1,309,000	240,100	538	1,291,000	517	99	227,200	1,223,000	(6)
95	89,800	431,500	89,600	493	441,700	477	98	87,600	432,000	87,100	504	438,800	489	101	85,300	429,000	(7)
96	97,700	478,000	99,300	503	499,700	479	99	95,700	481,800	96,400	517	498,400	492	102	92,800	479,500	(8)
92	98,200	475,700	98,800	517	511,000	492	99	95,900	496,100	95,800	524	501,600	498	101	92,800	486,400	(9)
96	46,900	219,900	45,900	482	221,400	467	101	45,400	219,900	44,600	497	221,600	477	103	44,000	218,400	(10)
85	153,200	673,300	155,100	485	752,000	467	99	149,300	723,800	150,100	494	741,300	464	98	144,400	713,200	(11)
104	630	2,030	666	325	2,160	316	105	623	2,020	639	301	1,920	293	97	604	1,820	(12)
106	95,300	553,700	96,100	597	573,700	570	108	88,400	527,700	93,600	591	553,200	563	106	82,500	487,600	(13)
105	38,300	240,500	41,700	616	256,900	584	102	34,200	210,700	39,600	594	235,200	567	99	33,900	201,400	(14)
103	48,200	266,500	48,400	555	268,600	528	103	46,200	256,400	46,100	537	247,600	508	99	43,700	234,700	(15)
102	64,500	356,000	64,600	547	353,400	520	101	61,000	326,500	60,800	537	326,500	511	100	57,000	306,300	(16)
105	75,300	453,300	84,800	591	501,200	555	102	71,400	422,000	82,400	554	456,500	520	95	69,100	382,800	(17)
104	56,500	351,400	62,900	626	393,800	592	104	54,900	343,700	61,500	594	365,300	560	99	52,700	313,000	(18)
102	59,200	332,700	60,500	555	335,800	536	101	54,700	303,600	57,800	549	317,300	530	101	51,900	284,900	(19)
103	65,500	347,800	63,500	543	344,800	521	103	61,400	333,400	60,000	532	319,200	509	101	58,300	310,000	(20)
101	54,900	295,400	54,800	549	300,900	520	101	50,600	277,800	50,800	532	270,300	497	97	46,100	245,300	(21)
100	13,600	67,500	14,900	492	73,300	476	99	13,000	64,000	14,400	502	72,300	486	101	12,400	62,200	(22)
102	30,600	151,800	30,000	508	152,400	489	103	28,800	146,300	28,600	498	142,400	484	101	27,400	136,500	(23)
99	52,500	281,900	50,600	549	277,800	539	101	48,100	264,100	47,700	544	259,500	535	100	45,500	247,500	(24)
98	124	496	120	405	486	394	98	120	486	115	421	484	412	102	115	484	(25)
97	2,990	14,200	2,920	492	14,400	470	99	2,920	14,400	2,880	501	14,400	481	101	2,880	14,400	(26)
103	106,700	595,400	117,200	529	620,000	507	96	101,800	538,500	116,000	544	631,000	525	99	99,900	543,500	(27)
103	33,200	184,600	36,300	551	200,000	515	99	32,200	177,400	35,500	556	197,400	523	101	31,300	174,000	(28)
101	22,600	119,800	23,800	527	125,400	512	101	21,400	112,800	23,100	532	122,900	515	101	20,700	110,100	(29)
99	23,300	120,700	24,500	515	126,200	478	99	22,500	115,900	23,500	515	121,000	481	99	21,600	111,200	(30)
97	4,800	25,400	4,850	532	25,800	516	97	4,760	25,300	4,790	532	25,500	518	97	4,690	25,000	(31)
99	30,700	186,000	31,500	603	189,900	579	97	30,400	183,300	30,800	608	187,300	589	98	29,800	181,200	(32)
96	21,400	100,600	21,600	478	103,200	466	98	20,700	98,900	20,700	487	100,800	477	100	20,000	97,400	(33)
92	15,400	73,600	15,300	506	77,400	495	97	15,200	76,900	15,000	509	76,400	501	98	15,000	76,400	(34)
96	26,400	129,400	26,400	496	130,900	480	98	25,800	128,000	25,900	505	130,800	488	100	25,200	127,300	(35)
96	26,700	127,900	26,300	495	130,200	474	99	25,900	128,200	25,600	511	130,800	489	102	25,200	128,300	(36)
98	29,700	151,200	30,100	519	156,200	483	100	28,900	150,000	29,000	523	151,700	487	101	27,700	144,900	(37)
98	13,800	69,100	14,200	504	71,600	486	99	13,600	68,500	14,000	514	72,000	497	101	13,400	68,900	(38)
94	4,700	22,200	4,620	490	22,600	476	99	4,620	22,600	4,540	503	22,800	489	102	4,540	22,800	(39)
95	34,800	166,000	35,800	491	175,800	468	98	34,100	167,400	34,500	513	177,000	487	102	32,800	168,300	(40)
92	8,430	40,600	8,440	512	43,200	502	100	8,400	43,000	8,410	522	43,900	512	102	8,350	43,600	(41)
92	6,250	28,900	6,100	497	30,300	484	100	6,100	30,300	5,980	519	31,000	511	105	5,980	31,000	(42)
100	12,800	65,500	12,600	505	63,600	485	98	12,400	62,600	12,100	514	62,200	494	100	12,000	61,700	(43)
99	16,800	85,800	16,800	521	87,500	483	100	16,500	86,000	16,400	519	85,100	485	101	16,100	83,600	(44)
95	28,900	145,900	28,800	524	150,900	498	99	27,900	146,200	28,100	524	147,200	496	99	27,100	142,000	(45)
94	22,000	109,800	22,200	522	115,900	502	99	21,700	113,300	21,600	530	114,500	511	101	21,100	111,800	(46)
73	17,800	68,700	18,400	506	93,100	485	101	17,400	88,000	17,600	526	92,600	502	105	16,600	87,300	(47)
100	10,700	50,900	10,300	465	47,900	452	98	9,980	46,400	9,910	480	47,600	469	102	9,640	46,300	(48)
98	…	…	3,930	455	17,900	443	98	…	…	3,780	473	17,900	463	102	…	…	(49)
102	…	…	6,400	472	30,200	457	98	…	…	6,120	485	29,700	473	101	…	…	(50)
100	11,600	57,500	11,300	501	56,600	485	101	11,300	56,600	10,900	511	55,700	493	103	10,800	55,200	(51)
91	13,300	63,000	13,200	510	67,300	489	104	13,200	67,300	13,100	524	68,600	489	104	13,000	68,100	(52)
93	11,200	48,500	11,000	451	49,600	439	98	11,000	49,600	10,800	467	49,700	447	100	10,600	48,800	(53)
94	…	…	6,190	475	29,400	463	98	…	…	6,010	488	29,300	476	101	…	…	(54)
93	…	…	4,850	420	20,400	407	98	…	…	4,750	425	20,200	412	100	…	…	(55)
80	34,400	143,100	34,600	473	163,700	447	98	34,100	161,300	33,400	491	164,000	456	100	32,800	161,000	(56)
81	23,400	102,000	23,300	510	118,800	487	100	22,800	116,300	22,800	514	117,200	479	98	22,300	114,600	(57)
86	11,000	46,400	10,800	470	50,800	460	99	10,800	50,800	10,400	470	48,900	442	95	10,400	48,900	(58)
89	32,300	151,800	32,300	484	156,300	465	97	31,200	151,000	31,300	501	156,800	461	96	30,200	151,300	(59)
77	20,000	80,600	19,600	487	95,500	471	99	19,400	94,500	18,900	493	93,200	470	99	18,800	92,700	(60)
95	14,300	67,900	15,900	489	77,800	480	98	13,900	68,000	15,400	488	75,200	474	98	13,400	65,400	(61)
98	…	…	6,070	481	29,200	476	101	…	…	5,740	502	28,800	490	104	…	…	(62)
93	…	…	9,800	495	48,500	483	99	…	…	9,620	480	46,200	465	95	…	…	(63)
94	17,800	81,500	18,600	479	89,100	468	100	17,100	81,900	18,000	478	86,000	460	98	16,600	79,300	(64)
97	…	…	4,380	461	20,200	451	101	…	…	4,250	465	19,800	453	101	…	…	(65)
93	…	…	14,200	485	68,900	474	99	…	…	13,800	482	66,500	463	97	…	…	(66)
104	630	2,030	666	325	2,160	316	105	623	2,020	639	301	1,920	293	97	604	1,820	(67)
102	…	…	481	355	1,710	349	99	…	…	471	343	1,620	337	94	…	…	(68)
119	…	…	185	248	459	222	149	…	…	168	184	309	169	109	…	…	(69)

1 米（続き）
(1) 水陸稲の収穫量及び水稲の作況指数（続き）
ウ 陸稲

全国農業地域 都道府県	平成 30 年産				令 和 元				作付面積 （子実用）
	作付面積 （子実用）	10a当たり 収量	収穫量 （子実用）	（参考） 10a当たり 平均収量 対比	作付面積 （子実用）	10a当たり 収量	収穫量 （子実用）	（参考） 10a当たり 平均収量 対比	
	(1)	(2)	(3)	(4)	(5)	(6)	(7)	(8)	(9)
	ha	kg	t	%	ha	kg	t	%	ha
全　　国 (1)	750	232	1,740	100	702	228	1,600	97	636
（全国農業地域）									
北　海　道 (2)	…	…	…	…	…	…	…	…	0
都　府　県 (3)	…	…	…	…	…	…	…	…	636
東　　北 (4)	…	…	…	…	…	…	…	…	1
北　　陸 (5)	…	…	…	…	…	…	…	…	x
関東・東山 (6)	…	…	…	…	…	…	…	…	x
東　　海 (7)	…	…	…	…	…	…	…	…	0
近　　畿 (8)	…	…	…	…	…	…	…	…	－
中　　国 (9)	…	…	…	…	…	…	…	…	－
四　　国 (10)	…	…	…	…	…	…	…	…	－
九　　州 (11)	…	…	…	…	…	…	…	…	0
沖　　縄 (12)	…	…	…	…	…	…	…	…	－
（都道府県）									
北　海　道 (13)	…	…	…	…	…	…	…	…	0
青　　森 (14)	…	…	…	…	…	…	…	…	0
岩　　手 (15)	…	…	…	…	…	…	…	…	0
宮　　城 (16)	…	…	…	…	…	…	…	…	－
秋　　田 (17)	…	…	…	…	…	…	…	…	－
山　　形 (18)	…	…	…	…	…	…	…	…	－
福　　島 (19)	…	…	…	…	…	…	…	…	1
茨　　城 (20)	528	246	1,300	105	487	240	1,170	101	447
栃　　木 (21)	183	206	377	88	179	211	378	91	165
群　　馬 (22)	…	…	…	…	…	…	…	…	x
埼　　玉 (23)	…	…	…	…	…	…	…	…	0
千　　葉 (24)	…	…	…	…	…	…	…	…	19
東　　京 (25)	…	…	…	…	…	…	…	…	1
神　奈　川 (26)	…	…	…	…	…	…	…	…	x
新　　潟 (27)	…	…	…	…	…	…	…	…	x
富　　山 (28)	…	…	…	…	…	…	…	…	－
石　　川 (29)	…	…	…	…	…	…	…	…	x
福　　井 (30)	…	…	…	…	…	…	…	…	－
山　　梨 (31)	…	…	…	…	…	…	…	…	－
長　　野 (32)	…	…	…	…	…	…	…	…	－
岐　　阜 (33)	…	…	…	…	…	…	…	…	－
静　　岡 (34)	…	…	…	…	…	…	…	…	0
愛　　知 (35)	…	…	…	…	…	…	…	…	－
三　　重 (36)	…	…	…	…	…	…	…	…	－
滋　　賀 (37)	…	…	…	…	…	…	…	…	－
京　　都 (38)	…	…	…	…	…	…	…	…	－
大　　阪 (39)	…	…	…	…	…	…	…	…	－
兵　　庫 (40)	…	…	…	…	…	…	…	…	－
奈　　良 (41)	…	…	…	…	…	…	…	…	－
和　歌　山 (42)	…	…	…	…	…	…	…	…	－
鳥　　取 (43)	…	…	…	…	…	…	…	…	－
島　　根 (44)	…	…	…	…	…	…	…	…	－
岡　　山 (45)	…	…	…	…	…	…	…	…	－
広　　島 (46)	…	…	…	…	…	…	…	…	－
山　　口 (47)	…	…	…	…	…	…	…	…	－
徳　　島 (48)	…	…	…	…	…	…	…	…	－
香　　川 (49)	…	…	…	…	…	…	…	…	－
愛　　媛 (50)	…	…	…	…	…	…	…	…	－
高　　知 (51)	…	…	…	…	…	…	…	…	－
福　　岡 (52)	…	…	…	…	…	…	…	…	－
佐　　賀 (53)	…	…	…	…	…	…	…	…	－
長　　崎 (54)	…	…	…	…	…	…	…	…	－
熊　　本 (55)	…	…	…	…	…	…	…	…	－
大　　分 (56)	…	…	…	…	…	…	…	…	－
宮　　崎 (57)	…	…	…	…	…	…	…	…	0
鹿　児　島 (58)	…	…	…	…	…	…	…	…	－
沖　　縄 (59)	…	…	…	…	…	…	…	…	－

注：1 主産県調査を実施した年産の全国値については、主産県の調査結果から推計したものである。
　　2 作付面積は3年、収穫量は6年ごとに全国調査を実施し、全国調査以外の年にあっては主産県調査を実施することとしている。
　　3 「（参考）10a当たり平均収量対比」とは、10a当たり平均収量（原則として直近7か年のうち、最高及び最低を除いた5か年の平均値）に対する当年産の10a当たり収量の比率である。

2			3				4				
10a当たり収量	収穫量(子実用)	(参考)10a当たり平均収量対比	作付面積(子実用)	10a当たり収量	収穫量(子実用)	(参考)10a当たり平均収量対比	作付面積(子実用)	10a当たり収量	収穫量(子実用)	(参考)10a当たり平均収量対比	
(10)	(11)	(12)	(13)	(14)	(15)	(16)	(17)	(18)	(19)	(20)	
kg	t	%	ha	kg	t	%	ha	kg	t	%	
236	1,500	100	553	230	1,270	99	468	216	1,010	93	(1)
...	...	nc	...	...	...	nc	...	...	...	nc	(2)
...	...	nc	...	...	...	nc	...	...	...	nc	(3)
...	...	nc	...	...	...	nc	...	...	...	nc	(4)
...	...	nc	...	...	...	nc	...	...	...	nc	(5)
...	...	nc	...	...	...	nc	...	...	...	nc	(6)
...	...	nc	...	...	...	nc	...	...	...	nc	(7)
−	−	nc	...	...	...	nc	...	...	...	nc	(8)
−	−	nc	...	...	...	nc	...	...	...	nc	(9)
−	−	nc	...	...	...	nc	...	...	...	nc	(10)
...	...	nc	...	...	...	nc	...	...	...	nc	(11)
−	−	nc	...	...	...	nc	...	...	...	nc	(12)
...	...	nc	...	...	...	nc	...	...	...	nc	(13)
...	...	nc	...	...	...	nc	...	...	...	nc	(14)
...	...	nc	...	...	...	nc	...	...	...	nc	(15)
−	−	nc	...	...	...	nc	...	...	...	nc	(16)
−	−	−	...	...	...	nc	...	...	...	nc	(17)
...	...	nc	...	...	...	nc	...	...	...	nc	(18)
...	...	nc	...	...	...	nc	...	...	...	nc	(19)
245	1,100	101	402	241	969	100	339	229	776	95	(20)
211	348	91	130	199	259	88	111	184	204	84	(21)
...	...	nc	...	...	...	nc	...	...	...	nc	(22)
...	...	nc	...	...	...	nc	...	...	...	nc	(23)
...	...	nc	...	...	...	nc	...	...	...	nc	(24)
...	...	nc	...	...	...	nc	...	...	...	nc	(25)
...	...	nc	...	...	...	nc	...	...	...	nc	(26)
...	...	nc	...	...	...	nc	...	...	...	nc	(27)
−	−	nc	...	...	...	nc	...	...	...	nc	(28)
...	...	nc	...	...	...	nc	...	...	...	nc	(29)
−	−	nc	...	...	...	nc	...	...	...	nc	(30)
−	−	nc	...	...	...	nc	...	...	...	nc	(31)
−	−	nc	...	...	...	nc	...	...	...	nc	(32)
−	−	nc	...	...	...	nc	...	...	...	nc	(33)
...	...	nc	...	...	...	nc	...	...	...	nc	(34)
−	−	nc	...	...	...	nc	...	...	...	nc	(35)
−	−	−	...	...	...	nc	...	...	...	nc	(36)
−	−	nc	...	...	...	nc	...	...	...	nc	(37)
−	−	nc	...	...	...	nc	...	...	...	nc	(38)
−	−	nc	...	...	...	nc	...	...	...	nc	(39)
−	−	nc	...	...	...	nc	...	...	...	nc	(40)
−	−	nc	...	...	...	nc	...	...	...	nc	(41)
−	−	nc	...	...	...	nc	...	...	...	nc	(42)
−	−	nc	...	...	...	nc	...	...	...	nc	(43)
−	−	nc	...	...	...	nc	...	...	...	nc	(44)
−	−	nc	...	...	...	nc	...	...	...	nc	(45)
−	−	nc	...	...	...	nc	...	...	...	nc	(46)
−	−	nc	...	...	...	nc	...	...	...	nc	(47)
−	−	nc	...	...	...	nc	...	...	...	nc	(48)
−	−	nc	...	...	...	nc	...	...	...	nc	(49)
−	−	nc	...	...	...	nc	...	...	...	nc	(50)
−	−	nc	...	...	...	nc	...	...	...	nc	(51)
−	−	nc	...	...	...	nc	...	...	...	nc	(52)
−	−	nc	...	...	...	nc	...	...	...	nc	(53)
−	−	−	...	...	...	nc	...	...	...	nc	(54)
−	−		...	...	...	nc	...	...	...	nc	(55)
−	−	nc	...	...	...	nc	...	...	...	nc	(56)
...	...	nc	...	...	...	nc	...	...	...	nc	(57)
−	−	−	...	...	...	nc	...	...	...	nc	(58)
−	−	nc	...	...	...	nc	...	...	...	nc	(59)

1　米（続き）
(2)　水稲の10 a 当たり平年収量

単位：kg

全国農業地域 都 道 府 県	平成30年産	農家等使用ふるい目幅ベース	令和元	農家等使用ふるい目幅ベース	2	農家等使用ふるい目幅ベース	3	農家等使用ふるい目幅ベース	4	農家等使用ふるい目幅ベース
	(1)	(2)	(3)	(4)	(5)	(6)	(7)	(8)	(9)	(10)
全 国（全国農業地域）	532	519	533	519	535	512	535	512	536	512
北 海 道	548	532	548	532	550	524	552	526	556	530
都 府 県	531	518	532	518	533	511	534	511	534	511
東 北	562	546	563	547	566	540	568	540	568	539
北 陸	537	521	538	522	538	519	540	520	540	519
関東・東山	536	525	537	526	537	520	538	520	539	520
東 海	503	494	503	493	502	487	502	487	502	486
近 畿	509	497	509	497	508	484	508	484	508	483
中 国	517	506	518	507	518	495	519	496	518	494
四 国	482	477	483	478	482	465	482	464	481	463
九 州	500	484	501	484	501	474	501	473	501	473
沖 縄	309	306	309	306	309	299	309	300	309	301
（都道府県）北 海 道	548	532	548	532	550	524	552	526	556	530
青 森	590	573	592	575	597	570	602	574	603	575
岩 手	536	522	537	522	539	514	540	514	540	514
宮 城	534	520	536	522	540	515	541	514	541	512
秋 田	573	554	573	554	575	541	577	543	577	543
山 形	596	580	596	580	598	568	598	568	598	566
福 島	544	528	545	529	550	533	551	533	551	532
茨 城	524	515	524	515	524	505	525	505	525	505
栃 木	540	528	540	529	540	515	540	516	540	515
群 馬	495	479	498	482	498	482	498	482	498	482
埼 玉	490	476	490	476	492	477	492	477	494	479
千 葉	540	530	542	532	544	534	544	534	544	533
東 京	414	404	414	404	414	403	414	403	414	403
神 奈 川	494	479	494	478	494	477	494	477	494	476
新 潟	543	527	544	528	544	527	546	529	546	528
富 山	540	527	542	528	544	519	546	520	547	520
石 川	520	506	520	506	523	509	523	509	523	509
福 井	519	500	519	499	519	486	519	485	519	484
山 梨	547	533	547	533	547	532	547	532	547	532
長 野	619	607	619	607	619	598	619	598	619	599
岐 阜	488	478	488	478	486	476	485	475	485	475
静 岡	521	513	521	513	520	511	520	511	520	511
愛 知	507	499	507	499	507	491	507	491	507	490
三 重	500	489	500	489	500	479	500	479	500	478
滋 賀	518	506	518	506	518	483	518	483	518	483
京 都	511	501	511	501	511	494	510	493	510	492
大 阪	495	480	495	480	495	479	495	479	495	478
兵 庫	502	490	502	489	502	477	501	477	501	477
奈 良	513	500	513	500	513	500	513	500	513	500
和 歌 山	495	484	497	486	497	486	497	486	497	485
鳥 取	514	504	514	504	514	495	514	495	514	495
島 根	511	502	511	502	511	483	511	483	511	482
岡 山	526	514	526	514	526	501	526	501	526	500
広 島	523	513	526	515	528	508	528	509	528	508
山 口	504	492	504	492	504	481	504	480	504	480
徳 島	474	469	474	469	474	462	474	462	474	462
早 期 栽 培	463	459	463	459	463	453	463	453	463	453
普 通 栽 培	480	475	480	475	481	467	481	467	481	467
香 川	496	491	496	491	496	478	496	478	496	478
愛 媛	498	493	498	492	498	469	498	469	498	468
高 知	458	454	458	454	456	447	456	446	456	446
早 期 栽 培	480	475	480	476	479	472	479	471	479	471
普 通 栽 培	431	425	430	425	426	415	427	414	427	414
福 岡	496	478	496	477	496	459	496	457	496	456
佐 賀	519	503	519	503	519	488	519	487	519	487
長 崎	480	463	482	464	482	464	482	463	485	466
熊 本	513	497	513	497	513	480	513	479	513	479
大 分	502	480	502	480	499	477	499	476	499	476
宮 崎	496	482	496	482	496	482	496	482	496	482
早 期 栽 培	478	469	478	470	478	470	478	470	478	470
普 通 栽 培	507	490	508	490	508	490	508	490	508	490
鹿 児 島	482	469	482	468	484	470	485	470	485	470
早 期 栽 培	444	435	445	435	453	443	457	446	459	448
普 通 栽 培	493	479	493	478	493	478	494	477	493	477
沖 縄	309	306	309	306	309	299	309	300	309	301
第 一 期 稲	360	358	361	359	358	351	360	354	363	357
第 二 期 稲	165	160	164	159	165	146	166	149	169	155

1　米（続き）

(3)　水稲の耕種期日（最盛期）一覧表（都道府県別）

都　道　府　県		田　　植　　期						出		
		平成30年産	令和元	2	3	4	対平年差	平成30年産	令和元	2
		(1)	(2)	(3)	(4)	(5)	(6)	(7)	(8)	(9)
北　海　道	(1)	5.23	5.23	5.23	5.23	5.23	△1	8.2	7.29	7.31
青　森	(2)	5.21	5.20	5.19	5.20	5.20	0	8.5	8.4	8.5
岩　手	(3)	5.17	5.17	5.17	5.17	5.17	0	8.3	8.4	8.6
宮　城	(4)	5.11	5.11	5.12	5.11	5.11	△1	7.31	8.2	8.6
秋　田	(5)	5.23	5.22	5.23	5.22	5.22	△1	8.3	8.2	8.3
山　形	(6)	5.19	5.18	5.19	5.19	5.18	△1	8.3	8.4	8.6
福　島	(7)	5.17	5.16	5.16	5.16	5.15	△2	8.5	8.9	8.9
茨　城	(8)	5.5	5.6	5.7	5.7	5.7	1	7.26	8.1	8.2
栃　木	(9)	5.6	5.8	5.7	5.7	5.7	0	7.26	8.2	8.4
群　馬	(10)	6.13	6.14	6.15	6.14	6.15	1	8.16	8.21	8.21
埼　玉	(11)	5.21	5.23	5.22	5.22	5.22	0	8.7	8.12	8.12
千　葉	(12)	4.27	4.29	4.28	4.25	4.27	△1	7.20	7.26	7.21
東　京	(13)	6.10	6.9	6.10	6.9	6.10	0	8.9	8.15	8.14
神　奈　川	(14)	6.2	6.1	6.2	5.30	6.2	0	8.9	8.13	8.11
新　潟	(15)	5.10	5.10	5.11	5.11	5.10	△1	8.3	8.3	8.6
富　山	(16)	5.12	5.11	5.11	5.12	5.11	△1	7.30	8.1	8.5
石　川	(17)	5.4	5.5	5.5	5.5	5.5	0	7.27	7.29	7.30
福　井	(18)	5.15	5.16	5.16	5.15	5.15	△1	7.27	8.2	8.4
山　梨	(19)	5.28	5.29	5.27	5.27	5.28	0	8.6	8.10	8.11
長　野	(20)	5.22	5.22	5.22	5.22	5.22	0	8.3	8.8	8.9
岐　阜	(21)	5.28	5.28	5.28	5.28	5.28	0	8.18	8.21	8.21
静　岡	(22)	5.19	5.21	5.19	5.20	5.20	0	8.5	8.9	8.7
愛　知	(23)	5.23	5.24	5.24	5.24	5.24	0	8.16	8.19	8.20
三　重	(24)	4.30	5.1	4.30	5.1	5.1	0	7.20	7.27	7.22
滋　賀	(25)	5.8	5.10	5.11	5.10	5.9	△1	7.28	7.31	8.2
京　都	(26)	5.22	5.24	5.23	5.23	5.22	△1	7.31	8.1	8.2
大　阪	(27)	6.8	6.8	6.8	6.8	6.8	0	8.22	8.22	8.22
兵　庫	(28)	6.3	6.3	6.4	6.4	6.3	△1	8.8	8.11	8.13
奈　良	(29)	6.8	6.8	6.7	6.8	6.7	△1	8.23	8.23	8.23
和　歌　山	(30)	6.3	6.4	6.6	6.5	6.5	0	8.5	8.8	8.6
鳥　取	(31)	5.26	5.24	5.24	5.23	5.23	△2	8.5	8.8	8.9
島　根	(32)	5.16	5.16	5.12	5.11	5.11	△3	7.26	8.1	8.3
岡　山	(33)	6.7	6.8	6.8	6.6	6.6	△2	8.18	8.21	8.21
広　島	(34)	5.18	5.18	5.18	5.19	5.19	0	8.4	8.8	8.9
山　口	(35)	6.1	6.1	6.1	5.31	5.31	△1	8.7	8.9	8.12
徳　島										
早　期　栽　培	(36)	4.16	4.15	4.14	4.14	4.15	0	7.13	7.16	7.13
普　通　栽　培	(37)	5.23	5.22	5.21	5.21	5.22	0	7.30	7.31	7.31
香　川	(38)	6.15	6.14	6.14	6.14	6.15	0	8.20	8.22	8.20
愛　媛	(39)	6.1	6.3	6.2	6.3	6.3	1	8.12	8.14	8.13
高　知										
早　期　栽　培	(40)	4.11	4.11	4.11	4.11	4.11	△1	7.1	7.3	7.2
普　通　栽　培	(41)	5.27	5.26	5.25	5.28	5.27	0	8.18	8.18	8.17
福　岡	(42)	6.16	6.17	6.16	6.16	6.16	△1	8.21	8.23	8.23
佐　賀	(43)	6.19	6.20	6.20	6.19	6.20	0	8.27	8.30	8.30
長　崎	(44)	6.13	6.15	6.14	6.14	6.14	△1	8.25	8.27	8.26
熊　本	(45)	6.14	6.15	6.14	6.14	6.14	△1	8.20	8.23	8.22
大　分	(46)	6.12	6.13	6.13	6.13	6.11	△2	8.24	8.28	8.24
宮　崎										
早　期　栽　培	(47)	3.25	3.25	3.25	3.25	3.27	1	6.22	6.24	6.24
普　通　栽　培	(48)	6.15	6.15	6.14	6.15	6.14	△1	8.24	8.25	8.23
鹿　児　島										
早　期　栽　培	(49)	4.3	4.4	4.2	4.2	4.3	0	6.22	6.26	6.26
普　通　栽　培	(50)	6.20	6.20	6.20	6.20	6.19	△2	8.25	8.28	8.24
沖　縄										
第　一　期　稲	(51)	3.8	3.3	3.2	3.11	3.9	1	5.21	5.19	5.21
第　二　期　稲	(52)	8.13	8.17	8.15	8.16	8.12	△4	10.5	10.8	10.11

注：1　最盛期とは、各期の面積割合が50％に達した期日である。
　　2　「対平年差」の「△」は、平年（過去5か年の平均値）より早いことを示している。

単位：月日

穂　期			刈　取　期						
3	4	対平年差	平成30年産	令和元	2	3	4	対平年差	
(10)	(11)	(12)	(13)	(14)	(15)	(16)	(17)	(18)	
7. 25	7. 28	△ 2	10. 4	9. 29	9. 27	9. 22	9. 27	△ 2	(1)
7. 30	8. 3	△ 1	10. 7	9. 30	10. 2	9. 28	10. 3	0	(2)
7. 31	8. 5	1	10. 7	10. 3	10. 3	9. 29	10. 5	0	(3)
7. 30	8. 3	1	10. 3	9. 28	9. 29	9. 28	10. 1	0	(4)
7. 31	8. 3	0	10. 3	9. 30	9. 29	9. 26	10. 2	0	(5)
8. 2	8. 5	0	10. 4	9. 30	9. 30	9. 29	10. 2	0	(6)
8. 7	8. 10	2	10. 9	10. 8	10. 9	10. 8	10. 10	0	(7)
7. 28	7. 28	△ 2	9. 11	9. 14	9. 13	9. 13	9. 15	2	(8)
7. 30	7. 31	0	9. 21	9. 22	9. 22	9. 24	9. 23	0	(9)
8. 21	8. 19	△ 1	10. 20	10. 21	10. 20	10. 23	10. 22	0	(10)
8. 9	8. 8	△ 2	9. 24	9. 24	9. 25	9. 28	9. 27	2	(11)
7. 20	7. 20	△ 2	8. 31	9. 5	9. 1	9. 2	9. 2	△ 1	(12)
8. 12	8. 13	0	10. 4	10. 5	10. 4	10. 4	10. 3	△ 2	(13)
8. 10	8. 10	△ 1	10. 3	9. 30	9. 29	9. 29	9. 30	△ 1	(14)
8. 4	8. 4	△ 1	9. 22	9. 19	9. 19	9. 18	9. 20	0	(15)
8. 2	8. 1	△ 1	9. 19	9. 11	9. 16	9. 15	9. 15	0	(16)
7. 28	7. 26	△ 3	9. 9	9. 11	9. 10	9. 11	9. 10	△ 1	(17)
8. 1	7. 30	△ 2	9. 9	9. 11	9. 11	9. 12	9. 11	0	(18)
8. 8	8. 6	△ 3	10. 4	10. 3	10. 2	10. 5	10. 3	0	(19)
8. 6	8. 5	△ 2	9. 30	9. 29	9. 29	10. 1	9. 29	△ 1	(20)
8. 21	8. 20	△ 1	10. 3	10. 2	10. 1	10. 3	10. 3	0	(21)
8. 6	8. 5	△ 2	9. 22	9. 21	9. 21	9. 22	9. 22	1	(22)
8. 19	8. 18	△ 1	10. 5	10. 6	10. 5	10. 8	10. 8	2	(23)
7. 22	7. 22	△ 1	8. 31	9. 5	9. 4	9. 3	9. 4	1	(24)
7. 30	7. 29	△ 2	9. 12	9. 16	9. 16	9. 15	9. 14	△ 1	(25)
7. 31	7. 31	△ 1	9. 28	9. 25	9. 22	9. 23	9. 22	△ 3	(26)
8. 24	8. 22	△ 1	10. 13	10. 14	10. 7	10. 11	10. 11	△ 1	(27)
8. 9	8. 9	△ 1	10. 1	9. 30	9. 29	9. 28	9. 27	△ 3	(28)
8. 24	8. 23	△ 1	10. 15	10. 13	10. 11	10. 14	10. 14	0	(29)
8. 5	8. 5	△ 2	9. 18	9. 18	9. 17	9. 20	9. 20	1	(30)
8. 8	8. 6	△ 1	9. 27	9. 30	9. 28	10. 1	9. 29	1	(31)
7. 30	7. 29	△ 1	9. 19	9. 17	9. 17	9. 20	9. 18	△ 1	(32)
8. 23	8. 20	△ 1	10. 11	10. 9	10. 6	10. 10	10. 10	1	(33)
8. 6	8. 4	△ 3	9. 26	9. 28	9. 26	9. 26	9. 25	△ 1	(34)
8. 11	8. 7	△ 3	9. 23	9. 23	9. 18	9. 24	9. 22	△ 1	(35)
7. 16	7. 14	△ 1	8. 20	8. 25	8. 22	8. 30	8. 22	△ 2	(36)
7. 31	7. 29	△ 2	9. 9	9. 13	9. 7	9. 12	9. 9	△ 1	(37)
8. 24	8. 21	0	10. 3	10. 2	10. 1	10. 3	10. 2	0	(38)
8. 15	8. 12	△ 2	9. 24	9. 25	9. 23	9. 25	9. 20	△ 4	(39)
7. 1	7. 1	△ 1	8. 5	8. 10	8. 8	8. 7	8. 7	△ 1	(40)
8. 19	8. 16	△ 2	10. 11	10. 3	10. 2	10. 2	10. 2	△ 3	(41)
8. 20	8. 20	△ 2	10. 3	10. 5	9. 30	10. 2	9. 30	△ 3	(42)
8. 27	8. 27	△ 1	10. 10	10. 11	10. 9	10. 9	10. 9	△ 1	(43)
8. 24	8. 23	△ 3	10. 12	10. 13	10. 12	10. 10	10. 10	△ 2	(44)
8. 22	8. 20	△ 2	10. 10	10. 11	10. 8	10. 8	10. 8	△ 2	(45)
8. 27	8. 25	△ 1	10. 18	10. 14	10. 14	10. 17	10. 14	△ 3	(46)
6. 25	6. 23	△ 2	7. 28	8. 1	8. 3	8. 2	7. 30	△ 2	(47)
8. 26	8. 21	△ 4	10. 14	10. 11	10. 12	10. 14	10. 14	1	(48)
6. 24	6. 23	△ 3	8. 1	8. 7	8. 9	8. 5	8. 4	△ 2	(49)
8. 28	8. 23	△ 3	10. 17	10. 17	10. 17	10. 16	10. 15	△ 3	(50)
5. 20	5. 19	△ 3	6. 20	6. 22	6. 22	6. 22	6. 27	4	(51)
10. 10	10. 14	6	11. 9	11. 22	11. 12	11. 15	11. 23	9	(52)

1　米（続き）

(4)　水稲の収量構成要素（水稲作況標本筆調査成績）

ア　1㎡当たり株数　　　　　　　　　　　　　　　　　イ　1株当たり有効穂数

単位：株　　　　　　　　　　　　　　　　　　　　　　　単位：本

全 国 農 業 地 域・都 道 府 県	平成30年産	令和元	2	3	4	平成30年産	令和元	2	3	4
	(1)	(2)	(3)	(4)	(5)	(1)	(2)	(3)	(4)	(5)
全　　国	17.3	17.2	17.2	17.1	17.1	22.9	23.9	23.1	23.4	23.1
（全国農業地域）										
北　海　道	22.2	21.9	21.9	21.8	21.8	22.5	27.4	24.6	26.3	24.8
都　府　県	16.9	16.9	16.9	16.8	16.8	23.0	23.5	22.9	23.0	22.9
東　　北	18.2	18.1	18.2	18.0	18.0	23.1	25.4	24.7	24.3	22.9
北　　陸	17.5	17.5	17.5	17.3	17.5	21.1	22.5	21.6	21.6	22.1
関 東 ・ 東 山	16.5	16.3	16.4	16.4	16.3	23.5	23.6	22.7	23.3	23.2
東　　海	16.3	16.4	16.4	16.3	16.4	22.7	22.3	21.4	21.9	22.7
近　　畿	15.9	16.1	16.0	16.0	15.9	22.1	21.7	21.1	21.5	22.1
中　　国	15.8	15.9	15.7	15.6	15.4	22.3	22.5	22.2	22.6	23.7
四　　国	15.2	15.0	15.0	14.9	14.9	24.1	23.9	24.0	24.0	24.8
九　　州	16.1	16.0	16.1	16.0	16.0	24.8	22.4	22.0	23.1	23.1
沖　　縄	…	…	…	…	…	…	…	…	…	…
（都道府県）										
北　海　道	22.2	21.9	21.9	21.8	21.8	22.5	27.4	24.6	26.3	24.8
青　　森	19.4	19.6	19.6	19.3	18.8	20.9	23.2	22.6	22.5	21.5
岩　　手	17.3	17.4	17.4	17.5	17.4	23.8	26.3	25.9	24.6	22.7
宮　　城	16.9	16.8	17.2	17.0	17.0	26.2	27.6	26.0	25.7	24.6
秋　　田	18.8	18.9	18.8	18.4	18.5	21.4	23.9	23.7	23.6	21.8
山　　形	19.3	19.3	19.3	19.5	19.3	24.0	26.9	26.4	25.2	24.0
福　　島	17.3	16.8	16.8	16.7	16.6	22.9	24.6	24.0	23.7	23.0
茨　　城	15.8	15.6	15.7	15.9	15.7	24.7	24.9	24.1	24.2	24.5
栃　　木	17.0	17.0	17.1	17.0	17.0	22.0	21.6	20.8	21.4	21.9
群　　馬	16.5	16.7	16.5	16.6	16.6	23.0	21.0	20.5	22.0	21.0
埼　　玉	16.2	15.9	16.1	16.1	15.8	24.0	23.1	22.8	24.3	23.6
千　　葉	16.0	15.7	15.9	15.7	15.7	24.9	25.4	24.2	24.8	24.4
東　　京	…	…	…	…	…	…	…	…	…	…
神　奈　川	17.0	16.8	16.9	16.4	16.6	19.7	18.2	18.5	20.3	20.5
新　　潟	16.9	17.0	16.8	16.5	16.7	21.2	23.0	22.1	22.5	22.6
富　　山	19.2	18.9	19.7	19.3	19.7	19.3	20.4	19.1	18.9	19.8
石　　川	17.9	17.8	17.9	17.6	17.9	21.9	22.4	21.7	21.3	22.3
福　　井	17.7	17.3	17.5	17.5	17.4	22.8	23.4	22.9	22.8	23.3
山　　梨	16.5	16.5	16.6	16.7	17.0	22.8	22.9	22.7	22.7	21.2
長　　野	18.0	17.7	17.7	17.5	17.5	22.6	23.6	22.6	23.0	22.6
岐　　阜	15.7	15.7	15.6	15.6	15.4	22.7	22.5	21.9	22.0	22.5
静　　岡	17.2	16.9	17.2	16.9	17.2	20.8	21.7	20.4	21.1	21.0
愛　　知	16.8	17.1	16.8	16.9	17.0	22.6	22.0	21.3	21.8	22.3
三　　重	15.8	16.0	16.1	16.0	16.0	23.9	22.9	21.9	22.4	24.4
滋　　賀	16.0	16.6	16.8	17.0	16.5	23.3	22.2	21.3	21.3	22.4
京　　都	16.4	16.4	16.5	16.1	15.9	20.3	20.7	20.2	21.2	21.7
大　　阪	15.1	15.0	15.0	15.3	15.4	23.8	23.9	23.3	22.3	23.1
兵　　庫	15.8	15.9	15.4	15.6	15.6	21.3	21.1	20.6	21.2	21.9
奈　　良	15.7	15.9	15.6	15.0	15.2	23.1	22.3	22.1	23.3	23.3
和　歌　山	16.0	15.8	15.6	15.6	15.3	22.6	22.2	21.5	21.6	22.5
鳥　　取	16.3	16.1	16.1	16.1	15.9	21.1	22.2	22.6	21.4	22.9
島　　根	16.3	16.3	16.4	16.0	15.9	20.6	21.2	21.2	22.1	22.8
岡　　山	15.2	15.5	15.1	15.1	14.9	23.4	22.1	22.5	23.0	23.9
広　　島	15.5	15.4	15.1	15.0	15.0	22.8	24.6	23.0	23.9	25.0
山　　口	16.4	16.4	16.3	16.3	16.1	22.3	22.1	21.3	22.1	23.0
徳　　島	15.6	15.5	15.2	15.0	15.0	23.7	24.3	24.6	24.3	26.1
香　　川	15.6	15.1	15.4	15.5	15.6	23.9	23.3	23.2	24.1	23.7
愛　　媛	15.0	14.8	15.0	14.9	14.8	24.8	23.7	23.8	23.5	24.5
高　　知	14.5	14.5	14.3	14.2	14.2	24.0	24.8	24.7	24.2	25.4
福　　岡	16.3	16.1	16.3	16.1	16.2	24.4	21.5	21.0	22.7	22.5
佐　　賀	16.6	16.5	16.5	16.4	16.6	26.4	22.2	22.0	23.4	23.2
長　　崎	16.0	16.1	16.3	16.0	16.0	25.1	22.0	20.7	22.2	22.4
熊　　本	15.2	15.2	15.3	15.2	15.2	26.6	24.9	24.2	25.3	24.5
大　　分	14.8	15.0	15.0	14.8	14.7	25.4	22.3	22.3	23.0	23.9
宮　　崎	16.4	16.4	16.3	16.2	16.0	24.0	22.7	23.2	22.8	23.7
鹿　児　島	17.6	17.4	17.4	17.7	17.3	21.6	20.4	20.2	21.2	21.8
沖　　縄	…	…	…	…	…	…	…	…	…	…

注：1　徳島県、高知県、宮崎県及び鹿児島県については作期別（早期栽培・普通期栽培）の平均値である。
　　2　東京都及び沖縄県については、水稲作況標本筆を設置していないことから「…」で示した。
　　3　千もみ当たり収量、玄米千粒重及び10ａ当たり玄米重は、1.70mmのふるい目幅で選別された玄米の重量である。

ウ　1㎡当たり有効穂数

単位：本

エ　1穂当たりもみ数

単位：粒

全国農業地域・都道府県	平成30年産	令和元	2	3	4	平成30年産	令和元	2	3	4
	(1)	(2)	(3)	(4)	(5)	(1)	(2)	(3)	(4)	(5)
全国	396	411	397	400	395	75.5	73.7	76.8	76.0	76.7
（全国農業地域）										
北海道	500	599	538	574	540	61.6	58.1	64.5	61.7	65.4
都府県	388	397	387	387	384	76.8	75.6	78.0	77.5	77.9
東北	421	460	450	438	412	72.9	69.6	71.8	72.4	74.3
北陸	370	393	378	374	386	78.1	76.3	79.9	79.1	76.7
関東・東山	388	384	373	382	378	79.9	80.5	82.8	82.7	81.5
東海	370	366	351	357	372	76.2	76.8	78.6	77.9	77.7
近畿	352	350	337	344	352	80.1	80.3	83.1	82.3	82.1
中国	352	357	348	353	365	80.4	78.7	81.6	82.2	80.8
四国	366	359	360	357	370	76.2	76.6	78.6	79.3	78.1
九州	400	359	355	370	370	76.8	77.7	80.8	75.4	78.6
沖縄	…	…	…	…	…	…	…	…	…	…
（都道府県）										
北海道	500	599	538	574	540	61.6	58.1	64.5	61.7	65.4
青森	405	455	442	435	405	84.9	77.4	81.2	78.9	83.5
岩手	412	457	450	430	395	69.2	65.2	67.1	69.5	72.2
宮城	443	464	448	437	418	67.5	65.5	67.9	69.6	71.5
秋田	403	451	445	434	404	74.2	71.8	73.3	74.0	76.5
山形	464	520	509	491	464	68.3	64.4	66.8	67.6	67.9
福島	396	414	404	396	381	77.8	75.4	77.0	77.5	78.0
茨城	390	389	378	384	384	79.2	80.2	81.0	81.8	80.5
栃木	374	367	356	364	372	82.4	85.0	87.6	87.9	84.9
群馬	379	350	338	365	348	80.5	81.4	85.2	80.0	84.5
埼玉	389	368	367	391	373	74.3	79.3	80.9	78.3	76.7
千葉	398	398	384	390	383	80.2	77.4	81.5	80.8	78.6
東京	…	…	…	…	…	…	…	…	…	…
神奈川	335	305	312	333	341	80.3	81.6	83.3	83.2	86.5
新潟	358	391	372	371	377	80.7	77.7	83.3	80.9	78.2
富山	371	386	377	365	391	77.4	75.9	76.7	79.2	75.7
石川	392	398	388	374	399	74.5	73.6	74.0	76.5	75.2
福井	403	404	400	399	406	72.7	73.0	73.5	73.7	72.2
山梨	376	378	377	379	360	79.0	79.1	78.0	78.6	81.1
長野	406	418	400	402	396	80.3	81.1	83.0	84.8	83.6
岐阜	356	353	341	343	347	75.0	75.4	77.4	76.4	79.0
静岡	358	367	351	356	362	77.7	82.0	82.1	79.2	80.9
愛知	380	376	358	368	379	76.1	75.0	77.9	77.4	76.3
三重	377	367	352	359	390	76.9	76.8	78.7	78.6	76.7
滋賀	373	369	357	362	369	79.6	79.7	81.5	81.5	81.8
京都	333	339	334	341	345	82.6	81.1	84.1	81.8	81.4
大阪	360	358	349	341	355	80.0	80.7	82.8	84.8	82.5
兵庫	337	335	317	330	341	79.5	79.7	83.9	81.8	81.5
奈良	362	355	344	349	354	80.9	82.5	86.0	84.5	84.2
和歌山	361	351	335	337	345	78.9	80.9	81.5	84.0	83.2
鳥取	344	357	364	344	364	77.6	79.0	75.8	79.4	76.6
島根	335	346	347	354	363	85.1	82.1	84.1	83.3	80.7
岡山	356	343	340	348	356	80.6	81.3	84.1	84.8	87.1
広島	353	379	348	359	375	79.9	75.2	81.9	80.2	76.3
山口	366	363	348	361	370	78.7	76.6	79.9	81.4	80.0
徳島	370	377	374	365	392	75.9	75.9	77.3	80.0	75.5
香川	373	352	357	373	370	75.9	75.6	80.4	78.6	78.1
愛媛	372	351	357	350	363	79.3	80.1	81.8	82.0	82.6
高知	348	360	353	343	360	73.0	73.6	74.8	75.5	74.2
福岡	398	346	342	365	364	78.9	79.5	81.6	75.9	79.1
佐賀	438	367	363	383	385	73.7	76.8	79.3	75.2	78.4
長崎	402	354	338	355	358	75.6	79.4	80.5	74.6	77.1
熊本	405	378	371	384	372	78.3	77.0	82.5	73.4	78.8
大分	376	335	334	341	351	80.9	83.3	85.3	83.9	84.9
宮崎	393	373	378	370	379	73.5	72.9	77.0	74.9	75.2
鹿児島	380	355	352	375	378	72.6	74.4	78.4	70.9	76.2
沖縄	…	…	…	…	…	…	…	…	…	…

1 米（続き）

(4) 水稲の収量構成要素（水稲作況標本筆調査成績）（続き）
オ 1㎡当たり全もみ数　　　　　　　　　　　　　　カ 千もみ当たり収量

オ 単位：百粒　　カ 単位：g

全国農業地域都道府県	平成30年産	令和元	2	3	4	平成30年産	令和元	2	3	4
	(1)	(2)	(3)	(4)	(5)	(1)	(2)	(3)	(4)	(5)
全国	299	303	305	304	303	18.1	17.9	17.9	18.1	18.2
（全国農業地域）										
北海道	308	348	347	354	353	16.7	16.9	17.2	17.4	17.3
都府県	298	300	302	300	299	18.2	18.0	17.9	18.2	18.3
東北	307	320	323	317	306	18.7	18.8	18.5	18.7	18.7
北陸	289	300	302	296	296	18.9	18.4	18.7	18.3	18.8
関東・東山	310	309	309	316	308	17.7	17.2	17.7	17.6	17.9
東海	282	281	276	278	289	18.0	17.9	17.9	18.2	18.0
近畿	282	281	280	283	289	18.1	18.2	17.8	18.1	18.2
中国	283	281	284	290	295	18.8	18.3	17.6	18.3	18.2
四国	279	275	283	283	289	17.4	17.0	17.0	17.5	17.5
九州	307	279	287	279	291	17.0	16.8	15.9	17.8	17.5
沖縄	…	…	…	…	…	…	…	…	…	…
（都道府県）										
北海道	308	348	347	354	353	16.7	16.9	17.2	17.4	17.3
青森	344	352	359	343	338	17.7	18.4	17.9	18.3	18.0
岩手	285	298	302	299	285	19.4	19.0	18.7	18.9	19.2
宮城	299	304	304	304	299	18.8	18.5	18.6	18.4	18.5
秋田	299	324	326	321	309	19.1	18.9	18.8	18.8	18.4
山形	317	335	340	332	315	18.7	19.1	18.7	19.2	19.3
福島	308	312	311	307	297	18.6	18.6	18.5	18.4	18.9
茨城	309	312	306	314	309	17.3	16.5	17.7	17.7	17.7
栃木	308	312	312	320	316	18.2	17.2	17.6	17.5	17.2
群馬	305	285	288	292	294	17.0	17.3	17.5	17.2	17.4
埼玉	289	292	297	306	286	17.1	16.8	17.4	16.9	17.8
千葉	319	308	313	315	301	17.3	17.3	17.5	17.8	18.4
東京	…	…	…	…	…	…	…	…	…	…
神奈川	269	249	260	277	295	18.6	19.2	18.5	18.0	17.2
新潟	289	304	310	300	295	18.8	18.3	18.6	18.1	18.9
富山	287	293	289	289	296	19.7	19.3	19.7	19.5	19.2
石川	292	293	287	286	300	18.2	18.5	17.8	18.8	18.1
福井	293	295	294	294	293	18.5	18.1	18.0	17.9	18.0
山梨	297	299	294	298	292	18.5	18.3	18.2	18.1	18.4
長野	326	339	332	341	331	19.3	18.6	18.6	18.0	18.8
岐阜	267	266	264	262	274	18.3	18.5	18.2	18.7	18.2
静岡	278	301	288	282	293	18.6	17.6	17.1	18.4	18.0
愛知	289	282	279	285	289	17.7	18.1	18.0	17.8	17.9
三重	290	282	277	282	299	17.7	17.5	17.8	18.0	17.9
滋賀	297	294	291	295	302	17.6	17.6	17.8	17.9	17.6
京都	275	275	281	279	281	18.5	18.7	18.1	18.4	18.6
大阪	288	289	289	289	293	17.4	17.6	16.5	17.2	17.4
兵庫	268	267	266	270	278	18.7	19.0	18.3	18.5	18.8
奈良	293	293	296	295	298	17.8	17.8	16.6	17.6	17.8
和歌山	285	284	273	283	287	17.5	17.7	17.3	17.9	18.3
鳥取	267	282	276	273	279	19.0	18.6	19.1	18.9	18.9
島根	285	284	292	295	293	19.0	18.2	17.8	18.2	18.1
岡山	287	279	286	295	310	18.5	18.9	18.1	18.2	17.4
広島	282	285	285	288	286	19.3	17.9	17.9	18.6	19.0
山口	288	278	278	294	296	18.5	17.5	15.0	17.8	18.4
徳島	281	286	289	292	296	17.0	16.5	16.7	16.2	16.7
香川	283	266	287	293	289	17.3	18.1	17.7	17.7	18.2
愛媛	295	281	292	287	300	17.4	17.2	16.6	18.1	17.8
高知	254	265	264	259	267	17.9	16.2	16.7	17.8	17.6
福岡	314	275	279	277	288	16.8	17.0	15.6	17.5	17.4
佐賀	323	282	288	288	302	16.8	16.1	15.8	18.1	17.5
長崎	304	281	272	265	276	16.9	16.8	16.1	18.1	17.4
熊本	317	291	306	282	293	17.0	17.0	15.8	17.8	17.8
大分	304	279	285	286	298	16.7	16.0	14.7	17.3	17.1
宮崎	289	272	291	277	285	17.3	17.4	16.6	18.0	17.7
鹿児島	276	264	276	266	288	17.9	17.6	17.1	18.3	17.0
沖縄	…	…	…	…	…	…	…	…	…	…

キ　粗玄米粒数歩合

単位：％

ク　玄米粒数歩合

単位：％

全国農業地域 都道府県	平成30年産	令和元	2	3	4	平成30年産	令和元	2	3	4
	(1)	(2)	(3)	(4)	(5)	(1)	(2)	(3)	(4)	(5)
全　国	88.3	88.4	88.5	87.5	87.1	95.5	95.9	95.9	95.5	95.5
（全国農業地域）										
北　海　道	80.2	82.8	81.6	82.5	81.0	96.0	96.5	96.5	96.6	95.8
都　府　県	88.9	89.0	89.1	88.0	88.0	95.5	95.5	95.9	95.5	95.4
東　北	89.6	90.3	90.1	88.6	88.6	96.4	96.2	96.9	96.4	95.2
北　陸	91.0	89.7	91.1	87.8	89.2	95.8	96.7	96.7	95.8	95.8
関東・東山	89.7	88.7	90.0	88.0	88.3	94.6	95.6	96.8	95.0	95.2
東　海	85.8	86.1	86.6	85.6	83.7	95.9	96.3	96.2	95.4	96.7
近　畿	86.9	89.3	89.3	87.6	86.5	95.1	95.2	95.2	94.0	95.6
中　国	89.4	89.3	88.0	87.6	87.8	96.4	95.6	95.2	94.9	95.8
四　国	86.7	85.8	86.6	84.5	86.5	94.2	93.6	93.5	94.6	94.8
九　州	85.7	86.7	83.3	87.1	87.6	93.5	93.4	92.1	95.1	93.7
沖　縄	…	…	…	…	…	…	…	…	…	…
（都道府県）										
北　海　道	80.2	82.8	81.6	82.5	81.0	96.0	96.5	96.5	96.6	95.8
青　森	83.4	85.5	85.5	84.8	84.9	96.5	96.7	96.7	96.6	95.5
岩　手	91.2	91.3	91.7	91.6	91.6	96.9	96.7	96.4	95.6	94.3
宮　城	90.6	92.1	91.1	88.8	85.3	95.9	95.0	97.5	96.7	96.9
秋　田	91.0	91.0	90.8	87.9	88.3	96.3	96.6	97.0	96.5	93.8
山　形	90.9	91.9	91.5	91.3	90.8	95.8	96.1	97.4	96.7	95.8
福　島	89.3	89.4	90.0	87.9	89.2	96.0	95.3	96.1	95.6	96.2
茨　城	89.0	87.2	89.9	88.9	88.0	94.5	96.3	97.5	96.4	96.0
栃　木	94.2	88.5	90.7	90.0	90.2	94.8	95.3	96.8	93.8	93.3
群　馬	85.6	88.8	90.6	87.7	84.7	93.5	92.5	94.6	93.0	94.0
埼　玉	88.2	89.4	90.2	87.9	89.9	94.1	94.3	96.6	92.9	94.6
千　葉	87.1	88.6	86.9	87.3	87.4	94.2	96.3	96.7	95.6	97.0
東　京	…	…	…	…	…	…	…	…	…	…
神　奈　川	93.3	94.4	90.0	89.2	86.4	92.8	94.5	95.7	93.5	93.7
新　潟	91.0	89.1	91.6	87.3	90.2	95.8	96.7	96.5	95.8	95.9
富　山	93.0	92.2	92.7	91.0	91.2	96.3	97.4	97.8	95.4	94.8
石　川	86.0	88.1	89.5	86.4	84.3	96.4	96.9	97.3	97.2	96.4
福　井	91.1	90.8	89.8	88.4	88.4	95.5	94.4	95.5	93.5	94.2
山　梨	90.9	90.0	89.8	88.9	88.7	94.8	95.5	97.0	94.7	95.4
長　野	90.5	90.0	92.5	85.3	88.8	96.6	95.7	97.1	95.2	96.3
岐　阜	85.0	85.0	86.0	85.1	83.2	95.6	96.9	96.0	96.4	96.5
静　岡	88.1	86.0	85.1	85.1	84.3	95.9	96.5	96.3	96.3	96.8
愛　知	84.1	85.1	86.0	83.9	82.4	95.9	96.7	96.3	95.8	97.5
三　重	86.9	87.6	87.7	87.6	84.6	96.0	95.1	96.3	94.7	96.8
滋　賀	83.5	87.1	87.3	86.8	83.1	97.2	96.5	96.5	94.1	96.0
京　都	89.5	91.3	89.3	86.7	89.0	95.1	96.0	95.2	95.5	95.2
大　阪	88.5	88.9	89.3	84.1	84.6	92.5	94.6	93.4	94.2	96.0
兵　庫	89.6	91.8	92.5	90.7	89.9	94.2	94.7	94.7	93.5	94.8
奈　良	86.3	87.4	87.5	84.1	85.2	94.5	95.3	93.8	94.8	96.1
和　歌　山	86.0	87.0	87.2	85.2	85.4	92.2	94.3	95.0	94.2	96.7
鳥　取	88.8	88.3	91.3	87.9	88.9	96.6	96.0	96.8	95.4	96.0
島　根	90.5	88.7	88.7	88.5	87.0	96.9	96.4	96.9	95.0	96.1
岡　山	88.5	91.4	89.2	87.8	85.2	94.9	94.9	95.3	93.8	95.1
広　島	90.4	87.4	89.1	87.5	88.8	97.3	96.0	96.9	96.4	97.2
山　口	88.2	88.8	81.3	86.4	90.2	96.9	95.5	91.2	94.1	95.1
徳　島	83.6	82.2	82.7	78.4	80.1	96.2	94.9	95.4	95.6	95.8
香　川	88.7	90.2	89.2	82.6	90.0	90.4	92.5	92.2	94.2	93.8
愛　媛	87.5	87.5	88.7	88.9	89.0	94.2	93.5	92.3	94.5	94.4
高　知	87.0	83.8	84.8	87.6	86.5	96.8	93.2	93.8	94.3	95.2
福　岡	85.7	86.5	82.4	85.2	86.1	92.9	93.3	92.2	94.5	93.5
佐　賀	82.7	86.2	82.3	89.9	87.7	92.5	89.7	90.3	93.1	92.1
長　崎	84.2	86.1	85.7	87.5	89.1	94.1	94.6	90.6	96.1	92.7
熊　本	86.8	87.3	82.7	87.2	89.4	93.8	94.1	92.5	95.5	93.9
大　分	85.9	85.3	81.1	85.7	86.9	92.7	92.0	90.9	94.3	93.4
宮　崎	86.2	89.7	86.6	87.7	87.4	94.4	93.9	92.1	96.3	96.0
鹿　児　島	87.3	87.1	85.1	89.1	85.1	95.4	95.7	94.9	96.6	95.1
沖　縄	…	…	…	…	…	…	…	…	…	…

1　米（続き）

(4)　水稲の収量構成要素（水稲作況標本筆調査成績）（続き）

ケ　玄米千粒重　　　　　　　　　　　　　コ　10ａ当たり未調製乾燥もみ重

単位：g　　　　　　　　　　　　　　　　　　　　　　　　　　　単位：kg

全国農業地域・都道府県	平成30年産	令和元	2	3	4	平成30年産	令和元	2	3	4
	(1)	(2)	(3)	(4)	(5)	(1)	(2)	(3)	(4)	(5)
全　　　国	21.5	21.1	21.0	21.7	21.8	699	702	701	711	712
（全国農業地域）										
北　海　道	21.6	21.2	21.9	21.8	22.2	657	742	753	779	774
都　府　県	21.5	21.2	21.0	21.7	21.8	702	699	697	706	708
東　　北	21.7	21.6	21.2	21.9	22.2	733	765	763	759	738
北　　陸	21.6	21.3	21.2	21.8	21.9	693	707	713	699	710
関東・東山	20.9	20.3	20.4	21.1	21.2	717	697	705	725	716
東　　海	21.9	21.6	21.4	22.2	21.4	661	653	642	655	675
近　　畿	21.9	21.4	21.0	22.0	22.0	670	670	653	668	682
中　　国	21.8	21.4	21.0	22.1	21.7	687	661	649	687	701
四　　国	21.3	21.2	21.0	21.9	21.4	633	614	631	649	666
九　　州	21.2	20.8	20.7	21.5	21.3	693	628	616	646	675
沖　　縄	…	…	…	…	…	…	…	…	…	…
（都道府県）										
北　海　道	21.6	21.2	21.9	21.8	22.2	657	742	753	779	774
青　　森	22.0	22.2	21.6	22.3	22.2	775	816	835	809	790
岩　　手	21.9	21.5	21.2	21.6	22.2	691	715	710	722	702
宮　　城	21.6	21.2	20.9	21.4	22.3	734	728	723	721	723
秋　　田	21.8	21.5	21.4	22.2	22.2	725	775	776	764	733
山　　形	21.4	21.6	21.0	21.8	22.2	750	817	811	819	781
福　　島	21.7	21.8	21.4	21.9	22.0	730	742	732	727	705
茨　　城	20.6	19.7	20.3	20.6	20.9	705	677	696	722	715
栃　　木	20.4	20.4	20.0	20.7	20.4	727	702	705	725	709
群　　馬	21.2	21.1	20.4	21.1	21.8	684	668	674	667	670
埼　　玉	20.6	20.0	20.0	20.7	21.0	660	651	684	699	683
千　　葉	21.1	20.2	20.8	21.3	21.8	716	682	695	712	707
東　　京	…	…	…	…	…	…	…	…	…	…
神　奈　川	21.4	21.5	21.5	21.6	21.3	674	633	643	676	688
新　　潟	21.5	21.2	21.0	21.6	21.9	690	712	729	702	716
富　　山	22.0	21.5	21.7	22.4	22.2	726	720	710	717	724
石　　川	21.9	21.7	21.6	22.4	22.2	656	689	683	686	700
福　　井	21.3	21.1	21.0	21.6	21.6	692	678	670	671	669
山　　梨	21.4	21.3	20.9	21.4	21.8	724	732	700	724	705
長　　野	22.1	21.6	20.7	22.2	21.9	805	815	789	806	803
岐　　阜	22.5	22.4	22.0	22.7	22.7	636	631	620	634	652
静　　岡	22.0	21.2	20.8	22.4	22.0	675	691	651	674	680
愛　　知	22.0	22.0	21.7	22.1	22.3	673	663	654	652	666
三　　重	21.2	21.0	21.1	21.7	21.8	661	640	642	664	701
滋　　賀	21.7	21.0	21.1	22.0	22.1	677	673	663	686	685
京　　都	21.8	21.3	21.3	22.2	21.9	661	666	655	660	679
大　　阪	21.2	20.9	19.8	21.7	21.4	666	660	651	648	669
兵　　庫	22.1	21.8	20.9	21.8	22.0	667	669	649	661	686
奈　　良	21.8	21.4	20.2	22.1	21.7	684	681	658	671	679
和　歌　山	22.1	21.6	20.9	22.3	22.2	651	659	610	647	672
鳥　　取	22.1	21.9	21.6	22.5	22.2	651	675	666	662	679
島　　根	21.6	21.2	20.7	21.7	21.6	693	659	666	686	675
岡　　山	22.0	21.8	21.3	22.1	21.5	695	680	673	698	713
広　　島	22.0	21.4	20.8	22.1	22.0	697	658	659	693	715
山　　口	21.6	20.6	20.2	21.8	21.5	683	630	575	679	706
徳　　島	21.2	21.2	21.2	21.6	21.7	620	619	628	625	650
香　　川	21.5	21.7	21.6	22.7	21.5	647	626	663	682	688
愛　　媛	21.1	21.0	20.3	21.5	21.2	676	640	649	679	705
高　　知	21.2	20.8	21.0	21.6	21.3	577	566	580	601	611
福　　岡	21.1	21.0	20.5	21.7	21.6	701	622	582	635	665
佐　　賀	21.9	20.8	21.2	21.6	21.6	734	630	626	692	711
長　　崎	21.4	20.7	20.8	21.5	21.1	683	624	595	616	647
熊　　本	20.9	20.7	20.6	21.4	21.2	717	656	653	650	684
大　　分	21.0	20.4	19.9	21.4	21.0	682	621	593	651	688
宮　　崎	21.3	20.7	20.9	21.3	21.1	647	614	639	637	651
鹿　児　島	21.4	21.1	21.1	21.2	21.0	642	607	621	625	653
沖　　縄	…	…	…	…	…	…	…	…	…	…

サ　10a当たり粗玄米重　　　　　　　　　シ　玄米重歩合

サ　単位：kg　　　シ　単位：%

全国農業地域・都道府県	平成30年産	令和元	2	3	4	平成30年産	令和元	2	3	4
	(1)	(2)	(3)	(4)	(5)	(1)	(2)	(3)	(4)	(5)
全　　国	555	557	557	565	564	97.5	97.5	97.8	97.5	97.5
（全国農業地域）										
北　海　道	524	598	608	627	622	97.9	98.3	98.4	98.2	97.9
都　府　県	558	553	553	560	560	97.3	97.6	97.8	97.5	97.5
東　北	588	613	609	605	588	97.8	97.9	98.4	98.0	97.4
北　陸	558	563	574	557	567	97.7	98.2	98.4	97.5	97.9
関東・東山	566	547	557	573	564	97.2	97.4	98.4	97.0	97.5
東　海	520	514	502	516	528	97.7	98.1	98.2	97.9	98.5
近　畿	525	525	512	529	539	97.1	97.5	97.5	96.8	97.6
中　国	544	526	512	546	552	98.0	97.5	97.5	97.4	97.5
四　国	501	486	499	510	523	96.8	96.3	96.2	97.1	96.9
九　州	542	489	478	510	527	96.3	95.9	95.2	97.3	96.4
沖　縄	…	…	…	…	…	…	…	…	…	…
（都道府県）										
北　海　道	524	598	608	627	622	97.9	98.3	98.4	98.2	97.9
青　森	619	657	653	638	621	98.4	98.3	98.3	98.4	97.7
岩　手	562	575	575	577	563	98.2	98.3	98.3	97.9	97.2
宮　城	576	577	571	568	563	97.6	97.6	98.8	98.2	98.0
秋　田	584	624	625	615	589	97.8	98.1	98.2	98.2	96.6
山　形	606	653	646	651	621	97.7	98.0	98.6	98.2	97.9
福　島	586	595	587	580	574	97.6	97.3	98.0	97.6	97.7
茨　城	553	525	550	568	558	96.9	98.1	98.7	97.7	97.8
栃　木	578	552	559	581	563	97.2	97.3	98.2	96.4	96.4
群　馬	537	517	523	523	528	96.5	95.6	96.6	95.8	96.8
埼　玉	513	510	528	540	527	96.5	96.5	97.9	95.9	96.8
千　葉	570	542	556	573	564	96.8	98.2	98.4	97.9	98.4
東　京	…	…	…	…	…	…	…	…	…	…
神　奈　川	520	493	491	519	527	96.0	96.8	98.0	96.1	96.4
新　潟	556	566	586	555	571	97.5	98.2	98.3	97.7	97.9
富　山	576	573	574	578	582	98.1	98.6	99.0	97.4	97.6
石　川	539	551	548	545	551	98.3	98.4	98.5	98.5	98.4
福　井	556	550	544	544	542	97.5	97.1	97.4	96.7	97.2
山　梨	565	560	544	553	552	97.2	97.7	98.3	97.3	97.5
長　野	641	647	628	632	635	98.1	97.7	98.4	97.3	97.8
岐　阜	501	500	490	499	509	97.4	98.2	98.0	98.0	98.0
静　岡	528	541	502	528	535	98.1	98.0	98.0	98.1	98.3
愛　知	524	519	511	518	523	97.7	98.3	98.2	97.9	98.9
三　重	526	506	504	522	545	97.7	97.4	98.0	97.1	98.2
滋　賀	531	528	527	547	547	98.3	98.1	98.3	96.7	97.4
京　都	520	523	518	525	535	97.9	98.1	98.3	97.5	97.6
大　阪	524	525	500	513	523	95.6	97.0	95.6	96.7	97.5
兵　庫	518	521	503	517	537	96.5	97.1	97.0	96.5	97.2
奈　良	542	536	512	533	540	96.3	97.4	95.7	97.4	98.0
和　歌　山	523	520	488	523	536	95.6	96.9	96.9	96.9	98.1
鳥　取	517	536	535	528	540	98.1	97.8	98.5	97.7	97.8
島　根	550	527	530	553	542	98.4	97.9	98.1	97.3	96.6
岡　山	547	542	531	555	557	97.1	97.2	97.4	96.9	96.9
広　島	552	522	521	547	552	98.7	97.9	98.1	98.2	98.6
山　口	542	499	441	538	561	98.2	97.4	94.3	97.0	97.1
徳　島	488	487	495	486	503	98.0	96.9	97.8	97.3	98.0
香　川	516	502	532	535	543	94.8	95.8	95.7	96.8	96.7
愛　媛	531	502	508	535	553	96.4	96.4	95.5	97.0	96.7
高　知	463	447	457	477	484	98.1	96.2	96.7	96.9	96.9
福　岡	551	487	457	499	522	95.8	95.9	95.0	97.0	96.2
佐　賀	566	482	480	540	552	95.8	94.2	94.6	96.5	95.7
長　崎	532	491	466	491	503	96.8	96.3	94.2	97.8	95.4
熊　本	559	513	505	515	540	96.4	96.5	95.6	97.5	96.5
大　分	530	470	443	510	530	96.0	95.1	94.4	96.9	96.0
宮　崎	516	490	506	509	516	97.1	96.5	95.7	98.0	97.7
鹿　児　島	504	477	485	496	504	97.8	97.5	97.1	98.0	97.2
沖　縄	…	…	…	…	…	…	…	…	…	…

1 米（続き）
(4) 水稲の収量構成要素（水稲作況標本筆調査成績）（続き）
ス 10a当たり玄米重

単位：kg

全 国 農 業 地 域 ・ 都 道 府 県	平成30年産	令和元	2	3	4
	(1)	(2)	(3)	(4)	(5)
全 国	541	543	545	551	550
（全国農業地域）					
北 海 道	513	588	598	616	609
都 府 県	543	540	541	546	546
東 北	575	600	599	593	573
北 陸	545	553	565	543	555
関 東 ・ 東 山	550	533	548	556	550
東 海	508	504	493	505	520
近 畿	510	512	499	512	526
中 国	533	513	499	532	538
四 国	485	468	480	495	507
九 州	522	469	455	496	508
沖 縄	…	…	…	…	…
（ 都 道 府 県 ）					
北 海 道	513	588	598	616	609
青 森	609	646	642	628	607
岩 手	552	565	565	565	547
宮 城	562	563	564	558	552
秋 田	571	612	614	604	569
山 形	592	640	637	639	608
福 島	572	579	575	566	561
茨 城	536	515	543	555	546
栃 木	562	537	549	560	543
群 馬	518	494	505	501	511
埼 玉	495	492	517	518	510
千 葉	552	532	547	561	555
東 京	…	…	…	…	…
神 奈 川	499	477	481	499	508
新 潟	542	556	576	542	559
富 山	565	565	568	563	568
石 川	530	542	540	537	542
福 井	542	534	530	526	527
山 梨	549	547	535	538	538
長 野	629	632	618	615	621
岐 阜	488	491	480	489	499
静 岡	518	530	492	518	526
愛 知	512	510	502	507	517
三 重	514	493	494	507	535
滋 賀	522	518	518	529	533
京 都	509	513	509	512	522
大 阪	501	509	478	496	510
兵 庫	500	506	488	499	522
奈 良	522	522	490	519	529
和 歌 山	500	504	473	507	526
鳥 取	507	524	527	516	528
島 根	541	516	520	538	529
岡 山	531	527	517	538	540
広 島	545	511	511	537	544
山 口	532	486	416	522	545
徳 島	478	472	484	473	493
香 川	489	481	509	518	525
愛 媛	512	484	485	519	535
高 知	454	430	442	462	469
福 岡	528	467	434	484	502
佐 賀	542	454	454	521	528
長 崎	515	473	439	480	480
熊 本	539	495	483	502	521
大 分	509	447	418	494	509
宮 崎	501	473	484	499	504
鹿 児 島	493	465	471	486	490
沖 縄	…	…	…	…	…

2　麦類

(1)　麦類の収穫量
ア　4麦計（平成25年産～令和4年産）

全国農業地域 都道府県	平成25年産 作付面積	収穫量	26 作付面積	収穫量	27 作付面積	収穫量	28 作付面積	収穫量	29 作付面積	収穫量
	(1) ha	(2) t	(3) ha	(4) t	(5) ha	(6) t	(7) ha	(8) t	(9) ha	(10) t
全　　　国　(1)	269,500	994,600	272,700	1,022,000	274,400	1,181,000	275,900	961,000	273,700	1,092,000
（全国農業地域）										
北　海　道　(2)	123,800	537,000	125,200	557,300	124,200	737,600	124,600	531,100	123,400	613,500
都　府　県　(3)	145,700	457,600	147,500	464,900	150,100	443,600	151,300	429,900	150,400	478,200
東　　　北　(4)	8,260	18,400	8,270	15,400	8,240	19,500	8,120	21,800	8,230	21,400
北　　　陸　(5)	9,860	29,300	10,000	30,400	10,400	29,300	10,600	32,400	10,500	29,800
関 東 ・ 東 山　(6)	38,800	144,400	38,500	116,700	38,400	143,600	38,400	134,500	38,700	143,400
東　　　海　(7)	15,400	51,000	15,900	58,000	16,500	49,200	16,700	51,500	16,600	58,400
近　　　畿　(8)	9,980	25,800	10,200	29,900	10,600	24,700	10,600	24,200	10,500	25,700
中　　　国　(9)	4,760	14,400	5,050	15,400	5,410	13,200	5,600	13,000	5,700	17,500
四　　　国　(10)	4,320	14,600	4,320	12,900	4,580	11,900	4,590	11,100	4,700	14,700
九　　　州　(11)	54,300	159,600	55,200	186,100	56,000	152,300	56,600	141,300	55,400	167,200
沖　　　縄　(12)	16	36	23	49	13	23	27	32	x	x
（都道府県）										
北　海　道　(13)	123,800	537,000	125,200	557,300	124,200	737,600	124,600	531,100	123,400	613,500
青　　　森　(14)	1,410	2,980	1,280	2,340	1,170	2,930	1,120	2,980	1,030	2,210
岩　　　手　(15)	3,930	7,430	3,930	6,530	3,990	7,530	3,970	8,680	4,110	8,370
宮　　　城　(16)	2,150	6,820	2,310	5,390	2,330	7,550	2,230	8,570	2,270	9,140
秋　　　田　(17)	391	425	382	621	x	x	x	x	369	778
山　　　形　(18)	115	204	x	x	x	x	x	x	x	x
福　　　島　(19)	263	491	260	372	x	x	x	x	x	x
茨　　　城　(20)	8,030	25,500	7,990	21,400	8,090	24,800	7,900	22,000	8,020	23,800
栃　　　木　(21)	13,500	51,500	13,200	31,600	13,000	50,800	13,000	47,100	13,000	50,200
群　　　馬　(22)	7,830	32,900	7,720	29,400	7,590	30,800	7,640	30,500	7,670	31,800
埼　　　玉　(23)	6,030	24,400	6,000	22,400	5,960	25,000	6,100	22,800	6,190	24,900
千　　　葉　(24)	738	2,040	755	2,590	x	x	830	2,280	815	2,650
東　　　京　(25)	26	70	23	54	x	x	x	x	x	x
神　奈　川　(26)	x	x	x	x	x	x	37	98	x	x
新　　　潟　(27)	250	524	246	550	x	x	x	x	304	703
富　　　山　(28)	3,180	9,860	3,230	10,300	3,380	10,200	3,490	11,500	3,460	9,700
石　　　川　(29)	1,310	3,360	1,250	3,270	1,340	3,750	1,370	4,460	1,450	4,770
福　　　井　(30)	5,120	15,600	5,290	16,300	5,450	14,900	5,430	15,800	5,300	14,600
山　　　梨　(31)	94	264	x	x	x	x	113	300	114	307
長　　　野　(32)	2,560	7,630	2,650	8,920	2,740	9,250	2,820	9,400	2,790	9,600
岐　　　阜　(33)	3,280	9,850	3,360	10,700	3,430	9,090	3,460	9,260	3,470	10,400
静　　　岡　(34)	746	1,660	743	1,900	786	928	791	1,480	752	1,510
愛　　　知　(35)	5,350	22,300	5,510	23,600	5,660	21,500	5,630	24,000	5,620	26,600
三　　　重　(36)	5,990	17,200	6,310	21,800	6,670	17,700	6,820	16,800	6,750	19,900
滋　　　賀　(37)	7,190	20,200	7,400	23,600	7,750	19,400	7,830	19,200	7,760	19,400
京　　　都　(38)	x	x	x	x	x	x	x	x	x	x
大　　　阪　(39)	x	x	x	x	x	x	x	x	x	x
兵　　　庫　(40)	2,420	5,080	2,440	5,540	2,460	4,680	2,400	4,370	2,410	5,720
奈　　　良　(41)	x	x	x	x	x	x	x	x	110	269
和　歌　山　(42)	5	6	x	x	x	x	x	x	x	x
鳥　　　取　(43)	115	309	115	257	131	331	150	393	x	x
島　　　根　(44)	622	1,590	x	x	641	1,500	636	1,330	628	1,850
岡　　　山　(45)	2,500	9,070	2,650	9,630	2,790	7,360	2,800	7,730	2,860	10,400
広　　　島　(46)	x	x	x	x	x	x	x	x	x	x
山　　　口　(47)	1,280	2,890	1,430	3,500	1,610	3,540	1,760	3,130	1,810	4,270
徳　　　島　(48)	131	347	132	354	132	323	145	232	x	x
香　　　川　(49)	2,410	9,080	2,390	7,120	2,540	7,270	2,500	6,750	2,550	8,920
愛　　　媛　(50)	1,770	5,100	1,800	5,420	1,900	4,290	1,940	4,110	1,990	5,380
高　　　知　(51)	12	28	x	x	x	x	x	x	13	26
福　　　岡　(52)	21,100	67,600	21,400	77,600	21,700	62,400	21,700	59,100	21,200	66,900
佐　　　賀　(53)	20,500	56,400	20,400	68,600	20,500	58,100	20,800	51,800	20,600	63,900
長　　　崎　(54)	1,800	4,210	1,830	5,040	1,860	4,680	1,890	4,070	1,840	4,690
熊　　　本　(55)	6,190	18,500	6,490	21,200	6,710	18,000	6,950	17,000	6,740	19,300
大　　　分　(56)	4,520	12,300	4,750	12,800	4,760	8,550	4,900	8,800	4,660	11,600
宮　　　崎　(57)	114	287	156	460	172	239	180	245	166	411
鹿　児　島　(58)	x	x	x	x	199	300	210	238	x	x
沖　　　縄　(59)	16	36	23	49	13	23	27	32	x	x

30		令 和 元		2		3		4		
作 付 面 積	収 穫 量	作 付 面 積	収 穫 量	作 付 面 積	収 穫 量	作 付 面 積	収 穫 量	作 付 面 積	収 穫 量	
(11)	(12)	(13)	(14)	(15)	(16)	(17)	(18)	(19)	(20)	
ha	t	ha	t	ha	t	ha	t	ha	t	
272,900	939,600	273,000	1,260,000	276,200	1,171,000	283,000	1,332,000	290,600	1,227,000	(1)
123,100	476,800	123,300	685,700	124,200	638,100	128,300	737,700	132,400	620,900	(2)
149,800	462,800	149,800	574,100	152,100	533,000	154,700	594,400	158,200	605,800	(3)
7,870	16,100	7,690	22,900	7,660	20,600	7,760	20,800	7,920	22,100	(4)
9,790	18,300	9,660	28,600	9,740	28,700	9,990	29,200	10,700	39,000	(5)
38,500	130,500	38,100	140,800	37,600	126,600	37,500	135,800	38,000	129,200	(6)
16,300	54,500	16,800	71,100	17,000	68,500	17,400	66,800	17,900	70,800	(7)
10,400	26,200	10,300	32,800	10,400	34,700	10,400	32,700	11,000	39,000	(8)
5,830	16,200	6,040	22,700	6,580	22,700	6,740	23,900	6,570	24,200	(9)
4,840	14,200	4,920	20,400	5,130	19,400	5,340	20,100	5,250	17,900	(10)
56,300	186,800	56,400	234,700	58,000	211,700	59,500	265,100	60,800	263,700	(11)
x	x	x	x	x	x	14	18	12	14	(12)
123,100	476,800	123,300	685,700	124,200	638,100	128,300	737,700	132,400	620,900	(13)
x	x	794	1,800	779	2,170	x	x	x	x	(14)
3,920	6,590	3,820	10,200	3,810	7,950	3,790	8,050	3,820	9,200	(15)
2,280	7,110	2,310	8,850	2,270	8,490	2,410	8,880	2,420	8,740	(16)
317	494	x	x	284	848	272	626	288	962	(17)
x	x	x	x	x	x	x	x	x	x	(18)
354	706	369	1,000	431	965	x	x	464	885	(19)
7,920	21,400	7,860	25,000	7,590	19,400	7,380	22,300	7,610	17,900	(20)
12,900	43,700	12,600	47,100	12,700	43,900	12,600	48,100	12,700	45,000	(21)
7,760	29,800	7,650	30,200	7,650	29,800	7,630	29,500	7,530	30,200	(22)
6,170	22,900	6,100	25,900	5,990	22,300	6,050	24,000	6,270	22,700	(23)
x	x	x	x	772	1,790	830	2,910	x	x	(24)
x	x	x	x	x	x	x	x	x	x	(25)
35	99	44	123	44	107	43	113	x	x	(26)
246	515	264	781	x	x	201	492	246	715	(27)
3,330	7,270	3,230	9,430	3,270	8,800	3,360	10,300	3,560	13,500	(28)
1,420	3,090	1,430	4,910	1,430	5,030	1,550	4,890	1,700	6,340	(29)
4,800	7,460	4,730	13,500	4,800	14,200	4,890	13,500	5,190	18,400	(30)
123	313	119	347	114	328	117	325	117	361	(31)
2,750	9,540	2,810	9,170	2,750	8,960	2,830	8,520	2,960	11,100	(32)
3,420	9,650	3,540	12,200	3,600	12,000	3,650	11,200	3,750	13,100	(33)
768	1,760	x	x	x	x	x	x	x	x	(34)
5,500	23,100	5,750	32,200	5,720	30,300	5,900	29,900	5,980	30,400	(35)
6,590	20,000	6,680	24,300	6,910	24,500	7,140	23,300	7,390	25,400	(36)
7,680	21,800	7,580	25,200	7,680	27,300	7,840	26,500	8,180	30,600	(37)
x	x	248	529	247	559	270	585	295	676	(38)
x	x	x	x	2	2	3	4	x	x	(39)
2,330	3,870	2,310	6,760	2,350	6,540	2,170	5,280	2,380	7,300	(40)
111	219	x	x	114	272	x	x	x	x	(41)
x	x	x	x	x	x	4	6	x	x	(42)
163	408	x	x	x	x	x	x	x	x	(43)
617	1,320	x	x	674	1,840	688	1,910	712	1,980	(44)
2,870	9,100	2,930	12,600	3,250	13,400	3,320	13,400	3,270	13,000	(45)
x	x	x	x	x	x	x	x	x	x	(46)
1,900	4,910	2,010	6,910	2,120	6,120	2,210	7,440	2,050	7,780	(47)
x	x	x	x	x	x	x	x	x	x	(48)
2,670	8,290	2,770	12,200	2,900	11,200	3,130	12,100	3,220	11,300	(49)
2,030	5,590	2,010	7,890	2,110	7,840	2,070	7,680	1,880	6,190	(50)
13	24	12	38	x	x	12	29	12	33	(51)
21,400	75,500	21,500	96,900	22,100	85,000	22,300	105,500	22,700	100,900	(52)
20,800	72,000	20,700	90,300	21,200	80,800	21,800	103,500	22,000	104,000	(53)
1,920	5,690	1,880	6,620	1,970	6,200	2,040	7,270	2,010	6,580	(54)
6,870	20,000	6,890	24,300	7,170	23,300	7,520	29,400	7,930	30,300	(55)
4,850	12,900	4,970	15,600	5,110	15,200	5,350	18,200	5,680	20,500	(56)
185	317	180	477	x	x	x	x	x	x	(57)
x	x	x	x	x	x	x	x	323	863	(58)
x	x	x	x	x	x	14	18	12	14	(59)

2　麦類（続き）

(1)　麦類の収穫量（続き）

イ　小麦

全国農業地域 都　道　府　県	平成 30 年産				令和元				作付面積
	作付面積	10 a 当たり 収　　量	収　穫　量	（参考） 10 a 当たり 平均収量 対　　比	作付面積	10 a 当たり 収　　量	収　穫　量	（参考） 10 a 当たり 平均収量 対　　比	
	(1)	(2)	(3)	(4)	(5)	(6)	(7)	(8)	(9)
	ha	kg	t	%	ha	kg	t	%	ha
全　　　　　　国 (1)	211,900	361	764,900	90	211,600	490	1,037,000	123	212,600
（全国農業地域）									
北　海　道 (2)	121,400	388	471,100	84	121,400	558	677,700	121	122,200
都　府　県 (3)	90,500	325	293,800	105	90,200	398	359,400	126	90,400
東　　　　北 (4)	6,570	192	12,600	90	6,370	290	18,500	133	6,300
北　　　　陸 (5)	403	170	685	84	376	188	705	90	355
関 東・東 山 (6)	20,900	355	74,200	98	20,800	389	81,000	106	20,500
東　　　　海 (7)	15,500	341	52,800	107	16,000	429	68,600	131	16,200
近　　　　畿 (8)	9,040	257	23,200	104	8,430	310	26,100	123	8,090
中　　　　国 (9)	2,410	282	6,800	108	2,540	385	9,780	146	2,690
四　　　　国 (10)	2,170	317	6,880	100	2,270	438	9,940	139	2,400
九　　　　州 (11)	33,400	349	116,600	115	33,400	433	144,700	136	33,900
沖　　　　縄 (12)	29	155	45	89	16	94	15	58	13
（都 道 府 県）									
北　海　道 (13)	121,400	388	471,100	84	121,400	558	677,700	121	122,200
青　　　森 (14)	907	106	961	53	747	229	1,710	115	716
岩　　　手 (15)	3,830	167	6,400	91	3,760	266	10,000	146	3,740
宮　　　城 (16)	1,100	356	3,920	100	1,130	419	4,730	114	1,100
秋　　　田 (17)	314	157	493	94	286	294	841	170	275
山　　　形 (18)	72	236	170	113	85	274	233	127	68
福　　　島 (19)	348	200	696	110	358	270	967	141	409
茨　　　城 (20)	4,610	293	13,500	95	4,590	353	16,200	112	4,610
栃　　　木 (21)	2,250	350	7,880	98	2,290	408	9,340	113	2,300
群　　　馬 (22)	5,680	406	23,100	96	5,570	412	22,900	97	5,500
埼　　　玉 (23)	5,220	370	19,300	99	5,170	438	22,600	114	5,020
千　　　葉 (24)	801	311	2,490	108	793	347	2,750	114	731
東　　　京 (25)	20	255	51	91	17	182	31	68	15
神　奈　川 (26)	34	285	97	105	43	279	120	101	43
新　　　潟 (27)	67	210	141	104	68	200	136	96	61
富　　　山 (28)	44	193	85	85	47	170	80	75	48
石　　　川 (29)	84	188	158	117	85	202	172	120	93
福　　　井 (30)	208	145	301	67	176	180	317	80	153
山　　　梨 (31)	77	290	223	99	78	310	242	108	74
長　　　野 (32)	2,210	341	7,540	103	2,240	306	6,850	92	2,180
岐　　　阜 (33)	3,160	292	9,230	98	3,280	355	11,600	118	3,330
静　　　岡 (34)	758	229	1,740	118	791	303	2,400	148	727
愛　　　知 (35)	5,390	423	22,800	104	5,620	563	31,600	136	5,590
三　　　重 (36)	6,230	305	19,000	115	6,320	364	23,000	130	6,550
滋　　　賀 (37)	6,990	285	19,900	110	6,450	322	20,800	120	6,160
京　　　都 (38)	147	141	207	118	155	183	284	144	159
大　　　阪 (39)	1	157	1	134	1	197	2	161	1
兵　　　庫 (40)	1,790	162	2,900	81	1,710	274	4,690	137	1,650
奈　　　良 (41)	110	198	218	92	114	285	325	131	113
和　歌　山 (42)	2	131	2	107	1	128	2	105	2
鳥　　　取 (43)	61	257	157	112	69	296	204	121	71
島　　　根 (44)	104	146	152	104	120	203	244	141	121
岡　　　山 (45)	747	311	2,320	97	784	467	3,660	146	888
広　　　島 (46)	156	168	262	88	158	222	351	117	149
山　　　口 (47)	1,340	292	3,910	118	1,410	377	5,320	150	1,470
徳　　　島 (48)	56	230	129	80	42	307	129	110	53
香　　　川 (49)	1,890	321	6,060	101	2,000	443	8,860	140	2,100
愛　　　媛 (50)	220	311	684	105	224	421	943	138	248
高　　　知 (51)	6	143	9	80	5	159	8	95	4
福　　　岡 (52)	14,800	371	54,900	116	14,700	469	68,900	139	14,700
佐　　　賀 (53)	10,100	365	36,900	117	10,300	449	46,200	136	10,600
長　　　崎 (54)	608	258	1,570	100	583	328	1,910	129	599
熊　　　本 (55)	4,970	308	15,300	106	4,900	377	18,500	128	5,010
大　　　分 (56)	2,750	281	7,730	122	2,780	320	8,900	132	2,770
宮　　　崎 (57)	116	120	139	62	103	261	269	142	113
鹿　児　島 (58)	35	124	43	77	33	168	55	111	32
沖　　　縄 (59)	29	155	45	89	16	94	15	58	13

2			3				4				
10a当たり収量	収穫量	(参考)10a当たり平均収量対比	作付面積	10a当たり収量	収穫量	(参考)10a当たり平均収量対比	作付面積	10a当たり収量	収穫量	(参考)10a当たり平均収量対比	
(10)	(11)	(12)	(13)	(14)	(15)	(16)	(17)	(18)	(19)	(20)	
kg	t	%	ha	kg	t	%	ha	kg	t	%	
447	949,300	109	220,000	499	1,097,000	118	227,300	437	993,500	99	(1)
515	629,900	109	126,100	578	728,400	118	130,600	470	614,200	91	(2)
353	319,400	110	93,900	393	368,900	119	96,700	392	379,300	115	(3)
254	16,000	110	6,290	251	15,800	105	6,300	267	16,800	110	(4)
177	627	83	331	198	657	95	398	246	979	118	(5)
340	69,800	91	20,400	354	72,200	96	20,800	351	73,100	96	(6)
407	65,900	118	16,900	386	65,200	108	17,400	399	69,400	111	(7)
319	25,800	124	8,230	313	25,800	118	8,480	355	30,100	131	(8)
348	9,370	124	2,890	360	10,400	122	2,950	397	11,700	130	(9)
387	9,290	116	2,490	406	10,100	120	2,850	389	11,100	111	(10)
361	122,500	110	36,300	465	168,700	138	37,600	442	166,100	125	(11)
146	19	92	12	133	16	92	7	103	7	76	(12)
515	629,900	109	126,100	578	728,400	118	130,600	470	614,200	91	(13)
261	1,870	120	701	245	1,720	107	733	260	1,910	108	(14)
207	7,740	107	3,720	211	7,850	107	3,750	240	9,000	117	(15)
401	4,410	105	1,110	393	4,360	99	994	392	3,900	97	(16)
306	842	172	272	230	626	112	288	334	962	153	(17)
246	167	106	83	225	187	92	109	202	220	82	(18)
227	928	112	408	262	1,070	125	432	194	838	87	(19)
267	12,300	82	4,510	305	13,800	97	4,640	268	12,400	86	(20)
339	7,800	91	2,290	352	8,060	95	2,380	365	8,690	98	(21)
403	22,200	96	5,430	387	21,000	93	5,380	422	22,700	102	(22)
374	18,800	95	5,080	393	20,000	101	5,290	361	19,100	92	(23)
228	1,670	72	791	348	2,750	110	739	231	1,710	73	(24)
247	37	96	14	164	23	65	12	175	21	72	(25)
242	104	87	42	260	109	93	39	233	91	85	(26)
234	143	114	69	230	159	107	118	296	349	133	(27)
133	64	62	50	196	98	98	51	248	126	127	(28)
233	217	127	102	180	184	90	94	223	210	107	(29)
133	203	57	110	196	216	92	135	218	294	108	(30)
324	240	113	76	312	237	106	76	346	263	113	(31)
305	6,650	94	2,220	282	6,260	87	2,270	360	8,170	113	(32)
341	11,400	113	3,370	318	10,700	103	3,490	358	12,500	116	(33)
226	1,640	103	744	311	2,310	141	749	247	1,850	108	(34)
533	29,800	123	5,780	509	29,400	111	5,870	511	30,000	108	(35)
352	23,100	117	6,980	327	22,800	104	7,250	345	25,000	112	(36)
339	20,900	124	6,210	337	20,900	119	6,460	373	24,100	130	(37)
199	316	152	174	184	320	127	196	199	390	130	(38)
156	2	119	2	122	2	90	1	117	1	91	(39)
263	4,340	128	1,730	243	4,200	111	1,710	308	5,270	138	(40)
240	271	107	117	287	336	123	119	307	365	127	(41)
104	2	83	3	144	5	116	4	180	7	142	(42)
342	243	133	77	331	255	119	81	323	262	108	(43)
164	198	107	132	190	251	121	143	186	266	111	(44)
454	4,030	135	968	401	3,880	113	956	435	4,160	119	(45)
167	249	84	167	177	296	95	206	244	503	137	(46)
316	4,650	118	1,550	369	5,720	131	1,560	415	6,470	138	(47)
302	160	108	54	361	195	127	73	321	234	111	(48)
395	8,300	118	2,220	413	9,170	122	2,360	380	8,970	106	(49)
333	826	106	214	347	743	108	409	452	1,850	140	(50)
160	6	98	4	146	6	90	4	139	6	88	(51)
387	56,900	112	16,000	488	78,100	137	16,500	457	75,400	122	(52)
369	39,100	110	11,600	489	56,700	140	12,100	468	56,600	127	(53)
270	1,620	104	651	346	2,250	130	641	340	2,180	124	(54)
329	16,500	108	5,150	419	21,600	136	5,210	396	20,600	125	(55)
288	7,980	112	2,790	352	9,820	135	2,960	369	10,900	139	(56)
346	391	171	103	129	133	61	120	261	313	146	(57)
179	57	117	33	221	73	144	48	242	116	158	(58)
146	19	92	12	133	16	92	7	103	7	76	(59)

2 麦類（続き）
（1） 麦類の収穫量（続き）
ウ 二条大麦

全国農業地域 都 道 府 県		平 成 30 年 産				令 和 元				
		作付面積	10a当たり 収 量	収 穫 量	（参考） 10a当たり 平均収量 対 比	作付面積	10a当たり 収 量	収 穫 量	（参考） 10a当たり 平均収量 対 比	作付面積
		(1)	(2)	(3)	(4)	(5)	(6)	(7)	(8)	(9)
		ha	kg	t	%	ha	kg	t	%	ha
全 国	(1)	38,300	318	121,700	106	38,000	386	146,600	128	39,300
（全国農業地域）										
北 海 道	(2)	1,660	334	5,540	98	1,700	448	7,620	128	1,760
都 府 県	(3)	36,600	317	116,100	106	36,300	383	139,000	128	37,500
東 北	(4)	5	160	8	nc	14	307	43	119	14
北 陸	(5)	7	86	6	50	2	100	2	67	2
関 東・東 山	(6)	12,500	336	42,000	nc	12,200	357	43,600	102	12,200
東 海	(7)	3	200	5	168	4	75	3	61	11
近 畿	(8)	153	231	353	97	x	306	x	125	x
中 国	(9)	2,740	301	8,240	94	2,700	396	10,700	127	2,860
四 国	(10)	x	226	x	72	x	500	x	174	x
九 州	(11)	21,100	310	65,500	115	21,200	397	84,200	147	22,300
沖 縄	(12)	x	x	x	nc	x	x	x	nc	x
（都道府県）										
北 海 道	(13)	1,660	334	5,540	98	1,700	448	7,620	128	1,760
青 森	(14)	-	-	-	nc	-	-	-	nc	-
岩 手	(15)	x	x	x	x	x	x	x	x	-
宮 城	(16)	2	320	6	nc	11	327	36	123	11
秋 田	(17)	x	x	x	x	x	x	x	x	x
山 形	(18)	-	-	-	nc	-	-	-	nc	-
福 島	(19)	x	x	x	x	x	x	x	x	x
茨 城	(20)	1,240	260	3,220	105	1,210	264	3,190	105	1,160
栃 木	(21)	9,020	344	31,000	95	8,730	371	32,400	102	8,660
群 馬	(22)	1,580	322	5,090	92	1,580	351	5,550	103	1,630
埼 玉	(23)	699	377	2,640	97	670	361	2,420	91	695
千 葉	(24)	x	x	x	x	x	x	x	x	x
東 京	(25)	1	160	2	70	1	204	3	103	x
神 奈 川	(26)	x	x	x	x	x	x	x	x	x
新 潟	(27)	-	-	-	-	-	-	-	-	x
富 山	(28)	x	x	x	x	x	x	x	x	x
石 川	(29)	x	x	x	x	x	x	x	x	x
福 井	(30)	-	-	-	nc	-	-	-	nc	-
山 梨	(31)	-	-	-	-	-	-	-	-	-
長 野	(32)	2	253	5	nc	2	309	6	98	7
岐 阜	(33)	-	-	-	nc	-	-	-	nc	-
静 岡	(34)	3	200	5	168	4	75	3	61	11
愛 知	(35)	-	-	-	-	-	-	-	-	-
三 重	(36)	-	-	-	nc	-	-	-	nc	-
滋 賀	(37)	55	424	233	121	53	379	201	101	59
京 都	(38)	98	122	120	69	93	263	245	156	88
大 阪	(39)	-	-	-	nc	x	x	x	x	x
兵 庫	(40)	-	-	-	nc	-	-	-	nc	1
奈 良	(41)	-	-	-	nc	x	x	x	x	x
和 歌 山	(42)	-	-	-	nc	-	-	-	nc	-
鳥 取	(43)	100	247	247	90	94	318	299	116	93
島 根	(44)	459	233	1,070	87	474	347	1,640	130	497
岡 山	(45)	2,030	323	6,560	94	1,970	418	8,230	126	2,070
広 島	(46)	x	x	x	x	x	x	x	x	x
山 口	(47)	150	239	359	113	161	301	485	145	195
徳 島	(48)	22	223	49	71	12	533	64	186	13
香 川	(49)	x	x	x	x	x	x	x	nc	x
愛 媛	(50)	-	-	-	nc	-	-	-	nc	-
高 知	(51)	5	238	12	73	5	410	21	135	x
福 岡	(52)	6,070	313	19,000	116	6,350	411	26,100	149	6,880
佐 賀	(53)	10,500	328	34,400	116	10,100	427	43,100	151	10,300
長 崎	(54)	1,230	324	3,990	129	1,220	375	4,580	149	1,310
熊 本	(55)	1,750	246	4,310	95	1,830	297	5,440	114	2,000
大 分	(56)	1,350	245	3,310	117	1,460	302	4,410	143	1,550
宮 崎	(57)	55	308	169	133	58	303	176	124	60
鹿 児 島	(58)	141	238	336	123	149	258	384	133	172
沖 縄	(59)	x	x	x	nc	x	x	x	nc	x

2			3				4				
10a当たり収量	収穫量	(参考)10a当たり平均収量対比	作付面積	10a当たり収量	収穫量	(参考)10a当たり平均収量対比	作付面積	10a当たり収量	収穫量	(参考)10a当たり平均収量対比	
(10)	(11)	(12)	(13)	(14)	(15)	(16)	(17)	(18)	(19)	(20)	
kg	t	%	ha	kg	t	%	ha	kg	t	%	
368	144,700	120	38,200	413	157,600	130	38,100	397	151,200	118	(1)
432	7,600	120	1,740	446	7,760	117	1,700	379	6,440	94	(2)
366	137,100	120	36,400	412	149,800	131	36,400	398	144,700	119	(3)
250	35	97	x	342	x	133	27	281	76	115	(4)
250	5	167	2	200	4	133	2	150	3	100	(5)
344	42,000	95	12,000	401	48,100	112	11,900	356	42,400	97	(6)
200	22	171	18	256	46	187	x	226	x	nc	(7)
330	x	nc	155	338	524	nc	x	372	x	nc	(8)
374	10,700	118	2,950	386	11,400	120	2,920	360	10,500	108	(9)
467	x	nc	x	226	x	69	x	293	x	98	(10)
376	83,800	135	21,200	423	89,600	141	21,300	427	91,000	136	(11)
x	x	x	2	87	2	140	5	133	7	222	(12)
432	7,600	120	1,740	446	7,760	117	1,700	379	6,440	94	(13)
–	–	nc	–	–	–	nc	–	–	–	nc	(14)
–	–	–	–	–	–	–	x	x	x	x	(15)
273	30	97	x	x	x	x	x	x	x	x	(16)
x	x	x	–	–	–	–	–	–	–	–	(17)
–	–	nc	–	–	–	nc	–	–	–	nc	(18)
x	x	x	7	178	12	123	12	175	21	111	(19)
238	2,760	92	1,010	308	3,110	122	912	188	1,710	72	(20)
357	30,900	95	8,650	408	35,300	111	8,600	372	32,000	98	(21)
357	5,820	103	1,670	403	6,730	116	1,640	354	5,810	100	(22)
354	2,460	89	702	419	2,940	109	726	386	2,800	97	(23)
–	–	–	–	–	–	–	x	x	x	x	(24)
215	x	108	1	162	2	83	1	245	3	125	(25)
x	x	x	–	–	–	–	–	–	–	–	(26)
x	x	x	–	–	–	–	–	–	–	–	(27)
x	x	x	x	x	x	x	x	x	x	x	(28)
x	x	x	x	x	x	x	x	x	x	x	(29)
–	–	nc	–	–	–	nc	–	–	–	nc	(30)
–	–	–	–	–	–	nc	–	–	–	nc	(31)
200	14	64	10	220	22	74	12	290	35	104	(32)
–	–	nc	–	–	–	nc	–	–	–	nc	(33)
200	22	171	18	256	46	187	17	212	36	139	(34)
–	–	–	–	–	–	–	x	x	x	nc	(35)
–	–	nc	–	–	–	nc	–	–	–	nc	(36)
415	245	107	58	445	258	113	64	506	324	129	(37)
276	243	146	96	276	265	132	99	289	286	136	(38)
x	x	nc	–	–	–	nc	–	–	–	nc	(39)
108	1	nc	1	112	1	nc	2	109	3	nc	(40)
x	x	nc	–	–	–	nc	–	–	–	nc	(41)
–	–	nc	–	–	–	nc	x	x	x	x	(42)
358	333	131	89	291	259	103	92	290	267	99	(43)
305	1,520	112	502	300	1,510	109	536	306	1,640	108	(44)
403	8,340	119	2,120	419	8,880	121	2,090	380	7,940	106	(45)
x	x	x	x	x	x	x	x	120	x	117	(46)
271	528	121	232	316	733	137	200	339	678	142	(47)
515	67	177	45	210	95	64	38	276	105	93	(48)
x	x	nc	x	x	x	x	x	x	x	x	(49)
–	–	nc	–	–	–	nc	–	–	–	nc	(50)
x	x	x	5	360	18	122	5	420	21	141	(51)
385	26,500	135	5,790	438	25,400	144	5,680	419	23,800	130	(52)
396	40,800	138	9,970	458	45,700	145	9,670	478	46,200	142	(53)
341	4,470	126	1,160	390	4,520	134	1,150	339	3,900	109	(54)
323	6,460	121	2,230	331	7,380	121	2,600	362	9,410	130	(55)
314	4,870	140	1,740	324	5,640	137	1,870	360	6,730	142	(56)
344	206	130	67	300	201	109	61	351	214	129	(57)
272	468	136	225	330	743	155	257	274	704	122	(58)
x	x	x	2	87	2	140	5	133	7	222	(59)

2　麦類（続き）
(1)　麦類の収穫量（続き）
エ　六条大麦

全国農業地域 都　道　府　県	平 成 30 年 産				令 和 元				作 付 面 積
	作付面積	10 a 当たり 収　　量	収 穫 量	（参考） 10 a 当たり 平 均 収 量 対　　比	作 付 面 積	10 a 当たり 収　　量	収 穫 量	（参考） 10 a 当たり 平 均 収 量 対　　比	
	(1)	(2)	(3)	(4)	(5)	(6)	(7)	(8)	(9)
	ha	kg	t	%	ha	kg	t	%	ha
全　　　　　国 (1)	17,300	225	39,000	79	17,700	315	55,800	111	18,000
（全国農業地域）									
北　海　道 (2)	x	x	x	nc	17	441	75	nc	19
都　府　県 (3)	17,300	225	39,000	79	17,700	315	55,700	111	18,000
東　　　北 (4)	1,280	266	3,400	nc	1,300	335	4,360	nc	1,340
北　　　陸 (5)	9,380	188	17,600	64	9,280	301	27,900	102	9,380
関 東・東 山 (6)	4,810	287	13,800	100	4,730	319	15,100	109	4,520
東　　　海 (7)	693	237	1,640	94	709	329	2,330	129	703
近　　　畿 (8)	1,070	221	2,360	84	1,520	378	5,750	nc	1,930
中　　　国 (9)	x	171	x	93	x	243	x	133	x
四　　　国 (10)	x	x	x	nc	x	x	x	nc	x
九　　　州 (11)	3	387	13	129	x	385	x	119	19
沖　　　縄 (12)	－	－	－	nc	－	－	－	nc	－
（都道府県）									
北　海　道 (13)	x	x	x	nc	17	441	75	nc	19
青　　　森 (14)	x	x	x	x	47	196	92	nc	63
岩　　　手 (15)	84	230	193	97	66	244	161	103	74
宮　　　城 (16)	1,170	272	3,180	103	1,160	350	4,060	124	1,160
秋　　　田 (17)	x	x	x	x	15	122	18	103	x
山　　　形 (18)	19	59	11	50	15	122	18	103	13
福　　　島 (19)	4	211	8	71	10	325	33	109	20
茨　　　城 (20)	1,940	225	4,370	97	1,830	262	4,800	109	1,530
栃　　　木 (21)	1,560	308	4,800	104	1,570	335	5,260	112	1,670
群　　　馬 (22)	491	325	1,600	96	494	360	1,780	110	515
埼　　　玉 (23)	198	415	822	103	194	372	722	91	176
千　　　葉 (24)	37	376	139	156	34	318	108	118	32
東　　　京 (25)	－	－	－	nc	－	－	－	nc	－
神　奈　川 (26)	x	x	x	x	x	x	x	x	x
新　　　潟 (27)	179	209	374	101	196	329	645	152	175
富　　　山 (28)	3,280	219	7,180	71	3,180	294	9,350	95	3,210
石　　　川 (29)	1,330	220	2,930	74	1,350	351	4,740	118	1,340
福　　　井 (30)	4,590	156	7,160	54	4,550	291	13,200	101	4,650
山　　　梨 (31)	46	196	90	80	41	256	105	115	40
長　　　野 (32)	538	370	1,990	101	570	405	2,310	109	562
岐　　　阜 (33)	260	163	424	98	257	214	550	126	262
静　　　岡 (34)	7	176	13	123	7	86	6	56	7
愛　　　知 (35)	96	304	292	79	116	468	543	122	110
三　　　重 (36)	330	276	911	98	329	374	1,230	135	324
滋　　　賀 (37)	585	251	1,470	87	1,010	384	3,880	132	1,380
京　　　都 (38)	x	x	x	x	－	－	－	－	－
大　　　阪 (39)	x	x	x	nc	x	x	x	nc	x
兵　　　庫 (40)	483	183	884	79	508	368	1,870	172	546
奈　　　良 (41)	x	x	x	x	－	－	－	－	x
和　歌　山 (42)	x	x	x	x	x	x	x	x	x
鳥　　　取 (43)	x	x	x	x	x	x	x	x	x
島　　　根 (44)	10	170	17	139	x	x	x	x	15
岡　　　山 (45)	x	119	x	66	x	140	x	80	x
広　　　島 (46)	83	171	142	90	83	252	209	131	92
山　　　口 (47)	－	－	－	nc	－	－	－	nc	－
徳　　　島 (48)	x	x	x	nc	x	x	x	nc	x
香　　　川 (49)	－	－	－	nc	－	－	－	nc	－
愛　　　媛 (50)	－	－	－	nc	－	－	－	nc	－
高　　　知 (51)	－	－	－	nc	－	－	－	nc	－
福　　　岡 (52)	－	－	－	nc	－	－	－	nc	－
佐　　　賀 (53)	－	－	－	nc	－	－	－	nc	－
長　　　崎 (54)	－	－	－	nc	－	－	－	nc	－
熊　　　本 (55)	－	－	－	－	x	x	x	x	9
大　　　分 (56)	x	x	x	x	5	380	19	104	8
宮　　　崎 (57)	－	－	－	nc	－	－	－	nc	x
鹿　児　島 (58)	x	x	x	x	x	x	x	x	x
沖　　　縄 (59)	－	－	－	nc	－	－	－	nc	－

2			3				4				
10 a 当たり収量	収穫量	（参考）10 a 当たり平均収量対比	作付面積	10 a 当たり収量	収穫量	（参考）10 a 当たり平均収量対比	作付面積	10 a 当たり収量	収穫量	（参考）10 a 当たり平均収量対比	
(10)	(11)	(12)	(13)	(14)	(15)	(16)	(17)	(18)	(19)	(20)	
kg	t	%	ha	kg	t	%	ha	kg	t	%	
314	56,600	108	18,100	304	55,100	104	19,300	337	65,100	113	(1)
142	27	42	x	x	x	x	13	385	50	114	(2)
314	56,600	108	18,000	306	55,000	105	19,300	337	65,000	113	(3)
344	4,610	nc	1,450	337	4,890	111	1,590	329	5,230	102	(4)
300	28,100	102	9,660	295	28,500	101	10,300	369	38,000	126	(5)
299	13,500	97	4,530	311	14,100	103	4,800	265	12,700	87	(6)
333	2,340	127	511	276	1,410	106	x	287	x	112	(7)
397	7,670	142	1,760	332	5,840	111	2,020	365	7,380	122	(8)
216	x	113	x	192	x	98	x	237	x	127	(9)
x	x	x	x	x	x	x	x	x	x	x	(10)
363	69	105	28	257	72	nc	x	269	x	nc	(11)
–	–	nc	–	–	–	nc	–	–	–	nc	(12)
142	27	42	x	x	x	x	13	385	50	114	(13)
474	299	nc	x	x	x	x	x	x	x	x	(14)
278	206	115	76	264	201	109	78	256	200	105	(15)
349	4,050	115	1,280	348	4,450	112	1,410	339	4,780	104	(16)
x	x	x	–	–	–	–	–	–	–	–	(17)
154	20	136	x	x	x	x	x	x	x	x	(18)
168	34	57	33	179	59	66	20	130	26	50	(19)
231	3,530	91	1,530	291	4,450	119	1,700	188	3,200	74	(20)
302	5,040	95	1,640	279	4,580	90	1,690	250	4,230	80	(21)
341	1,760	101	520	345	1,790	104	506	332	1,680	98	(22)
407	716	100	160	483	773	122	150	339	509	83	(23)
303	97	106	34	425	145	142	34	289	98	89	(24)
–	–	nc	–	–	–	nc	–	–	–	nc	(25)
x	x	x	x	x	x	x	–	–	–	–	(26)
323	565	146	132	252	333	103	128	286	366	115	(27)
272	8,730	90	3,310	309	10,200	105	3,500	382	13,400	131	(28)
359	4,810	120	1,440	327	4,710	103	1,610	381	6,130	117	(29)
300	14,000	104	4,780	279	13,300	97	5,060	358	18,100	127	(30)
220	88	103	41	215	88	104	41	239	98	115	(31)
409	2,300	110	603	371	2,240	98	672	433	2,910	114	(32)
243	637	143	274	175	480	97	262	232	608	131	(33)
157	11	102	1	129	1	85	x	156	x	107	(34)
392	431	97	104	444	462	109	106	392	416	96	(35)
389	1,260	134	132	350	462	115	102	324	330	107	(36)
420	5,800	140	1,480	340	5,030	110	1,550	371	5,750	120	(37)
–	–	–	–	–	–	–	–	–	–	–	(38)
x	x	x	x	x	x	x	x	x	x	x	(39)
343	1,870	150	276	294	811	120	473	344	1,630	134	(40)
x	x	x	–	–	–	–	–	–	–	–	(41)
x	x	x	1	121	1	90	1	160	1	119	(42)
x	x	x	x	x	x	x	x	x	x	x	(43)
139	21	109	12	92	11	67	11	118	13	90	(44)
102	x	63	1	175	2	120	2	191	4	134	(45)
228	210	113	104	203	211	100	87	255	222	131	(46)
–	–	nc	–	–	–	nc	–	–	–	nc	(47)
x	x	x	x	x	x	x	x	x	x	x	(48)
–	–	nc	–	–	–	nc	–	–	–	nc	(49)
–	–	nc	–	–	–	nc	–	–	–	nc	(50)
–	–	nc	–	–	–	nc	–	–	–	nc	(51)
		nc				nc				nc	(52)
		nc				nc				nc	(53)
		nc				nc				nc	(54)
356	32	108	14	243	34	72	7	257	18	78	(55)
343	27	95	8	286	23	82	9	244	22	72	(56)
x	x	x	x	x	x	nc	x	x	x	nc	(57)
x	x	x	x	x	x	x	8	379	30	96	(58)
–	–	nc	–	–	–	nc	–	–	–	nc	(59)

2　麦類（続き）
(1)　麦類の収穫量（続き）
オ　はだか麦

全 国 農 業 地 域 ・ 都 道 府 県		平 成 30 年 産				令 和 元				
		作付面積	10 a 当たり 収　　量	収 穫 量	（参考） 10 a 当たり 平 均 収 量 対　　比	作付面積	10 a 当たり 収　　量	収 穫 量	（参考） 10 a 当たり 平 均 収 量 対　　比	作付面積
		(1)	(2)	(3)	(4)	(5)	(6)	(7)	(8)	(9)
		ha	kg	t	%	ha	kg	t	%	ha
全　　　　　　国	(1)	5,420	258	14,000	102	5,780	351	20,300	140	6,330
（全国農業地域）										
北　海　道	(2)	64	172	110	50	149	213	317	63	195
都　府　県	(3)	5,350	260	13,900	103	5,630	355	20,000	141	6,140
東　　北	(4)	10	120	12	nc	7	329	23	nc	x
北　　陸	(5)	x	225	x	nc	x	x	x	nc	2
関 東 ・ 東 山	(6)	x	266	x	nc	x	319	x	nc	x
東　　海	(7)	44	320	141	190	x	330	x	169	x
近　　畿	(8)	x	230	x	106	x	341	x	152	x
中　　国	(9)	x	170	x	105	707	293	2,070	nc	927
四　　国	(10)	2,640	274	7,230	101	2,630	395	10,400	148	2,710
九　　州	(11)	1,750	271	4,740	115	1,740	327	5,690	135	1,760
沖　　縄	(12)	－	－	－	nc	－	－	－	nc	－
（都道府県）										
北　海　道	(13)	64	172	110	50	149	213	317	63	195
青　　森	(14)	－	－	－	nc	－	－	－	nc	－
岩　　手	(15)	－	－	－	nc	－	－	－	nc	－
宮　　城	(16)	x	x	x	x	x	x	x	nc	－
秋　　田	(17)	－	－	－	nc	－	－	－	nc	－
山　　形	(18)	x	x	x	x	x	x	x	x	x
福　　島	(19)	x	x	x	nc	x	x	x	nc	x
茨　　城	(20)	125	252	315	97	229	339	776	126	291
栃　　木	(21)	21	267	56	126	44	239	105	113	41
群　　馬	(22)	3	200	6	nc	5	257	13	nc	3
埼　　玉	(23)	51	300	153	98	62	308	191	99	102
千　　葉	(24)	16	281	45	141	8	288	23	122	9
東　　京	(25)	x	x	x	x	x	x	x	x	x
神　奈　川	(26)	x	x	x	x	x	x	x	x	x
新　　潟	(27)	－	－	－	nc	－	－	－	nc	－
富　　山	(28)	x	x	x	nc	x	x	x	nc	x
石　　川	(29)	－	－	－	nc	－	－	－	nc	－
福　　井	(30)	－	－	－	nc	－	－	－	nc	x
山　　梨	(31)	－	－	－	nc	－	－	－	nc	－
長　　野	(32)	－	－	－	nc	－	－	－	nc	－
岐　　阜	(33)	－	－	－	nc	－	－	－	nc	－
静　　岡	(34)	－	－	－	nc	x	x	x	x	x
愛　　知	(35)	13	208	27	102	15	260	39	120	19
三　　重	(36)	31	368	114	241	25	372	93	206	37
滋　　賀	(37)	47	355	167	115	66	503	332	155	75
京　　都	(38)	－	－	－	nc	－	－	－	nc	－
大　　阪	(39)	－	－	－	－	－	－	－	－	－
兵　　庫	(40)	63	137	86	93	90	221	199	146	157
奈　　良	(41)	x	153	x	95	x	174	x	107	x
和　歌　山	(42)	0	145	0	nc	0	134	0	nc	0
鳥　　取	(43)	x	x	x	nc	7	200	14	nc	9
島　　根	(44)	44	182	80	86	26	346	90	163	41
岡　　山	(45)	89	242	215	103	175	412	721	174	290
広　　島	(46)	45	109	49	80	62	231	143	179	123
山　　口	(47)	404	159	642	110	437	252	1,100	171	464
徳　　島	(48)	60	137	82	72	66	188	124	104	50
香　　川	(49)	774	288	2,230	100	773	429	3,320	151	802
愛　　媛	(50)	1,810	271	4,910	102	1,790	388	6,950	149	1,860
高　　知	(51)	2	167	3	111	2	425	9	283	3
福　　岡	(52)	504	314	1,580	116	488	394	1,920	143	481
佐　　賀	(53)	225	324	729	119	250	396	990	141	252
長　　崎	(54)	77	173	133	114	69	183	126	110	69
熊　　本	(55)	157	229	360	122	161	222	357	110	146
大　　分	(56)	748	253	1,890	113	730	305	2,230	133	774
宮　　崎	(57)	14	66	9	49	19	170	32	130	15
鹿　児　島	(58)	21	164	34	110	24	157	38	103	22
沖　　縄	(59)	－	－	－	nc	－	－	－	nc	－

	2			3				4				
10 a 当たり収量	収穫量	(参考)10 a 当たり平均収量対比	作付面積	10 a 当たり収量	収穫量	(参考)10 a 当たり平均収量対比	作付面積	10 a 当たり収量	収穫量	(参考)10 a 当たり平均収量対比	
(10)	(11)	(12)	(13)	(14)	(15)	(16)	(17)	(18)	(19)	(20)	
kg	t	%	ha	kg	t	%	ha	kg	t	%	
322	20,400	124	6,820	324	22,100	122	5,870	290	17,000	105	(1)
286	557	92	498	293	1,460	96	84	213	179	71	(2)
324	19,900	125	6,320	326	20,600	123	5,780	291	16,800	105	(3)
100	x	nc	x	x	x	x	–	–	–	nc	(4)
150	3	nc	2	150	3	nc	4	50	2	nc	(5)
291	x	nc	x	286	x	95	509	198	1,010	64	(6)
252	x	nc	x	269	x	nc	x	258	x	98	(7)
294	x	nc	x	219	x	nc	x	254	x	nc	(8)
257	2,380	140	790	247	1,950	129	607	283	1,720	135	(9)
369	10,000	133	2,800	353	9,880	122	2,350	285	6,690	94	(10)
305	5,370	119	1,940	347	6,730	137	1,960	332	6,500	125	(11)
–	–	nc	–	–	–	nc	–	–	–	nc	(12)
286	557	92	498	293	1,460	96	84	213	179	71	(13)
–	–	nc	–	–	–	nc	–	–	–	nc	(14)
–	–	nc	–	–	–	nc	–	–	–	nc	(15)
–	–	nc	–	–	–	nc	–	–	–	nc	(16)
–	–	nc	–	–	–	nc	–	–	–	nc	(17)
x	x	x	–	–	–	–	–	–	–	–	(18)
x	x	x	–	–	–	–	–	–	–	–	(19)
273	794	90	325	285	926	90	355	180	639	56	(20)
307	126	148	42	279	117	128	46	257	118	104	(21)
184	6	nc	3	293	9	137	1	298	3	127	(22)
349	356	113	111	288	320	94	105	235	247	77	(23)
222	20	89	5	340	17	139	1	264	3	98	(24)
x	x	x	x	x	x	x	x	x	x	x	(25)
x	x	x	x	x	x	x	x	x	x	x	(26)
–	–	nc	–	–	–	nc	–	–	–	x	(27)
x	x	x	x	x	x	x	x	x	x	x	(28)
–	–	nc	–	–	–	nc	–	–	–	nc	(29)
x	x	x	x	x	x	nc	x	x	x	nc	(30)
–	–	nc	–	–	–	nc	–	–	–	nc	(31)
–	–	nc	–	–	–	nc	–	–	–	nc	(32)
–	–	nc	–	–	–	nc	–	–	–	nc	(33)
x	x	nc	x	x	x	nc	x	x	x	x	(34)
237	45	98	19	258	49	108	10	200	20	82	(35)
259	96	114	29	276	80	111	35	274	96	102	(36)
469	352	139	90	316	284	84	106	366	388	99	(37)
–	–	nc	–	–	–	nc	–	–	–	nc	(38)
–	–	nc	x	x	x	nc	x	x	x	nc	(39)
210	330	130	164	165	271	96	203	194	394	115	(40)
x	x	x	x	x	x	x	x	x	x	x	(41)
101	0	nc	0	74	0	58	0	150	1	132	(42)
200	18	88	5	200	10	90	4	187	7	94	(43)
243	100	114	42	326	137	150	22	286	63	122	(44)
355	1,030	145	225	298	671	116	223	386	861	145	(45)
234	288	168	83	175	145	111	65	242	157	152	(46)
203	942	130	435	226	983	140	293	214	627	124	(47)
251	126	138	32	100	32	55	19	168	32	104	(48)
358	2,870	118	909	319	2,900	106	852	271	2,310	87	(49)
377	7,010	141	1,860	373	6,940	130	1,480	293	4,340	97	(50)
247	7	161	3	174	5	101	3	190	6	108	(51)
340	1,640	121	482	408	1,970	141	490	340	1,670	110	(52)
362	912	122	249	442	1,100	139	282	414	1,170	127	(53)
162	112	99	227	221	502	136	217	229	497	141	(54)
197	288	95	131	297	389	146	103	271	279	133	(55)
302	2,340	121	813	331	2,690	131	842	339	2,850	130	(56)
177	27	148	14	129	18	112	14	179	25	170	(57)
223	49	145	25	222	56	134	10	128	13	74	(58)
–	–	nc	–	–	–	nc	–	–	–	nc	(59)

2　麦類（続き）

(2)　麦類の10ａ当たり平均収量

ア　小麦　　　　　　　　　　　　　　　　　　　　　　　イ　二条大麦

単位：kg　　　　　　　　　　　　　　　　　　単位：kg

全国農業地域・都道府県	平成30年産 (1)	令和元 (2)	2 (3)	3 (4)	4 (5)	平成30年産 (1)	令和元 (2)	2 (3)	3 (4)	4 (5)
全　国（全国農業地域）	**399**	**399**	**411**	**423**	**441**	**301**	**301**	**306**	**317**	**337**
北　海　道	460	460	474	489	516	340	349	361	380	402
都　府　県	309	315	322	329	341	299	299	304	315	334
東　北	213	218	230	238	243	…	257	257	258	244
北　陸	203	209	212	208	209	171	150	150	150	150
関東・東山	363	368	372	368	366	…	351	361	358	366
東　海	319	328	344	356	360	119	122	117	137	…
近　畿	246	253	257	266	271	238	245	…	…	…
中　国	261	263	281	296	306	320	312	317	323	333
四　国	316	314	333	337	351	315	288	…	326	298
九　州	304	318	327	338	353	269	270	278	299	315
沖　縄	175	163	158	144	135	…	…	64	62	60
（都道府県）										
北　海　道	460	460	474	489	516	340	349	361	380	402
青　森	199	199	218	228	240	299	299	-	-	-
岩　手	183	182	193	197	205	292	292	333	362	363
宮　城	355	368	382	398	405	…	266	281	304	310
秋　田	167	173	178	205	219	167	150	191	205	214
山　形	208	215	233	245	245	-	-	-	-	-
福　島	181	192	202	210	223	173	160	154	145	157
茨　城	308	315	324	315	310	248	252	260	253	262
栃　木	357	361	373	370	372	362	363	375	368	378
群　馬	425	425	420	415	413	349	341	348	346	355
埼　玉	374	384	394	389	392	390	396	396	383	396
千　葉	289	304	318	317	317	175	187	246	254	234
東　京	279	268	257	253	242	229	199	199	196	196
神　奈　川	272	275	279	279	275	298	252	200	189	173
新　潟	201	208	205	214	223	66	84	84	40	40
富　山	227	227	213	201	196	131	131	143	150	139
石　川	161	168	183	200	208	176	176	184	165	165
福　井	215	225	232	213	202	-	-	-	-	-
山　梨	294	287	287	294	306	221	221	221	…	…
長　野	332	332	325	325	320	…	314	313	299	279
岐　阜	297	301	303	309	308	-	-	-	-	-
静　岡	194	205	220	221	229	119	122	117	137	152
愛　知	406	415	434	457	473	240	240	223	193	…
三　重	266	280	300	313	309	-	-	-	-	-
滋　賀	260	269	274	283	288	349	377	387	393	393
京　都	120	127	131	145	153	176	169	189	209	213
大　阪	117	122	131	136	129	…	…	…	…	…
兵　庫	200	200	206	219	223	-	-	…	…	…
奈　良	215	217	225	234	241	-	-	…	…	…
和　歌　山	123	122	125	124	127	-	-	-	-	-
鳥　取	229	244	257	277	299	273	274	274	283	292
島　根	140	144	153	157	168	268	267	272	275	283
岡　山	321	320	337	356	365	342	333	339	347	357
広　島	190	190	198	187	178	117	100	100	103	103
山　口	248	251	267	282	301	212	208	224	230	238
徳　島	289	278	280	285	288	314	286	291	328	297
香　川	319	316	335	339	358	-	…	…	312	327
愛　媛	295	305	315	321	322	…	-	-	-	-
高　知	178	168	163	163	158	328	304	304	294	297
福　岡	320	337	346	356	374	269	276	285	305	323
佐　賀	313	329	336	350	369	282	282	287	315	337
長　崎	258	254	260	266	275	251	251	270	292	312
熊　本	290	294	305	309	317	260	260	268	273	278
大　分	230	243	258	260	266	209	211	225	236	253
宮　崎	195	184	202	211	179	231	245	265	274	272
鹿　児　島	161	151	153	153	153	194	194	200	213	225
沖　縄	175	163	158	144	135	…	…	64	62	60

ウ　六条大麦

単位：kg

全国農業地域・都道府県	平成30年産 (1)	令和元 (2)	2 (3)	3 (4)	4 (5)
全国	285	285	290	292	298
（全国農業地域）					
北海道	…	…	337	288	337
都府県	285	285	290	292	298
東北	…	…	…	304	322
北陸	294	295	293	293	292
関東・東山	287	292	308	302	306
東海	251	255	262	260	257
近畿	264	…	279	298	298
中国	183	183	191	195	186
四国	…	…	216	217	220
九州	300	323	347	…	…
沖縄	–	–	–	–	–
（都道府県）					
北海道	…	…	337	288	337
青森	–	…	…	346	349
岩手	236	236	241	242	244
宮城	265	283	303	310	327
秋田	201	201	214	153	128
山形	118	118	113	117	118
福島	297	297	297	273	261
茨城	233	241	253	245	254
栃木	296	298	318	311	311
群馬	339	327	337	333	340
埼玉	403	411	406	396	407
千葉	241	270	287	300	324
東京	…	…	–	–	–
神奈川	274	286	290	315	329
新潟	206	217	221	244	248
富山	309	309	302	294	292
石川	297	297	299	316	326
福井	288	288	288	287	282
山梨	246	223	214	207	207
長野	366	371	371	380	380
岐阜	166	170	170	181	177
静岡	143	154	154	152	146
愛知	384	384	405	408	408
三重	282	278	290	305	304
滋賀	290	290	299	309	309
京都	103	103	102	103	80
大阪	…	…	85	81	86
兵庫	231	214	229	245	257
奈良	96	96	95	112	124
和歌山	132	121	127	134	134
鳥取	153	149	157	121	135
島根	122	121	128	137	131
岡山	180	174	162	146	143
広島	190	192	201	203	195
山口	–	–	–	–	–
徳島	…	…	216	217	220
香川	–	–	–	–	–
愛媛	–	–	–	–	–
高知	–	–	–	–	–
福岡	–	–	–	–	–
佐賀	–	–	–	–	–
長崎	–	–	–	–	–
熊本	323	323	330	338	328
大分	359	364	360	349	341
宮崎	–	–	–	…	…
鹿児島	242	265	327	358	396
沖縄	–	–	–	–	–

エ　はだか麦

単位：kg

全国農業地域・都道府県	平成30年産 (1)	令和元 (2)	2 (3)	3 (4)	4 (5)
全国	252	250	260	266	275
（全国農業地域）					
北海道	344	336	311	306	302
都府県	252	251	260	266	276
東北	…	…	…	123	–
北陸	…	…	…	…	…
関東・東山	…	…	…	302	310
東海	168	195	…	…	264
近畿	216	224	…	…	…
中国	162	…	184	191	209
四国	272	266	277	290	303
九州	235	243	256	254	266
沖縄	–	–	–	–	–
（都道府県）					
北海道	344	336	311	306	302
青森	–	–	–	–	–
岩手	–	…	…	…	…
宮城	–	…	…	…	…
秋田	–	–	–	–	–
山形	32	43	39	61	76
福島	…	…	110	123	134
茨城	259	269	303	315	321
栃木	212	212	207	218	246
群馬	–	…	…	214	234
埼玉	305	310	310	306	307
千葉	199	237	250	244	270
東京	188	188	200	230	240
神奈川	192	173	145	153	186
新潟	–	–	–	–	–
富山	…	…	140	147	162
石川	–	–	–	…	–
福井	–	–	…	…	–
山梨	–	–	–	–	–
長野	–	–	–	–	–
岐阜	…	…	…	…	–
静岡	–	–	…	…	209
愛知	204	217	241	240	245
三重	153	181	227	248	269
滋賀	308	324	338	376	368
京都	…	…	…	…	…
大阪	199	199	…	…	…
兵庫	147	151	161	171	169
奈良	161	162	159	150	150
和歌山	–	…	…	127	114
鳥取	…	…	228	221	200
島根	212	212	214	218	235
岡山	236	237	244	257	267
広島	137	129	139	157	159
山口	144	147	156	161	173
徳島	190	180	182	182	162
香川	289	284	304	300	310
愛媛	266	261	267	286	301
高知	150	150	153	172	176
福岡	270	276	281	290	309
佐賀	273	281	297	318	325
長崎	152	166	164	162	162
熊本	188	201	207	203	203
大分	223	230	249	252	260
宮崎	134	131	120	115	105
鹿児島	149	152	154	166	174
沖縄	–	–	–	–	–

2　麦類（続き）

(3)　小麦の秋まき、春まき別収穫量（北海道）

区　分	平 成 30 年 産			令 和 元			2		
	作付面積	10 a 当たり収　　量	収 穫 量	作付面積	10 a 当たり収　　量	収 穫 量	作付面積	10 a 当たり収　　量	収 穫 量
	(1)	(2)	(3)	(4)	(5)	(6)	(7)	(8)	(9)
	ha	kg	t	ha	kg	t	ha	kg	t
北　海　道	121,400	388	471,100	121,400	558	677,700	122,200	515	629,900
秋 ま き	103,500	421	435,700	104,900	588	616,400	105,400	540	569,200
春 ま き	17,900	198	35,400	16,500	372	61,300	16,800	361	60,700

区　分	3			4		
	作付面積	10 a 当たり収　　量	収 穫 量	作付面積	10 a 当たり収　　量	収 穫 量
	(10)	(11)	(12)	(13)	(14)	(15)
	ha	kg	t	ha	kg	t
北　海　道	126,100	578	728,400	130,600	470	614,200
秋 ま き	108,500	612	664,000	112,000	500	560,000
春 ま き	17,600	366	64,400	18,600	291	54,200

3　豆類

(1)　大豆

全国農業地域・都道府県	平成 30 年産				令 和 元				2	
	作付面積	10a当たり収量	収穫量	(参考)10a当たり平均収量対比	作付面積	10a当たり収量	収穫量	(参考)10a当たり平均収量対比	作付面積	10a当たり収量
	(1)	(2)	(3)	(4)	(5)	(6)	(7)	(8)	(9)	(10)
	ha	kg	t	%	ha	kg	t	%	ha	kg
全　国 (1)	146,600	144	211,300	86	143,500	152	217,800	92	141,700	154
(全国農業地域)										
北　海　道 (2)	40,100	205	82,300	85	39,100	226	88,400	95	38,900	239
都　府　県 (3)	106,600	121	129,000	84	104,400	124	129,400	84	102,700	123
東　北 (4)	35,400	132	46,600	92	35,100	148	52,100	104	34,900	133
北　陸 (5)	13,000	144	18,700	87	12,400	148	18,400	89	11,900	127
関東・東山 (6)	10,000	137	13,700	95	9,890	115	11,400	80	9,570	126
東　海 (7)	12,000	51	6,080	45	11,900	101	12,000	90	11,800	94
近　畿 (8)	9,700	66	6,410	49	9,410	107	10,100	79	9,100	114
中　国 (9)	4,530	96	4,330	80	4,330	100	4,350	85	4,250	93
四　国 (10)	531	101	537	91	489	137	668	125	493	132
九　州 (11)	21,400	152	32,600	92	21,000	97	20,400	61	20,800	126
沖　縄 (12)	0	42	0	124	0	18	0	46	x	x
(都道府県)										
北　海　道 (13)	40,100	205	82,300	85	39,100	226	88,400	95	38,900	239
青　森 (14)	5,010	107	5,360	77	4,760	161	7,660	122	4,840	125
岩　手 (15)	4,590	136	6,240	106	4,290	147	6,310	112	4,320	131
宮　城 (16)	10,700	150	16,100	91	11,000	137	15,100	85	10,800	174
秋　田 (17)	8,470	122	10,300	94	8,560	162	13,900	125	8,650	100
山　形 (18)	5,090	128	6,520	90	4,950	155	7,670	106	4,830	115
福　島 (19)	1,570	133	2,090	103	1,500	99	1,490	77	1,390	121
茨　城 (20)	3,470	110	3,820	85	3,450	96	3,310	76	3,350	115
栃　木 (21)	2,370	168	3,980	100	2,340	152	3,560	89	2,250	155
群　馬 (22)	303	127	385	98	291	133	387	102	275	141
埼　玉 (23)	667	96	640	88	636	86	547	79	657	88
千　葉 (24)	885	106	938	89	871	43	375	38	822	88
東　京 (25)	10	107	11	88	6	133	8	109	4	175
神　奈　川 (26)	41	132	54	80	40	138	55	86	37	157
新　潟 (27)	4,750	168	7,980	97	4,410	174	7,670	97	4,180	141
富　山 (28)	4,710	135	6,360	83	4,480	145	6,500	90	4,270	128
石　川 (29)	1,660	130	2,160	87	1,660	124	2,060	84	1,630	118
福　井 (30)	1,850	120	2,220	71	1,810	121	2,190	71	1,800	101
山　梨 (31)	220	119	262	101	223	120	268	101	216	107
長　野 (32)	2,070	172	3,560	104	2,030	140	2,840	84	1,960	143
岐　阜 (33)	2,870	50	1,440	43	2,850	113	3,220	104	2,860	99
静　岡 (34)	260	69	179	66	251	76	191	78	223	76
愛　知 (35)	4,440	62	2,750	45	4,490	112	5,030	81	4,370	110
三　重 (36)	4,390	39	1,710	43	4,290	82	3,520	93	4,350	75
滋　賀 (37)	6,690	66	4,420	45	6,690	117	7,830	80	6,510	124
京　都 (38)	311	83	258	71	307	113	347	97	302	117
大　阪 (39)	15	73	11	59	15	113	17	94	15	87
兵　庫 (40)	2,500	64	1,600	63	2,220	81	1,800	80	2,110	86
奈　良 (41)	148	70	104	52	143	71	102	54	137	96
和　歌　山 (42)	29	72	21	69	28	93	26	90	28	89
鳥　取 (43)	701	103	722	73	641	117	750	82	624	91
島　根 (44)	805	110	886	87	756	131	990	102	780	123
岡　山 (45)	1,630	85	1,390	73	1,580	80	1,260	72	1,540	91
広　島 (46)	499	90	449	84	477	92	439	91	430	72
山　口 (47)	896	98	881	89	871	105	915	95	870	83
徳　島 (48)	39	43	17	64	17	39	7	66	10	80
香　川 (49)	61	59	36	63	60	77	46	83	60	97
愛　媛 (50)	346	128	443	99	338	173	585	136	348	155
高　知 (51)	85	48	41	71	74	41	30	68	75	60
福　岡 (52)	8,280	156	12,900	92	8,250	107	8,830	67	8,220	125
佐　賀 (53)	8,000	170	13,600	91	7,820	80	6,260	45	7,750	130
長　崎 (54)	468	90	421	81	399	52	207	49	409	37
熊　本 (55)	2,430	149	3,620	93	2,450	126	3,090	81	2,420	155
大　分 (56)	1,630	87	1,420	86	1,540	82	1,260	85	1,410	94
宮　崎 (57)	250	109	273	103	219	157	344	143	223	125
鹿　児　島 (58)	364	107	389	98	325	125	406	119	346	75
沖　縄 (59)	0	42	0	124	0	18	0	46	x	x

	3					4				
収穫量	（参考）10a当たり平均収量対比	作付面積	10a当たり収量	収穫量	（参考）10a当たり平均収量対比	作付面積	10a当たり収量	収穫量	（参考）10a当たり平均収量対比	
(11)	(12)	(13)	(14)	(15)	(16)	(17)	(18)	(19)	(20)	
t	%	ha	kg	t	%	ha	kg	t	%	
218,900	96	146,200	169	246,500	105	151,600	160	242,800	100	(1)
93,000	103	42,000	251	105,400	107	43,200	252	108,900	108	(2)
125,900	90	104,200	135	141,100	101	108,400	124	133,900	94	(3)
46,400	94	35,600	169	60,100	117	37,800	122	46,300	83	(4)
15,100	79	11,700	170	19,900	107	12,400	135	16,700	85	(5)
12,100	91	9,740	129	12,600	96	10,100	159	16,100	119	(6)
11,100	87	12,200	111	13,500	107	12,300	107	13,100	104	(7)
10,400	88	9,270	118	10,900	95	9,790	134	13,100	111	(8)
3,960	84	4,280	94	4,010	89	4,460	99	4,410	98	(9)
650	120	501	124	619	110	540	134	722	118	(10)
26,200	84	21,000	93	19,600	65	21,000	113	23,700	86	(11)
x	x	x	x	x	x	x	x	x	x	(12)
93,000	103	42,000	251	105,400	107	43,200	252	108,900	108	(13)
6,050	92	5,070	162	8,210	116	5,390	82	4,420	56	(14)
5,660	96	4,530	147	6,660	106	4,840	121	5,860	85	(15)
18,800	116	11,000	202	22,200	130	11,900	133	15,800	86	(16)
8,650	73	8,820	158	13,900	115	9,420	122	11,500	86	(17)
5,550	79	4,740	154	7,300	105	4,910	140	6,870	96	(18)
1,680	96	1,410	129	1,820	103	1,410	130	1,830	105	(19)
3,850	96	3,360	118	3,960	103	3,380	158	5,340	140	(20)
3,490	93	2,350	148	3,480	91	2,510	187	4,690	117	(21)
388	111	278	150	417	118	287	145	416	113	(22)
578	84	619	94	582	94	657	83	545	88	(23)
723	81	876	96	841	93	880	123	1,080	123	(24)
7	142	4	125	5	98	4	150	6	119	(25)
58	101	37	149	55	97	39	144	56	96	(26)
5,890	80	4,090	190	7,770	107	4,200	169	7,100	93	(27)
5,470	84	4,250	167	7,100	111	4,510	124	5,590	83	(28)
1,920	84	1,620	138	2,240	98	1,790	92	1,650	67	(29)
1,820	63	1,740	158	2,750	103	1,870	124	2,320	82	(30)
231	88	212	114	242	93	215	120	258	101	(31)
2,800	86	2,010	149	2,990	92	2,160	170	3,670	107	(32)
2,830	92	2,960	102	3,020	95	3,040	115	3,500	111	(33)
169	83	244	82	200	98	203	72	146	88	(34)
4,810	85	4,470	138	6,170	111	4,490	135	6,060	109	(35)
3,260	87	4,530	90	4,080	108	4,530	74	3,350	89	(36)
8,070	89	6,490	133	8,630	98	6,900	153	10,600	116	(37)
353	104	318	97	308	83	339	86	292	77	(38)
13	75	15	73	11	68	17	71	12	72	(39)
1,810	91	2,280	76	1,730	82	2,380	85	2,020	97	(40)
132	83	134	112	150	105	125	94	118	90	(41)
25	91	27	93	25	97	26	88	23	94	(42)
568	68	667	110	734	88	708	116	821	98	(43)
959	97	783	103	806	83	804	127	1,020	108	(44)
1,400	90	1,550	82	1,270	86	1,590	79	1,260	89	(45)
310	73	408	67	273	71	400	97	388	109	(46)
722	79	870	107	931	105	955	96	917	97	(47)
8	151	15	93	14	169	15	80	12	138	(48)
58	109	67	72	48	80	71	92	65	108	(49)
539	122	346	148	512	111	378	162	612	121	(50)
45	111	73	62	45	117	76	43	33	81	(51)
10,300	82	8,190	88	7,210	61	8,160	120	9,790	90	(52)
10,100	77	7,850	96	7,540	61	7,630	117	8,930	83	(53)
151	38	400	41	164	49	376	60	226	85	(54)
3,750	107	2,500	109	2,730	76	2,660	111	2,950	81	(55)
1,330	102	1,440	96	1,380	105	1,560	84	1,310	92	(56)
279	105	218	115	251	103	244	31	76	28	(57)
260	71	345	99	342	104	386	97	374	104	(58)
x	x	x	x	x	x	x	x	x	x	(59)

3 豆類（続き）

(2) 小豆

全国農業地域 ・ 都 道 府 県	平成 30 年産				令 和 元				2	
	作付面積	10 a 当たり 収　量	収 穫 量	（参　考） 10 a 当たり 平 均 収 量 対　　比	作付面積	10 a 当たり 収　量	収 穫 量	（参　考） 10 a 当たり 平 均 収 量 対　　比	作付面積	10 a 当たり 収　量
	(1)	(2)	(3)	(4)	(5)	(6)	(7)	(8)	(9)	(10)
	ha	kg	t	%	ha	kg	t	%	ha	kg
全　　　　　国　(1)	23,700	178	42,100	81	25,500	232	59,100	107	26,600	195
（全国農業地域）										
北　海　道　(2)	19,100	205	39,200	80	20,900	265	55,400	106	22,100	220
都　府　県　(3)	4,620	63	2,920	nc	…	…	…	nc		
東　　北　(4)	898	73	652	nc	…	…	…	nc		
北　　陸　(5)	328	47	153	nc	…	…	…	nc		
関　東・東　山　(6)	906	89	805	nc	…	…	…	nc		
東　　海　(7)	115	65	75	nc	…	…	…	nc		
近　　畿　(8)	1,240	51	633	nc	…	…	…	nc		
中　　国　(9)	732	48	349	nc	…	…	…	nc		
四　　国　(10)	85	71	60	nc	…	…	…	nc		
九　　州　(11)	314	61	193	nc	…	…	…	nc		
沖　　縄　(12)	-	-	-	nc	…	…	…	nc		
（都道府県）										
北　海　道　(13)	19,100	205	39,200	80	20,900	265	55,400	106	22,100	220
青　　森　(14)	150	85	128	nc	…	…	…	nc		
岩　　手　(15)	271	77	209	nc	…	…	…	nc		
宮　　城　(16)	104	40	42	nc	…	…	…	nc		
秋　　田　(17)	119	83	99	nc	…	…	…	nc		
山　　形　(18)	75	65	49	nc	…	…	…	nc		
福　　島　(19)	179	70	125	89	…	…	…	nc		
茨　　城　(20)	123	103	127	nc	…	…	…	nc		
栃　　木　(21)	149	130	194	nc	…	…	…	nc		
群　　馬　(22)	171	106	181	nc	…	…	…	nc		
埼　　玉　(23)	127	63	80	nc	…	…	…	nc		
千　　葉　(24)	95	63	60	nc	…	…	…	nc		
東　　京　(25)	-	-	-	nc	…	…	…	nc		
神　奈　川　(26)	12	75	9	nc	…	…	…	nc		
新　　潟　(27)	137	61	84	nc	…	…	…	nc		
富　　山　(28)	17	60	10	nc	…	…	…	nc		
石　　川　(29)	140	27	38	nc	…	…	…	nc		
福　　井　(30)	34	62	21	nc	…	…	…	nc		
山　　梨　(31)	42	69	29	nc	…	…	…	nc		
長　　野　(32)	187	67	125	nc	…	…	…	nc		
岐　　阜　(33)	44	73	32	nc	…	…	…	nc		
静　　岡　(34)	13	69	9	nc	…	…	…	nc		
愛　　知　(35)	28	75	21	nc	…	…	…	nc		
三　　重　(36)	30	43	13	nc	…	…	…	nc		
滋　　賀　(37)	53	55	29	73	109	77	84	107	191	102
京　　都　(38)	453	41	186	71	447	54	241	96	451	58
大　　阪　(39)	0	54	0	nc	…	…	…	nc	…	…
兵　　庫　(40)	707	56	396	74	786	61	479	86	807	80
奈　　良　(41)	27	74	20	nc	…	…	…	nc	…	…
和　歌　山　(42)	2	76	2	nc	…	…	…	nc	…	…
鳥　　取　(43)	116	55	64	nc	…	…	…	nc	…	…
島　　根　(44)	144	43	62	nc	…	…	…	nc	…	…
岡　　山　(45)	326	43	140	nc	…	…	…	nc	…	…
広　　島　(46)	110	59	65	nc	…	…	…	nc	…	…
山　　口　(47)	36	50	18	nc	…	…	…	nc	…	…
徳　　島　(48)	16	53	8	nc	…	…	…	nc	…	…
香　　川　(49)	21	34	7	nc	…	…	…	nc	…	…
愛　　媛　(50)	39	103	40	nc	…	…	…	nc	…	…
高　　知　(51)	9	54	5	nc	…	…	…	nc	…	…
福　　岡　(52)	40	73	29	nc	…	…	…	nc	…	…
佐　　賀　(53)	40	68	27	nc	…	…	…	nc	…	…
長　　崎　(54)	36	56	20	nc	…	…	…	nc	…	…
熊　　本　(55)	110	56	62	nc	…	…	…	nc	…	…
大　　分　(56)	60	58	35	nc	…	…	…	nc	…	…
宮　　崎　(57)	24	67	16	nc	…	…	…	nc	…	…
鹿　児　島　(58)	4	90	4	nc	…	…	…	nc	…	…
沖　　縄　(59)	-	-	-	nc	…	…	…	nc	…	…

注： 1　主産県調査を実施した年産の全国値については、主産県の調査結果から推計したものである。
　　 2　平成30年産以降、作付面積は３年、収穫量は６年ごとに全国調査を実施し、全国調査以外の年にあっては主産県調査を実施することとしている。

収穫量 (11)	(参考) 10a当たり平均収量対比 (12)	3				4				
		作付面積 (13)	10a当たり収量 (14)	収穫量 (15)	(参考) 10a当たり平均収量対比 (16)	作付面積 (17)	10a当たり収量 (18)	収穫量 (19)	(参考) 10a当たり平均収量対比 (20)	
t	%	ha	kg	t	%	ha	kg	t	%	
51,900	89	23,300	181	42,200	84	23,200	181	42,100	89	(1)
48,600	87	19,000	206	39,100	83	19,100	206	39,300	88	(2)
…	nc	4,300	…	…	nc	…	…	…	nc	(3)
…	nc	735	…	…	nc	…	…	…	nc	(4)
…	nc	322	…	…	nc	…	…	…	nc	(5)
…	nc	683	…	…	nc	…	…	…	nc	(6)
…	nc	107	…	…	nc	…	…	…	nc	(7)
…	nc	1,430	…	…	nc	…	…	…	nc	(8)
…	nc	699	…	…	nc	…	…	…	nc	(9)
…	nc	66	…	…	nc	…	…	…	nc	(10)
…	nc	264	…	…	nc	…	…	…	nc	(11)
…	nc	–	…	…	nc	…	…	…	nc	(12)
48,600	87	19,000	206	39,100	83	19,100	206	39,300	88	(13)
…	nc	119	…	…	nc	…	…	…	nc	(14)
…	nc	200	…	…	nc	…	…	…	nc	(15)
…	nc	99	…	…	nc	…	…	…	nc	(16)
…	nc	104	…	…	nc	…	…	…	nc	(17)
…	nc	50	…	…	nc	…	…	…	nc	(18)
…	nc	163	…	…	nc	…	…	…	nc	(19)
…	nc	113	…	…	nc	…	…	…	nc	(20)
…	nc	61	…	…	nc	…	…	…	nc	(21)
…	nc	165	…	…	nc	…	…	…	nc	(22)
…	nc	95	…	…	nc	…	…	…	nc	(23)
…	nc	73	…	…	nc	…	…	…	nc	(24)
…	nc	–	…	…	nc	…	…	…	nc	(25)
…	nc	10	…	…	nc	…	…	…	nc	(26)
…	nc	96	…	…	nc	…	…	…	nc	(27)
…	nc	17	…	…	nc	…	…	…	nc	(28)
…	nc	157	…	…	nc	…	…	…	nc	(29)
…	nc	52	…	…	nc	…	…	…	nc	(30)
…	nc	40	…	…	nc	…	…	…	nc	(31)
…	nc	126	…	…	nc	…	…	…	nc	(32)
…	nc	47	…	…	nc	…	…	…	nc	(33)
…	nc	12	…	…	nc	…	…	…	nc	(34)
…	nc	22	…	…	nc	…	…	…	nc	(35)
…	nc	26	…	…	nc	…	…	…	nc	(36)
195	144	189	108	204	146	164	97	159	123	(37)
262	114	458	79	362	152	458	72	330	122	(38)
…	nc	0	…	…	nc	…	…	…	nc	(39)
646	123	754	69	520	99	…	…	…	nc	(40)
…	nc	24	…	…	nc	…	…	…	nc	(41)
…	nc	1	…	…	nc	…	…	…	nc	(42)
…	nc	133	…	…	nc	…	…	…	nc	(43)
…	nc	156	…	…	nc	…	…	…	nc	(44)
…	nc	277	…	…	nc	…	…	…	nc	(45)
…	nc	107	…	…	nc	…	…	…	nc	(46)
…	nc	26	…	…	nc	…	…	…	nc	(47)
…	nc	8	…	…	nc	…	…	…	nc	(48)
…	nc	18	…	…	nc	…	…	…	nc	(49)
…	nc	32	…	…	nc	…	…	…	nc	(50)
…	nc	8	…	…	nc	…	…	…	nc	(51)
…	nc	31	…	…	nc	…	…	…	nc	(52)
…	nc	31	…	…	nc	…	…	…	nc	(53)
…	nc	33	…	…	nc	…	…	…	nc	(54)
…	nc	95	…	…	nc	…	…	…	nc	(55)
…	nc	53	…	…	nc	…	…	…	nc	(56)
…	nc	20	…	…	nc	…	…	…	nc	(57)
…	nc	1	…	…	nc	…	…	…	nc	(58)
…	nc	–	…	…	nc	…	…	…	nc	(59)

3　豆類（続き）

(3)　いんげん

全 国 農 業 地 域 都　道　府　県	平 成 30 年 産				令 和 元				2	
	作付面積	10 a 当たり 収　　量	収 穫 量	(参　考) 10 a 当たり 平 均 収 量 対　　比	作付面積	10 a 当たり 収　　量	収 穫 量	(参　考) 10 a 当たり 平 均 収 量 対　　比	作付面積	10 a 当たり 収　　量
	(1)	(2)	(3)	(4)	(5)	(6)	(7)	(8)	(9)	(10)
	ha	kg	t	%	ha	kg	t	%	ha	kg
全　　　　　国　(1)	7,350	133	9,760	73	6,860	195	13,400	103	7,370	67
（全国農業地域）										
北　海　道　(2)	6,790	136	9,230	72	6,340	200	12,700	102	6,880	68
都　府　県　(3)	556	96	533	nc	…	…	…	nc	…	…
東　　北　(4)	68	103	70	nc	…	…	…	nc	…	…
北　　陸　(5)	80	76	61	nc	…	…	…	nc	…	…
関 東 ・ 東 山　(6)	391	99	389	nc	…	…	…	nc	…	…
東　　海　(7)	2	50	1	nc	…	…	…	nc	…	…
近　　畿　(8)	4	75	3	nc	…	…	…	nc	…	…
中　　国　(9)	8	75	6	nc	…	…	…	nc	…	…
四　　国　(10)	3	100	3	nc	…	…	…	nc	…	…
九　　州　(11)	-	-	-	nc	…	…	…	nc	…	…
沖　　縄　(12)	-	-	-	nc	…	…	…	nc	…	…
（都道府県）										
北　海　道　(13)	6,790	136	9,230	72	6,340	200	12,700	102	6,880	68
青　　森　(14)	4	99	4	nc	…	…	…	nc	…	…
岩　　手　(15)	18	87	16	nc	…	…	…	nc	…	…
宮　　城　(16)	1	76	1	nc	…	…	…	nc	…	…
秋　　田　(17)	18	81	15	nc	…	…	…	nc	…	…
山　　形　(18)	9	78	7	nc	…	…	…	nc	…	…
福　　島　(19)	18	148	27	nc	…	…	…	nc	…	…
茨　　城　(20)	39	103	40	nc	…	…	…	nc	…	…
栃　　木　(21)	5	80	4	nc	…	…	…	nc	…	…
群　　馬　(22)	104	119	124	nc	…	…	…	nc	…	…
埼　　玉　(23)	-	-	-	nc	…	…	…	nc	…	…
千　　葉　(24)	-	-	-	nc	…	…	…	nc	…	…
東　　京　(25)	-	-	-	nc	…	…	…	nc	…	…
神　奈　川　(26)	1	96	1	nc	…	…	…	nc	…	…
新　　潟　(27)	38	71	27	nc	…	…	…	nc	…	…
富　　山　(28)	7	75	5	nc	…	…	…	nc	…	…
石　　川　(29)	26	92	24	nc	…	…	…	nc	…	…
福　　井　(30)	9	56	5	nc	…	…	…	nc	…	…
山　　梨　(31)	47	91	43	nc	…	…	…	nc	…	…
長　　野　(32)	195	91	177	nc	…	…	…	nc	…	…
岐　　阜　(33)	0	79	0	nc	…	…	…	nc	…	…
静　　岡　(34)	-	-	-	nc	…	…	…	nc	…	…
愛　　知　(35)	2	68	1	nc	…	…	…	nc	…	…
三　　重　(36)	-	-	-	nc	…	…	…	nc	…	…
滋　　賀　(37)	0	80	0	nc	…	…	…	nc	…	…
京　　都　(38)	3	68	2	nc	…	…	…	nc	…	…
大　　阪　(39)	-	-	-	nc	…	…	…	nc	…	…
兵　　庫　(40)	1	58	1	nc	…	…	…	nc	…	…
奈　　良　(41)	-	-	-	nc	…	…	…	nc	…	…
和　歌　山　(42)	-	-	-	nc	…	…	…	nc	…	…
鳥　　取　(43)	3	70	2	nc	…	…	…	nc	…	…
島　　根　(44)	2	93	2	nc	…	…	…	nc	…	…
岡　　山　(45)	0	58	0	nc	…	…	…	nc	…	…
広　　島　(46)	3	65	2	nc	…	…	…	nc	…	…
山　　口　(47)	-	-	-	nc	…	…	…	nc	…	…
徳　　島　(48)	1	88	1	nc	…	…	…	nc	…	…
香　　川　(49)	0	90	0	nc	…	…	…	nc	…	…
愛　　媛　(50)	1	108	1	nc	…	…	…	nc	…	…
高　　知　(51)	1	80	1	nc	…	…	…	nc	…	…
福　　岡　(52)	-	-	-	nc	…	…	…	nc	…	…
佐　　賀　(53)	-	-	-	nc	…	…	…	nc	…	…
長　　崎　(54)	-	-	-	nc	…	…	…	nc	…	…
熊　　本　(55)	-	-	-	nc	…	…	…	nc	…	…
大　　分　(56)	-	-	-	nc	…	…	…	nc	…	…
宮　　崎　(57)	-	-	-	nc	…	…	…	nc	…	…
鹿　児　島　(58)	-	-	-	nc	…	…	…	nc	…	…
沖　　縄　(59)	-	-	-	nc	…	…	…	nc	…	…

注：1　主産県調査を実施した年産の全国値については、主産県の調査結果から推計したものである。
　　2　平成30年産以降、作付面積は3年、収穫量は6年ごとに全国調査を実施し、全国調査以外の年にあっては主産県調査を実施することとしている。

		3				4				
収穫量	(参考) 10a当たり平均収量対比	作付面積	10a当たり収量	収穫量	(参考) 10a当たり平均収量対比	作付面積	10a当たり収量	収穫量	(参考) 10a当たり平均収量対比	
(11)	(12)	(13)	(14)	(15)	(16)	(17)	(18)	(19)	(20)	
t	%	ha	kg	t	%	ha	kg	t	%	
4,920	35	7,130	101	7,200	59	6,220	137	8,530	94	(1)
4,680	34	6,660	103	6,860	58	5,780	140	8,090	93	(2)
…	nc	466	…	…	nc	…	…	…	nc	(3)
…	nc	58	…	…	nc	…	…	…	nc	(4)
…	nc	61	…	…	nc	…	…	…	nc	(5)
…	nc	334	…	…	nc	…	…	…	nc	(6)
…	nc	1	…	…	nc	…	…	…	nc	(7)
…	nc	4	…	…	nc	…	…	…	nc	(8)
…	nc	4	…	…	nc	…	…	…	nc	(9)
…	nc	4	…	…	nc	…	…	…	nc	(10)
…	nc	–	…	…	nc	…	…	…	nc	(11)
…	nc	–	…	…	nc	…	…	…	nc	(12)
4,680	34	6,660	103	6,860	58	5,780	140	8,090	93	(13)
…	nc	4	…	…	nc	…	…	…	nc	(14)
…	nc	13	…	…	nc	…	…	…	nc	(15)
…	nc	1	…	…	nc	…	…	…	nc	(16)
…	nc	16	…	…	nc	…	…	…	nc	(17)
…	nc	9	…	…	nc	…	…	…	nc	(18)
…	nc	15	…	…	nc	…	…	…	nc	(19)
…	nc	36	…	…	nc	…	…	…	nc	(20)
…	nc	3	…	…	nc	…	…	…	nc	(21)
…	nc	98	…	…	nc	…	…	…	nc	(22)
…	nc	–	…	…	nc	…	…	…	nc	(23)
…	nc	–	…	…	nc	…	…	…	nc	(24)
…	nc	–	…	…	nc	…	…	…	nc	(25)
…	nc	1	…	…	nc	…	…	…	nc	(26)
…	nc	20	…	…	nc	…	…	…	nc	(27)
…	nc	7	…	…	nc	…	…	…	nc	(28)
…	nc	25	…	…	nc	…	…	…	nc	(29)
…	nc	9	…	…	nc	…	…	…	nc	(30)
…	nc	45	…	…	nc	…	…	…	nc	(31)
…	nc	151	…	…	nc	…	…	…	nc	(32)
…	nc	0	…	…	nc	…	…	…	nc	(33)
…	nc	–	…	…	nc	…	…	…	nc	(34)
…	nc	1	…	…	nc	…	…	…	nc	(35)
…	nc	–	…	…	nc	…	…	…	nc	(36)
…	nc	1	…	…	nc	…	…	…	nc	(37)
…	nc	2	…	…	nc	…	…	…	nc	(38)
…	nc	–	…	…	nc	…	…	…	nc	(39)
…	nc	1	…	…	nc	…	…	…	nc	(40)
…	nc	–	…	…	nc	…	…	…	nc	(41)
…	nc	–	…	…	nc	…	…	…	nc	(42)
…	nc	–	…	…	nc	…	…	…	nc	(43)
…	nc	1	…	…	nc	…	…	…	nc	(44)
…	nc	0	…	…	nc	…	…	…	nc	(45)
…	nc	3	…	…	nc	…	…	…	nc	(46)
…	nc	–	…	…	nc	…	…	…	nc	(47)
…	nc	1	…	…	nc	…	…	…	nc	(48)
…	nc	0	…	…	nc	…	…	…	nc	(49)
…	nc	1	…	…	nc	…	…	…	nc	(50)
…	nc	2	…	…	nc	…	…	…	nc	(51)
…	nc	–	…	…	nc	…	…	…	nc	(52)
…	nc	–	…	…	nc	…	…	…	nc	(53)
…	nc	–	…	…	nc	…	…	…	nc	(54)
…	nc	–	…	…	nc	…	…	…	nc	(55)
…	nc	–	…	…	nc	…	…	…	nc	(56)
…	nc	–	…	…	nc	…	…	…	nc	(57)
…	nc	–	…	…	nc	…	…	…	nc	(58)
…	nc	–	…	…	nc	…	…	…	nc	(59)

3　豆類（続き）

(4)　らっかせい

全国農業地域 都道府県	平成 30 年産				令和元				2	
	作付面積	10a当たり収量	収穫量	(参考)10a当たり平均収量対比	作付面積	10a当たり収量	収穫量	(参考)10a当たり平均収量対比	作付面積	10a当たり収量
	(1)	(2)	(3)	(4)	(5)	(6)	(7)	(8)	(9)	(10)
	ha	kg	t	%	ha	kg	t	%	ha	kg
全　　　　国　(1)	6,370	245	15,600	103	6,330	196	12,400	83	6,220	212
（全国農業地域）										
北　海　道　(2)	3	233	7	nc	…	…	…	nc	…	…
都　府　県　(3)	6,370	245	15,600	nc	…	…	…	nc	…	…
東　　　　北　(4)	11	219	25	nc	…	…	…	nc	…	…
北　　　　陸　(5)	31	94	29	nc	…	…	…	nc	…	…
関 東 ・ 東 山　(6)	5,980	253	15,100	nc	…	…	…	nc	…	…
東　　　　海　(7)	84	115	97	nc	…	…	…	nc	…	…
近　　　　畿　(8)	7	100	7	nc	…	…	…	nc	…	…
中　　　　国　(9)	13	100	13	nc	…	…	…	nc	…	…
四　　　　国　(10)	14	100	14	nc	…	…	…	nc	…	…
九　　　　州　(11)	227	132	300	nc	…	…	…	nc	…	…
沖　　　　縄　(12)	8	141	11	nc	…	…	…	nc	…	…
（都道府県）										
北　海　道　(13)	3	233	7	nc	…	…	…	nc	…	…
青　　　　森　(14)	0	110	0	nc	…	…	…	nc	…	…
岩　　　　手　(15)	0	190	1	nc	…	…	…	nc	…	…
宮　　　　城　(16)	0	141	0	nc	…	…	…	nc	…	…
秋　　　　田　(17)	0	137	0	nc	…	…	…	nc	…	…
山　　　　形　(18)	1	154	2	nc	…	…	…	nc	…	…
福　　　　島　(19)	10	220	22	nc	…	…	…	nc	…	…
茨　　　　城　(20)	544	281	1,530	97	528	263	1,390	92	515	247
栃　　　　木　(21)	78	149	116	nc	…	…	…	nc	…	…
群　　　　馬　(22)	30	118	35	nc	…	…	…	nc	…	…
埼　　　　玉　(23)	34	129	44	nc	…	…	…	nc	…	…
千　　　　葉　(24)	5,080	256	13,000	106	5,060	199	10,100	83	4,980	220
東　　　　京　(25)	3	124	4	nc	…	…	…	nc	…	…
神　奈　川　(26)	159	177	281	nc	…	…	…	nc	…	…
新　　　　潟　(27)	25	101	25	nc	…	…	…	nc	…	…
富　　　　山　(28)	3	80	2	nc	…	…	…	nc	…	…
石　　　　川　(29)	1	110	1	nc	…	…	…	nc	…	…
福　　　　井　(30)	2	74	1	nc	…	…	…	nc	…	…
山　　　　梨　(31)	39	110	43	nc	…	…	…	nc	…	…
長　　　　野　(32)	13	69	9	nc	…	…	…	nc	…	…
岐　　　　阜　(33)	25	89	22	nc	…	…	…	nc	…	…
静　　　　岡　(34)	18	61	11	nc	…	…	…	nc	…	…
愛　　　　知　(35)	16	131	21	nc	…	…	…	nc	…	…
三　　　　重　(36)	25	172	43	nc	…	…	…	nc	…	…
滋　　　　賀　(37)	3	120	4	nc	…	…	…	nc	…	…
京　　　　都　(38)	2	25	1	nc	…	…	…	nc	…	…
大　　　　阪　(39)	-	-	-	nc	…	…	…	nc	…	…
兵　　　　庫　(40)	1	75	1	nc	…	…	…	nc	…	…
奈　　　　良　(41)	1	100	1	nc	…	…	…	nc	…	…
和　歌　山　(42)	0	102	0	nc	…	…	…	nc	…	…
鳥　　　　取　(43)	4	118	5	nc	…	…	…	nc	…	…
島　　　　根　(44)	0	105	0	nc	…	…	…	nc	…	…
岡　　　　山　(45)	4	85	3	nc	…	…	…	nc	…	…
広　　　　島　(46)	4	90	4	nc	…	…	…	nc	…	…
山　　　　口　(47)	1	61	1	nc	…	…	…	nc	…	…
徳　　　　島　(48)	0	100	0	nc	…	…	…	nc	…	…
香　　　　川　(49)	6	105	6	nc	…	…	…	nc	…	…
愛　　　　媛　(50)	3	110	3	nc	…	…	…	nc	…	…
高　　　　知　(51)	5	106	5	nc	…	…	…	nc	…	…
福　　　　岡　(52)	5	97	5	nc	…	…	…	nc	…	…
佐　　　　賀　(53)	4	64	3	nc	…	…	…	nc	…	…
長　　　　崎　(54)	33	103	34	nc	…	…	…	nc	…	…
熊　　　　本　(55)	19	113	21	nc	…	…	…	nc	…	…
大　　　　分　(56)	25	88	22	nc	…	…	…	nc	…	…
宮　　　　崎　(57)	37	168	62	nc	…	…	…	nc	…	…
鹿　児　島　(58)	104	147	153	nc	…	…	…	nc	…	…
沖　　　　縄　(59)	8	141	11	nc	…	…	…	nc	…	…

注：1　主産県調査を実施した年産の全国値については、主産県の調査結果から推計したものである。
　　2　平成30年産以降、作付面積は3年、収穫量は6年ごとに全国調査を実施し、全国調査以外の年にあっては主産県調査を実施することとしている。

		3				4				
収穫量	(参考)10a当たり平均収量対比	作付面積	10a当たり収量	収穫量	(参考)10a当たり平均収量対比	作付面積	10a当たり収量	収穫量	(参考)10a当たり平均収量対比	
(11)	(12)	(13)	(14)	(15)	(16)	(17)	(18)	(19)	(20)	
t	%	ha	kg	t	%	ha	kg	t	%	
13,200	93	6,020	246	14,800	110	5,870	298	17,500	132	(1)
…	nc	8	…	…	nc	…	…	…	nc	(2)
…	nc	6,010	…	…	nc	…	…	…	nc	(3)
…	nc	x	…	…	nc	…	…	…	nc	(4)
…	nc	27	…	…	nc	…	…	…	nc	(5)
…	nc	5,650	…	…	nc	…	…	…	nc	(6)
…	nc	75	…	…	nc	…	…	…	nc	(7)
…	nc	9	…	…	nc	…	…	…	nc	(8)
…	nc	18	…	…	nc	…	…	…	nc	(9)
…	nc	14	…	…	nc	…	…	…	nc	(10)
…	nc	194	…	…	nc	…	…	…	nc	(11)
…	nc	8	…	…	nc	…	…	…	nc	(12)
…	nc	8	…	…	nc	…	…	…	nc	(13)
…	nc	x	…	…	nc	…	…	…	nc	(14)
…	nc	0	…	…	nc	…	…	…	nc	(15)
…	nc	1	…	…	nc	…	…	…	nc	(16)
…	nc	0	…	…	nc	…	…	…	nc	(17)
…	nc	5	…	…	nc	…	…	…	nc	(18)
…	nc	8	…	…	nc	…	…	…	nc	(19)
1,270	87	489	280	1,370	102	…	…	…	nc	(20)
…	nc	33	…	…	nc	…	…	…	nc	(21)
…	nc	30	…	…	nc	…	…	…	nc	(22)
…	nc	27	…	…	nc	…	…	…	nc	(23)
11,000	95	4,890	255	12,500	112	4,790	312	14,900	135	(24)
…	nc	0	…	…	nc	…	…	…	nc	(25)
…	nc	140	…	…	nc	…	…	…	nc	(26)
…	nc	21	…	…	nc	…	…	…	nc	(27)
…	nc	3	…	…	nc	…	…	…	nc	(28)
…	nc	1	…	…	nc	…	…	…	nc	(29)
…	nc	2	…	…	nc	…	…	…	nc	(30)
…	nc	39	…	…	nc	…	…	…	nc	(31)
…	nc	3	…	…	nc	…	…	…	nc	(32)
…	nc	22	…	…	nc	…	…	…	nc	(33)
…	nc	16	…	…	nc	…	…	…	nc	(34)
…	nc	15	…	…	nc	…	…	…	nc	(35)
…	nc	22	…	…	nc	…	…	…	nc	(36)
…	nc	3	…	…	nc	…	…	…	nc	(37)
…	nc	1	…	…	nc	…	…	…	nc	(38)
…	nc	0	…	…	nc	…	…	…	nc	(39)
…	nc	4	…	…	nc	…	…	…	nc	(40)
…	nc	1	…	…	nc	…	…	…	nc	(41)
…	nc	0	…	…	nc	…	…	…	nc	(42)
…	nc	5	…	…	nc	…	…	…	nc	(43)
…	nc	0	…	…	nc	…	…	…	nc	(44)
…	nc	3	…	…	nc	…	…	…	nc	(45)
…	nc	9	…	…	nc	…	…	…	nc	(46)
…	nc	1	…	…	nc	…	…	…	nc	(47)
…	nc	0	…	…	nc	…	…	…	nc	(48)
…	nc	5	…	…	nc	…	…	…	nc	(49)
…	nc	3	…	…	nc	…	…	…	nc	(50)
…	nc	6	…	…	nc	…	…	…	nc	(51)
…	nc	5	…	…	nc	…	…	…	nc	(52)
…	nc	3	…	…	nc	…	…	…	nc	(53)
…	nc	32	…	…	nc	…	…	…	nc	(54)
…	nc	18	…	…	nc	…	…	…	nc	(55)
…	nc	23	…	…	nc	…	…	…	nc	(56)
…	nc	28	…	…	nc	…	…	…	nc	(57)
…	nc	85	…	…	nc	…	…	…	nc	(58)
…	nc	8	…	…	nc	…	…	…	nc	(59)

4　そば

全国農業地域 都道府県	平成30年産				令和元				2	
	作付面積	10a当たり 収量	収穫量	(参考) 10a当たり 平均収量 対比	作付面積	10a当たり 収量	収穫量	(参考) 10a当たり 平均収量 対比	作付面積	10a当たり 収量
	(1)	(2)	(3)	(4)	(5)	(6)	(7)	(8)	(9)	(10)
	ha	kg	t	%	ha	kg	t	%	ha	kg
全　　国　(1)	63,900	45	29,000	80	65,400	65	42,600	120	66,600	67
（全国農業地域）										
北　海　道　(2)	24,400	47	11,400	68	25,200	78	19,700	115	25,700	75
都　府　県　(3)	39,500	45	17,600	94	40,100	57	22,900	124	40,900	62
東　　北　(4)	16,500	40	6,560	98	16,900	54	9,210	135	17,000	47
北　　陸　(5)	5,520	35	1,920	92	5,350	38	2,020	106	5,570	57
関　東・東　山　(6)	11,600	62	7,190	87	12,200	71	8,610	106	12,500	85
東　　海　(7)	619	26	158	76	569	43	245	126	569	59
近　　畿　(8)	903	23	209	58	919	46	425	112	927	85
中　　国　(9)	1,620	32	519	107	1,580	31	488	100	1,530	57
四　　国　(10)	136	28	38	67	119	45	53	118	106	58
九　　州　(11)	2,560	38	983	70	2,460	75	1,850	150	2,600	64
沖　　縄　(12)	53	62	33	138	51	65	33	135	69	67
（都道府県）										
北　海　道　(13)	24,400	47	11,400	68	25,200	78	19,700	115	25,700	75
青　　森　(14)	1,640	37	607	119	1,680	60	1,010	182	1,670	40
岩　　手　(15)	1,780	60	1,070	113	1,760	83	1,460	148	1,680	69
宮　　城　(16)	671	22	148	88	650	28	182	122	606	39
秋　　田　(17)	3,610	35	1,260	88	3,770	55	2,070	141	3,980	39
山　　形　(18)	5,040	32	1,610	82	5,260	49	2,580	136	5,320	41
福　　島　(19)	3,720	50	1,860	104	3,740	51	1,910	111	3,790	56
茨　　城　(20)	3,370	60	2,020	81	3,460	58	2,010	84	3,510	79
栃　　木　(21)	2,700	74	2,000	94	2,960	79	2,340	104	3,030	94
群　　馬　(22)	558	89	497	102	587	93	546	104	587	83
埼　　玉　(23)	342	51	174	75	346	40	138	65	342	69
千　　葉　(24)	197	48	95	84	246	44	108	90	219	67
東　　京　(25)	7	43	3	80	4	26	1	53	3	67
神　奈　川　(26)	21	48	10	84	21	43	9	83	25	52
新　　潟　(27)	1,330	36	479	88	1,240	39	484	103	1,270	45
富　　山　(28)	519	37	192	103	511	44	225	122	517	87
石　　川　(29)	326	12	39	55	308	21	65	111	377	40
福　　井　(30)	3,350	36	1,210	92	3,300	38	1,250	106	3,400	59
山　　梨　(31)	188	47	88	92	190	57	108	110	193	70
長　　野　(32)	4,250	54	2,300	87	4,410	76	3,350	129	4,600	86
岐　　阜　(33)	368	29	107	83	346	48	166	137	341	63
静　　岡　(34)	69	22	15	69	81	23	19	72	71	55
愛　　知　(35)	39	8	3	33	34	27	9	113	33	24
三　　重　(36)	143	23	33	64	108	47	51	131	124	59
滋　　賀　(37)	497	25	124	49	529	56	296	110	565	98
京　　都　(38)	122	20	24	61	121	31	38	100	121	64
大　　阪　(39)	1	25	0	64	1	42	1	124	1	51
兵　　庫　(40)	258	21	54	100	241	34	82	148	211	66
奈　　良　(41)	22	30	7	77	24	35	8	92	26	53
和　歌　山　(42)	3	7	0	22	3	10	0	32	3	9
鳥　　取　(43)	319	32	102	123	312	36	112	129	330	50
島　　根　(44)	679	31	210	97	684	23	157	72	638	52
岡　　山　(45)	204	36	73	106	198	50	99	143	192	61
広　　島　(46)	343	32	110	107	313	33	103	118	302	69
山　　口　(47)	71	34	24	113	73	23	17	79	71	77
徳　　島　(48)	64	35	22	69	45	38	17	79	40	50
香　　川　(49)	33	22	7	81	34	44	15	163	31	74
愛　　媛　(50)	32	24	8	60	34	56	19	156	31	55
高　　知　(51)	7	20	1	74	6	32	2	128	4	46
福　　岡　(52)	77	51	39	159	84	56	47	175	89	37
佐　　賀　(53)	26	45	12	96	32	69	22	157	34	62
長　　崎　(54)	162	52	84	121	157	39	61	91	162	42
熊　　本　(55)	586	58	342	97	591	82	485	141	670	80
大　　分　(56)	228	41	93	124	228	45	103	141	228	47
宮　　崎　(57)	287	28	80	51	262	70	183	135	242	72
鹿　児　島　(58)	1,190	28	333	48	1,100	86	946	169	1,180	62
沖　　縄　(59)	53	62	33	138	51	65	33	135	69	'67

		3				4				
収穫量	(参考)10a当たり平均収量対比	作付面積	10a当たり収量	収穫量	(参考)10a当たり平均収量対比	作付面積	10a当たり収量	収穫量	(参考)10a当たり平均収量対比	
(11)	(12)	(13)	(14)	(15)	(16)	(17)	(18)	(19)	(20)	
t	%	ha	kg	t	%	ha	kg	t	%	
44,800	124	65,500	62	40,900	111	65,600	61	40,000	105	(1)
19,300	110	24,300	71	17,300	103	24,000	76	18,300	107	(2)
25,500	135	41,200	57	23,600	119	41,600	52	21,700	104	(3)
7,910	118	17,600	61	10,700	145	17,900	41	7,250	95	(4)
3,180	173	5,540	42	2,350	114	5,620	30	1,700	75	(5)
10,600	129	12,300	61	7,480	91	12,300	81	9,920	123	(6)
335	169	534	44	236	122	518	39	203	105	(7)
784	213	x	53	x	120	x	48	x	102	(8)
877	204	1,490	25	372	78	1,560	35	539	109	(9)
62	161	119	46	55	128	111	42	47	114	(10)
1,670	121	2,640	72	1,890	141	2,590	61	1,580	105	(11)
46	131	46	73	34	133	39	37	14	62	(12)
19,300	110	24,300	71	17,300	103	24,000	76	18,300	107	(13)
668	121	1,700	57	969	163	1,750	27	473	69	(14)
1,160	123	1,660	85	1,410	139	1,630	51	831	77	(15)
236	177	621	26	161	104	629	30	189	130	(16)
1,550	100	4,240	51	2,160	128	4,450	29	1,290	69	(17)
2,180	114	5,430	67	3,640	181	5,570	42	2,340	111	(18)
2,120	122	3,910	59	2,310	126	3,870	55	2,130	115	(19)
2,770	120	3,430	60	2,060	91	3,450	87	3,000	138	(20)
2,850	124	3,090	69	2,130	90	3,280	84	2,760	111	(21)
487	93	585	69	404	78	582	80	466	91	(22)
236	117	331	54	179	92	279	84	234	145	(23)
147	143	206	43	89	91	199	68	135	151	(24)
2	146	3	40	1	83	3	68	2	151	(25)
13	111	33	34	11	76	32	40	13	98	(26)
572	118	1,250	51	638	131	1,250	40	500	100	(27)
450	249	544	68	370	174	547	36	197	80	(28)
151	222	354	34	120	162	373	18	67	75	(29)
2,010	179	3,390	36	1,220	95	3,450	27	932	66	(30)
135	135	183	58	106	112	179	68	122	128	(31)
3,960	146	4,460	56	2,500	92	4,310	74	3,190	125	(32)
215	180	349	36	126	100	341	34	116	92	(33)
39	183	85	56	48	187	91	55	50	162	(34)
8	100	21	27	6	108	22	35	8	140	(35)
73	148	79	71	56	169	64	45	29	98	(36)
554	200	563	63	355	117	561	55	309	96	(37)
77	221	126	41	52	132	141	32	45	91	(38)
0	159	x	42	x	111	x	68	x	170	(39)
139	287	201	34	68	131	196	40	78	143	(40)
14	151	27	42	11	120	27	47	13	134	(41)
0	36	3	46	1	256	3	28	1	127	(42)
165	179	337	32	108	103	367	33	121	100	(43)
332	193	608	23	140	72	641	31	199	97	(44)
117	174	172	35	60	90	174	47	82	121	(45)
208	246	308	16	49	55	314	39	122	134	(46)
55	285	68	22	15	81	64	23	15	85	(47)
20	114	46	30	14	68	42	43	18	102	(48)
23	274	38	32	12	107	33	42	14	140	(49)
17	153	31	87	27	235	32	44	14	113	(50)
2	170	4	46	2	164	4	21	1	68	(51)
33	106	85	44	37	119	89	45	40	115	(52)
21	141	34	59	20	118	35	89	31	165	(53)
68	95	159	48	76	109	151	74	112	164	(54)
536	138	661	85	562	135	672	63	423	94	(55)
107	147	217	48	104	137	201	30	60	79	(56)
174	131	235	90	212	173	246	62	153	103	(57)
732	111	1,240	71	880	142	1,200	63	756	109	(58)
46	131	46	73	34	133	39	37	14	62	(59)

5　かんしょ

全国農業地域 都 道 府 県		平 成 30 年 産				令 和 元				2	
		作付面積	10 a 当たり 収 量	収穫量	(参 考) 10 a 当たり 平均収量 対 比	作付面積	10 a 当たり 収 量	収穫量	(参 考) 10 a 当たり 平均収量 対 比	作付面積	10 a 当たり 収 量
		(1)	(2)	(3)	(4)	(5)	(6)	(7)	(8)	(9)	(10)
		ha	kg	t	%	ha	kg	t	%	ha	kg
全　　　　　　国	(1)	35,700	2,230	796,500	97	34,300	2,180	748,700	95	33,100	2,080
（全国農業地域）											
北　海　　道	(2)	…	…	…	nc	…	…	…	nc	25	…
都　府　　県	(3)	…	…	…	nc	…	…	…	nc	33,100	…
東　　　　北	(4)	…	…	…	nc	…	…	…	nc	213	…
北　　　　陸	(5)	…	…	…	nc	…	…	…	nc	646	…
関 東 ・ 東 山	(6)	…	…	…	nc	…	…	…	nc	12,200	…
東　　　　海	(7)	…	…	…	nc	…	…	…	nc	1,200	…
近　　　　畿	(8)	…	…	…	nc	…	…	…	nc	546	…
中　　　　国	(9)	…	…	…	nc	…	…	…	nc	629	…
四　　　　国	(10)	…	…	…	nc	…	…	…	nc	1,780	…
九　　　　州	(11)	…	…	…	nc	…	…	…	nc	15,600	…
沖　　　　縄	(12)	…	…	…	nc	…	…	…	nc	273	…
（都道府県）											
北　海　　道	(13)	…	…	…	nc	…	…	…	nc	25	…
青　　　　森	(14)	…	…	…	nc	…	…	…	nc	1	…
岩　　　　手	(15)	…	…	…	nc	…	…	…	nc	37	…
宮　　　　城	(16)	…	…	…	nc	…	…	…	nc	26	…
秋　　　　田	(17)	…	…	…	nc	…	…	…	nc	28	…
山　　　　形	(18)	…	…	…	nc	…	…	…	nc	26	…
福　　　　島	(19)	…	…	…	nc	…	…	…	nc	95	…
茨　　　　城	(20)	6,780	2,560	173,600	98	6,860	2,450	168,100	94	7,000	2,600
栃　　　　木	(21)	…	…	…	nc	…	…	…	nc	164	…
群　　　　馬	(22)	…	…	…	nc	…	…	…	nc	184	…
埼　　　　玉	(23)	…	…	…	nc	…	…	…	nc	365	…
千　　　　葉	(24)	4,090	2,440	99,800	98	4,040	2,320	93,700	94	3,940	2,290
東　　　　京	(25)	…	…	…	nc	…	…	…	nc	89	…
神　奈　　川	(26)	…	…	…	nc	…	…	…	nc	329	…
新　　　　潟	(27)	…	…	…	nc	…	…	…	nc	235	…
富　　　　山	(28)	…	…	…	nc	…	…	…	nc	93	…
石　　　　川	(29)	…	…	…	nc	…	…	…	nc	204	…
福　　　　井	(30)	…	…	…	nc	…	…	…	nc	114	…
山　　　　梨	(31)	…	…	…	nc	…	…	…	nc	36	…
長　　　　野	(32)	…	…	…	nc	…	…	…	nc	69	…
岐　　　　阜	(33)	…	…	…	nc	…	…	…	nc	132	…
静　　　　岡	(34)	540	1,830	9,880	109	…	…	…	nc	516	…
愛　　　　知	(35)	…	…	…	nc	…	…	…	nc	280	…
三　　　　重	(36)	…	…	…	nc	…	…	…	nc	267	…
滋　　　　賀	(37)	…	…	…	nc	…	…	…	nc	47	…
京　　　　都	(38)	…	…	…	nc	…	…	…	nc	117	…
大　　　　阪	(39)	…	…	…	nc	…	…	…	nc	88	…
兵　　　　庫	(40)	…	…	…	nc	…	…	…	nc	163	…
奈　　　　良	(41)	…	…	…	nc	…	…	…	nc	76	…
和　歌　　山	(42)	…	…	…	nc	…	…	…	nc	55	…
鳥　　　　取	(43)	…	…	…	nc	…	…	…	nc	122	…
島　　　　根	(44)	…	…	…	nc	…	…	…	nc	104	…
岡　　　　山	(45)	…	…	…	nc	…	…	…	nc	131	…
広　　　　島	(46)	…	…	…	nc	…	…	…	nc	167	…
山　　　　口	(47)	…	…	…	nc	…	…	…	nc	105	…
徳　　　　島	(48)	1,090	2,570	28,000	106	1,090	2,500	27,300	101	1,090	2,490
香　　　　川	(49)	…	…	…	nc	…	…	…	nc	212	…
愛　　　　媛	(50)	…	…	…	nc	…	…	…	nc	186	…
高　　　　知	(51)	…	…	…	nc	…	…	…	nc	288	…
福　　　　岡	(52)	…	…	…	nc	…	…	…	nc	110	…
佐　　　　賀	(53)	…	…	…	nc	…	…	…	nc	75	…
長　　　　崎	(54)	…	…	…	nc	…	…	…	nc	306	…
熊　　　　本	(55)	971	2,270	22,000	101	897	2,150	19,300	96	824	2,100
大　　　　分	(56)	…	…	…	nc	…	…	…	nc	378	…
宮　　　　崎	(57)	3,610	2,500	90,300	100	3,360	2,400	80,600	95	2,990	2,310
鹿　児　　島	(58)	12,100	2,300	278,300	92	11,200	2,330	261,000	95	10,900	1,970
沖　　　　縄	(59)	…	…	…	nc	…	…	…	nc	273	…

注：1　主産県調査を実施した年産の全国値については、主産県の調査結果から推計したものである。
　　2　平成29年産以降、作付面積は3年、収穫量は6年ごとに全国調査を実施し、全国調査以外の年にあっては主産県調査を実施することとしている。

			3				4			
収穫量	(参考)10a当たり平均収量対比	作付面積	10a当たり収量	収穫量	(参考)10a当たり平均収量対比	作付面積	10a当たり収量	収穫量	(参考)10a当たり平均収量対比	
(11)	(12)	(13)	(14)	(15)	(16)	(17)	(18)	(19)	(20)	
t	%	ha	kg	t	%	ha	kg	t	%	
687,600	91	32,400	2,070	671,900	92	32,300	2,200	710,700	100	(1)
...	nc	...	...	...	nc	...	...	...	nc	(2)
...	nc	...	...	...	nc	...	...	...	nc	(3)
...	nc	...	...	...	nc	...	...	...	nc	(4)
...	nc	...	...	...	nc	...	...	...	nc	(5)
...	nc	...	...	...	nc	...	...	...	nc	(6)
...	nc	...	...	...	nc	...	...	...	nc	(7)
...	nc	...	...	...	nc	...	...	...	nc	(8)
...	nc	...	...	...	nc	...	...	...	nc	(9)
...	nc	...	...	...	nc	...	...	...	nc	(10)
...	nc	...	...	...	nc	...	...	...	nc	(11)
...	nc	...	...	...	nc	...	...	...	nc	(12)
...	nc	...	...	...	nc	...	...	...	nc	(13)
...	nc	...	...	...	nc	...	...	...	nc	(14)
...	nc	...	...	...	nc	...	...	...	nc	(15)
...	nc	...	...	...	nc	...	...	...	nc	(16)
...	nc	...	...	...	nc	...	...	...	nc	(17)
...	nc	...	...	...	nc	...	...	...	nc	(18)
...	nc	...	...	...	nc	...	...	...	nc	(19)
182,000	102	7,220	2,620	189,200	102	7,500	2,590	194,300	101	(20)
...	nc	...	...	...	nc	...	...	...	nc	(21)
...	nc	...	...	...	nc	...	...	...	nc	(22)
...	nc	...	...	...	nc	...	...	...	nc	(23)
90,200	93	3,800	2,300	87,400	95	3,610	2,460	88,800	103	(24)
...	nc	...	...	...	nc	...	...	...	nc	(25)
...	nc	...	...	...	nc	...	...	...	nc	(26)
...	nc	...	...	...	nc	...	...	...	nc	(27)
...	nc	...	...	...	nc	...	...	...	nc	(28)
...	nc	...	...	...	nc	...	...	...	nc	(29)
...	nc	...	...	...	nc	...	...	...	nc	(30)
...	nc	...	...	...	nc	...	...	...	nc	(31)
...	nc	...	...	...	nc	...	...	...	nc	(32)
...	nc	...	...	...	nc	...	...	...	nc	(33)
...	nc	...	...	...	nc	...	...	...	nc	(34)
...	nc	...	...	...	nc	...	...	...	nc	(35)
...	nc	...	...	...	nc	...	...	...	nc	(36)
...	nc	...	...	...	nc	...	...	...	nc	(37)
...	nc	...	...	...	nc	...	...	...	nc	(38)
...	nc	...	...	...	nc	...	...	...	nc	(39)
...	nc	...	...	...	nc	...	...	...	nc	(40)
...	nc	...	...	...	nc	...	...	...	nc	(41)
...	nc	...	...	...	nc	...	...	...	nc	(42)
...	nc	...	...	...	nc	...	...	...	nc	(43)
...	nc	...	...	...	nc	...	...	...	nc	(44)
...	nc	...	...	...	nc	...	...	...	nc	(45)
...	nc	...	...	...	nc	...	...	...	nc	(46)
...	nc	...	...	...	nc	...	...	...	nc	(47)
27,100	100	1,090	2,490	27,100	100	1,090	2,480	27,000	98	(48)
...	nc	...	...	...	nc	...	...	...	nc	(49)
...	nc	...	...	...	nc	...	...	...	nc	(50)
...	nc	...	...	...	nc	...	...	...	nc	(51)
...	nc	...	...	...	nc	...	...	...	nc	(52)
...	nc	...	...	...	nc	...	...	...	nc	(53)
...	nc	...	...	...	nc	...	...	...	nc	(54)
17,300	94	782	2,300	18,000	104	815	2,330	19,000	105	(55)
...	nc	...	...	...	nc	...	...	...	nc	(56)
69,100	92	3,020	2,350	71,000	95	3,080	2,530	77,900	104	(57)
214,700	80	10,300	1,850	190,600	78	10,000	2,100	210,000	93	(58)
...	nc	...	...	...	nc	...	...	...	nc	(59)

6　飼料作物

(1)　牧草

全国農業地域 都 道 府 県	平成 30 年産				令 和 元				2	
	作付(栽培) 面積	10a当たり 収量	収穫量	(参考) 10a当たり 平均収量 対比	作付(栽培) 面積	10a当たり 収量	収穫量	(参考) 10a当たり 平均収量 対比	作付(栽培) 面積	10a当たり 収量
	(1)	(2)	(3)	(4)	(5)	(6)	(7)	(8)	(9)	(10)
	ha	kg	t	%	ha	kg	t	%	ha	kg
全　　　　国 (1)	726,000	3,390	24,621,000	97	724,400	3,430	24,850,000	100	719,200	3,370
(全国農業地域)										
北　海　道 (2)	533,600	3,240	17,289,000	99	532,800	3,270	17,423,000	101	530,400	3,200
都　府　県 (3)	…	…	…	nc	…	…	…	nc	188,700	…
東　　　北 (4)	…	…	…	nc	…	…	…	nc	82,700	…
北　　　陸 (5)	…	…	…	nc	…	…	…	nc	2,810	…
関 東・東 山 (6)	…	…	…	nc	…	…	…	nc	18,300	…
東　　　海 (7)	…	…	…	nc	…	…	…	nc	4,850	…
近　　　畿 (8)	…	…	…	nc	…	…	…	nc	1,250	…
中　　　国 (9)	…	…	…	nc	…	…	…	nc	9,390	…
四　　　国 (10)	…	…	…	nc	…	…	…	nc	1,290	…
九　　　州 (11)	…	…	…	nc	…	…	…	nc	62,300	…
沖　　　縄 (12)	5,840	10,600	619,000	102	5,710	10,600	605,300	101	5,830	10,600
(都道府県)										
北　海　道 (13)	533,600	3,240	17,289,000	99	532,800	3,270	17,423,000	101	530,400	3,200
青　　　森 (14)	18,500	2,770	512,500	100	18,200	2,590	471,400	93	18,100	2,620
岩　　　手 (15)	35,900	2,810	1,009,000	111	35,600	2,780	989,700	110	35,500	2,650
宮　　　城 (16)	…	…	…	nc	…	…	…	nc	12,000	…
秋　　　田 (17)	…	…	…	nc	…	…	…	nc	6,010	…
山　　　形 (18)	…	…	…	nc	…	…	…	nc	4,660	…
福　　　島 (19)	…	…	…	nc	…	…	…	nc	6,430	…
茨　　　城 (20)	1,550	4,270	66,200	92	1,540	4,180	64,400	90	1,450	4,750
栃　　　木 (21)	7,090	3,820	270,800	94	7,470	4,540	339,100	110	7,440	4,030
群　　　馬 (22)	2,930	4,860	142,400	96	2,750	3,880	106,700	77	2,680	4,350
埼　　　玉 (23)	…	…	…	nc	…	…	…	nc	595	…
千　　　葉 (24)	1,020	4,080	41,600	95	969	3,350	32,500	77	954	3,050
東　　　京 (25)	…	…	…	nc	…	…	…	nc	75	…
神　奈　川 (26)	…	…	…	nc	…	…	…	nc	112	…
新　　　潟 (27)	…	…	…	nc	…	…	…	nc	1,120	…
富　　　山 (28)	…	…	…	nc	…	…	…	nc	572	…
石　　　川 (29)	…	…	…	nc	…	…	…	nc	715	…
福　　　井 (30)	…	…	…	nc	…	…	…	nc	403	…
山　　　梨 (31)	…	…	…	nc	871	3,620	31,500	nc	870	3,680
長　　　野 (32)	…	…	…	nc	…	…	…	nc	4,120	…
岐　　　阜 (33)	…	…	…	nc	…	…	…	nc	2,600	…
静　　　岡 (34)	…	…	…	nc	…	…	…	nc	1,350	…
愛　　　知 (35)	733	3,320	24,300	74	717	3,700	26,500	85	693	3,390
三　　　重 (36)	…	…	…	nc	…	…	…	nc	205	…
滋　　　賀 (37)	…	…	…	nc	…	…	…	nc	100	…
京　　　都 (38)	…	…	…	nc	…	…	…	nc	153	…
大　　　阪 (39)	…	…	…	nc	…	…	…	nc	x	…
兵　　　庫 (40)	970	3,420	33,200	84	916	3,580	32,800	94	890	3,420
奈　　　良 (41)	…	…	…	nc	…	…	…	nc	58	…
和　歌　山 (42)	…	…	…	nc	…	…	…	nc	46	…
鳥　　　取 (43)	2,310	3,100	71,600	96	2,260	3,060	69,200	93	2,200	3,370
島　　　根 (44)	1,400	2,870	40,200	93	1,420	3,040	43,200	100	1,380	3,010
岡　　　山 (45)	…	…	…	nc	…	…	…	nc	2,780	…
広　　　島 (46)	…	…	…	nc	…	…	…	nc	1,820	…
山　　　口 (47)	1,250	2,470	30,900	79	1,250	2,200	27,500	75	1,210	2,360
徳　　　島 (48)	…	…	…	nc	…	…	…	nc	278	…
香　　　川 (49)	…	…	…	nc	…	…	…	nc	80	…
愛　　　媛 (50)	…	…	…	nc	…	…	…	nc	589	…
高　　　知 (51)	…	…	…	nc	…	…	…	nc	347	…
福　　　岡 (52)	…	…	…	nc	…	…	…	nc	1,500	…
佐　　　賀 (53)	910	3,630	33,000	94	903	3,820	34,500	104	885	3,880
長　　　崎 (54)	5,560	4,870	270,800	101	5,610	5,020	281,600	105	5,650	5,100
熊　　　本 (55)	14,400	4,120	593,300	102	14,400	4,240	610,600	104	14,400	4,160
大　　　分 (56)	5,070	4,300	218,000	102	5,080	4,350	221,000	103	5,060	4,300
宮　　　崎 (57)	16,000	6,090	974,400	101	15,800	6,200	979,600	102	15,800	5,760
鹿　児　島 (58)	18,900	4,880	922,300	73	19,000	5,380	1,022,000	83	19,000	5,790
沖　　　縄 (59)	5,840	10,600	619,000	102	5,710	10,600	605,300	101	5,830	10,600

注：1　主産県調査を実施した年産の全国値については、主産県の調査結果から推計したものである。
　　2　平成29年産以降、作付(栽培)面積は3年、収穫量は6年ごとに全国調査を実施し、全国調査以外の年にあっては主産県調査を実施することとしている。

収穫量	(参考)10a当たり平均収量対比	作付(栽培)面積	10a当たり収量	収穫量	(参考)10a当たり平均収量対比	作付(栽培)面積	10a当たり収量	収穫量	(参考)10a当たり平均収量対比	
(11) t	(12) %	(13) ha	(14) kg	(15) t	(16) %	(17) ha	(18) kg	(19) t	(20) %	
24,244,000	98	717,600	3,340	23,979,000	98	711,400	3,520	25,063,000	103	(1)
16,973,000	98	529,700	3,150	16,686,000	97	525,200	3,350	17,594,000	103	(2)
...	nc	...	...	...	nc	...	...	...	nc	(3)
...	nc	...	...	...	nc	...	...	...	nc	(4)
...	nc	...	...	...	nc	...	...	...	nc	(5)
...	nc	...	...	...	nc	...	...	...	nc	(6)
...	nc	...	...	...	nc	...	...	...	nc	(7)
...	nc	...	...	...	nc	...	...	...	nc	(8)
...	nc	...	...	...	nc	...	...	...	nc	(9)
...	nc	...	...	...	nc	...	...	...	nc	(10)
...	nc	...	...	...	nc	...	...	...	nc	(11)
618,000	101	5,840	11,200	654,100	107	5,860	10,100	591,900	95	(12)
16,973,000	98	529,700	3,150	16,686,000	97	525,200	3,350	17,594,000	103	(13)
474,200	95	...	...	...	nc	...	...	...	nc	(14)
940,800	98	35,400	2,640	934,600	95	34,800	2,660	925,700	96	(15)
...	nc	...	...	...	nc	...	...	...	nc	(16)
...	nc	...	...	...	nc	...	...	...	nc	(17)
...	nc	...	...	...	nc	...	...	...	nc	(18)
...	nc	...	...	...	nc	...	...	...	nc	(19)
68,900	104	1,430	4,510	64,500	98	1,410	4,540	64,000	99	(20)
299,800	95	7,490	3,550	265,900	84	7,660	4,040	309,500	97	(21)
116,600	88	2,620	3,790	99,300	77	2,560	4,610	118,000	98	(22)
...	nc	...	...	...	nc	...	...	...	nc	(23)
29,100	72	949	3,460	32,800	87	950	3,820	36,300	101	(24)
...	nc	...	...	...	nc	...	...	...	nc	(25)
...	nc	...	...	...	nc	...	...	...	nc	(26)
...	nc	...	...	...	nc	...	...	...	nc	(27)
...	nc	...	...	...	nc	...	...	...	nc	(28)
...	nc	...	...	...	nc	...	...	...	nc	(29)
...	nc	...	...	...	nc	...	...	...	nc	(30)
32,000	92	...	...	...	nc	...	...	...	nc	(31)
...	nc	...	...	...	nc	...	...	...	nc	(32)
...	nc	...	...	...	nc	...	...	...	nc	(33)
...	nc	...	...	...	nc	...	...	...	nc	(34)
23,500	81	688	3,220	22,200	82	652	3,100	20,200	84	(35)
...	nc	...	...	...	nc	...	...	...	nc	(36)
...	nc	...	...	...	nc	...	...	...	nc	(37)
...	nc	...	...	...	nc	...	...	...	nc	(38)
...	nc	...	...	...	nc	...	...	...	nc	(39)
30,400	93	901	3,520	31,700	99	839	3,340	28,000	95	(40)
...	nc	...	...	...	nc	...	...	...	nc	(41)
...	nc	...	...	...	nc	...	...	...	nc	(42)
74,100	102	...	...	...	nc	...	...	...	nc	(43)
41,500	100	1,370	3,050	41,800	100	1,370	3,080	42,200	99	(44)
...	nc	...	...	...	nc	...	...	...	nc	(45)
...	nc	...	...	...	nc	...	...	...	nc	(46)
28,600	86	1,140	2,140	24,400	81	1,130	2,210	25,000	89	(47)
...	nc	...	...	...	nc	...	...	...	nc	(48)
...	nc	...	...	...	nc	...	...	...	nc	(49)
...	nc	...	...	...	nc	...	...	...	nc	(50)
...	nc	...	...	...	nc	...	...	...	nc	(51)
...	nc	...	...	...	nc	...	...	...	nc	(52)
34,300	106	903	3,250	29,300	89	899	3,510	31,600	99	(53)
288,200	106	5,770	4,970	286,800	103	5,790	5,020	290,700	104	(54)
599,000	101	14,400	3,910	563,000	95	14,200	4,050	575,100	99	(55)
217,600	101	5,070	4,330	219,500	102	5,080	4,350	221,000	101	(56)
910,100	95	15,600	5,890	918,800	97	15,400	5,990	922,500	99	(57)
1,100,000	93	18,600	6,010	1,118,000	100	18,500	6,440	1,191,000	110	(58)
618,000	101	5,840	11,200	654,100	107	5,860	10,100	591,900	95	(59)

6 飼料作物（続き）

(2) 青刈りとうもろこし

全 国 農 業 地 域 都 道 府 県		平 成 30 年 産				令 和 元				2	
		作付面積	10 a 当たり 収 量	収 穫 量	(参 考) 10 a 当たり 平均収量 対 比	作付面積	10 a 当たり 収 量	収 穫 量	(参 考) 10 a 当たり 平均収量 対 比	作付面積	10 a 当たり 収 量
		(1)	(2)	(3)	(4)	(5)	(6)	(7)	(8)	(9)	(10)
		ha	kg	t	%	ha	kg	t	%	ha	kg
全 国	(1)	94,600	4,740	4,488,000	92	94,700	5,110	4,841,000	100	95,200	4,960
（全国農業地域）											
北 海 道	(2)	55,500	4,860	2,697,000	88	56,300	5,530	3,113,000	103	57,400	5,400
都 府 県	(3)	…	…	…	nc	…	…	…	nc	37,800	…
東 北	(4)	…	…	…	nc	…	…	…	nc	10,400	…
北 陸	(5)	…	…	…	nc	…	…	…	nc	184	…
関 東 ・ 東 山	(6)	…	…	…	nc	…	…	…	nc	13,400	…
東 海	(7)	…	…	…	nc	…	…	…	nc	734	…
近 畿	(8)	…	…	…	nc	…	…	…	nc	x	…
中 国	(9)	…	…	…	nc	…	…	…	nc	1,620	…
四 国	(10)	…	…	…	nc	…	…	…	nc	402	…
九 州	(11)	…	…	…	nc	…	…	…	nc	10,800	…
沖 縄	(12)	1	3,590	36	56	1	6,600	66	103	0	6,330
（都道府県）											
北 海 道	(13)	55,500	4,860	2,697,000	88	56,300	5,530	3,113,000	103	57,400	5,400
青 森	(14)	1,680	4,050	68,000	97	1,550	4,340	67,300	103	1,430	3,760
岩 手	(15)	5,130	4,010	205,700	93	5,100	4,040	206,000	96	5,090	3,640
宮 城	(16)	…	…	…	nc	…	…	…	nc	1,150	…
秋 田	(17)	…	,	…	nc	…	…	…	nc	345	…
山 形	(18)	…	…	…	nc	…	…	…	nc	831	…
福 島	(19)	…	…	…	nc	…	…	…	nc	1,570	…
茨 城	(20)	2,460	5,000	123,000	94	2,490	4,920	122,500	93	2,440	5,260
栃 木	(21)	4,740	5,010	237,500	102	4,850	3,810	184,800	77	5,060	3,530
群 馬	(22)	2,770	5,250	145,400	93	2,650	5,090	134,900	91	2,580	4,960
埼 玉	(23)	…	…	…	nc	…	…	…	nc	242	…
千 葉	(24)	962	5,380	51,800	95	950	4,770	45,300	86	926	5,100
東 京	(25)	…	…	…	nc	…	…	…	nc	32	…
神 奈 川	(26)	…	…	…	nc	…	…	…	nc	210	…
新 潟	(27)	…	…	…	nc	…	…	…	nc	159	…
富 山	(28)	…	…	…	nc	…	…	…	nc	10	…
石 川	(29)	…	…	…	nc	…	…	…	nc	9	…
福 井	(30)	…	…	…	nc	…	…	…	nc	6	…
山 梨	(31)	…	…	…	nc	153	4,690	7,180	nc	150	4,790
長 野	(32)	…	…	…	nc	…	…	…	nc	1,760	…
岐 阜	(33)	…	…	…	nc	…	…	…	nc	192	…
静 岡	(34)	…	…	…	nc	…	…	…	nc	350	…
愛 知	(35)	178	4,060	7,230	95	175	4,590	8,030	109	175	3,830
三 重	(36)	…	…	…	nc	…	…	…	nc	17	…
滋 賀	(37)	…	…	…	nc	…	…	…	nc	65	…
京 都	(38)	…	…	…	nc	…	…	…	nc	15	…
大 阪	(39)	…	…	…	nc	…	…	…	nc	x	…
兵 庫	(40)	149	2,940	4,380	80	147	3,110	4,570	91	138	2,920
奈 良	(41)	…	…	…	nc	…	…	…	nc	2	…
和 歌 山	(42)	…	…	…	nc	…	…	…	nc	−	…
鳥 取	(43)	869	2,900	25,200	73	838	4,120	34,500	104	798	3,570
島 根	(44)	66	3,250	2,150	91	65	3,130	2,030	90	50	2,710
岡 山	(45)	…	…	…	nc	…	…	…	nc	620	…
広 島	(46)	…	…	…	nc	…	…	…	nc	143	…
山 口	(47)	7	3,090	216	91	6	3,100	186	94	10	3,200
徳 島	(48)	…	…	…	nc	…	…	…	nc	70	…
香 川	(49)	…	…	…	nc	…	…	…	nc	38	…
愛 媛	(50)	…	…	…	nc	…	…	…	nc	288	…
高 知	(51)	…	…	…	nc	…	…	…	nc	6	…
福 岡	(52)	…	…	…	nc	…	…	…	nc	62	…
佐 賀	(53)	9	3,270	294	89	9	3,400	306	96	7	3,110
長 崎	(54)	524	4,520	23,700	99	465	4,410	20,500	97	446	4,120
熊 本	(55)	3,410	4,490	153,100	101	3,400	4,460	151,600	102	3,210	4,300
大 分	(56)	729	4,310	31,400	99	700	4,190	29,300	98	671	4,240
宮 崎	(57)	4,810	4,810	231,400	101	4,700	4,750	223,300	100	4,710	4,520
鹿 児 島	(58)	2,030	4,050	82,200	81	1,690	5,500	93,000	116	1,700	4,750
沖 縄	(59)	1	3,590	36	56	1	6,600	66	103	0	6,330

注: 1 主産県調査を実施した年産の全国値については、主産県の調査結果から推計したものである。
　　2 平成29年産以降、作付面積は3年、収穫量は6年ごとに全国調査を実施し、全国調査以外の年にあっては主産県調査を実施することとしている。

			3					4			
収穫量	（参考）10a当たり平均収量対比	作付面積	10a当たり収量	収穫量	（参考）10a当たり平均収量対比	作付面積	10a当たり収量	収穫量	（参考）10a当たり平均収量対比	
(11)	(12)	(13)	(14)	(15)	(16)	(17)	(18)	(19)	(20)	
t	%	ha	kg	t	%	ha	kg	t	%	
4,718,000	98	95,500	5,140	4,904,000	103	96,300	5,070	4,880,000	101	(1)
3,100,000	100	58,000	5,470	3,173,000	102	59,000	5,300	3,127,000	99	(2)
...	nc	...	...	...	nc	...	...	...	nc	(3)
...	nc	...	...	...	nc	...	...	...	nc	(4)
...	nc	...	...	...	nc	...	...	...	nc	(5)
...	nc	...	...	...	nc	...	...	...	nc	(6)
...	nc	...	...	...	nc	...	...	...	nc	(7)
...	nc	...	...	...	nc	...	...	...	nc	(8)
...	nc	...	...	...	nc	...	...	...	nc	(9)
...	nc	...	...	...	nc	...	...	...	nc	(10)
...	nc	...	...	...	nc	...	...	...	nc	(11)
19	98	1	6,400	32	100	x	x	x	x	(12)
3,100,000	100	58,000	5,470	3,173,000	102	59,000	5,300	3,127,000	99	(13)
53,800	90	...	...	...	nc	...	...	...	nc	(14)
185,300	88	5,000	4,180	209,000	103	4,970	3,940	195,800	98	(15)
...	nc	...	...	...	nc	...	...	...	nc	(16)
...	nc	...	...	...	nc	...	...	...	nc	(17)
...	nc	...	...	...	nc	...	...	...	nc	(18)
...	nc	...	...	...	nc	...	...	...	nc	(19)
128,300	102	2,480	5,270	130,700	104	2,460	5,140	126,400	102	(20)
178,600	75	5,200	4,880	253,800	108	5,200	4,990	259,500	110	(21)
128,000	91	2,470	4,840	119,500	89	2,430	5,850	142,200	111	(22)
...	nc	...	...	...	nc	...	...	...	nc	(23)
47,200	93	946	4,590	43,400	85	936	4,970	46,500	95	(24)
...	nc	...	...	...	nc	...	...	...	nc	(25)
...	nc	...	...	...	nc	...	...	...	nc	(26)
...	nc	...	...	...	nc	...	...	...	nc	(27)
...	nc	...	...	...	nc	...	...	...	nc	(28)
...	nc	...	...	...	nc	...	...	...	nc	(29)
...	nc	...	...	...	nc	...	...	...	nc	(30)
7,190	99	...	...	...	nc	...	...	...	nc	(31)
...	nc	...	...	...	nc	...	...	...	nc	(32)
...	nc	...	...	...	nc	...	...	...	nc	(33)
...	nc	...	...	...	nc	...	...	...	nc	(34)
6,700	89	178	3,660	6,510	85	229	3,590	8,220	85	(35)
...	nc	...	...	...	nc	...	...	...	nc	(36)
...	nc	...	...	...	nc	...	...	...	nc	(37)
...	nc	...	...	...	nc	...	...	...	nc	(38)
...	nc	...	...	...	nc	...	...	...	nc	(39)
4,030	91	141	3,070	4,330	99	157	2,900	4,550	95	(40)
...	nc	...	...	...	nc	...	...	...	nc	(41)
...	nc	...	...	...	nc	...	...	...	nc	(42)
28,500	92	...	...	...	nc	...	...	...	nc	(43)
1,360	81	48	3,150	1,510	98	51	3,180	1,620	101	(44)
...	nc	...	...	...	nc	...	...	...	nc	(45)
...	nc	...	...	...	nc	...	...	...	nc	(46)
320	103	8	2,660	213	89	10	4,220	422	140	(47)
...	nc	...	...	...	nc	...	...	...	nc	(48)
...	nc	...	...	...	nc	...	...	...	nc	(49)
...	nc	...	...	...	nc	...	...	...	nc	(50)
...	nc	...	...	...	nc	...	...	...	nc	(51)
...	nc	...	...	...	nc	...	...	...	nc	(52)
218	91	9	1,850	167	55	12	3,830	460	116	(53)
18,400	93	430	4,330	18,600	100	428	4,380	18,700	102	(54)
138,000	98	3,060	4,240	129,700	97	3,080	4,380	134,900	100	(55)
28,500	101	645	4,290	27,700	103	610	4,320	26,400	102	(56)
212,900	95	4,700	4,370	205,400	94	4,560	4,560	207,900	99	(57)
80,800	99	1,600	4,510	72,200	97	1,520	4,930	74,900	109	(58)
19	98	1	6,400	32	100	x	x	x	x	(59)

6　飼料作物（続き）

(3)　ソルゴー

全国農業地域 都道府県	平成 30 年産				令 和 元				2	
	作付面積	10a当たり収量	収穫量	(参考)10a当たり平均収量対比	作付面積	10a当たり収量	収穫量	(参考)10a当たり平均収量対比	作付面積	10a当たり収量
	(1)	(2)	(3)	(4)	(5)	(6)	(7)	(8)	(9)	(10)
	ha	kg	t	%	ha	kg	t	%	ha	kg
全　　国　(1)	14,000	4,410	618,000	88	13,300	4,350	578,100	90	13,000	4,140
（全国農業地域）										
北 海 道 (2)	x	x	x	x	15	3,640	546	nc	x	x
都 府 県 (3)	…	…	…	nc	…	…	…	nc	13,000	…
東 北 (4)	…	…	…	nc	…	…	…	nc	82	…
北 陸 (5)	…	…	…	nc	…	…	…	nc	263	…
関 東・東 山 (6)	…	…	…	nc	…	…	…	nc	1,420	…
東 海 (7)	…	…	…	nc	…	…	…	nc	592	…
近 畿 (8)	…	…	…	nc	…	…	…	nc	861	…
中 国 (9)	…	…	…	nc	…	…	…	nc	1,260	…
四 国 (10)	…	…	…	nc	…	…	…	nc	424	…
九 州 (11)	…	…	…	nc	…	…	…	nc	8,070	…
沖 縄 (12)	44	3,000	1,320	61	14	5,890	825	127	7	2,940
（都道府県）										
北 海 道 (13)	x	x	x	x	15	3,640	546	nc	x	x
青 森 (14)	-	-	-	nc	-	-	-	nc	-	-
岩 手 (15)	3	3,120	94	93	2	3,230	65	96	2	2,960
宮 城 (16)	…	…	…	nc	…	…	…	nc	19	…
秋 田 (17)	…	…	…	nc	…	…	…	nc	-	…
山 形 (18)	…	…	…	nc	…	…	…	nc	6	…
福 島 (19)	…	…	…	nc	…	…	…	nc	55	…
茨 城 (20)	315	4,530	14,300	93	272	4,510	12,300	93	322	4,720
栃 木 (21)	291	3,460	10,100	85	296	2,080	6,160	52	304	2,500
群 馬 (22)	88	4,400	3,870	92	76	3,750	2,850	82	72	3,320
埼 玉 (23)	…	…	…	nc	…	…	…	nc	136	…
千 葉 (24)	446	5,910	26,400	95	439	4,220	18,500	69	431	4,180
東 京 (25)	…	…	…	nc	…	…	…	nc	1	…
神 奈 川 (26)	…	…	…	nc	…	…	…	nc	35	…
新 潟 (27)	…	…	…	nc	…	…	…	nc	15	…
富 山 (28)	…	…	…	nc	…	…	…	nc	25	…
石 川 (29)	…	…	…	nc	…	…	…	nc	194	…
福 井 (30)	…	…	…	nc	…	…	…	nc	29	…
山 梨 (31)	…	…	…	nc	2	5,360	107	nc	1	5,300
長 野 (32)	…	…	…	nc	…	…	…	nc	113	…
岐 阜 (33)	…	…	…	nc	…	…	…	nc	43	…
静 岡 (34)	…	…	…	nc	…	…	…	nc	184	…
愛 知 (35)	390	3,030	11,800	77	383	3,880	14,900	100	345	2,680
三 重 (36)	…	…	…	nc	…	…	…	nc	20	…
滋 賀 (37)	…	…	…	nc	…	…	…	nc	54	…
京 都 (38)	…	…	…	nc	…	…	…	nc	87	…
大 阪 (39)	…	…	…	nc	…	…	…	nc	-	…
兵 庫 (40)	710	2,250	16,000	58	718	2,400	17,200	70	709	2,280
奈 良 (41)	…	…	…	nc	…	…	…	nc	8	…
和 歌 山 (42)	…	…	…	nc	…	…	…	nc	3	…
鳥 取 (43)	321	2,100	6,740	70	333	2,860	9,520	99	302	2,550
島 根 (44)	184	2,940	5,410	92	177	2,950	5,220	96	166	3,010
岡 山 (45)	…	…	…	nc	…	…	…	nc	256	…
広 島 (46)	…	…	…	nc	…	…	…	nc	155	…
山 口 (47)	435	2,290	9,960	76	408	2,400	9,790	85	382	2,510
徳 島 (48)	…	…	…	nc	…	…	…	nc	85	…
香 川 (49)	…	…	…	nc	…	…	…	nc	74	…
愛 媛 (50)	…	…	…	nc	…	…	…	nc	194	…
高 知 (51)	…	…	…	nc	…	…	…	nc	71	…
福 岡 (52)	…	…	…	nc	…	…	…	nc	151	…
佐 賀 (53)	329	3,070	10,100	83	333	3,260	10,900	94	322	3,050
長 崎 (54)	2,140	4,760	101,900	96	2,100	4,060	85,300	83	2,100	4,060
熊 本 (55)	768	5,390	41,400	100	744	5,290	39,400	100	756	5,120
大 分 (56)	823	5,180	42,600	101	780	5,000	39,000	97	766	5,040
宮 崎 (57)	2,850	5,420	154,500	99	2,780	5,440	151,200	99	2,540	5,250
鹿 児 島 (58)	1,840	4,830	88,900	78	1,560	5,190	81,000	90	1,430	4,630
沖 縄 (59)	44	3,000	1,320	61	14	5,890	825	127	7	2,940

注：1　主産県調査を実施した年産の全国値については、主産県の調査結果から推計したものである。
　　2　平成29年産以降、作付面積は３年、収穫量は６年ごとに全国調査を実施し、全国調査以外の年にあっては主産県調査を実施することとしている。

		3				4				
収穫量	(参考) 10a当たり平均収量対比	作付面積	10a当たり収量	収穫量	(参考) 10a当たり平均収量対比	作付面積	10a当たり収量	収穫量	(参考) 10a当たり平均収量対比	
(11)	(12)	(13)	(14)	(15)	(16)	(17)	(18)	(19)	(20)	
t	%	ha	kg	t	%	ha	kg	t	%	
537,600	**89**	**12,500**	**4,110**	**514,300**	**91**	**12,000**	**4,170**	**500,700**	**95**	(1)
x	nc	x	x	x	x	58	4,930	2,860	102	(2)
…	nc	…	…	…	nc	…	…	…	nc	(3)
…	nc	…	…	…	nc	…	…	…	nc	(4)
…	nc	…	…	…	nc	…	…	…	nc	(5)
…	nc	…	…	…	nc	…	…	…	nc	(6)
…	nc	…	…	…	nc	…	…	…	nc	(7)
…	nc	…	…	…	nc	…	…	…	nc	(8)
…	nc	…	…	…	nc	…	…	…	nc	(9)
…	nc	…	…	…	nc	…	…	…	nc	(10)
…	nc	…	…	…	nc	…	…	…	nc	(11)
206	61	2	6,410	109	149	3	1,150	31	26	(12)
x	nc	x	x	x	x	58	4,930	2,860	102	(13)
−	nc	…	…	…	nc	…	…	…	nc	(14)
59	89	8	2,340	187	75	11	1,980	218	68	(15)
…	nc	…	…	…	nc	…	…	…	nc	(16)
…	nc	…	…	…	nc	…	…	…	nc	(17)
…	nc	…	…	…	nc	…	…	…	nc	(18)
…	nc	…	…	…	nc	…	…	…	nc	(19)
15,200	100	272	4,700	12,800	101	278	4,590	12,800	100	(20)
7,600	66	316	2,170	6,860	63	308	2,730	8,410	90	(21)
2,390	75	69	3,150	2,170	72	67	4,210	2,820	103	(22)
…	nc	…	…	…	nc	…	…	…	nc	(23)
18,000	69	416	4,240	17,600	75	418	4,460	18,600	85	(24)
…	nc	…	…	…	nc	…	…	…	nc	(25)
…	nc	…	…	…	nc	…	…	…	nc	(26)
…	nc	…	…	…	nc	…	…	…	nc	(27)
…	nc	…	…	…	nc	…	…	…	nc	(28)
…	nc	…	…	…	nc	…	…	…	nc	(29)
…	nc	…	…	…	nc	…	…	…	nc	(30)
53	97	…	…	…	nc	…	…	…	nc	(31)
…	nc	…	…	…	nc	…	…	…	nc	(32)
…	nc	…	…	…	nc	…	…	…	nc	(33)
…	nc	…	…	…	nc	…	…	…	nc	(34)
9,250	70	338	2,550	8,620	70	293	2,420	7,090	73	(35)
…	nc	…	…	…	nc	…	…	…	nc	(36)
…	nc	…	…	…	nc	…	…	…	nc	(37)
…	nc	…	…	…	nc	…	…	…	nc	(38)
…	nc	…	…	…	nc	…	…	…	nc	(39)
16,200	75	696	2,450	17,100	93	655	2,360	15,500	94	(40)
…	nc	…	…	…	nc	…	…	…	nc	(41)
…	nc	…	…	…	nc	…	…	…	nc	(42)
7,700	91	…	…	…	nc	…	…	…	nc	(43)
5,000	100	136	2,950	4,010	98	141	2,980	4,200	99	(44)
…	nc	…	…	…	nc	…	…	…	nc	(45)
…	nc	…	…	…	nc	…	…	…	nc	(46)
9,590	95	370	1,510	5,590	59	352	1,940	6,830	78	(47)
…	nc	…	…	…	nc	…	…	…	nc	(48)
…	nc	…	…	…	nc	…	…	…	nc	(49)
…	nc	…	…	…	nc	…	…	…	nc	(50)
…	nc	…	…	…	nc	…	…	…	nc	(51)
…	nc	…	…	…	nc	…	…	…	nc	(52)
9,820	92	317	3,490	11,100	109	314	3,200	10,000	100	(53)
85,300	85	2,100	4,310	90,500	95	2,050	4,220	86,500	95	(54)
38,700	97	713	5,090	36,300	97	638	5,200	33,200	99	(55)
38,600	99	735	5,100	37,500	101	704	5,020	35,300	100	(56)
133,400	96	2,490	4,950	123,300	91	2,400	5,250	126,000	98	(57)
66,200	84	1,330	5,180	68,900	99	1,180	5,150	60,800	102	(58)
206	61	2	6,410	109	149	3	1,150	31	26	(59)

7　工芸農作物

(1)　茶

ア　茶栽培面積

単位：ha

全国農業地域・都道府県	平成30年 (1)	令和元 (2)	2 (3)	3 (4)	4 (5)
全国	41,500	40,600	39,100	38,000	36,900
（全国農業地域）					
北海道	...	...	-	...	...
都府県	...	...	39,100	...	...
東北	...	...	x	...	...
北陸	...	...	x	...	...
関東・東山	...	...	1,890	...	...
東海	...	...	19,000	...	...
近畿	...	...	2,860	...	...
中国	...	...	403	...	...
四国	...	...	634	...	...
九州	...	...	14,300	...	...
沖縄	...	...	24	...	...
（都道府県）					
北海道	...	...	-	...	...
青森	...	...	x	...	...
岩手	...	...	3	...	...
宮城	...	...	14	...	...
秋田	...	...	x	...	...
山形	...	...	x	...	...
福島	...	...	1	...	...
茨城	...	...	347	...	...
栃木	...	...	20	...	...
群馬	...	...	8	...	...
埼玉	855	843	825	783	729
千葉	...	...	185	...	...
東京	...	...	120	...	...
神奈川	...	...	229	...	...
新潟	...	...	22	...	...
富山	...	...	x	...	...
石川	...	...	4	...	...
福井	...	...	2	...	...
山梨	...	...	102	...	...
長野	...	...	52	...	...
岐阜	...	...	592	...	...
静岡	16,500	15,900	15,200	14,500	13,800
愛知	521	517	500	...	...
三重	2,880	2,780	2,710	2,640	2,590
滋賀	...	...	545	...	...
京都	1,570	1,560	1,560	1,550	1,540
大阪	...	...	-	...	...
兵庫	...	...	83	...	...
奈良	...	...	654	...	...
和歌山	...	...	26	...	...
鳥取	...	...	10	...	...
島根	...	...	182	...	...
岡山	...	...	120	...	...
広島	...	...	21	...	...
山口	...	...	70	...	...
徳島	...	...	217	...	...
香川	...	...	27	...	...
愛媛	...	...	121	...	...
高知	...	...	269	...	...
福岡	1,540	1,540	1,540	1,520	1,500
佐賀	795	749	705	...	...
長崎	742	737	725	...	...
熊本	1,260	1,220	1,170	1,130	1,100
大分	...	...	471	...	...
宮崎	1,390	1,380	1,330	1,270	1,230
鹿児島	8,410	8,400	8,360	8,300	8,250
沖縄	...	...	24	...	...

注：1　栽培面積は、7月15日現在において調査したものである。
　　2　主産県調査を実施した年の栽培面積の全国値については、主産県の調査結果から推計したものである。
　　3　茶の栽培面積については、平成29年から、調査の範囲を全国から主産県に変更し、6年ごとに全国調査を実施することとした。

イ　生葉収穫量

ウ　荒茶生産量

単位：t

全国農業地域・都道府県	生葉 平成30年産(1)	令和元(2)	2(3)	3(4)	4(5)	荒茶 平成30年産(1)	令和元(2)	2(3)	3(4)	4(5)
全国計	...	...	328,800	...	...	86,300	81,700	69,800	78,100	77,200
主産県計	383,600	357,400	...	332,200	331,100	81,500	76,500	...	70,700	69,900
（全国農業地域）										
北海道	...	...	–	...	...	...	...	–	...	...
都府県	...	...	328,800	...	...	...	...	69,800	...	...
東北	...	...	x	...	...	...	...	x	...	...
北陸	...	...	x	...	...	...	...	x	...	...
関東・東山	...	...	5,790	...	...	...	...	1,270	...	...
東海	...	...	142,400	...	...	...	...	31,500	...	...
近畿	...	...	20,400	...	...	...	...	4,450	...	...
中国	...	...	1,230	...	...	...	...	268	...	...
四国	...	...	1,680	...	...	...	...	x	...	...
九州	...	...	157,200	...	...	...	...	31,900	...	...
沖縄	...	...	111	...	...	...	...	24	...	...
（都道府県）										
北海道	...	...	–	...	...	...	...	–	...	...
青森	...	...	x	...	...	...	...	x	...	...
岩手	...	...	x	...	...	...	...	x	...	...
宮城	...	...	6	...	...	...	...	1	...	...
秋田	...	...	x	...	...	...	...	x	...	...
山形	...	...	x	...	...	...	...	x	...	...
福島	...	...	x	...	...	...	...	x	...	...
茨城	...	...	1,120	...	...	...	...	260	...	...
栃木	...	...	20	...	...	...	...	5	...	...
群馬	...	...	x	...	...	...	...	x	...	...
埼玉	4,040	4,020	3,480	3,400	3,290	898	881	754	728	729
千葉	...	...	77	...	...	...	...	18	...	...
東京	...	...	201	...	...	...	...	41	...	...
神奈川	...	...	666	...	...	...	...	146	...	...
新潟	...	...	30	...	...	...	...	8	...	...
富山	...	...	x	...	...	...	...	x	...	...
石川	...	...	4	...	...	...	...	1	...	...
福井	...	...	2	...	...	...	...	0	...	...
山梨	...	...	155	...	...	...	...	31	...	...
長野	...	...	61	...	...	...	...	13	...	...
岐阜	...	...	2,160	...	...	...	...	470	...	...
静岡	150,500	129,300	112,600	134,700	129,200	33,400	29,500	25,200	29,700	28,600
愛知	4,190	4,020	3,630	...	...	863	832	744	...	...
三重	30,200	28,600	24,000	25,700	25,800	6,240	5,910	5,080	5,360	5,250
滋賀	...	...	2,760	...	...	...	...	549	...	...
京都	13,800	13,100	11,200	11,600	12,600	3,070	2,900	2,360	2,450	2,600
大阪	...	...	–	...	...	...	...	–	...	...
兵庫	...	...	185	...	...	...	...	42	...	...
奈良	...	...	6,190	...	...	...	...	1,490	...	...
和歌山	...	...	43	...	...	...	...	8	...	...
鳥取	...	...	86	...	...	...	...	20	...	...
島根	...	...	513	...	...	...	...	115	...	...
岡山	...	...	228	...	...	...	...	51	...	...
広島	...	...	48	...	...	...	...	10	...	...
山口	...	...	352	...	...	...	...	72	...	...
徳島	...	...	580	...	...	...	...	118	...	...
香川	...	...	x	...	...	...	...	x	...	...
愛媛	...	...	201	...	...	...	...	44	...	...
高知	...	...	753	...	...	...	...	168	...	...
福岡	9,600	9,310	8,300	8,670	9,040	1,890	1,780	1,600	1,650	1,750
佐賀	5,660	5,530	5,140	...	...	1,270	1,240	1,140	...	...
長崎	3,640	3,440	2,790	...	...	733	693	578	...	...
熊本	6,120	6,150	5,400	6,190	6,230	1,260	1,270	1,120	1,280	1,290
大分	...	...	2,590	...	...	...	...	549	...	...
宮崎	18,100	16,600	14,600	14,400	14,500	3,800	3,510	3,060	3,050	3,000
鹿児島	137,700	137,300	118,400	127,500	130,400	28,100	28,000	23,900	26,500	26,700
沖縄	...	...	111	...	...	...	...	24	...	...

注：1　主産県調査を実施した年産の荒茶生産量の全国値については、主産県の調査結果から推計したものである。
　　2　平成26年産以降、生葉収穫量及び荒茶生産量は6年ごとに全国調査を実施し、全国調査以外の年にあっては主産県調査を実施することとしている。

7　工芸農作物（続き）

(2)　なたね

全 国 農 業 地 域 都 道 府 県	平 成 30 年 産				令 和 元				2	
	作付面積	10 a 当たり 収　量	収 穫 量	（参　考） 10 a 当たり 平均収量 対　比	作付面積	10 a 当たり 収　量	収 穫 量	（参　考） 10 a 当たり 平均収量 対　比	作付面積	10 a 当たり 収　量
	(1)	(2)	(3)	(4)	(5)	(6)	(7)	(8)	(9)	(10)
	ha	kg	t	%	ha	kg	t	%	ha	kg
全　　　　国 (1)	1,920	163	3,120	113	1,900	217	4,130	141	1,830	196
（全国農業地域）										
北 海 道 (2)	971	246	2,390	105	1,030	320	3,300	130	1,040	272
都 府 県 (3)	953	76	728	84	870	96	831	105	793	95
東 北 (4)	509	99	505	82	433	112	484	106	x	130
北 陸 (5)	30	27	8	57	x	38	x	84	29	62
関 東・東 山 (6)	x	70	x	80	60	87	52	99	77	57
東 海 (7)	102	29	30	45	93	49	46	78	76	51
近 畿 (8)	x	54	x	61	x	104	x	116	x	73
中 国 (9)	x	65	x	186	x	70	x	233	x	54
四 国 (10)	x	x	x	nc	x	x	x	x	x	x
九 州 (11)	198	58	114	72	182	93	170	122	178	76
沖 縄 (12)	–	–	–	nc	–	–	–	nc	–	–
（都道府県）										
北 海 道 (13)	971	246	2,390	105	1,030	320	3,300	130	1,040	272
青 森 (14)	270	159	429	83	193	197	380	105	202	197
岩 手 (15)	30	53	16	65	26	69	18	90	22	86
宮 城 (16)	34	6	2	27	32	3	1	16	x	x
秋 田 (17)	47	49	23	111	76	41	31	91	25	28
山 形 (18)	12	34	4	72	12	45	5	96	7	93
福 島 (19)	116	27	31	75	94	52	49	144	100	37
茨 城 (20)	11	41	5	67	9	40	4	73	8	31
栃 木 (21)	8	48	4	79	13	63	8	109	25	19
群 馬 (22)	9	93	8	98	10	100	10	105	11	99
埼 玉 (23)	4	88	4	78	12	68	8	61	18	54
千 葉 (24)	x	x	x	x	x	x	x	x	2	56
東 京 (25)	x	x	x	x	x	x	x	x	x	x
神 奈 川 (26)	1	66	0	77	1	187	1	240	x	x
新 潟 (27)	8	38	3	115	9	67	6	197	x	x
富 山 (28)	17	22	4	43	15	36	5	71	19	51
石 川 (29)	x	x	x	x	x	x	x	x	x	x
福 井 (30)	x	x	x	x	x	x	x	x	x	x
山 梨 (31)	x	x	x	x	x	x	x	x	x	x
長 野 (32)	10	120	12	110	12	157	19	134	12	115
岐 阜 (33)	–	–	–	–	–	–	–	nc	–	–
静 岡 (34)	4	14	1	54	3	30	1	120	2	3
愛 知 (35)	42	45	19	56	40	60	24	77	40	53
三 重 (36)	56	18	10	33	50	42	21	78	34	53
滋 賀 (37)	32	63	20	58	36	122	44	113	31	88
京 都 (38)	x	x	x	x	x	x	x	x	–	–
大 阪 (39)	x	x	x	x	x	x	x	x	x	x
兵 庫 (40)	16	38	6	76	14	57	8	124	13	42
奈 良 (41)	2	60	1	97	1	80	1	131	1	67
和 歌 山 (42)	–	–	–	nc	–	–	–	nc	–	–
鳥 取 (43)	4	50	2	227	3	33	1	127	5	40
島 根 (44)	9	89	8	207	7	108	8	245	8	67
岡 山 (45)	4	32	1	128	10	54	5	225	8	75
広 島 (46)	–	–	–	–	–	–	–	–	x	x
山 口 (47)	x	x	x	x	x	x	x	x	x	x
徳 島 (48)	x	x	x	x	–	–	–	–	–	–
香 川 (49)	–	–	–	–	x	x	x	x	x	x
愛 媛 (50)	x	x	x	x	x	x	x	x	x	x
高 知 (51)	–	–	–	–	–	–	–	–	–	–
福 岡 (52)	35	80	28	62	33	133	44	110	32	148
佐 賀 (53)	20	89	18	144	27	104	28	149	40	82
長 崎 (54)	10	36	4	60	12	42	5	74	12	35
熊 本 (55)	58	52	30	80	42	95	40	158	42	60
大 分 (56)	36	29	10	55	35	61	21	120	31	43
宮 崎 (57)	7	74	5	85	6	98	6	120	4	69
鹿 児 島 (58)	32	60	19	59	27	95	26	108	17	66
沖 縄 (59)	–	–	–	nc	–	–	–	nc	–	–

		3				4				
収穫量	（参考）10a当たり平均収量対比	作付面積	10a当たり収量	収穫量	（参考）10a当たり平均収量対比	作付面積	10a当たり収量	収穫量	（参考）10a当たり平均収量対比	
(11)	(12)	(13)	(14)	(15)	(16)	(17)	(18)	(19)	(20)	
t	%	ha	kg	t	%	ha	kg	t	%	
3,580	116	1,640	197	3,230	107	1,740	211	3,680	110	(1)
2,830	102	907	280	2,540	100	1,000	307	3,070	107	(2)
752	101	733	94	692	98	740	82	609	85	(3)
x	102	x	118	x	96	x	89	x	74	(4)
18	129	22	55	12	122	23	48	11	100	(5)
44	66	60	82	49	93	53	85	45	96	(6)
39	76	x	53	x	nc	x	74	x	nc	(7)
x	76	x	67	x	72	x	95	x	120	(8)
x	164	x	24	x	63	x	48	x	112	(9)
x	x	x	x	x	x	x	x	x	x	(10)
136	96	156	96	149	123	158	77	121	99	(11)
−	nc	−	−	−	nc	−	−	−	nc	(12)
2,830	102	907	280	2,540	100	1,000	307	3,070	107	(13)
398	102	171	186	318	93	177	147	260	72	(14)
19	118	23	70	16	92	24	59	14	76	(15)
x	x	x	x	x	x	x	x	x	x	(16)
7	65	21	34	7	79	22	23	5	56	(17)
7	198	6	83	5	169	5	97	5	173	(18)
37	95	114	43	49	119	134	30	40	79	(19)
2	55	6	25	1	54	x	x	x	x	(20)
5	32	10	26	3	50	13	42	5	95	(21)
11	102	10	89	9	93	9	84	8	89	(22)
10	49	16	55	9	51	14	68	10	67	(23)
1	122	3	111	4	258	x	x	x	x	(24)
x	x	x	x	x	x	x	x	x	x	(25)
x	x	x	x	x	x	x	x	x	x	(26)
x	x	x	x	x	x	x	x	x	x	(27)
10	96	15	35	5	67	13	41	5	89	(28)
x	x	x	x	x	x	x	x	x	x	(29)
x	x	x	x	x	x	x	x	x	x	(30)
x	x	x	x	x	x	x	x	x	x	(31)
14	97	14	158	22	137	13	163	21	126	(32)
−	nc	x	x	x	nc	x	x	x	nc	(33)
0	11	2	83	2	377	3	3	0	14	(34)
21	69	41	58	24	83	34	54	18	86	(35)
18	96	31	52	16	100	41	105	43	202	(36)
27	77	41	68	28	62	23	109	25	109	(37)
−	−	−	−	−	−	−	−	−	nc	(38)
x	x	x	x	x	x	x	x	x	x	(39)
5	84	16	60	10	122	15	71	11	145	(40)
1	110	1	84	1	133	1	82	1	121	(41)
−	nc	−	−	−	nc	−	−	−	nc	(42)
2	174	3	12	0	43	4	22	1	85	(43)
5	129	8	63	5	107	9	100	9	154	(44)
6	268	7	2	0	6	7	4	0	12	(45)
x	x	x	x	x	x	x	x	x	x	(46)
x	x	x	x	x	x	x	x	x	x	(47)
−	−	−	−	−	−	−	−	−	−	(48)
x	x	x	x	x	x	x	x	x	x	(49)
x	x	x	x	x	x	x	x	x	x	(50)
−	−	−	−	−	−	−	−	−	nc	(51)
47	118	28	155	43	124	23	107	25	83	(52)
33	96	31	128	40	144	44	92	40	98	(53)
4	66	7	48	3	104	6	47	3	104	(54)
25	100	39	83	32	138	37	73	27	116	(55)
13	77	28	50	14	91	33	51	17	98	(56)
3	78	3	67	2	83	3	71	2	95	(57)
11	79	20	76	15	103	12	61	7	87	(58)
−	nc	−	−	−	nc	−	−	−	nc	(59)

7　工芸農作物（続き）

(3)　てんさい（北海道）

区　分	平成30年産		令和元		2		3		4	
	作付面積	収穫量	作付面積	収穫量	作付面積	収穫量	作付面積	収穫量	作付面積	収穫量
	(1) ha	(2) t	(3) ha	(4) t	(5) ha	(6) t	(7) ha	(8) t	(9) ha	(10) t
北　海　道	57,300	3,611,000	56,700	3,986,000	56,800	3,912,000	57,700	4,061,000	55,400	3,545,000

(4)　さとうきび

区　分	平成30年産			令和元			2		
	栽培面積	収穫面積	収穫量	栽培面積	収穫面積	収穫量	栽培面積	収穫面積	収穫量
	(1) ha	(2) ha	(3) t	(4) ha	(5) ha	(6) t	(7) ha	(8) ha	(9) t
全　　　国	27,700	22,600	1,196,000	27,200	22,100	1,174,000	27,900	22,500	1,336,000
鹿 児 島	10,900	9,450	452,900	10,600	9,170	497,800	11,000	9,600	522,500
沖　　縄	16,800	13,100	742,800	16,600	12,900	676,000	16,900	12,900	813,900

区　分	3			4		
	栽培面積	収穫面積	収穫量	栽培面積	収穫面積	収穫量
	(10) ha	(11) ha	(12) t	(13) ha	(14) ha	(15) t
全　　　国	28,400	23,300	1,359,000	27,900	23,200	1,272,000
鹿 児 島	11,000	9,520	543,700	10,900	9,570	534,100
沖　　縄	17,500	13,800	815,500	17,000	13,700	737,600

(5)　い（熊本県）

区　分	平成30年産		令和元		2		3		4	
	作付面積	収穫量	作付面積	収穫量	作付面積	収穫量	作付面積	収穫量	作付面積	収穫量
	(1) ha	(2) t	(3) ha	(4) t	(5) ha	(6) t	(7) ha	(8) t	(9) ha	(10) t
熊　　本	534	7,420	471	7,070	420	6,260	448	6,360	380	5,810

7 工芸農作物（続き）

(6) こんにゃくいも

全国農業地域 都道府県	平成 30 年産					令 和 元						
	栽培面積	収穫面積	10 a 当たり収量	収穫量	(参考) 10 a 当たり平均収量対比	栽培面積	収穫面積	10 a 当たり収量	収穫量	(参考) 10 a 当たり平均収量対比	栽培面積	収穫面積
	(1)	(2)	(3)	(4)	(5)	(6)	(7)	(8)	(9)	(10)	(11)	(12)
	ha	ha	kg	t	%	ha	ha	kg	t	%	ha	ha
全　　　　国 (1)	3,700	2,160	2,590	55,900	91	3,660	2,150	2,750	59,100	99	3,570	2,140
（全国農業地域）												
北　海　道 (2)	x	x	x	x	nc	…	…	…	…	nc	…	…
都　府　県 (3)	3,690	2,160	2,590	55,900	nc	…	…	…	…	nc	…	…
東　　　北 (4)	x	x	1,740	x	nc	…	…	…	…	nc	…	…
北　　　陸 (5)	5	4	650	26	nc	…	…	…	…	nc	…	…
関　東・東　山 (6)	3,460	2,050	2,680	54,900	nc	…	…	…	…	nc	…	…
東　　　海 (7)	22	12	517	62	nc	…	…	…	…	nc	…	…
近　　　畿 (8)	x	x	382	x	nc	…	…	…	…	nc	…	…
中　　　国 (9)	59	30	1,450	435	nc	…	…	…	…	nc	…	…
四　　　国 (10)	35	15	667	100	nc	…	…	…	…	nc	…	…
九　　　州 (11)	52	16	338	54	nc	…	…	…	…	nc	…	…
沖　　　縄 (12)	-	-	-	-	nc	…	…	…	…	nc	…	…
（都道府県）												
北　海　道 (13)	x	x	x	x	nc	…	…	…	…	nc	…	…
青　　　森 (14)	x	x	x	x	nc	…	…	…	…	nc	…	…
岩　　　手 (15)	1	0	875	4	nc	…	…	…	…	nc	…	…
宮　　　城 (16)	4	2	1,140	23	nc	…	…	…	…	nc	…	…
秋　　　田 (17)	-	-	-	-	nc	…	…	…	…	nc	…	…
山　　　形 (18)	4	3	836	23	nc	…	…	…	…	nc	…	…
福　　　島 (19)	22	11	2,070	228	nc	…	…	…	…	nc	…	…
茨　　　城 (20)	40	30	2,550	765	nc	…	…	…	…	nc	…	…
栃　　　木 (21)	89	62	2,400	1,490	93	84	57	2,380	1,360	92	…	…
群　　　馬 (22)	3,280	1,930	2,700	52,100	89	3,250	1,900	2,910	55,300	96	3,210	1,930
埼　　　玉 (23)	12	8	2,060	165	nc	…	…	…	…	nc	…	…
千　　　葉 (24)	10	6	2,700	162	nc	…	…	…	…	nc	…	…
東　　　京 (25)	1	0	785	3	nc	…	…	…	…	nc	…	…
神　奈　川 (26)	5	2	490	8	nc	…	…	…	…	nc	…	…
新　　　潟 (27)	5	4	600	24	nc	…	…	…	…	nc	…	…
富　　　山 (28)	0	0	906	0	nc	…	…	…	…	nc	…	…
石　　　川 (29)	0	0	842	1	nc	…	…	…	…	nc	…	…
福　　　井 (30)	0	0	217	1	nc	…	…	…	…	nc	…	…
山　　　梨 (31)	10	5	1,060	53	nc	…	…	…	…	nc	…	…
長　　　野 (32)	18	10	1,300	130	nc	…	…	…	…	nc	…	…
岐　　　阜 (33)	7	5	811	41	nc	…	…	…	…	nc	…	…
静　　　岡 (34)	5	3	255	8	nc	…	…	…	…	nc	…	…
愛　　　知 (35)	2	1	698	7	nc	…	…	…	…	nc	…	…
三　　　重 (36)	8	3	212	6	nc	…	…	…	…	nc	…	…
滋　　　賀 (37)	6	2	250	5	nc	…	…	…	…	nc	…	…
京　　　都 (38)	3	2	143	3	nc	…	…	…	…	nc	…	…
大　　　阪 (39)	x	x	x	x	nc	…	…	…	…	nc	…	…
兵　　　庫 (40)	3	1	214	3	nc	…	…	…	…	nc	…	…
奈　　　良 (41)	8	4	614	25	nc	…	…	…	…	nc	…	…
和　歌　山 (42)	5	2	300	5	nc	…	…	…	…	nc	…	…
鳥　　　取 (43)	3	3	767	23	nc	…	…	…	…	nc	…	…
島　　　根 (44)	22	8	390	31	nc	…	…	…	…	nc	…	…
岡　　　山 (45)	2	1	720	7	nc	…	…	…	…	nc	…	…
広　　　島 (46)	32	18	2,080	374	nc	…	…	…	…	nc	…	…
山　　　口 (47)	0	0	376	0	nc	…	…	…	…	nc	…	…
徳　　　島 (48)	15	8	1,010	81	nc	…	…	…	…	nc	…	…
香　　　川 (49)	0	0	370	0	nc	…	…	…	…	nc	…	…
愛　　　媛 (50)	5	3	394	12	nc	…	…	…	…	nc	…	…
高　　　知 (51)	15	4	185	7	nc	…	…	…	…	nc	…	…
福　　　岡 (52)	16	5	480	24	nc	…	…	…	…	nc	…	…
佐　　　賀 (53)	1	1	112	1	nc	…	…	…	…	nc	…	…
長　　　崎 (54)	1	0	236	1	nc	…	…	…	…	nc	…	…
熊　　　本 (55)	13	5	230	12	nc	…	…	…	…	nc	…	…
大　　　分 (56)	18	4	240	10	nc	…	…	…	…	nc	…	…
宮　　　崎 (57)	2	1	450	5	nc	…	…	…	…	nc	…	…
鹿　児　島 (58)	1	0	350	1	nc	…	…	…	…	nc	…	…
沖　　　縄 (59)	-	-	-	-	nc	…	…	…	…	nc	…	…

注：1　主産県調査を実施した年産の全国値については、主産県の調査結果から推計したものである。
　　2　平成30年産以降、作付面積は3年、収穫量は6年ごとに全国調査を実施し、全国調査以外の年にあっては、主産県調査を実施することとしている。

2			3					4					
10a当たり収量	収穫量	(参考)10a当たり平均収量対比	栽培面積	収穫面積	10a当たり収量	収穫量	(参考)10a当たり平均収量対比	栽培面積	収穫面積	10a当たり収量	収穫量	(参考)10a当たり平均収量対比	
(13)	(14)	(15)	(16)	(17)	(18)	(19)	(20)	(21)	(22)	(23)	(24)	(25)	
kg	t	%	ha	ha	kg	t	%	ha	ha	kg	t	%	
2,510	53,700	92	3,430	2,050	2,640	54,200	98	3,320	1,970	2,630	51,900	98	(1)
…	…	nc	6	…	…	…	nc	…	…	…	…	nc	(2)
…	…	nc	3,420	…	…	…	nc	…	…	…	…	nc	(3)
…	…	nc	15	…	…	…	nc	…	…	…	…	nc	(4)
…	…	nc	8	…	…	…	nc	…	…	…	…	nc	(5)
…	…	nc	3,250	…	…	…	nc	…	…	…	…	nc	(6)
…	…	nc	12	…	…	…	nc	…	…	…	…	nc	(7)
…	…	nc	x	…	…	…	nc	…	…	…	…	nc	(8)
…	…	nc	50	…	…	…	nc	…	…	…	…	nc	(9)
…	…	nc	31	…	…	…	nc	…	…	…	…	nc	(10)
…	…	nc	29	…	…	…	nc	…	…	…	…	nc	(11)
…	…	nc	−	…	…	…	nc	…	…	…	…	nc	(12)
…	…	nc	6	…	…	…	nc	…	…	…	…	nc	(13)
…	…	nc	0	…	…	…	nc	…	…	…	…	nc	(14)
…	…	nc	1	…	…	…	nc	…	…	…	…	nc	(15)
…	…	nc	2	…	…	…	nc	…	…	…	…	nc	(16)
…	…	nc	−	…	…	…	nc	…	…	…	…	nc	(17)
…	…	nc	5	…	…	…	nc	…	…	…	…	nc	(18)
…	…	nc	7	…	…	…	nc	…	…	…	…	nc	(19)
…	…	nc	29	…	…	…	nc	…	…	…	…	nc	(20)
…	…	nc	64	…	…	…	nc	…	…	…	…	nc	(21)
2,600	50,200	88	3,130	1,870	2,740	51,200	95	3,040	1,810	2,720	49,200	95	(22)
…	…	nc	3	…	…	…	nc	…	…	…	…	nc	(23)
…	…	nc	8	…	…	…	nc	…	…	…	…	nc	(24)
…	…	nc	1	…	…	…	nc	…	…	…	…	nc	(25)
…	…	nc	3	…	…	…	nc	…	…	…	…	nc	(26)
…	…	nc	7	…	…	…	nc	…	…	…	…	nc	(27)
…	…	nc	0	…	…	…	nc	…	…	…	…	nc	(28)
…	…	nc	0	…	…	…	nc	…	…	…	…	nc	(29)
…	…	nc	1	…	…	…	nc	…	…	…	…	nc	(30)
…	…	nc	9	…	…	…	nc	…	…	…	…	nc	(31)
…	…	nc	10	…	…	…	nc	…	…	…	…	nc	(32)
…	…	nc	3	…	…	…	nc	…	…	…	…	nc	(33)
…	…	nc	2	…	…	…	nc	…	…	…	…	nc	(34)
…	…	nc	2	…	…	…	nc	…	…	…	…	nc	(35)
…	…	nc	5	…	…	…	nc	…	…	…	…	nc	(36)
…	…	nc	8	…	…	…	nc	…	…	…	…	nc	(37)
…	…	nc	2	…	…	…	nc	…	…	…	…	nc	(38)
…	…	nc	x	…	…	…	nc	…	…	…	…	nc	(39)
…	…	nc	2	…	…	…	nc	…	…	…	…	nc	(40)
…	…	nc	7	…	…	…	nc	…	…	…	…	nc	(41)
…	…	nc	4	…	…	…	nc	…	…	…	…	nc	(42)
…	…	nc	2	…	…	…	nc	…	…	…	…	nc	(43)
…	…	nc	14	…	…	…	nc	…	…	…	…	nc	(44)
…	…	nc	2	…	…	…	nc	…	…	…	…	nc	(45)
…	…	nc	31	…	…	…	nc	…	…	…	…	nc	(46)
…	…	nc	1	…	…	…	nc	…	…	…	…	nc	(47)
…	…	nc	13	…	…	…	nc	…	…	…	…	nc	(48)
…	…	nc	0	…	…	…	nc	…	…	…	…	nc	(49)
…	…	nc	4	…	…	…	nc	…	…	…	…	nc	(50)
…	…	nc	14	…	…	…	nc	…	…	…	…	nc	(51)
…	…	nc	9	…	…	…	nc	…	…	…	…	nc	(52)
…	…	nc	1	…	…	…	nc	…	…	…	…	nc	(53)
…	…	nc	0	…	…	…	nc	…	…	…	…	nc	(54)
…	…	nc	12	…	…	…	nc	…	…	…	…	nc	(55)
…	…	nc	4	…	…	…	nc	…	…	…	…	nc	(56)
…	…	nc	2	…	…	…	nc	…	…	…	…	nc	(57)
…	…	nc	1	…	…	…	nc	…	…	…	…	nc	(58)
…	…	nc	−	…	…	…	nc	…	…	…	…	nc	(59)

［付］調　査　票

令和　　年 面積調査　実測調査票

政府統計

統計法に基づく国の統
計調査です。調査票情
報の秘密の保護に万全
を期します。

（地域メッシュの空中写真等を表示）

0				m
(0)		(10 cm)		(20 cm)

画像著作権 ：

連 絡 先 ：

（電話番号）

秘
農林水産省

統計法に基づく基幹統計
作 物 統 計

政府統計　統計法に基づく国の統計調査です。調査票情報の秘密の保護に万全を期します。

	年　産	都道府県	管理番号	市区町村	客体番号
2 0					

令 和　　　年 産

作付面積調査調査票（団体用）

大豆（乾燥子実）用

○ この調査票は、秘密扱いとし、統計以外の目的に使うことは絶対ありませんので、ありのままを記入してください。
○ 黒色の鉛筆又はシャープペンシルで記入し、間違えた場合は、消しゴムできれいに消してください。
○ 調査及び調査票の記入に当たって、不明な点等がありましたら、下記の「問い合わせ先」にお問い合わせください。

★ 数字は、1マスに1つずつ、枠からはみ出さないように右づめで記入してください。

記入例	8	8	8	9	8	7	6	5	4	0

つなげる　　　すきまをあける

★ マスが足りない場合は、一番左のマスにまとめて記入してください。

記入例	1	2	3

記入していただいた調査票は、　　　月　　　日までに提出してください。
調査票の記入及び提出は、インターネットでも可能です。
詳しくは同封の「オンライン調査システム操作ガイド」を御覧ください。

【問い合わせ先】

【1】貴団体で集荷している大豆の作付面積について

記入上の注意
○ 作付面積は単位を「ha」とし、小数点第一位（10a単位）まで記入してください。0.05ha未満の場合は「0.0」と記入してください。
○ 枝豆として未成熟で収穫するもの及び飼料用として青刈りするものは除きます。

単位：ha

作物名		作付面積（田畑計）	田	畑
大豆	前年産			
	本年産	8 8 8 8 8 . 8	8 8 8 8 . 8	8 8 8 8 8 . 8

裏面に進んでください。

【 2 】作付面積の増減要因等について

作付面積の主な増減要因（転換作物等）について記入してください。

主な増減地域と増減面積について記入してください。

貴団体において、貴団体に出荷されない管内の作付団地等の状況（作付面積、作付地域等）を把握していれば記入してください。

秘
農林水産省

統計法に基づく基幹統計
作 物 統 計

統計法に基づく国の
統計調査です。調査
票情報の秘密の保護
に万全を期します。

政府統計

	年　産		都道府県	管理番号	市区町村	客体番号			
2	0								

令 和　　年 産
作付面積調査調査票（団体用）

果樹及び茶用

○ この調査票は、秘密扱いとし、統計以外の目的に使うことは絶対ありませんので、ありのままを記入してください。

○ 黒色の鉛筆又はシャープペンシルで記入し、間違えた場合は、消しゴムできれいに消してください。

○ 調査及び調査票の記入に当たって、不明な点等がありましたら、下部の「問い合わせ先」にお問い合わせください。

★ 数字は、1マスに1つずつ、枠からはみ出さないように正しづめて
　記入してください。

記入例	8	8	8	9	8	7	6	5	4	0

つなげる　　　　すきまをあける

★ マスが足りない場合は、一番左
　のマスにまとめて記入してください。

記入例	11	2	3

記入していただいた調査票は、　　月　　日までに提出してください。
調査票の記入及び提出は、インターネットでも可能です。
詳しくは同封の「オンライン調査システム操作ガイド」を御覧ください。

【問い合わせ先】

【1】貴団体管内の果樹の栽培面積について

単位:ha

作物名		栽培面積	作物名		栽培面積
み　か　ん	前年産		お　う　と　う	前年産	
5000	本年産	8 8 8 8 8 . 8	5007	本年産	8 8 8 8 8 . 8
その他かんきつ類	前年産		う　　め	前年産	
5001	本年産	8 8 8 8 8 . 8	5011	本年産	8 8 8 8 8 . 8
り　ん　ご	前年産		び　　わ	前年産	
5002	本年産	8 8 8 8 8 . 8	5008	本年産	8 8 8 8 8 . 8
ぶ　ど　う	前年産		か　　き	前年産	
5003	本年産	8 8 8 8 8 . 8	5009	本年産	8 8 8 8 8 . 8
日　本　な　し	前年産		く　　り	前年産	
5004	本年産	8 8 8 8 8 . 8	5010	本年産	8 8 8 8 8 . 8
西　洋　な　し	前年産		キウイフルーツ	前年産	
5005	本年産	8 8 8 8 8 . 8	5013	本年産	8 8 8 8 8 . 8
も　　も	前年産		パインアップル	前年産	
5006	本年産	8 8 8 8 8 . 8	5014	本年産	8 8 8 8 8 . 8
す　も　も	前年産				
5012	本年産	8 8 8 8 8 . 8			

【2】貴団体管内の茶の栽培面積について

単位:ha

作物名		栽培面積
茶	前年産	
6000	本年産	8 8 8 8 8 . 8

記入上の注意
○ 栽培面積は単位を「ha」とし、小数点第一位
（10a単位）まで記入してください。
　0.05ha未満の結果は「0.0」と記入してください。
○ 貴団体の管内において、集荷・取扱いを行う
栽培団地等の栽培面積を記入してください。
○ その他かんきつ類には、みかん以外の全て
のかんきつ類の合計面積を記入してください。

【3】栽培面積の増減要因等について

果樹（茶）ごとの主な増減要因（新植、廃園等）について記入してください。

果樹（茶）ごとの主な増減地域と増減面積について記入してください。

貴団体において、貴団体に出荷されない管内の作付団地等の状況（作付面積、作付地域等）を把握していれば記入してください。

統計法に基づく基幹統計
作 物 統 計

政府統計

作柄概況・(予想)収穫量調査
水稲作況標本(基準)筆調査票

別記様式第13号

秘
農 林 水 産 省

記入見本	0 1 2 3 4 5 6 7 8 9

調 査 者 氏 名	

年　産 西　暦	都道府県	管理番号	作柄表示地帯	作況階層	標本単位区	筆通し号
2 0				/		

市町村 (筆所在地)	農林業センサスにおける基本指標番号				緯　度 度　　分	経　度 度　　分	標　高 m
	旧市町村	農業集落	調査区	経営体			

筆種類		地 方 設 定 コ ー ド								継続年数
標本筆	基準筆	A	B	C	D	E	F	G	H	
①	②									

筆の所在地	市町村	大字	小字	地番	
耕作者住所	市町村			電話(　　)	
				農家の刈取予定日　　　月　　日	

1 観察・聞き取り事項

品　種 (品種名) (コード)	うるち	もち	作期 早期	普通	一期作	二期作	普通作区分 早生	中生	晩生	栽植様式 稚苗	成苗	ばら植え	直まき	は種期 月　日	田植期 月　日	出穂期 月　日
	①	②	①	②	③	④	①	②	③	③④⑤⑥						

農家の刈取り期 月	刈取り時の倒状程度 I(全) II III(半) IV V					農家の刈取方法 手刈り コンバイン型		刈取り条件	筆の作付面積	刈遅れ筆	肥培管理の良否 良 普通 不良	湛後てふ日 別用いる にしるい幅		玄米選別形態 農家銘別選別 複数農家共同選別 共同施設選別 その他(不明) 無選別				
	① ② ③ ④ ⑤					① ②				① ② ③			① ② ③ ④ ⑤				

(作況基準筆調査のみ)

水 管 理 の 実 施 期 日							
間断かん水		中 干 し		深水管理( )回		高温時のかけ流し( )回	
開始期日 月　日	終了期日 月　日	開始期日 月　日	終了期日 月　日	開始期日 月　日	終了期日 月　日	開始期日 月　日	終了期日 月　日

落　水　期 月　日	施肥期日					10a当たり窒素投入量			
	基　肥 月　日	追　肥				基　肥 (銘柄) kg	追　肥		
		中間追肥 月　日	穂　肥 月　日	実　肥 月　日			中間追肥 (銘柄) kg	穂　肥 (銘柄) kg	

窒素投入量つづき 追肥 つづき 実　肥 (銘柄) kg	10a当たり有機質肥料投入量				除草剤 散布回数 剤数 回	病害虫 防除回数虫数 回	土　性		
	たいきゅう肥 (種類) kg	緑　肥 (種類) kg	生わら kg	その他 (種類) kg			砂壌土 (砂質系)	壌土 (中間)	埴壌土 (粘質系)
							①	②	③

4 2 1 1

2 栽植密度

畝幅・株間測定		畝幅〔11けい間の長さ〕	株間〔11株間の長さ〕	1㎡当たり株数(けい長)	刈取り株数
	Ⅰ	cm	cm	株(cm)	株
	Ⅱ				
	Ⅲ				·
	合計	(1)	(2)		: : :
	平均	(3) ·	(4) ·		

(5) 1㎡当たり株数 $\dfrac{10,000}{(3)\times(4)}$: : · : 株 1㎡当たりけい長 $\dfrac{10,000}{(3)}$ cm 1㎡当たり換算率 1㎡当たりけい長 $\dfrac{}{60cm}$

3 刈取り調査

刈取り日	月 日	露	有	無

刈取り方法　3㎡当たり整数株刈り ①　3㎡刈り ②　　調製方法　総合選別機 ①　段ぶるい ②

千粒重測定			1回	2回	合計
粗玄米	重量		g	g	g ·
	粒数		粒	粒	粒
玄米	重量		g ·	g	: : : · : g
	粒数		粒	粒	: : : · : 粒
くず米	重量		g	g	: : : · : g
	粒数		粒	粒	: : : · : 粒

刈取り試料	全量	縮分重量
未調製生もみ重	: : · : · g	
未調製乾燥もみ重	: : · : g	
粗玄米重	: : · :	
玄米重	: : · :	
くず米重	: : · :	
玄米水分	: : · : ·	

10a当たり換算率 $\dfrac{(5)\times1,000}{刈取り株数計}$

再選別歩合	
: : · : · : %	

等級	3等以上 ①　規格外 ②

段別重量測定

	総量	2.20以上	2.10	2.00	1.95	1.90
1回	g	g	g	g	g	g
2回						
合計	: : · :	: : · :	: : · :	: : · :	: : · :	: : · :

1.85	1.80	1.75	1.70	1.60	底
g	g	g	g	g	g
·	·	·	·	·	·
: : · :	: : · :	: : · :	: : · :	: : · :	: : · :

再選別後

段別重量測定	総量	2.20以上	2.10	2.00	1.95	1.90
1回	g	g	g	g	g	g
2回						
合計	: : · :	: : · :	: : · :	: : · :	: : · :	: : · :

1.85	1.80	1.75	1.70	1.60	底
g	g	g	g	g	g
·	·	·	·	·	·
: : · :	: : · :	: : · :	: : · :	: : · :	: : · :

4 草丈・茎数・穂数・もみ数調査

調査箇所	調査株番号	月　日調査		月　日調査						月　日調査						月　日調査
		草丈	茎数	全(茎)数	穂数	無効穂数	有効穂	効数	全もみ数 最高穂 / 下・2		全(茎)数	穂数	無効穂数	有効穂	効数	全もみ数 最高穂 / 下・2	
		cm	本	本	本	本		本	粒	粒	本	本	本	本		粒	粒
Ⅰ	1																
	2																
	3																
	4																
	5																
	6																
	7																
	8																
	9																
	10																
	小計																
Ⅱ	1																
	2																
	3																
	4																
	5																
	6																
	7																
	8																
	9																
	10																
	小計																
Ⅲ	1																
	2																
	3																
	4																
	5																
	6																
	7																
	8																
	9																
	10																
	小計																
合　計		(6)	(7)	(8)	(9)	(10)		(11)	(12)		(8)	(9)	(10)		(11)	(12)	
平均(M)		(13)	(14)	(15)	(16)	(17)		(18) $\frac{(11)+(12)}{20}$			(15)	(16)	(17)		(18) $\frac{(11)+(12)}{20}$		

1㎡当たり(M)×(5)
ただし(22)=(18)×(21)

	(19)	(20)		(21)	(22)	100粒	(20)		(21)	(22)	100粒

5 稔実歩合調査 （作況基準筆調査のみ）

出穂期後　　　日調査　　　　　　　　　　　　　　　　　　　　　（　　月　　日　調査）

(23)　　　株の有効穂数の合計　　　本	(24)　　　株の生穂重　　　g	(25)　　　株の生もみ重　　　g

うち上記の100g（又は50g）ず	つ2回について調査	回数	比重選により浮いたもみのうち		比重選により沈んだもみのうち		全もみ数
			不稔実もみ数	稔実もみ数	不稔実もみ数	稔実もみ数	
		1 回	粒	粒	粒	粒	粒
		2 回					
		合 計		(イ)	(ロ)	(ハ)	(A)
		(B) 沈下もみ数 （ロ）＋（ハ）　　　粒			(C) 稔実もみ数 （イ）＋（ハ）　　　粒		

(26) 100g調査より＿＿株当たりへの換算率(25)/100 （単位 0.01）		(31)生穂重 (24)/(23)　　g	(35)生穂重 (24)*(27)　　g
(27) 株当たりより1m²当たりへの換算率(21)/(23) 有効4けた		(32)全もみ数(28)/(23)　　粒	(36)生もみ重 (25)*(27)　　g
＼株当たり＼	(28) 全もみ数 (A)×(26)　　粒	(33)沈下もみ数 (29)/(23)　　粒	(37)全もみ数 (28)*(27)(100粒) ：｜：｜：
	(29) 沈下もみ数 (B)×(26)　　粒	(34)稔実もみ数 (30)/(23)　　粒	(38)沈下もみ数 (29)*(27)(100粒) ：｜：｜：
	(30) 稔実もみ数 (C)×(26)　　粒		(39)稔実もみ数 (30)*(27)(100粒) ：｜：｜：

(40)沈下もみ数歩合 (38)/(37)　　　．　　％	(41)稔実歩合 (39)/(37)　　　．　　％

6 被害調査

被害状況	被害の種類	発生時期	損傷項目	損傷程度	見積り被害歩合	平年比較		
						総合	多　並　少	
						気象被害	多　並　少	
						病害	多　並　少	
						虫害	多　並　少	

10 a 当たり基準収量	見積り被害歩合								
	被害総合								
kg									
：｜：｜：	：｜：								

調査箇所の略図 全けい数　　n＝　　　けい 間隔 $\frac{1}{3}$n＝　　　けい ランダム 　スタート　a ＝第　　けい	標本単位区内 水稲作付筆数 　　　　　　筆	生育、登熟の特徴

⇐ ⇐ ⇐ 入力方向

年　産	都道府県	管理番号	市区町村	客体番号

令和　　年産

畑作物作付面積調査・収穫量調査調査票（団体用）

陸稲用

○ この調査票は、秘密扱いとし、統計以外の目的に使うことは絶対ありませんので、ありのままを記入してください。
○ 黒色の鉛筆又はシャープペンシルで記入し、間違えた場合は、消しゴムできれいに消してください。
○ 調査及び調査票の記入に当たって、不明な点等がありましたら、下記の「問い合わせ先」にお問い合わせください。

★ 右づめで記入し、マスが足りない場合は
　一番左のマスにまとめて記入してください。

★ 該当する場合は、記入例のように
　点線をなぞってください。

記入例	1 1 9 8 6 5 3
記入例	つなげる　　　すきまをあける

記入していただいた調査票は　　　月　　　日までに提出してください。
調査票の記入及び提出は、インターネットでも可能です。
詳しくは同封の「オンライン調査システム操作ガイド」を御覧ください。

【問い合わせ先】

【１】貴団体で集荷している作付面積及び集荷量について

記入上の注意
○ 作付面積は単位を「ha」とし、小数点第一位（10a単位）まで記入してください。0.05ha未満の場合は「0.0」と
　記入してください。
○ 集荷量は単位を「t」とし、整数で記入してください。
○ 陸稲品種を田に作付けしたものは除きます。水稲品種を畑に作付けしたものは陸稲に含めますが、
　計画的にかんがいを行い栽培するものは除きます。

作物名		作付面積	集荷量	うち検査基準以上
陸稲	前年産	ha	t	t
	本年産	.		

裏面に進んでください。

【 2 】作付面積の増減要因等について

主な増減要因（転換作物等）について記入してください。

主な増減地域と増減面積について記入してください。

貴団体において、貴団体に出荷されない管内の作付団地等の状況（作付面積、作付地域等）を把握していれば記入してください。

【 3 】収穫量の増減要因等について

前年産と比べた本年産の作柄の良否、被害の多少、主な被害の要因について該当する項目の点線をなぞってください。

作物名	作柄の良否			被害の多少				主な被害の要因（複数回答可）									
	良	並	悪	少	並	多	⇒	高温	低温	日照不足	多雨	少雨	台風	病害	虫害	鳥獣害	その他
陸稲	／	／	／	／	／	／		／	／	／	／	／	／	／	／	／	／

被害以外の増減要因（品種、栽培方法などの変化）があれば、記入してください。

秘
農林水産省

統計法に基づく基幹統計
作 物 統 計

政府統計
統計法に基づく国の
統計調査です。調査
票情報の秘密の保護
に万全を期します。

年 産	都道府県	管理番号	市区町村	客体番号

令 和　　年産
畑作物作付面積調査・収穫量調査調査票（団体用）
麦類（子実用）用

○ この調査票は、秘密扱いとし、統計以外の目的に使うことは絶対ありませんので、ありのままを記入してください。
○ 黒色の鉛筆又はシャープペンシルで記入し、間違えた場合は、消しゴムできれいに消してください。
○ 調査及び調査票の記入に当たって、不明な点等がありましたら、下記の「問い合わせ先」にお問い合わせください。

★ 右づめで記入し、マスが足りない場合は一番左のマスにまとめて記入してください。

★ 該当する場合は、記入例のように点線をなぞってください。

記入例　1 1 9 8 6 5 3

記入例　／ → ／ つなげる　すきまをあける

記入していただいた調査票は、　　月　　日までに提出してください。
調査票の記入及び提出は、インターネットでも可能です。
詳しくは同封の「オンライン調査システム操作ガイド」を御覧ください。

【問い合わせ先】

【１】貴団体で集荷している作付面積及び集荷量について

　記入上の注意
○ 作付面積は単位を「ha」とし、小数点第一位（0.1単位）まで記入してください。0.05ha未満の場合は「0.0」と記入してください。
○ 集荷量は単位を「t」とし、整数で記入してください。0.5t未満の結果は「0」と記入してください。
○ 主に食用（子実用）とするものについて記入してください。緑肥用や飼料用は含めないでください。
○ 「うち検査基準以上」欄には、1等、2等に加え規格外のうち規格外Aとされたものの合計を記入してください。
○ 検査を受けない場合や、提出日までに検査を受けていない場合などは、集荷された農作物の状態から検査基準以上となる量を見積もって記入してください。

作物名		作付面積（田畑計）	田	畑	集荷量	うち検査基準以上
小麦	前年産	ha	ha	ha	t	t
	本年産					
秋まき（北海道のみ）	前年産	ha			t	t
	本年産					
春まき（北海道のみ）	前年産	ha			t	t
	本年産					
二条大麦	前年産	ha	ha	ha	t	t
	本年産					
六条大麦	前年産	ha	ha	ha	t	t
	本年産					
はだか麦	前年産	ha	ha	ha	t	t
	本年産					

裏面に進んでください。

【 2 】作付面積の増減要因等について

作物ごとの主な増減要因（転換作物等）について記入してください。

作物ごとに主な増減地域と増減面積について記入してください。

貴団体において、貴団体に出荷されない管内の作付団地等の状況（作付面積、作付地域等）を把握していれば記入してください。

【 3 】収穫量の増減要因等について

前年産と比べた本年産の作柄の良否、被害の多少、主な被害の要因について該当する項目の点線をなぞってください。

作物名	作柄の良否			被害の多少			→	主な被害の要因（複数回答可）									
	良	並	悪	少	並	多		高温	低温	日照不足	多雨	少雨	台風	病害	虫害	鳥獣害	その他
小麦	/	/	/	/	/	/		/	/	/	/	/	/	/	/	/	/
二条大麦	/	/	/	/	/	/		/	/	/	/	/	/	/	/	/	/
六条大麦	/	/	/	/	/	/		/	/	/	/	/	/	/	/	/	/
はだか麦	/	/	/	/	/	/		/	/	/	/	/	/	/	/	/	/

作物ごとに被害以外の増減要因（品種、栽培方法などの変化）があれば、記入してください。

⇐ ⇐ ⇐ 入 力 方 向

年 産	都道府県	管理番号	市区町村	客体番号

秘
農林水産省

統計法に基づく基幹統計
作 物 統 計

政府統計

統計法に基づく国の
統計調査です。調査
票情報の秘密の保護
に万全を期します。

令 和 　　 年 産

畑作物収穫量調査調査票（団体用）

大豆（乾燥子実）用

○ この調査票は、秘密扱いとし、統計以外の目的に使うことは絶対ありませんので、ありのままを記入してください。

○ 黒色の鉛筆又はシャープペンシルで記入し、間違えた場合は、消しゴムできれいに消してください。

○ 調査及び調査票の記入に当たって、不明な点等がありましたら、下記の「問い合わせ先」にお問い合わせください。

★ 右づめで記入し、マスが足りない場合は
一番左のマスにまとめて記入してください。

記入例　| 1 | 9 | 8 | 6 | 5 | 3 |

つなげる　　すきまをあける

★ 該当する場合は、記入例のように
点線をなぞってください。

記入例　⟋　➡　/

記入していただいた調査票は、　　月　　日までに提出してください。
調査票の記入及び提出は、インターネットでも可能です。
詳しくは同封の「オンライン調査システム操作ガイド」を御覧ください。

【問い合わせ先】

【１】貴団体で集荷している作付面積及び集荷量について

記入上の注意
○　作付面積は単位を「ha」とし、小数点第一位（10a単位）まで記入してください。0.05ha未満の場合は「0.0」と記入してください。
○　集荷量は単位を「t」とし、整数で記入してください。
○　「うち検査基準以上」欄には、1等、2等、3等に加え特定加工用以上とされたものの合計を記入してください。
○　検査を受けない場合や、提出日までに検査を受けていない場合などは、集荷された農作物の状態から検査基準以上となる量を見積もって記入してください。

作物名		作付面積	集荷量	うち検査基準以上
	前年産	ha	t	t
	本年産	.		
	前年産	ha	t	t
	本年産	.		
	前年産	ha	t	t
	本年産	.		

【２】収穫量の増減要因等について

前年産と比べた本年産の作柄の良否、被害の多少、主な被害の要因について該当する項目の点線をなぞってください。

作物名	作柄の良否			被害の多少			主な被害の要因（複数回答可）									
	良	並	悪	少	並	多	高温	低温	日照不足	多雨	少雨	台風	病害	虫害	鳥獣害	その他

作物ごとに被害以外の増減要因（品種、栽培方法などの変化）があれば、記入してください。

秘
農林水産省

統計法に基づく基幹統計
作 物 統 計

統計法に基づく国の
統計調査です。調査
票情報の秘密の保護
に万全を期します。

政府統計

年 産	都道府県	管理番号	市区町村	客体番号

令和　　年産

畑作物作付面積調査・収穫量調査調査票（団体用）

飼料作物、えん麦（緑肥用）、かんしょ、そば、なたね（子実用）用

○ この調査票は、秘密扱いとし、統計以外の目的に使うことは絶対ありませんので、ありのままを記入してください。
○ 黒色の鉛筆又はシャープペンシルで記入し、間違えた場合は、消しゴムできれいに消してください。
○ 調査及び調査票の記入に当たって、不明な点等がありましたら、下記の「問い合わせ先」にお問い合わせください。

★ 右づめで記入し、マスが足りない場合は
一番左のマスにまとめて記入してください。

★ 該当する場合は、記入例のように
点線をなぞってください。

記入例	1	1	9	8	6	5	3
記入例		/	→	/	つなげる		すきまをあける

記入していただいた調査票は、　　月　　日までに提出してください。
調査票の記入及び提出は、インターネットでも可能です。
詳しくは同封の「オンライン調査システム操作ガイド」を御覧ください。

【問い合わせ先】

【 1 】貴団体管内の作付（栽培）面積及び集荷量について

記入上の注意
○ 作付（栽培）面積は単位を「ha」とし、小数点第一位（10a単位）まで記入してください。0.05ha未満の場合は「0.0」と記入してください。
○ 集荷量は単位を「t」とし、整数で記入してください。0.5t未満の結果は「0」と記入してください。
○ ＜作物ごとの注意事項＞

作物名		作付（栽培）面積（田畑計）	田	畑	集荷量	うち検査基準以上
	前年産	ha	ha	ha	t	t
	本年産					
	前年産	ha	ha	ha	t	t
	本年産					
	前年産	ha	ha	ha	t	t
	本年産					
	前年産	ha	ha	ha		
	本年産					
	前年産	ha	ha	ha		
	本年産					

裏面に進んでください。

SAMPLE

【２】作付（栽培）面積の増減要因等について

作物ごとの主な増減要因（転換作物等）について記入してください。

作物ごとに主な増減地域と増減面積について記入してください。

貴団体において、貴団体に出荷されない管内の作付団地等の状況（作付面積、作付地域等）を把握していれば記入してください（飼料作物及びびん麦（緑肥用）については【１】に貴団体で把握している面積を記入していただいているため記入不要です。）。

【３】収穫量の増減要因等について

前年産と比べた本年産の作柄の良否、被害の多少、主な被害の要因について該当する項目の点線をなぞってください。

作物名	作柄の良否			被害の多少			→	主な被害の要因（複数回答可）									
	良	並	悪	少	並	多		高温	低温	日照不足	多雨	少雨	台風	病害	虫害	鳥獣害	その他

作物ごとに被害以外の増減要因（品種、栽培方法などの変化）があれば、記入してください。

統計法に基づく基幹統計
作物統計

	年　産	都道府県	管理番号	市区町村	客体番号

令和　　年産

茶収穫量調査調査票（団体用）

○ この調査票は、秘密扱いとし、統計以外の目的に使うことは絶対ありませんので、ありのままを記入してください。

○ 黒色の鉛筆又はシャープペンシルで記入し、間違えた場合は、消しゴムできれいに消してください。

○ 調査及び調査票の記入に当たって、不明な点等がありましたら、下記の「問い合わせ先」にお問い合わせください。

★ 右づめで記入し、マスが足りない場合は
一番左のマスにまとめて記入してください。

★ 該当する場合は、記入例のように
点線をなぞってください。

記入例	1	1	9	8	6	5	3
記入例							

つなげる　　すきまをあける

記入していただいた調査票は、　　月　　日までに提出してください。
調査票の記入及び提出は、インターネットでも可能です。
詳しくは同封の「オンライン調査システム操作ガイド」を御覧ください。

【問い合わせ先】

【1】本年の生産の状況

本年の集荷（処理）状況について教えてください。
必ず、該当する項目の点線を1つなぞってください。

本年、集荷（処理）を行った	/
本年、集荷（処理）を行わなかった	/

【2】来年以降の作付予定

来年以降の集荷（処理）予定について教えてください。
必ず、該当する項目の点線を1つなぞってください。

来年以降、集荷（処理）を行う予定である	/
来年以降、集荷（処理）を行う予定はない	/
今のところ未定	/

・本年集荷（処理）を行った方は、【3】（裏面）に進んでください。

・本年集荷（処理）を行わなかった方はここで終了となりますので、
調査票を提出していただくようお願いします。
御協力ありがとうございました。

SAMPLE

【３】貴工場で集荷している茶の生産量と摘採面積について
　調査対象（農林水産省職員があらかじめ記入しております。）

1　年間計	／
2　一番茶	／

1　年間計にマークのある方は、「年間計」及び「うち一番茶」
　両方に記入してください。
2　一番茶にマークのある方は、「うち一番茶」のみ記入してください。
3　一番茶の調査をお願いした方は、再度年間計の調査をお願いする
　ことがあります。
　その際は両方にマークがつきます。

※「年間計」とは、冬春番茶、秋冬番茶及び一番茶から四番茶までの合計です。

記入上の注意
○　本年産の貴工場における生葉の処理量及びそれに対応する摘採面積を茶期ごとの合計及び
　うち一番茶について記入してください。
○　整枝・せん定をかねて刈り取った茶葉についても、荒茶に加工（刈り番茶）される場合は、集荷量、
　荒茶生産量及び摘採延べ面積に含めてください。
○　摘採延べ面積は、摘採した面積の合計を記入してください。

【４】作柄及び被害の状況について
　前年産と比べた本年産の作柄の良否、被害の多少、主な被害の要因について該当する項目の点線をなぞってください。

茶期別	作柄の良否			被害の多少			→	主な被害の要因（複数回答可）									
	良	並	悪	少	並	多		凍霜害	高温	低温	日照不足	多雨	少雨	台風	病害	虫害	その他
年間計	／	／	／	／	／	／		／	／	／	／	／	／	／	／	／	／
一番茶	／	／	／	／	／	／		／	／	／	／	／	／	／	／	／	／

調査はここで終了です。御協力ありがとうございました。

秘
農林水産省

統計法に基づく基幹統計
作 物 統 計

統計法に基づく国の
統計調査です。調査
票情報の秘密の保護
に万全を期します。

政府統計

年 産	都道府県	管理番号	市区町村	客体番号
2 0				

令 和　　年 産

畑作物作付面積調査・収穫量調査調査票（団体用）

てんさい用

○ この調査票は、秘密扱いとし、統計以外の目的に使うことは絶対ありませんので、ありのままを記入してください。
○ 黒色の鉛筆又はシャープペンシルで記入し、間違えた場合は、消しゴムできれいに消してください。
○ 調査及び調査票の記入に当たって、不明な点等がありましたら、下記の「問い合わせ先」にお問い合わせください。

★ 右づめで記入し、マスが足りない場合は
一番左のマスにまとめて記入してください。

★ 該当する場合は、記入例のように
点線をなぞってください。

記入例	1 1 9 8 6 8
記入例	/

つなげる

すきまをあける

記入していただいた調査票は　　月　　日までに提出してください。
調査票の記入及び提出は、インターネットでも可能です。
詳しくは同封の「オンライン調査システム操作ガイド」を御覧ください。

【問い合わせ先】

【１】てんさいの作付面積及び集荷量について

記入上の注意
○ 作付面積は単位を「ha」とし、小数点第一位（10a単位）まで記入してください。0.05ha未満の場合は「0.0」と
記入してください。
○ 集荷量は単位を「t」とし、整数で記入してください。0.5t未満の結果は「0」と記入してください。

作物名		作付面積	集荷量
てんさい	前年産	ha	t
	本年産	.	

裏面に進んでください。

【２】 作柄及び被害の状況について

1　前年産と比べた本年産の作柄の良否、被害の多少、主な被害の要因について該当する項目の
点線をなぞってください。

作物名	作柄の良否			被害の多少		
	良	並	悪	少	並	多
てんさい	／	／	／	／	／	／

作物名	主な被害の要因（複数回答可）										
	融雪遅れ	高温	低温	日照不足	多雨	少雨	台風	鳥獣害	病害	虫害	その他
てんさい	／	／	／	／	／	／	／	／	／	／	／

2　病害、虫害及びその他については、被害の内容を具体的に記入してください。

3　作付面積の増減理由や被害以外の収量に影響を及ぼした要因（作付品種の変化など）があれば、
記入してください。

秘
農林水産省

統計法に基づく基幹統計
作 物 統 計

政府統計 統計法に基づく国の統計調査です。調査票情報の秘密の保護に万全を期します。

年 産	都道府県	管理番号	市区町村	客体番号
2 0				

令 和 　 年 産
畑作物作付面積調査・収穫量調査調査票（団体用）

さとうきび用

○ この調査票は、秘密扱いとし、統計以外の目的に使うことは絶対ありませんので、ありのままを記入してください。
○ 黒色の鉛筆又はシャープペンシルで記入し、間違えた場合は、消しゴムできれいに消してください。
○ 調査及び調査票の記入に当たって、不明な点等がありましたら、下記の「問い合わせ先」にお問い合わせください。

★ 右づめで記入し、マスが足りない場合は一番左のマスにまとめて記入してください。

★ 該当する場合は、記入例のように点線をなぞってください。

記入例	1	1	9	8	6	5	3

つなげる　すきまをあける

記入例		→			

記入していただいた調査票は、　　月　　日までに提出してください。
調査票の記入及び提出は、インターネットでも可能です。
詳しくは同封の「オンライン調査システム操作ガイド」を御覧ください。

【問い合わせ先】

【1】貴事業場で集荷しているさとうきびの栽培面積、収穫面積及び集荷量について

記入上の注意
○ 栽培面積及び収穫面積は単位を「ha」で記入してください。
○ 集荷量は単位を「t」とし、整数で記入してください。
○ 栽培面積は、収穫の有無にかかわらず、栽培した全ての面積を記入してください。
○ 収穫面積は、本年に収穫した面積を記入してください。

作型		栽培面積	収穫面積	集荷量
夏植え	前年産	ha	ha	t
	本年産	.	.	
春植え	前年産	ha	ha	t
	本年産	.	.	
株出し	前年産	ha	ha	t
	本年産	.	.	

裏面に進んでください。

【２】 作柄及び被害の状況について

1　前年産と比べた本年産の作柄の良否、被害の多少、主な被害の要因について該当する項目の点線をなぞってください。

作型	作柄の良否			被害の多少		
	良	並	悪	少	並	多
夏植え	/	/	/	/	/	/
春植え	/	/	/	/	/	/
株出し	/	/	/	/	/	/

↓

作型	主な被害の要因（複数回答可）									
	高温	低温	日照不足	多雨	少雨	鳥獣害	台風	病害	虫害	その他
夏植え	/	/	/	/	/	/	/	/	/	/
春植え	/	/	/	/	/	/	/	/	/	/
株出し	/	/	/	/	/	/	/	/	/	/

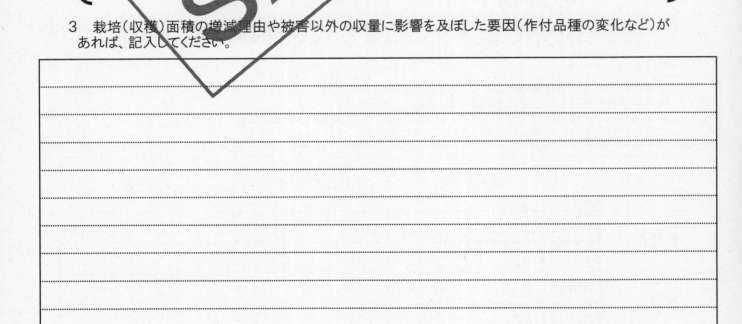

2　台風、病害、虫害及びその他については、被害の内容を具体的に記入してください。

〔　　　　　　　　　　　　　　　　　　　　　　　　　　　　　　　　　　　　　〕

3　栽培（収穫）面積の増減理由や被害以外の収量に影響を及ぼした要因（作付品種の変化など）があれば、記入してください。

都道府県	管理番号	市区町村	旧市区町村	農業集落	調査区	経営体

令和　　年産
畑作物収穫量調査調査票（経営体用）
○○○用

○ この調査票は、秘密扱いとし、統計以外の目的に使うことは絶対ありませんので、ありのままを記入してください。
○ 黒色の鉛筆又はシャープペンシルで記入し、間違えた場合は、消しゴムできれいに消してください。
○ 調査及び調査票の記入に当たって、不明な点等がありましたら、下記の「問い合わせ先」にお問い合わせください。

★ 右づめで記入し、マスが足りない場合は一番左のマスにまとめて記入してください。

★ 該当する場合は、記入例のように点線をなぞってください。

記入例	1	1	9	8	6	5	8

つなげる　　すきまをあける

記入していただいた調査票は、　　月　　日までに提出してください。

【問い合わせ先】

【1】本年の生産の状況について

本年の作付状況について教えてください。
必ず、該当する項目の点線を1つなぞってください。

本年、作付けを行った	／
本年、作付けを行わなかった	／

【2】来年以降の作付予定について

来年以降の作付予定について教えてください。
必ず、該当する項目の点線を1つなぞってください。

来年以降、作付予定がある	／
来年以降、作付予定はない	／
今のところ未定	／
農業をやめたため、農作物を作付け（栽培）する予定はない	／

・本年作付けを行った方は、【3】（裏面）に進んでください。

・本年作付けを行わなかった方はここで終了となりますので、調査票を提出していただくようお願いします。
　御協力ありがとうございました。

本年、作付けを行った方のみ記入してください。

【3】作付面積、出荷量及び自家用等の量について
本年産の作付面積、出荷量及び自家用等の量について記入してください。

記入上の注意

○ 「作付面積」は、被害等で収穫できなかった面積（収穫量のなかった面積）も含めてください。
　また、1年間のうち、同じほ場に複数回作付けした場合（収穫後、同じ作物を新たに植えた場合）は、
　その延べ面積としてください。
○ 「収穫量」は、「俵」、「袋」等で把握されている場合は、「kg」に換算して記入してください。
　（例：30kg紙袋で150袋出荷した場合→4,500kgと記入）
○ 「出荷量」は、共同出荷、直売所への出荷、個人販売など、販売先を問わず、販売した全ての量を
　含めてください。また、販売する予定で保管されている量も「出荷量」に含めてください。
○ 1a、1kgに満たない場合は四捨五入して整数単位で記入してください。
　（例：0.4a、0.4kg以下→「0」、0.5a、0.5kg以上→「1」と記入）
○ 「自家用、無償の贈与、種子用等の量」は、ご家庭で消費したもの、無償で他の方にあげたもの、
　翌年産の種子用にするものなどを指します。
○ 「出荷先の割合」は、記入した「出荷量」について該当する出荷先に出荷した割合を%で記入して
　ください。
　「直売所・消費者へ直接販売」は、農協の直売所、庭先販売、宅配便、インターネット販売などを
　いいます。
　「その他」は、仲買業者、スーパー、外食産業などを含みます。

作物名	作付面積 （借入地を含む。） （町）（反）（畝） ha　　a	収穫量		
		出荷量 （販売した量及び販売 目的で保管している量） kg	自家用、 無償の贈与、 種子用等の量 t　　kg	

○ 記入した出荷量について該当する出荷先に出荷した割合を記入してください。

【4】出荷先の割合について

作物名	加工業者	直売所・ 消費者へ 直接販売	市場	農協以外の 集出荷団体	農協	その他	合計
	%	%	%	%	%	%	100%
	%	%	%	%	%	%	100%
	%	%	%	%	%	%	100%

【5】作柄及び被害の状況について
前年産と比べた本年産の作柄の良否、被害の多少、主な被害の要因について該当する項目の点線をなぞってください。

作物名	作柄の良否			被害の多少			主な被害の要因（複数回答可）									
	良	並	悪	少	並	多	高温	低温	日照 不足	多雨	少雨	台風	病害	虫害	鳥獣 害	その 他

調査はここで終了です。御協力ありがとうございました。

秘
農林水産省

統計法に基づく基幹統計
作 物 統 計

都道府県	管理番号	市区町村	旧市区町村	農業集落	調査区	経営体

政府統計

統計法に基づく国の
統計調査です。調査
票情報の秘密の保護
に万全を期します。

令 和 　 年 産
飼料作物収穫量調査調査票（経営体用）

○ この調査票は、秘密扱いとし、統計以外の目的に使うことは絶対ありませんので、ありのままを記入してください。
○ 黒色の鉛筆又はシャープペンシルで記入し、間違えた場合は、消しゴムできれいに消してください。
○ 調査及び調査票の記入に当たって、不明な点等がありましたら、下記の「問い合わせ先」にお問い合わせください。

★ 右づめで記入し、マスが足りない場合は
一番左のマスにまとめて記入してください。

★ 該当する場合は、記入例のように
点線をなぞってください。

記入例	1	1	9	8	6	3	3
記入例				つなげる			すきまをあける

記入していただいた調査票は　　月　　日までに提出してください。

【問い合わせ先】

【１】本年の生産の状況について

本年の作付（栽培）状況について教えてください。
必ず、該当する項目の点線を1つなぞってください。

本年、作付け（栽培）を行った	／
本年、作付け（栽培）を行わなかった	／

【２】来年以降の作付（栽培）予定について

来年以降の作付（栽培）予定について教えてください。
必ず、該当する項目の点線を1つなぞってください。

来年以降、作付（栽培）予定がある	／
来年以降、作付（栽培）予定はない	／
今のところ未定	／
農業をやめたため、農作物を作付け（栽培）する予定はない	／

・本年作付け（栽培）を行った方は、【３】（次のページ）に進んでください。

・本年作付け（栽培）を行わなかった方はここで終了となりますので、
調査票を提出していただくようお願いします。
御協力ありがとうございました。

本年、作付け（栽培）を行った方のみ記入してください。

【3】牧草について

本年産の作付（栽培）面積について記入してください。

> ### 記入上の注意
>
> ○ 「作付（栽培）面積」には、牧草専用地、田や畑のほか農地以外での栽培など、牧草の栽培に利用した全ての面積を記入してください。
>
> ○ 同じ土地で複数回牧草を収穫した場合であっても、「作付（栽培）面積」は、収穫した延べ面積ではなく、実際の面積（実面積）を記入してください。
>
> ○ 牧草とは次のようなものをいいます。
> （いね科牧草）
> イタリアンライグラス、ハイブリッドライグラス、ペレニアルライグラス、トールフェスク、メドーフェスク、オーチャードグラス、チモシー、レッドトップ、バヒアグラス、ダリスグラス、ローズグラス、リードカナリグラス、スーダングラス、テオシント、その他いね科牧草（ブロームグラス類、ホイートグラス類、ブルーグラス類等）
> （豆科牧草）
> アルファルファ、クローバー類、セスバニア、その他豆科牧草（ベッチ類、ルーピン類、レスペデザ類等）
>
> ○ えん麦、らい麦、大豆等の青刈り作物は牧草には含まれませんのでご注意ください。
>
> ○ なお、青刈りとうもろこし、ソルゴーは、本調査票の【4】、【5】でそれぞれ記入をお願いします。

	（町）（反）（畝）ha	
作付（栽培）面積		

どちらか分かる方で本年産の収穫量について記入してください。

1 収穫量が重量（生重量）で分かる場合		
収穫量計		kg
1番刈り		kg
2番刈り	t	kg
3番刈り	t	kg
4番刈り	t	kg

> ### 記入上の注意
>
> ○ 刈取り時期ごとの収穫量を記入の上、「収穫量計」の欄に合計を記入してください。（刈取り時期ごとに分からない場合は、「収穫量計」のみに記入してください。）

2 生重量で分からない場合

＜ラッピング又は梱包を行っている場合＞

	個数（個）	1個当たりのおおよその重量
ラッピング		kg
梱包		

＜固定サイロを用いている場合＞

サイロの容積		㎥
充足率		%

＜簡易サイロを用いている場合＞

サイロの容積		㎥

> ### 記入上の注意
>
> ○ ラッピングマシーンを用いている場合は、「ラッピング」欄にラッピング個数及び1個当たりの重量を記入してください。
> また、【4】青刈りとうもろこし及び【5】ソルゴーも同様に記入してください。
>
> ○ 乾燥後、梱包を行っている場合は、「梱包」欄に梱包個数及び1個当たりの重量を記入してください。
>
> ○ 固定サイロとは、塔型サイロ（タワーサイロ）、バンカーサイロなど四方を構築物で固められたものをいいます。
> なお、「充足率」は、固定サイロの容積に対する本年の利用割合を記入してください。
>
> ○ 簡易サイロを利用した場合は、使用した全てのサイロの容積の合計を記入してください。

【4】青刈りとうもろこしについて
　本年産の作付面積について記入してください。

	（町）（反）（畝） ha　　　　a
作付面積	

どちらか分かる方で本年産の収穫量について記入してください。

1　収穫量が重量（生重量）で分かる場合	2　生重量で分からない場合

1　収穫量が重量（生重量）で分かる場合

収穫量	t　　　　kg

記入上の注意

○　固定サイロとは、塔型サイロ（タワーサイロ）、バンカーサイロなど四方を構築物で固められたものをいいます。
　なお、「充足率」は、固定サイロの容積に対する本年の利用割合を記入してください。

○　簡易サイロとは、スタックサイロ、バキュームサイロ、バッグサイロなど固定式以外のものをいいます。
　また、Ｌ字型バンカーサイロなど固定式でないものは簡易サイロに含めてください。
　なお、簡易サイロを利用した場合は、使用した全てのサイロの容積の合計を記入してください。

2　生重量で分からない場合

＜固定サイロを用いている場合＞

サイロの容積	㎥
充足率	％

＜簡易サイロを用いている場合＞

サイロの容積	㎥

＜ラッピングを行っている場合＞

	個数（個）	1個当たりの おおよその重量
ラッピング		kg

【5】ソルゴーについて
　本年産の作付面積について記入してください。

	（町）（反）（畝） ha　　　　a
作付面積	

どちらか分かる方で本年産の収穫量について記入してください。

1　収穫量が重量（生重量）で分かる場合	2　生重量で分からない場合

1　収穫量が重量（生重量）で分かる場合

収穫量	t　　　　kg

記入上の注意

○　固定サイロとは、塔型サイロ（タワーサイロ）、バンカーサイロなど四方を構築物で固められたものをいいます。
　なお、「充足率」は、固定サイロの容積に対する本年の利用割合を記入してください。

○　簡易サイロとは、スタックサイロ、バキュームサイロ、バッグサイロなど固定式以外のものをいいます。
　また、Ｌ字型バンカーサイロなど固定式でないものは簡易サイロに含めてください。
　なお、簡易サイロを利用した場合は、使用した全てのサイロの容積の合計を記入してください。

2　生重量で分からない場合

＜固定サイロを用いている場合＞

サイロの容積	㎥
充足率	％

＜簡易サイロを用いている場合＞

サイロの容積	㎥

＜ラッピングを行っている場合＞

	個数（個）	1個当たりの おおよその重量
ラッピング		kg

次のページに進んでください。

SAMPLE

【６】作柄及び被害の状況について

前年産と比べた本年産の作柄の良否、被害の多少、主な被害の要因について該当する項目の点線をなぞってください。

作物名	作柄の良否			被害の多少				主な被害の要因（複数回答可）									
	良	並	悪	少	並	多	→	高温	低温	日照不足	多雨	少雨	台風	病害	虫害	鳥獣害	その他
牧草	╱	╱	╱	╱	╱	╱		╱	╱	╱	╱	╱	╱	╱	╱	╱	╱
青刈りとうもろこし	╱	╱	╱	╱	╱	╱		╱	╱	╱	╱	╱	╱	╱	╱	╱	╱
ソルゴー	╱	╱	╱	╱	╱	╱		╱	╱	╱	╱	╱	╱	╱	╱	╱	╱

調査はここで終了です。御協力ありがとうございました。

← ← ← 入力方向

秘 / 農林水産省	統計法に基づく基幹統計 / 作物統計						

	都道府県	管理番号	市区町村	旧市区町村	農業集落	調査区	経営体

政府統計　統計法に基づく国の統計調査です。調査票情報の秘密の保護に万全を期します。

令和　年産
畑作物収穫量調査調査票（経営体用）
なたね（子実用）用

○ この調査票は、秘密扱いとし、統計以外の目的に使うことは絶対ありませんので、ありのままを記入してください。
○ 黒色の鉛筆又はシャープペンシルで記入し、間違えた場合は、消しゴムできれいに消してください。
○ 調査及び調査票の記入に当たって、不明な点等がありましたら、下記の「問い合わせ先」にお問い合わせください。

★ 右づめで記入し、マスが足りない場合は一番左のマスにまとめて記入してください。

記入例	1	1	9	8	6	5	3

★ 該当する場合は、記入例のように点線をなぞってください。

| 記入例 | ／ | | | つなげる | すきまをあける |

記入していただいた調査票は　　月　　日までに提出してください。

【問い合わせ先】

【1】本年の生産の状況について

本年の作付状況について教えてください。
必ず、該当する項目の点線を1つなぞってください。

本年、作付けを行った	／
本年、作付けを行わなかった	／

【2】来年以降の作付予定について

来年以降の作付予定について教えてください。
必ず、該当する項目の点線を1つなぞってください。

来年以降、作付予定がある	／
来年以降、作付予定はない	／
今のところ未定	／
農業をやめたため、農作物を作付け（栽培）する予定はない	／

・本年作付けを行った方は、【3】（裏面）に進んでください。

・本年作付けを行わなかった方はここで終了となりますので、調査票を提出していただくようお願いします。
　御協力ありがとうございました。

【3】作付面積、出荷量及び自家用等の量について

本年産の作付面積、出荷量及び自家用等の量について記入してください。

記入上の注意

○ 子実用（食用として搾油するもの）のみの作付面積及び収穫量を記入してください。
工業用に搾油するもの、菜花や花菜などの野菜として収穫するもの、青刈りするもの、緑肥としてすき込むものなどはいずれも含めないでください。
○ 「作付面積」は、被害等で収穫できなかった面積（収穫量のなかった面積）も含めてください。
また、1年間のうち、同じほ場に複数回作付けした場合（収穫後、同じ作物を新たに植えた場合）は、その延べ面積としてください。
○ 「収穫量」は、「俵」、「袋」等で把握されている場合は、「kg」に換算して記入してください。
（例：30kg紙袋で150袋出荷した場合→4,500kgと記入）
○ 「出荷量」は、共同出荷、直売所への出荷、個人販売など、販売先を問わず、販売した全ての量を含めてください。また、販売する予定で保管されている量も「出荷量」に含めてください。
○ 製油業者に委託し、なたね油を現物で受け取った場合は、なたねの子実に換算した重量を出荷量、自家用等の数量別に記入してください。
○ 「自家用、無償の贈答用、種子用等の量」は、ご家庭で消費したもの、無償で他の方にあげたもの、翌年産の種子用などを指します。
○ 1a、1kgに満たない場合は四捨五入して整数単位で記入してください。
（例：0.4a、0.4kg以下→「0」、0.5a、0.5kg以上→「1」と記入）
○ 「出荷先の割合」は、記入した「出荷量」について該当する出荷先に出荷した割合を％で記入してください。
「直売所・消費者へ直接販売」は、農協の直売所、庭先販売、宅配便、インターネット販売などをいいます。
「その他」は、仲買業者、スーパー、外食産業などを含みます。

作物名	作付面積（借入地を含む。）(町)(反)(畝) ha a	収穫量			
		出荷量（販売した量及び販売目的で保管している量） t kg		自家用、無償の贈答用、種子用等の量 t kg	
なたね					

○ 記入した出荷量について該当する出荷先に出荷した割合を記入してください。

【4】出荷先の割合について

作物名	製油業者	直売所・消費者へ直接販売	市場	農協以外の集出荷団体	農協	その他	合計
なたね	％	％	％	％	％	％	100％

【5】作柄及び被害の状況について

前年産と比べた本年産の作柄の良否、被害の多少、主な被害の要因について該当する項目の点線をなぞってください。

作物名	作柄の良否			被害の多少				主な被害の要因（複数回答可）									
	良	並	悪	少	並	多		高温	低温	日照不足	多雨	少雨	台風	病害	虫害	鳥獣害	その他
なたね	/	/	/	/	/	/		/	/	/	/	/	/	/	/	/	/

調査はここで終了です。御協力ありがとうございました。

令和　年

被　害　調　査　票

調査筆の種類	標　調　応				作　物　名	

筆の所在地	設計単位	作況階層	標本単位区	筆の通し番号	地域センター等名	
	市町村	大字（町）	小　字	地　番	調査者氏名	
					調査期日	月　　　日

調査箇所	被　害　種　類							
	被害発生時の生育段階							
	損　傷　調　査　項　目							
I	1							
	2							
	3							
	4							
	5							
II	6							
	7							
	8							
	9							
	10							
III	11							
	12							
	13							
	14							
	15							
合　　計								
平　　均								
損　傷　歩　合								
見積り 被害歩合（実測）	調査項目別							
	被害種類別							
	計							
筆平均見積り被害歩合	被害種類別							
	被害総合							
適　用　し　た　尺　度（番号）								

注：　1　この調査票は、標本筆（単位区）の損傷見積り（実測）調査の調査票及び被害調査筆・被害応急調査の損傷調査票として使用する。
　　　2　被害損傷実測調査の損傷調査項目は、被害の種類、被害発生時期などから地方農政局長、北海道農政事務所長、沖縄総合事務局長、地域センターの長等が定める。
　　　3　損傷歩合欄は、損傷項目が損傷歩合を現さないような項目の場合（例えば被害穂数、被害粒数等）は、「平均」についての損傷歩合（例えば被害穂数歩合、被害粒数歩合）を記入する。
　　　4　見積り（実測）被害歩合は、損傷見積り（実測）調査結果に減収推定尺度を適用して決める。
　　　5　見積り（実測）被害歩合の計は、見積り（実測）を行った被害種類を合計した被害歩合とし、筆平均見積り被害歩合の被害総合は、全ての被害を総合して見積った被害歩合とする。
　　　6　調査筆の種類欄の「標」は被害標本筆、「調」は被害調査筆、「応」は被害応急調査筆を示し、該当に○印を付す。
　　　7　調査株数は、1箇所5株とする。

⇐ ⇐ ⇐ 入力方向

| | | | | | | 4 | 7 | 1 |

統計法に基づく国の統計調査です。調査票情報の秘密の保護に万全を期します。

政府統計

	年　産	都道府県	管理番号	市区町村	客体番号
2	0				

令和　　年産　　特定作物統計調査

豆類作付面積調査調査票（団体用）

○ この調査票は、秘密扱いとし、統計以外の目的に使うことは絶対ありませんので、ありのままを記入してください。

○ 黒色の鉛筆又はシャープペンシルで記入し、間違えた場合は、消しゴムできれいに消してください。

○ 調査及び調査票の記入に当たって、不明な点等がありましたら、下記の「問い合わせ先」にお問い合わせください。

★ 数字は、1マスに1つずつ、枠からはみ出さないように右づめで記入してください。

記入例　8 8 8 9 8 7 6 5 4 0

つなげる　　すきまをあける

★ マスが足りない場合は、一番左のマスにまとめて記入してください。

記入例　1 1 2 3

記入していただいた調査票は、　　月　　日までに提出してください。
調査票の記入及び提出は、インターネットでも可能です。
詳しくは同封の「オンライン調査システム操作ガイド」を御覧ください。

【問い合わせ先】

【1】貴団体で集荷している豆類（乾燥子実）の作付面積について

記入上の注意
○ 作付面積は単位を「ha」とし、小数点第一位（10a単位）まで記入してください。0.05ha未満の場合は「0.0」と記入してください。
○ 乾燥して食用（加工も含む。）にするものの面積を記入してください。
　未成熟（完熟期以前）で収穫されるもの（さやいんげん等）については含めないでください。
○ いんげんの種類別の内訳については、北海道のみ記入してください。

単位:ha

作物名		作付面積（田畑計）	田	畑
小豆	前年産			
	本年産	8 8 8 8 8 . 8	8 8 8 8 8 . 8	8 8 8 8 8 . 8
いんげん	前年産			
	本年産	8 8 8 8 8 . 8	8 8 8 8 8 . 8	8 8 8 8 8 . 8
金時（北海道のみ）	前年産			
	本年産	8 8 8 8 8 . 8		
手亡（北海道のみ）	前年産			
	本年産	8 8 8 8 8 . 8		
らっかせい	前年産			
	本年産	8 8 8 8 8 . 8	8 8 8 8 8 . 8	8 8 8 8 8 . 8

【2】作付面積の増減要因等について

作物ごとの主な増減要因（転換作物等）について記入してください。

作物ごとの主な増減地域と増減面積について記入してください。

貴団体において、貴団体に出荷されない管内の作付団地等の状況（作付面積、作付地域等）を把握していれば記入してください。

← ← ← 入 力 方 向

| | | | | 4 | 7 | 1 | 1 |

秘
農林水産省

政府統計

統計法に基づく国の
統計調査です。調査
票情報の秘密の保護
に万全を期します。

年 産	都道府県	管理番号	市区町村	客体番号
2 0				

令 和　　　年産　　　特定作物統計調査
豆類収穫量調査調査票（団体用）

○ この調査票は、秘密扱いとし、統計以外の目的に使うことは絶対ありませんので、ありのままを記入してください。

○ 黒色の鉛筆又はシャープペンシルで記入し、間違えた場合は、消しゴムできれいに消してください。

○ 調査及び調査票の記入に当たって、不明な点等がありましたら、下記の「問い合わせ先」にお問い合わせください。

★ 数字は、1マスに1つずつ、枠からはみ出さないように右づめで
　記入してください。

★ 該当する場合は、記入例のように
　点線をなぞってください。

| 記入例 | 8 | 8 | 8 | 9 | 8 | 7 | 6 | 5 | 4 | 0 |

つなげる　　　すきまをあける

| 記入例 | ／ | → | ／ |

★ マスが足りない場合は、一番左
　のマスにまとめて記入してください。

記入例　| 11 | 2 | 3 |

記入していただいた調査票は、　　月　　日までに提出してください。
調査票の記入及び提出は、インターネットでも可能です。
詳しくは同封の「オンライン調査システム操作ガイド」を御覧ください。

【問い合わせ先】

【１】貴団体で集荷している豆類（乾燥子実）の作付面積及び集荷量について

記入上の注意
○ 作付面積は単位を「ha」とし、小数点第一位（10a単位）まで記入してください。0.05ha未満の場合は「0.0」と記入してください。
○ 乾燥して食用（加工も含む。）にするものを記入してください。
　未成熟（完熟期以前）で収穫されるもの（さやいんげん等）については含めないでください。
○ 小豆及びいんげんの「うち検査基準以上」欄には、3等以上の量を記入してください。
○ 検査を受けない場合、調査票の提出日までに検査を受けていない場合などは、集荷された農作物の状態から検査基準以上となる量を見積もって記入してください。
○ いんげんの種類別の内訳については、北海道のみ記入してください。

作物名		作付面積	集荷量	うち検査基準以上
小豆	前年産	ha	t	t
	本年産	．	．	．
いんげん	前年産	ha	t	t
	本年産	．	．	．
金時（北海道のみ）	前年産	ha		t
	本年産	．		．
手亡（北海道のみ）	前年産	ha	t	t
	本年産	．	．	．
らっかせい	前年産	ha	t	t
	本年産	．	．	．

【２】収穫量の増減要因等について

前年産に比べて本年産の作柄の良否、被害の多少、主な被害の要因について記入してください。
（該当のある場合は、点線を鉛筆などでなぞってください。）

作物名	作柄の良否			被害の多少			主な被害の要因（複数回答可）									
	良	並	悪	少	並	多	高温	低温	日照不足	多雨	少雨	台風	病害	虫害	鳥獣害	その他
小豆																
いんげん																
らっかせい																

作物ごとに被害以外の増減要因（品種、栽培方法などの変化）があれば、記入してください。

⇐　⇐　⇐　入力方向

| 4 | 7 | 4 | 1 |

政府統計

統計法に基づく国の
統計調査です。調査
票情報の秘密の保護
に万全を期します。

年　産		都道府県	管理番号	市区町村	客体番号			
2	0							

令和　　年産　　特定作物統計調査

こんにゃくいも作付面積調査・収穫量調査票（団体用）

○　この調査票は、秘密扱いとし、統計以外の目的に使うことは絶対ありませんので、ありのままを記入してください。

○　黒色の鉛筆又はシャープペンシルで記入し、間違えた場合は、消しゴムできれいに消してください。

○　調査及び調査票の記入に当たって、不明な点等がありましたら、下記の「問い合わせ先」にお問い合わせください。

★　数字は、1マスに1つずつ、枠からはみ出さないように右づめで
　　記入してください。

★　該当する場合は、記入例のように
　　点線をなぞってください。

記入例　8 8 8 9 8 7 6 5 4 0

つなげる　　すきまをあける

記入例　／　➡　／

★　マスが足りない場合は、一番左
　　のマスにまとめて記入してください。

記入例　1 1 2 3

SAMPLE

記入していただいた調査票は、　　月　　日までに提出してください。
調査票の記入及び提出は、インターネットでも可能です。
詳しくは同封の「オンライン調査システム操作ガイド」を御覧ください。

【問い合わせ先】

【 1 】貴団体で集荷しているこんにゃくいもの栽培面積、収穫面積及び集荷量について

記入上の注意
○ 栽培面積及び収穫面積は、小数点第一位（10a単位）まで記入してください。0.05ha未満の場合は「0.0」と記入してください。
○ 集荷量は単位を「t」とし、整数で記入してください。
○ 栽培面積は、出荷の有無にかかわらず、本年栽培した全ての面積を記入してください。
○ 収穫面積は、出荷・販売するために収穫した面積を記入してください。

作物名		栽培面積	うち収穫面積	集荷量
こんにゃくいも	前年産	ha	ha	t
	本年産	.	.	

【 2 】栽培面積及び収穫面積の増減要因等について

栽培面積及び収穫面積の主な増減要因（転換作物等）について記入してください。

主な増減地域と増減面積について記入してください。

貴団体において、貴団体に出荷されない管内の栽培団地等の状況（栽培面積、栽培地域等）を把握していれば記入してください。

【 3 】収穫量の増減要因等について

前年産に比べて本年産の作柄の良否、被害の多少、主な被害の要因について記入してください。
（該当のある場合は、点線を鉛筆などでなぞってください。）

作物名	作柄の良否			被害の多少			➡	主な被害の要因（複数回答可）									
	良	並	悪	少	並	多		高温	低温	日照不足	多雨	少雨	台風	病害	虫害	鳥獣害	その他
こんにゃくいも	/	/	/	/	/	/		/	/	/	/	/	/	/	/	/	/

被害以外の増減要因（品種、栽培方法などの変化）があれば、記入してください。

← ← ← 入 力 方 向

| | | 4 | 7 | 6 | 1 |

統計法に基づく国の
統計調査です。調査
票情報の秘密の保護
に万全を期します。
政府統計

年　産		都道府県	管理番号	市区町村	客体番号			
2	0							

令 和　　年 産　　特定作物統計調査
い作付面積調査・収穫量調査票（団体用）

○　この調査票は、秘密扱いとし、統計以外の目的に使うことは絶対ありませんので、ありのままを記入してください。

○　黒色の鉛筆又はシャープペンシルで記入し、間違えた場合は、消しゴムできれいに消してください。

○　調査及び調査票の記入に当たって、不明な点等がありましたら、下記の「問い合わせ先」にお問い合わせください。

★　数字は、1マスに1つずつ、枠からはみ出さないように右づめで記入してください。

| 記入例 | 8 | 8 | 8 | 9 | 8 | 7 | 6 | 5 | 4 | 0 |

つなげる　　すきまをあける

★　該当する場合は、記入例のように点線をなぞってください。

| 記入例 | ╱ | → | ╱ |

★　マスが足りない場合は、一番左のマスにまとめて記入してください。

記入例 | 11 | 2 | 3 |

SAMPLE

記入していただいた調査票は、　　月　　日までに提出してください。
調査票の記入及び提出は、インターネットでも可能です。
詳しくは同封の「オンライン調査システム操作ガイド」を御覧ください。

【問い合わせ先】

【1】 「い」及び畳表の生産農家数について

作物名		い生産農家数	畳表生産農家数
い	前年産	戸	戸
	本年産		

【2】 「い」の作付面積、収穫量及び畳表生産量について

> **記入上の注意**
> ○ 作付面積は単位を「ha」とし、小数点第一位（10a単位）まで記入してください。0.05ha未満の場合は「0.0」と記入してください。

作物名		作付面積	収穫量	畳表生産量
い	前年産	ha	t	千枚
	本年産			

【3】作付面積の増減要因等について

作付面積の主な増減要因について記入してください。

主な増減地域と増減面積について記入してください。

貴団体において、貴団体に出荷されない管内の作付団地等の状況（作付面積、作付地域等）を把握していれば記入してください。

【4】収穫量の増減要因等について

前年産に比べて本年産の作柄の良否、被害の多少、主な被害の要因について記入してください。
（該当のある場合は、点線を鉛筆などでなぞってください。）

作物名	作柄の良否			被害の多少				主な被害の要因（複数回答可）									
	良	並	悪	少	並	多	→	高温	低温	日照不足	多雨	少雨	台風	病害	虫害	鳥獣害	その他
い																	

被害以外の増減要因（品種、栽培方法などの変化）があれば、記入してください。

← ← ← 入力方向

| | | | 4 | 7 | 1 |

	秘			年 産	都道府県	管理番号	市区町村	旧市区町村	農業集落	調査区	経営体
	農林水産省		2 0								

政府統計 統計法に基づく国の統計調査です。調査票情報の秘密の保護に万全を期します。

令 和 　年 産　 特定作物統計調査
豆類収穫量調査調査票（経営体用）

○ この調査票は、秘密扱いとし、統計以外の目的に使うことは絶対ありませんので、ありのままを記入してください。
○ 黒色の鉛筆又はシャープペンシルで記入し、間違えた場合は、消しゴムできれいに消してください。
○ 調査及び調査票の記入に当たって、不明な点等がありましたら、下記の「問い合わせ先」にお問い合わせください。

★ 右づめで記入し、マスが足りない場合は一番左のマスにまとめて記入してください。

★ 該当する場合は、記入例のように点線をなぞってください。

記入例 | 1 | 1 | 9 | 8 | 6 | 5 | 3 |

記入例 ｜つなげる ｜すきまをあける

記入していただいた調査票は　　月　　日までに提出してください。

【問い合わせ先】

【１】本年の生産の状況について

本年の作付状況について教えてください。該当するもの1つに必ず点線をなぞって選択してください。

本年、作付けを行った	/
本年、作付けを行わなかった	/

【２】来年以降の作付予定について

来年以降の作付予定について教えてください。該当するもの1つに必ず点線をなぞって選択してください。

来年以降、作付予定がある	/
来年以降、作付予定はない	/
今のところ未定	/
農業をやめたため、農作物を作付け（栽培）する予定はない	/

・本年作付けを行った方は、【３】（裏面）に進んでください。

・本年作付けを行わなかった方はここで終了となりますので、調査票を提出していただくようお願いします。
　御協力ありがとうございました。

【3】作付面積、出荷量及び自家用等の量について

本年産の作付面積、出荷量及び自家用等の量について記入してください。

記入上の注意

○ 「作付面積」は、被害等で収穫できなかった面積（収穫量のなかった面積）も含めてください。
○ 「収穫量」は、「俵」、「袋」等で把握されている場合は、「kg」に換算して記入してください。
　（例：30kg紙袋で150袋出荷した場合→4,500kgと記入）
○ 「出荷量」は、共同出荷、直売所への出荷、個人販売など、販売先を問わず、販売した全ての量を含めて
　ください。また、販売する予定で保管されている量も「出荷量」に含めてください。
○ 「自家用、無償の贈答用、種子用等の量」は、ご家庭で消費したもの、無償で他の方にあげたもの、
　翌年産の種子用などを指します。
○ 乾燥して食用（加工も含む。）にするものを記入してください。
　未成熟（完熟期以前）で収穫されるもの（さやいんげん等）については含めないでください。
○ 1a、1kgに満たない場合は四捨五入して整数単位で記入してください。
　（例：0.4a、0.4kg以下→「0」、0.5a、0.5kg以上→「1」と記入）
○ 「出荷先の割合」は、記入した「出荷量」について該当する出荷先に出荷した割合を%で記入してください。
　「直売所・消費者へ直接販売」は、農協の直売所、庭先販売、宅配便、インターネット販売などをいいます。
　「その他」は、仲買業者、スーパー、外食産業などを含みます。

作物名	作付面積 （借入地を含む。） (町)(反)(畝) ha ・ a	収穫量	
		出荷量 （販売した量及び販売 目的で保管している量） kg	自家用、 無償の贈答用、 種子用等の量 t ・ kg
小豆			
いんげん			
らっかせい			

【4】出荷先の割合について

作物名	加工業者	直売所・ 消費者へ 直接販売	市場	農協以外の 集出荷団体	農協	その他	合計
小豆	%	%	%	%	%	%	100%
いんげん	%	%	%	%	%	%	100%
らっかせい	%	%	%	%	%	%	100%

【5】作柄及び被害の状況について

前年産に比べて本年産の作柄の良否、被害の多少、主な被害の要因について該当する項目の点線をなぞってください。

作物名	作柄の良否			被害の多少			主な被害の要因（複数回答可）									
	良	並	悪	少	並	多	高温	低温	日照不足	多雨	少雨	台風	病害	虫害	鳥獣害	その他
小豆																
いんげん																
らっかせい																

調査はここで終了です。御協力ありがとうございました。

← ← ← 入 力 方 向

| | | | 4 | 7 | 5 | 1 |

秘 農林水産省		年　産	都道府県	管理番号	市区町村	旧市区町村	農業集落	調査区	経営体
		2 0							

政府統計

統計法に基づく国の
統計調査です。調査
票情報の秘密の保護
に万全を期します。

令 和　　年 産　　特定作物統計調査

こんにゃくいも収穫量調査調査票（経営体用）

○ この調査票は、秘密扱いとし、統計以外の目的に使うことは絶対ありませんので、ありのままを記入してください。
○ 黒色の鉛筆又はシャープペンシルで記入し、間違えた場合は、消しゴムできれいに消してください。
○ 調査及び調査票の記入に当たって、不明な点等がありましたら、下記の「問い合わせ先」にお問い合わせください。

★ 右づめで記入し、マスが足りない場合は
一番左のマスにまとめて記入してください。

★ 該当する場合は、記入例のように
点線をなぞってください。

| 記入例 | 1 | 1 | 9 | 8 | 6 | 5 | 3 |

記入例　　　　　　　　つなげる　　　すきまをあける

記入していただいた調査票は　　月　　日までに提出してください。

【問い合わせ先】

【１】本年の生産の状況について

　本年の作付状況について教えてください。該当するもの1つに必ず点線をなぞって選択してください。

本年、作付けを行った	／
本年、作付けを行わなかった	／

【２】来年以降の作付予定について

　来年以降の作付予定について教えてください。該当するもの1つに必ず点線をなぞって選択してください。

来年以降、作付予定がある	／
来年以降、作付予定はない	／
今のところ未定	／
農業をやめたため、農作物を作付け（栽培）する予定はない	／

・本年作付けを行った方は、【３】（裏面）に進んでください。

・本年作付けを行わなかった方はここで終了となりますので、
調査票を提出していただくようお願いします。
御協力ありがとうございました。

【3】栽培面積、出荷量及び自家用等の量について

本年産の栽培面積、出荷量及び自家用等の量について記入してください。

> **記入上の注意**
>
> ○ 「栽培面積」は、収穫の有無にかかわらず、栽培した全ての面積を記入してください。
> ○ 「収穫面積」は、本年に収穫した面積（自家用も含む。）を記入してください。
>   なお、翌年の種芋とする目的で掘りとったものの面積は除いてください。
> ○ 「収穫量」は、「俵」、「袋」等で把握されている場合は、「kg」に換算して記入してください。
>   （例：30kg紙袋で150袋出荷した場合→4,500kgと記入）
> ○ 「出荷量」は、共同出荷、直売所への出荷、個人販売など、販売先を問わず、販売した全ての量を
>   含めてください。また、販売する予定で保管されている量も「出荷量」に含めてください。
> ○ 「自家用、無償の贈答の量」は、ご家庭で消費したもの、無償で他の方にあげたものなどを指します。
> ○ 1a、1kgに満たない場合は四捨五入して整数単位で記入してください。
>   （例：0.4a、0.4kg以下→「0」、0.5a、0.5kg以上→「1」と記入）
> ○ 「出荷先の割合」は、記入した「出荷量」について該当する出荷先に出荷した割合を%で記入してください。
>   「直売所・消費者へ直接販売」は、農協の直売所、庭先販売、宅配便、インターネット販売などをいいます。
>   「その他」は、仲買業者、スーパー、外食産業などを含みます。

作物名	栽培面積 （借入地を含む。） （町）（反）（畝） ha / a	収穫面積 （町）（反）（畝） ha / a	収穫量	
			出荷量 （販売した量及び販売目的で保管している量） t / kg	自家用、 無償の贈答の量 t / kg
こんにゃくいも				

> ○ 記入した出荷量について該当する出荷先に出荷した割合を記入してください。

【4】出荷先の割合について

作物名	加工業者	直売所・消費者へ直接販売	市場	農協以外の集出荷団体	農協	その他	合計
こんにゃくいも	%	%	%	%	%	%	100%

【5】作柄及び被害の状況について

前年産に比べて本年産の作柄の良否、被害の多少、主な被害の要因について該当する項目の点線をなぞってください。

作物名	作柄の良否			被害の多少			主な被害の要因（複数回答可）										
	良	並	悪	少	並	多	高温	低温	日照不足	多雨	少雨	台風	病害	虫害	鳥獣害	その他
こんにゃくいも	/	/	/	/	/	/	/	/	/	/	/	/	/	/	/	/

> 調査はここで終了です。御協力ありがとうございました。

令和4年産　作物統計（普通作物・飼料作物・工芸農作物）

令和5年11月　発行　　　　　　定価は表紙に表示しています。

編集　〒100-8950　東京都千代田区霞が関1－2－1
　　　　　　　農林水産省大臣官房統計部

発行　〒141-0022　東京都品川区東五反田5-27-10　野村ビル
　　　　　　　一般財団法人　農林統計協会
　　　　　　　振替　00190-5-70255　TEL 03(6450)2851

ISBN978-4-541-04449-5　C3061